코딩은 몰라도 3D Artist라면
알아야 할 필수 개념 가이드

유니티* 그래픽

| 김준혁 저 |

UNITY

저자는 미국 San Francisco 소재 Academy of Art Univ.에서 Compositing 전공으로 BFA 학위를 받고 3D Modeling 전공으로 MFA 학위를 받았습니다.
졸업 후 Los Angeles 소재 Pandemic Studios/EA에서 Environment Artist로 오픈월드 게임인 "Saboteur", "Mercenary inc." 개발에 참여하였습니다.
이후 San Francisco 근교에 위치한 Nihilistic Softwares에서 "Playstation Move Heroes", "Resistance:Burning Skies" "Call of Duty:BlackOPS:Declassified" 등 AAA 게임 타이틀 개발에 시니어 아티스트로 참여 하였습니다.
그리고 캘리포니아 Redwood City 소재 Visceral/EA에서 "Battlefield 4", "Battlefield:Hardline" 개발에 참여하였습니다.
여러 메이저 게임개발사에서 근무한 이후 Vrainiac Studio를 설립하여 본격적인 모바일 XR 게임, 앱 개발에 몸을 담아오고 있습니다.
모바일 VR 게임인 "Born to the Sky", 모바일 AR 게임 "Helihunter"를 개발 출시하였으며 체육진흥공단, KT와 같은 기관에 MR 게임을 개발 납품하였고 국립아시아뮤지엄 주관 VR 융복합 예술 콘텐츠 "비비런" 개발에 아트 디렉터로 참여하기도 하였습니다.
현재 루모페르소나라는 업체 대표로 메타버스와 웹캠베이스 모션캡쳐 VTuber 애플리케이션을 개발하고 있으며 경기과학기술대학교 게임콘텐츠학과에 전공 강사로 출강하고 있습니다.
현업에서 여러 프로젝트에 참여하며 얻은 노하우와 기술을 조금이라도 학생들에게 알려주고 싶은 마음에 유니티 엔진을 이제 막 배우기 시작한 학생들에게 그래픽스와 게임 개발에 관련된 아주 기본이지만 필수적인 내용을 공유하고 싶어서 이렇게 책을 저술하게 되었습니다.

이메일: kimjoonhyuck@gmail.com

| 만든 사람들 |

기획 IT · CG기획부 **| 진행** 양종엽, 김창경 **| 집필** 김준혁 **|**
표지 디자인 원은영 · D.J.I books design studio **| 편집 디자인** 이기숙 · 디자인숲

| 책 내용 문의 |

도서 내용에 대해 궁금한 사항이 있으시면
저자의 블로그나 이 책의 참조 사이트를 통해서 해결하실 수 있습니다.

디지털북스 홈페이지 digitalbooks.co.kr
디지털북스 페이스북 facebook.com/ithinkbook
디지털북스 인스타그램 instagram.com/digitalbooks1999
디지털북스 유튜브 유튜브에서 [디지털북스] 검색
디지털북스 이메일 djibooks@naver.com

| 각종 문의 |

영업관련 dji_digitalbooks@naver.com
기획관련 djibooks@naver.com
전화번호 (02) 447-3157~8

왜 책을 집필하는가?

난 C#, UnityScript, GLSL/HLSL/Cg, SQL or NoSQL Databases, Python 등 코딩이라곤 하나도 모르는데 유니티를 사용하는 게임이나 앱 개발 작업에 참여할 수 있을까? 코딩은 일도 모르는 아티스트들도 유니티를 저작 에디터로서 제대로 알고 사용만 할 수 있다면 충분히 그리고 아주 중요한 아티스트 본연의 업무를 훌륭히 수행할 수 있다는 생각으로 이 책을 집필하게 되었습니다.

코딩을 모른다고 해서 유니티를 배울 수 없거나 이용할 수 없는 것은 아닙니다. 유니티는 코딩 없이도 시각적으로 요소를 조작하고 게임과 애플리케이션을 만들 수 있는 매우 사용자 친화적인 도구입니다. 따라서 기본적인 게임, 앱 개발을 위해서는 코딩 없이도 유니티를 배우고 이용할 수 있습니다.

오히려 아티스트로서 유니티 에디터 자체를 잘 이해하고 구성 요소들을 체계적으로 잘 이용할 수만 있어도 유니티를 이용하여 다른 개발자, 아티스트들과 순조로운 협업이 가능하게 되는데 워낙 많은 유니티 서적들이 코딩의 비중이 높다보니 아티스트가 코딩부터 배워야 하나 지레 겁을 먹고 시작하기를 주저하는 학생이나 초보 아티스트들을 많이 보았습니다.

유니티를 사용하여 게임을 만들거나 애플리케이션을 개발하려면 높은 수준의 코딩 지식이 필요하지 않지만, 몇 가지 기본 개념과 사용 방법을 이해하는 것이 도움이 됩니다. 예를 들어, 유니티의 사용자 인터페이스, 씬(장면) 관리, 오브젝트 배치, 자원 관리 등을 이해하는 것은 중요합니다. 이러한 기본 개념을 익히고 게임 오브젝트를 시각적으로 조작하여 게임 세계를 구성하는 것이 가능합니다.

유니티에는 코딩 없이 사용할 수 있는 많은 시스템들이 있습니다. 예를 들어, 유니티의 플레이메이커(Playmaker)와 같은 비주얼 스크립팅 툴을 사용하면 코딩 없이도 상호작용 및 게임 로직을 구현할 수 있습니다.

물론 유니티를 좀 더 깊게 사용하고 더 복잡한 게임 또는 애플리케이션을 개발하려면 코딩 지식이 필요할 수 있습니다. C# 등의 프로그래밍 언어를 배우면 더욱 다양하고 복잡한 기능을 구현할 수 있으며, 게임 로직을 더욱 유연하게 제어할 수 있겠지요.

하지만 코딩을 몰라도 유니티 3D 엔진을 잘 다루고 반드시 알아야 할 많은 것들이 있습니다. 특히 아티스트들에게 중요한 그래픽 개념과 그래픽 속성에 대한 깊이 있는 이해가 더해진다면 마치 워드를 사용하여 문서작업을 하듯 유니티라는 에디터를 이용하여 게임, 앱 개발 작업을 더 수월하게 진행할 수 있습니다.

이 책에서는 직접 코딩 작성과는 최대한 멀찍이 떨어져 있으며 독립적인 파트만을 골라서 아티스트로서 쌓아야 할 기본 소양과 더불어 유니티의 이러한 기능들을 최대한 쉽게 설명하고자 합니다.

더불어 몇 가지 유용한 정보들을 추가로 획득하여 유니티를 사용하는데 큰 도움을 받을 수 있는 방법들이 있습니다. 다음과 같은 방법들도 같이 얘기 나누며 유니티 공부를 더욱 알차게 할 수 있습니다.

- **미리 만들어진 에셋 활용**: 유니티 에셋 스토어에서는 이미 만들어진 에셋들을 구매하거나 무료로 다운로드할 수 있습니다. 이러한 에셋들은 게임 개발에 필요한 그래픽, 애니메이션, 사운드 등의 자원을 포함하고 있어 코딩 없이도 퀄리티 높은 콘텐츠를 구현할 수 있습니다.
- **템플릿 및 튜토리얼 활용**: 유니티는 다양한 템플릿과 튜토리얼을 제공합니다. 이를 활용하여 기본적인 게임 메카닉과 시스템을 이해하고 활용할 수 있습니다. 템플릿은 게임 장르별로 사전 구성된 프로젝트를 제공하며, 튜토리얼은 단계별로 따라가며 게임 제작 과정을 익힐 수 있습니다.
- **커뮤니티와 온라인 자료 활용**: 유니티에는 큰 개발자 커뮤니티가 있으며, 온라인에서 다양한 자료들을 찾아볼 수 있습니다. 포럼, 블로그, 유튜브 영상 등을 통해 다른 개발자들의 경험과 지식을 공유받고 문제를 해결할 수 있습니다. 또한, 공식 유니티 문서와 튜토리얼도 풍부하게 제공되고 있으니 이를 활용하여 학습할 수 있습니다.

이러한 방법들을 통해 코딩을 몰라도 유니티 3D 엔진을 잘 다룰 수 있습니다. 중요한 것은 시작하는 것이 중요합니다. 유니티를 사용해 보면서 경험을 쌓고, 템플릿과 튜토리얼을 따라가며 실습해 보세요. 이를 통해 게임 오브젝트의 배치, 머티리얼 적용, 그래픽 처리 등 기본적인 작업을 익힐 수 있습니다.

또한, 학습 과정에서 커뮤니티와의 상호 작용이 중요합니다. 개발자 포럼에 질문을 올려 도움을 받을 수도 있고, 다른 개발자들과의 소통을 통해 아이디어를 공유하고 피드백을 받을 수도 있습니다. 유니티 사용자 그룹이나 온라인 커뮤니티에 가입하여 활발한 교류를 통해 실력을 향상시킬 수 있습니다.

그리고 유니티를 학습하는데 있어서 책은 개념의 구체적인 설명, 예제와 실습을 통한 학습, 참고 자료로의 활용 등 다양한 장점을 제공합니다. 따라서, 유니티 기본을 익히는데 있어서 책은 중요하고 효과적인 학습 도구로 사용될 수 있습니다. 책은 개인의 학습 스타일과 속도에 맞춰 진행할 수 있으며, 개발자의 성장과 지식 습득에 필요한 기반을 제공합니다.

또한, 책은 경험있는 개발자들이 지식과 경험을 공유하는 플랫폼이기도 합니다. 저자들은 실제로 유니티를 사용하며 다양한 프로젝트에서 겪은 문제와 해결책, 팁과 요령을 담은 콘텐츠를 제공합니다. 이를 통해 책은 개발자들 간의 지식 공유와 커뮤니티 형성에도 큰 역할을 합니다.

마지막으로, 책은 오프라인 학습 환경에서도 접근할 수 있는 장점을 가지고 있습니다. 인터넷 연결이 어려운 환경이거나 이동 중일 때에도 책을 통해 유니티의 기본을 익힐 수 있습니다. 또한, 책은 학습 과정에서 집중력을 유지하고 계획적으로 학습할 수 있는 도구로 활용될 수 있습니다.

이 책에서 다룰 내용

- **게임 엔진이란**: 게임 엔진의 소개, 종류, 특징, 용도 등 분야 전반에 걸쳐 설명합니다.
- **유니티 3D 기본 개념 설명**: 유니티 인터페이스, 씬(Scene)과 게임 오브젝트(Game Object), 컴포넌트(Component) 등 유니티의 기본 개념 전반에 대해 설명합니다.
- **3D 모델링과 유니티**: 아티스트들이 3D 모델링 소프트웨어를 사용하여 모델을 만들고, 최적화하여 유니티에 불러오는 방법 등 3D 오브젝트, 각종 관련 개념과 유니티와의 관계 전반에 걸쳐서 예제와 함께 설명합니다.
- **쉐이더와 머티리얼**: 아티스트들이 적당한 쉐이더를 선택하여 머티리얼(Material)을 만들고 텍스처(Texture)를 적용하는 방법을 상세히 설명합니다. 머티리얼의 속성 조정과 텍스처 매핑 기술 등 다양한 예제를 설명합니다.
- **조명과 카메라 설정**: 아티스트들이 조명과 카메라를 사용하여 장면을 구성하는 방법을 알려줍니다. 다양한 조명 유형과 카메라 설정, 그리고 각종 라이트 매핑, 포스트 프로세싱, 렌더링 설정 등에 대해 포괄적으로 설명합니다.
- **Terrain**: 유니티에서 월드빌딩의 기초와 터레인 툴 사용 등에 관해서 자세한 설명과 함께 실용적인 예제를 들어 설명합니다.
- **유용한 도구와 자원**: 아티스트들이 유용한 도구와 자원을 활용하여 작업을 보완하는 방법을 제공합니다. 텍스처 리소스, 3D 모델링 도구, 아트 리소스 라이브러리 등에 대한 정보와 활용 방법을 다룹니다.

주로 3D 그래픽스 관련 내용들을 포괄적으로 다루면서도 코딩을 모르는 3D 아티스트들이 게임 개발에 필요한 기초를 학습하고 실전에 적용할 수 있는 내용을 제공합니다. 이를 통해 3D 아티스트들은 자신의 창작물을 더욱 풍부하고 독창적으로 구현할 수 있을 것입니다.

목차

PART 03 유니티 기본 인터페이스

PART 04 모델(Models)

PART 05 게임 오브젝트(Game Object)

PART 06 카메라와 조명

PART 07 쉐이더(Shader)

PART 08 머티리얼(Material)

PART ⑩ 지형(Terrain)

PART ⑪ 이미지 도록 및 레퍼런스 주소

Unity

PART.

01

책을 시작하며

1. 게임 엔진
2. 게임 엔진 종류와 특징
3. 3D 아티스트와 유니티
4. 유니티 활용도를 최상으로 이끌어 줄 유용한 사이트

게임 엔진

1-1 게임 엔진이란?

간단하게 얘기하자면 게임 엔진은 게임 개발을 위해 사용되는 소프트웨어 도구 집합입니다. 현재 유니티를 포함하여 활용 가능한 다양한 게임 엔진들이 있으며 이 엔진들은 개발자들이 게임을 만들고 구현하는데 필요한 여러 기능을 제공합니다.

게임 엔진은 보통 다음과 같은 주요 기능을 포함합니다:

- **그래픽스 엔진**: 게임의 시각적인 요소를 처리하는 엔진입니다. 2D 및 3D 그래픽 렌더링을 지원하며, 조명, 텍스처, 애니메이션, 파티클 효과 등을 관리합니다.
- **물리 엔진**: 게임의 물리 시뮬레이션을 처리하는 엔진입니다. 불리적인 충돌, 중력, 운동 및 충돌 반응 등을 모의합니다.
- **오디오 엔진**: 게임의 소리와 음악을 처리하는 엔진입니다. 3D 사운드 이펙트, 배경 음악, 목소리 오버 등을 관리합니다.
- **인공지능 엔진**: 게임 캐릭터의 행동을 제어하는 엔진입니다. 적들의 행동 패턴, 아군 캐릭터와의 상호작용, 플레이어에 대한 반응 등을 조작합니다.
- **입력 관리**: 게임패드, 키보드, 마우스 등과 같은 입력 장치와의 상호작용을 관리하는 엔진입니다.
- **애니메이션 시스템**: 게임 캐릭터 및 개체의 움직임과 애니메이션을 처리하는 엔진입니다. 스켈레톤 애니메이션, 블렌딩, 랜드마크 애니메이션 등을 지원합니다.

일반적으로 게임 엔진은 사용자가 스크립트 언어를 사용하여 게임 동작을 구현하도록 허용합니다. 이를 통해 개발자들은 게임의 로직을 자유롭게 프로그래밍할 수 있습니다.

주요한 게임 엔진으로는 유니티, Unreal Engine, CryEngine, Godot 등이 있으며, 각각 다양한 기능과 도구를 제공하여 게임 개발을 지원합니다. 게임 엔진은 게임 산업에서 매우 중요한 역할을 합니다. 개발자들은 게임 엔진을 사용하여 다양한 플랫폼에 게임을 개발하고 출시할 수 있으며 이를 통해 PC, 콘솔,

스마트폰, 웹 브라우저 등 다양한 장치에서 게임을 즐길 수 있습니다.

게임 엔진은 또한 시간과 비용을 절약할 수 있는 장점이 있습니다. 2000년대 초반까지만 하더라도 많은 게임 개발사들이 자체적으로 개발한 하우스 엔진을 이용해서 게임 개발을 하느라 게임 하나 만드는데 어마어마한 인력과 시간을 들여야 했습니다. 필자가 몸담았던 게임 스튜디오의 경우도 자체 개발 엔진으로 콘솔용 게임타이틀 한 편을 개발하는데 거의 5년 정도 걸렸던 경험이 있습니다. 작업 스케일이 방대했던 점도 있지만 필요한 기능들은 프로그래머가 지속적으로 기능의 구축, 보완 작업을 병행해가며 진행했기 때문에 그만큼 더 개발 기간이 길어지기도 했습니다. 반면에 이미 구축된 엔진은 많은 기능과 도구를 제공하기 때문에 개발자들은 게임의 핵심 측면에 집중할 수 있습니다. 게임 엔진은 코드의 재사용을 통해 개발 프로세스를 간소화하고, 시각적인 요소와 게임 시스템의 조합을 통해 게임을 더욱 풍부하게 만들어줍니다.

또한 게임 엔진은 커뮤니티와 에코시스템을 형성하여 개발자들이 지식과 경험을 공유할 수 있는 환경을 제공합니다. 많은 개발자들이 같은 엔진을 사용하므로 문제 해결이나 기술적인 질문에 대한 답을 쉽게 얻을 수 있습니다. 또한 엔진 제작사는 지속적으로 업데이트와 개선을 진행하여 개발자들에게 새로운 기능과 성능 향상을 제공합니다.

게임 엔진은 다양한 플랫폼에서의 게임 개발을 지원합니다. 예를 들어, 유니티 엔진은 PC, 콘솔, 스마트폰 등 다양한 플랫폼에서 게임을 개발하고 배포할 수 있습니다. 이를 통해 게임 개발자들은 큰 시장을 대상으로 게임을 출시할 수 있으며, 다양한 플랫폼에서의 사용자들에게 게임을 제공할 수 있습니다.

게임 엔진은 또한 개발자들이 게임을 테스트하고 디버그하는 데 도움을 줍니다. 실시간 미리보기 기능을 통해 게임을 실시간으로 확인하고 수정할 수 있으며, 디버깅 도구를 사용하여 버그를 찾고 수정할 수 있습니다.

현재는 대부분의 게임 개발 회사들이 이러한 게임 엔진을 사용하여 자사의 게임을 개발하고 있습니다. 이를 통해 개발 시간을 단축하고 비용을 절감할 수 있으며, 높은 품질의 게임을 만들어 사용자들에게 제공할 수 있습니다.

그리고 게임 엔진은 비주얼 스크립팅 도구를 통해 비전문적인 사용자들도 쉽게 게임을 개발할 수 있도록 지원합니다. 이는 게임 개발에 대한 진입 장벽을 낮추어 많은 사람들이 창의적인 아이디어를 실현할 수 있도록 도와줍니다

1-2 게임 엔진 활용 분야 근황

최근에는 게임 엔진의 활용이 더욱 다양해지고 있습니다. 다양한 산업 분야에서 게임 엔진을 사용하여 다양한 목적을 달성하고 있습니다. 이를테면 다음과 같은 활용 분야가 있습니다:

- **교육**: 게임 엔진은 교육 분야에서도 널리 활용되고 있습니다. 학습 경험을 게임 형태로 제공하여 학습 흥미를 도모하고, 상호작용과 시뮬레이션을 통해 학습 효과를 극대화할 수 있습니다. 학생들은 게임 엔진을 사용하여 프로그래밍, 디자인, 창의적 문제 해결 등을 배울 수 있으며, 가상 혹은 증강 현실을 통해 실제 상황을 체험할 수도 있습니다.
- **건축 및 시뮬레이션**: 건축 분야에서는 게임 엔진을 사용하여 가상의 건물, 도시, 토지 개발 등을 시뮬레이션하고 시각화 할 수 있습니다. 이를 통해 건축 설계의 효율성을 높이고, 고객과의 커뮤니케이션을 원활하게 할 수 있습니다. 또한 훈련 및 시뮬레이션 분야에서는 게임 엔진을 사용하여 비행, 운전, 의료 등 다양한 시나리오를 모의하고 훈련할 수 있습니다.
- **마케팅 및 광고**: 게임 엔진은 마케팅 및 광고 산업에서도 큰 역할을 하고 있습니다. 인터랙티브한 광고 콘텐츠를 제작하거나, 가상의 제품 경험을 제공하여 소비자들에게 현실적인 느낌을 전달할 수 있습니다. 게임 엔진을 사용한 마케팅 캠페인은 참여도를 높이고 소비자들에게 긍정적인 경험을 제공하여 브랜드 인식과 고객 유치에 효과적입니다.
- **예술 및 엔터테인먼트**: 게임 엔진은 예술과 엔터테인먼트 분야에서 창작에 큰 도움을 줍니다. 예를 들어, 영화나 애니메이션 제작에서 게임 엔진을 사용하여 가상 세트 디자인, 시각 효과, 캐릭터 애니메이션 등을 구현할 수 있습니다. 이를 통해 시각적으로 풍부하고 현실적인 장면을 만들어내어 관객에게 더욱 몰입감 있는 경험을 제공할 수 있습니다.
- **가상 현실 및 증강 현실**: 게임 엔진은 가상 현실(VR)과 증강 현실(AR) 분야에서도 널리 활용됩니다. 게임 엔진을 사용하여 가상 현실 환경을 제작하고 사용자들이 가상 세계에 몰입할 수 있도록 합니다. 증강 현실에서는 게임 엔진을 사용하여 실제 환경에 가상 요소를 합성하여 현실과 가상의 융합을 만들어냅니다. 이를 통해 Metaverse, 교육, 엔터테인먼트, 상업 등 다양한 분야에서 혁신적인 경험을 제공할 수 있습니다.
- **시뮬레이션 및 연구**: 게임 엔진은 과학 연구, 공학 시뮬레이션, 행동 모델링 등 다양한 연구 분야에서도 활용됩니다. 게임 엔진을 사용하여 복잡한 시스템을 모델링하고 시뮬레이션하여 연구자들이 다양한 시나리오를 탐구하고 결과를 분석할 수 있습니다. 또한 게임 엔진을 사용하여 데이터 시각화나 시뮬레이션을 통해 복잡한 현상을 이해하고 예측하는데도 도움이 됩니다.

이렇듯 게임 엔진의 활용은 다양한 분야로 확장되고 있으며, 새로운 창작과 혁신을 이끌어내고 있습니다. 더욱 발전된 기술과 기능을 가진 게임 엔진을 통해 다양한 분야에서 창의적인 작업을 할 수 있으며, 사용자들에게 풍부한 경험을 제공할 수 있습니다.

게임 엔진 종류와 특징

현재 게임 엔진 시장의 양대 산맥인 유니티(유니티)와 언리얼 엔진(Unreal Engine)에 대해서 얘기를 한번 해보고자 합니다.

▲ https://unity.com/kr

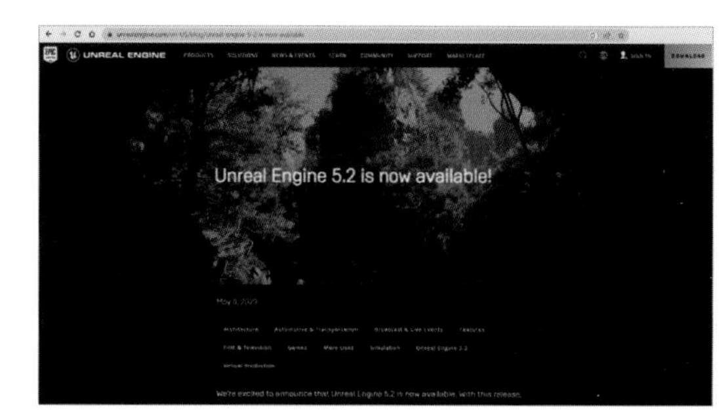

▲ https://www.unrealengine.com/ko

2-1 유니티(Unity)와 언리얼 엔진(Unreal Engine)

유니티(Unity)와 언리얼 엔진(Unreal Engine)은 모두 인기있는 게임 개발 툴이지만, 몇 가지 중요한 차이점이 있습니다. 다음은 유니티와 언리얼 엔진의 주요 차이점입니다:

■ 라이선스 모델

- **유니티**: 유니티는 유료 라이선스와 무료 개인 사용자 라이선스를 제공합니다. 무료 라이선스로 시작하여 기능을 확장하고 필요한 경우 상업용 라이선스를 구입할 수 있습니다.
- **언리얼 엔진**: 언리얼 엔진은 로열티 기반의 라이선스 모델을 채택하고 있습니다. 개발자들은 게임이 수익을 창출할 때만 로열티를 지불해야 합니다.

■ 프로그래밍 언어

- **유니티**: 유니티는 C#을 기본 프로그래밍 언어로 사용합니다. C#은 상대적으로 쉬운 문법과 강력한 개발 도구를 제공하여 비교적 빠르게 학습할 수 있습니다.

- **언리얼 엔진**: 언리얼 엔진은 C++을 주로 사용합니다. C++은 높은 성능과 유연성을 제공하지만, 문법이 복잡하고 상대적으로 어렵게 느껴질 수 있습니다.

■ 에디터 환경

- **유니티**: 유니티의 에디터는 사용자 친화적이며 직관적인 인터페이스를 제공합니다. 개발자와 아티스트 모두가 쉽게 작업할 수 있도록 다양한 도구와 리소스 관리 기능을 제공합니다.
- **언리얼 엔진**: 언리얼 엔진의 에디터는 강력한 기능과 고급 개발 도구를 제공합니다. 실시간 렌더링과 물리 시뮬레이션 등의 기능을 활용하여 고품질의 그래픽스를 구현할 수 있습니다.

■ 그래픽스

- **유니티**: 유니티는 상대적으로 가볍고 모바일 플랫폼에 적합한 그래픽스 엔진입니다. 다양한 플랫폼을 대상으로 한 크로스 플랫폼 개발을 강조하며, 저사양 장치에서도 잘 작동합니다.
- **언리얼 엔진**: 언리얼 엔진은 높은 시각적 품질과 실시간 렌더링에 중점을 둔 고급 그래픽스 엔진입니다. 더 복잡한 시뮬레이션, 광원 및 머티리얼 시스템, 그리고 높은 품질의 그래픽스 효과를 구현하는 데 특화되어 있습니다.

■ 커뮤니티와 에코시스템

- **유니티**: 유니티는 대중적인 엔진으로 글로벌 커뮤니티와 다양한 에코시스템을 가지고 있습니다. 온라인에서 많은 자료와 튜토리얼을 찾을 수 있으며, 에셋 스토어와 플러그인 등의 다양한 리소스를 활용할 수 있습니다.
- **언리얼 엔진**: 언리얼 엔진은 강력한 개발자 커뮤니티와 지원체계를 갖추고 있습니다. 엔진의 소스 코드에 접근할 수 있고, 다양한 툴과 플러그인, 에셋 등이 제공되어 있습니다.

오랫동안 그래픽 품질로 유니티와 언리얼 엔진을 자주 비교하며 논쟁을 벌여 왔었는데 그래픽에 있어서 유니티를 선택하는 것이 언리얼 엔진을 사용하는 것에 비해서 손해라고 말하기는 어렵습니다. 각각의 엔진은 고유한 기능과 강점을 가지고 있으며, 프로젝트의 특성과 목표에 따라 어떤 엔진이 더 적합한지 평가하고 선택하는 것이 중요합니다.

유니티는 상대적으로 가벼우며 모바일 플랫폼에 적합한 그래픽스 엔진입니다. 크로스 플랫폼 개발을 강조하며, 다양한 플랫폼에서 잘 작동하고 저사양 장치에서도 높은 성능을 발휘합니다. 게다가 유니티는 사용자 친화적인 인터페이스와 다양한 도구를 제공하여 빠른 개발과 아티스트와의 협업을 촉진합니다.

반면에 언리얼 엔진은 높은 시각적 품질과 고급 그래픽스를 중요시하는 엔진입니다. 실시간 렌더링과 물리 시뮬레이션 등의 기능을 활용하여 고품질의 그래픽스를 구현할 수 있습니다. 언리얼 엔진은 비교적 복잡한 개발 과정과 C++ 프로그래밍에 익숙해야 하는 어려움이 있지만, 시각적인 품질과 성능 면에서 우수한 결과를 얻을 수 있습니다.

유니티와 언리얼 엔진을 제외한 다른 게임 엔진들 중 몇 가지를 소개하고, 각각의 특징에 대해 설명하겠습니다.

2-2 Frostbite

Frostbite 엔진은 EA가 개발한 게임 엔진으로, 주로 대규모 3D 액션 게임을 위해 설계되었습니다. 이 엔진은 EA의 다양한 게임에서 사용되며, "배틀필드" 시리즈와 "메이플 스토리" 등 많은 인기 게임이 Frostbite 엔진을 기반으로 개발되었습니다.

Frostbite 엔진은 매우 고성능이며, 높은 그래픽 품질과 현실적인 시각 효과를 제공합니다. 물리 시뮬레이션, 조명, 파티클 시스템 등 다양한 기능을 통해 게임 환경을 더욱 생생하게 만들어줍니다.

이 엔진은 다양한 플랫폼을 지원하며, PC, 콘솔, 모바일 등 다양한 장치에서 게임을 개발하고 실행할 수 있습니다. 또한 멀티플레이어 기능과 온라인 서비스를 원활하게 지원하여 다중 플레이어 경험을 제공할 수 있습니다.

Frostbite 엔진은 또한 개발자들에게도 유연성과 편의성을 제공합니다. 개발자들은 엔진 내의 도구와 리소스를 활용하여 게임을 구축하고, 실시간 미리보기 기능을 통해 게임을 실시간으로 확인하고 수정할 수 있습니다.

▲ https://www.ea.com/frostbite

2-3 CRYENGINE

CRYENGINE은 고급 그래픽스와 물리 시뮬레이션을 중시하는 게임 엔진입니다. 뛰어난 시각적 품질과 사실적인 물리 엔진을 제공하며, 오픈 월드 게임 개발에 적합합니다. C++ 프로그래밍을 사용하여 게임을 개발할 수 있습니다. 멀티 플랫폼 개발을 지원하며, PC, 콘솔 및 VR 플랫폼에서 사용할 수 있습니다. 상대적으로 높은 학습 곡선과 복잡성이 있으며, 주로 중형 및 대형 프로젝트에 사용됩니다.

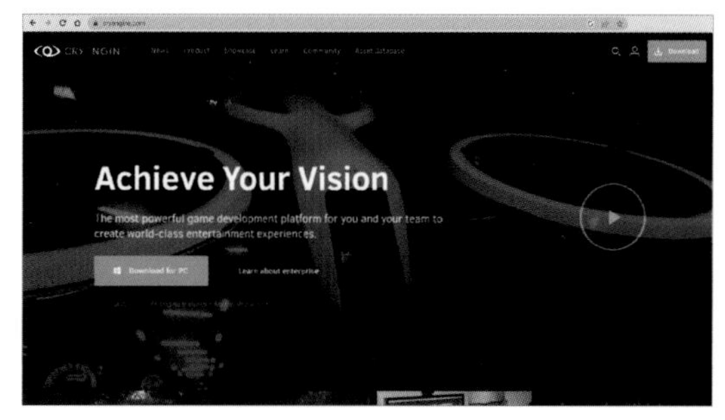

▲ https://www.cryengine.com/

2-4 Godot 엔진

Godot은 오픈 소스의 2D 및 3D 게임 엔진으로, 사용은 무료입니다. 사용자 친화적인 인터페이스와 직관적인 스크립트 언어인 GDScript를 제공합니다. 뛰어난 2D 게임 개발 기능을 가지고 있으며, 애니메이션, 물리 시뮬레이션, 파티클 시스템 등을 지원합니다. 멀티 플랫폼 개발을 지원하며, 모바일 및 데스크톱 플랫폼에서도 잘 작동합니다. 커뮤니티가 활발하며, 다양한 튜토리얼과 자료를 찾을 수 있습니다.

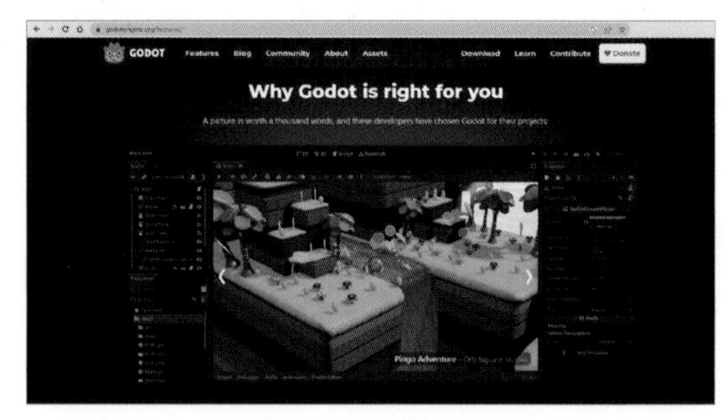

▲ https://godotengine.org/

2-5 Construct

Construct는 비주얼 프로그래밍을 사용하여 2D 게임 및 인터랙티브 애플리케이션을 만들 수 있는 게임 엔진입니다. 사용자 친화적인 인터페이스와 드래그 앤 드롭 방식의 개발 환경을 제공하여 코딩 경험이 없는 개발자에게 적합합니다. 다양한 템플릿과 라이브러리를 활용하여 빠르고 쉬운 개발을 가능하게 합니다. 주로 모바일 및 웹 기반 게임에 사용되며, 멀티 플랫폼 개발을 지원합니다.

3D 게임 개발에는 제한이 있으며, 주로 2D 게임 및 인터랙티브 애플리케이션에 사용됩니다.

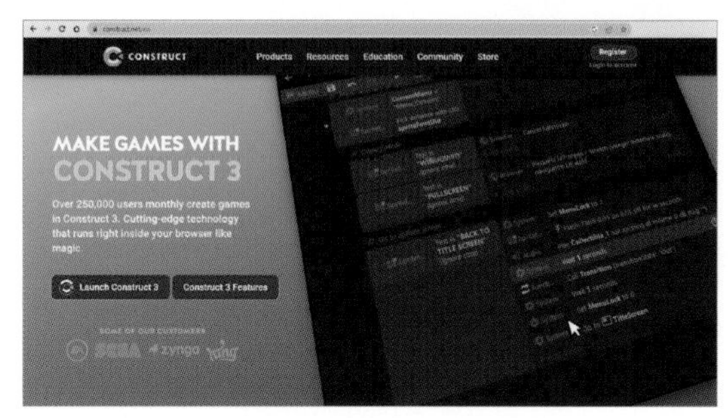

▲ https://www.construct.net/en

2-6 GameMaker Studio

GameMaker Studio는 비주얼 스크립팅 언어를 사용하여 2D 게임을 만들 수 있는 게임 엔진입니다. 사용이 간편하며, 비전문 개발자와 초보자도 쉽게 접근할 수 있습니다. 다양한 기능과 도구를 제공하여 게임 개발을 빠르고 쉽게 진행할 수 있습니다. 멀티 플랫폼 개발을 지원하며, PC, 모바일, 콘솔 등에서 실행할 수 있습니다. 3D 게임 개발에는 제한이 있으며, 2D 게임에 주로 사용됩니다.

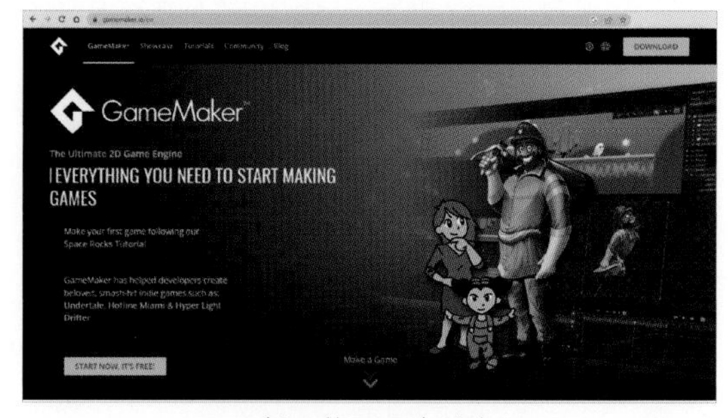

▲ https://gamemaker.io/en

3D 아티스트와 유니티

이 책에서 앞으로 주로 다루게 될 내용이며 3D 아티스트로서 유니티 3D 엔진을 잘 다루기 위해 집중해야 할 주요 부분을 소개하자면 다음과 같습니다:

- **3D 모델링 및 텍스처링**: 유니티에서는 3D 모델링 소프트웨어를 사용하여 게임 오브젝트의 모델링을 진행합니다. 따라서 3D 아티스트로서는 3D 모델링 기술을 익히고, 다양한 오브젝트를 만들어내는 능력을 갖추어야 합니다. 또한, 텍스처링 기술을 익히고 텍스처를 생성하여 모델에 적용하는 작업도 중요합니다.
- **쉐이더 작업**: 유니티에서는 쉐이더를 사용하여 오브젝트의 시각적인 효과를 제어합니다. 3D 아티스트로서는 쉐이더 작업에 대한 이해 능력을 갖추어야 합니다. 또한, 쉐이더를 통해 빛, 그림자, 반사 등의 시각적인 요소를 조작하여 게임 화면의 퀄리티를 높일 수 있습니다.
- **라이팅 및 조명**: 유니티에서는 라이팅과 조명을 통해 게임 화면의 분위기와 시각적인 효과를 조절합니다. 3D 아티스트로서는 라이팅과 조명에 대한 이해와 기본적인 조명 설정 능력을 갖추어야 합니다. 다양한 조명 기법과 재질 설정을 통해 게임 화면에 현실적인 조명 효과를 구현할 수 있습니다.
- **자원 최적화**: 유니티 게임 개발에서는 성능 최적화가 매우 중요합니다. 3D 아티스트로서는 모델과 텍스처의 최적화에 집중할 필요가 있습니다.
- **메쉬 및 텍스처 옵션 설정**: 유니티에서는 메쉬 및 텍스처의 재질과 옵션을 설정하여 자원 사용을 최적화할 수 있습니다. 3D 아티스트로서는 메쉬의 콜라이더(Collider) 설정, 뷰 프러스텀(View Frustum) 설정, 로드(Load) 범위 설정 등을 이해하고 적절히 조절해야 합니다. 이를 통해 게임 실행 중에 필요한 자원만을 로드하여 성능을 개선할 수 있습니다.

이러한 요소들을 고려하여 자원 최적화 작업을 실시하면서 유니티 3D 엔진을 잘 다루어야 합니다. 또한, 성능 테스트와 프로파일링을 통해 게임 실행 중의 성능 이슈를 식별하고 개선할 수 있습니다.

끝으로, 지속적인 학습과 개발 경험이 필요합니다. 새로운 유니티 기능과 업데이트를 주시하고, 게임 개발 커뮤니티와 교류하여 다른 개발자들과의 경험 공유를 통해 지식을 확장해야 합니다. 또한, 프로젝트를 진행하면서 발생하는 문제를 해결하고, 다양한 프로젝트에 참여하여 다양한 경험을 쌓아 나가는 것이 중요합니다.

유니티 활용도를 최상으로 이끌어 줄 유용한 사이트

유니티를 학습하거나 실제 프로젝트에 적용해서 활용하는데 정말 유용한 몇몇 조력자 같은 리소스들이 있습니다.

이러한 공개되어 있는 리소스들을 잘 활용한다면 엄청난 학습효과, 작업 능률 향상을 얻을 수 있습니다. 실제 프로젝트를 진행하기에 충분한 인력확보가 힘든 소규모 팀의 경우 이러한 외부 리소스들로부터 상업용 에셋을 구매하여 프로젝트 작업들을 진행하고 있습니다.

유니티를 이용하여 게임이나 다양한 앱 프로젝트를 개발할 때 유용하게 활용할 수 있는 다양한 외부 리소스들이 있습니다. 이제 몇 가지 예시를 들어 설명해드리겠습니다:

■ **에셋 스토어**(Asset Store)

유니티 에셋 스토어는 개발자들이 게임 및 앱 개발에 사용할 수 있는 다양한 리소스를 제공하는 플랫폼입니다. 2D/3D 에셋, 애니메이션, 텍스처, 사운드, FX, UI, 에디터 확장 도구, 스크립트 등 다양한 에셋을 구매하거나 무료로 다운로드하여 프로젝트에 적용할 수 있습니다. 유니티를 활용해서 무언가 하려고 할 때 최고의 리소스가 바로 에셋 스토어입니다.

유니티를 활용하는 거의 모든 분야의 리소스들을 모아놓았기 때문에 무언가 필요하면 우선 찾아봐야 하는 리소스이고 본인에게 필요한 에셋을 잘 검색하여 무료로 혹은 저렴한 비용으로 구매하여 작업 효율을 높일 수 있습니다. 물론 수천, 수만개의 에셋 리스트가 존재하므로 전부를 볼 수는 없겠지만 한 번쯤은 시간을 들여서 각 카테고리별로 필터링 조건을 걸어서 어떤 에셋들이 있나 둘러보는것도 좋습니다.

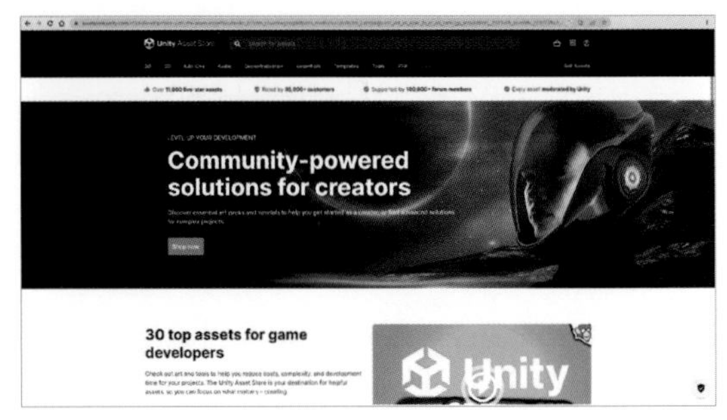

▲ https://assetstore.unity.com/

■ 온라인 그래픽 리소스

게임이나 앱의 그래픽 퀄리티를 높이기 위해 온라인에서 다양한 그래픽 리소스를 찾아 활용할 수 있습니다. 예를 들어, 고품질의 3D 모델, 텍스처, 이펙트, 쉐이더 등을 온라인에서 구매하거나 무료로 다운로드하여 프로젝트에 적용할 수 있습니다. 대표적인 3D 모델 리소스로 다음과 같은 사이트들이 있습니다.

- **Sketchfab**: Sketchfab은 다양한 아티스트와 디자이너들이 제작한 3D 모델을 공유하는 플랫폼입니다. 이곳에서는 다양한 카테고리의 3D 모델을 검색하고 원하는 모델을 라이선스에 맞게 사용할 수 있습니다.
- **TurboSquid**: TurboSquid는 전 세계의 디자이너와 아티스트가 제작한 수많은 3D 모델을 제공하는 사이트입니다. 다양한 카테고리와 스타일의 3D 모델을 검색하여 필요한 리소스를 찾을 수 있습니다.
- **CGTrader**: CGTrader는 프로페셔널한 3D 모델링 리소스를 제공하는 사이트로, 게임 및 앱 개발에 필요한 다양한 3D 모델을 찾을 수 있습니다. 또한 사용자들이 직접 3D 모델을 판매하고 구매할 수 있는 커뮤니티 기반 사이트입니다.
- **3D Warehouse**: 3D Warehouse는 Trimble에서 운영하는 온라인 3D 모델 라이브러리입니다. SketchUp 사용자들이 제작한 다양한 3D 모델을 검색하고 다운로드하여 유니티 프로젝트에 활용할 수 있습니다.

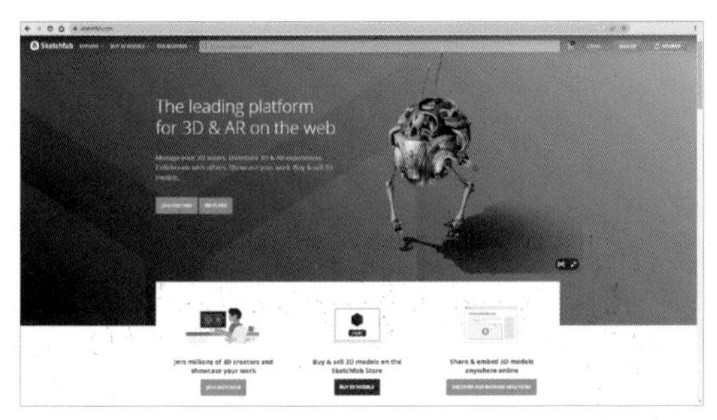

▲ https://sketchfab.com/feed

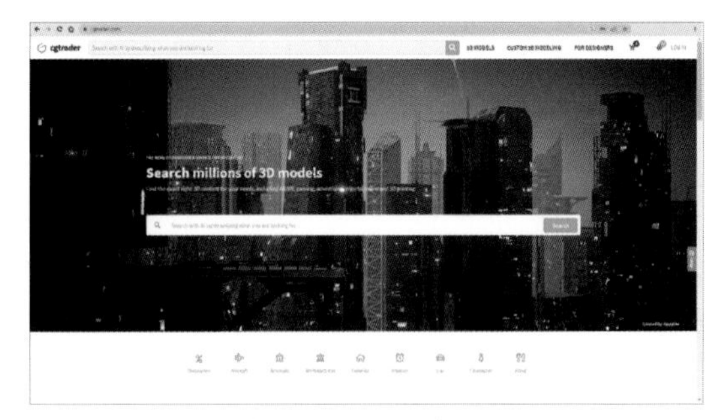

▲ https://www.cgtrader.com/

■ 텍스처/머티리얼 라이브러리

텍스처 라이브러리는 다양한 종류의 텍스처를 제공하여 게임의 그래픽 품질을 향상시킬 수 있습니다. 사실적인 텍스처, 환경 맵, 캐릭터 텍스처 등을 제공하는 라이브러리를 사용하여 게임의 시각적인 퀄리티를 높일 수 있습니다. 대표적으로 PBR머티리얼 뿐만 아니라 다양한 텍스처 소스들을 구할 수 있는 Textures.com이라든지 HDR 이미지 리소스로 더 유명한 Poly Haven 같은 사이트가 아주 유용한 리소스입니다.

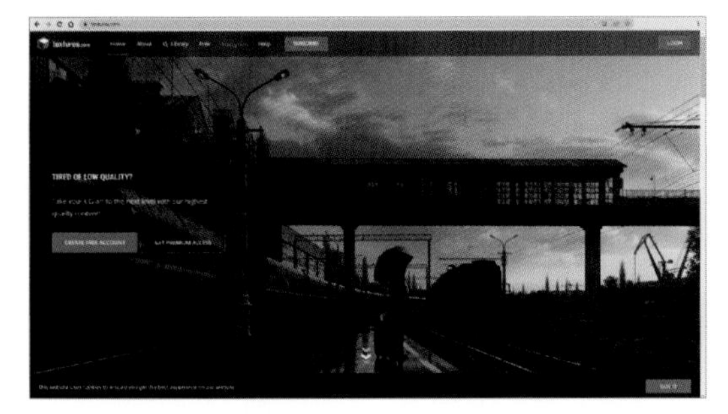

▲ https://www.textures.com/

▲ https://polyhaven.com/

특히 AmbientCG 같은 사이트의 경우 무료로 특별한 허가 없이 상업적인 용도로 카피, 수정, 배포가 가능한 Creative Commons CC0 라이선스를 제공하는 곳입니다. 출처를 밝혀주는 정도의 매너를 보여주면 좋지만 이마저도 권장 사항입니다. 학습이나 개인 프로젝트용으로 충분한 퀄리티의 라이브러리를 제공하니 이용해 보면 좋습니다.

▲ https://ambientcg.com/

■ **애니메이션 라이브러리**

2D 또는 3D 애니메이션을 개발할 때 애니메이션 라이브러리를 활용할 수 있습니다. 캐릭터 애니메이션, 이펙트 애니메이션, UI 애니메이션 등 다양한 종류의 애니메이션을 제공하는 라이브러리를 사용하여 프로젝트에 적용할 수 있습니다. 캐릭터 애니메이션 관련 대표적인 사이트가 바로 Adobe의 Mixamo입니다.

▲ https://www.mixamo.com/#/

■ **사운드 라이브러리**

게임이나 앱에 사용할 사운드 효과를 위해 사운드 라이브러리를 활용할 수 있습니다. 풍부한 음향 효과를 제공하는 라이브러리들은 게임의 분위기를 향상시키고 사용자 경험을 풍부하게 만들어줍니다. 특히 게임이나 앱에 사용할 수 있는 로열티 프리 음악과 사운드 이펙트를 활용할 수 있습니다. 이러한 리소스들은 저작권 문제없이 사용할 수 있으며, 게임이나 앱의 분위기와 사용자 경험을 향상시키는 데 도움을 줄 수 있습니다.

대표적인 음악 라이브러리로는 Epidemic Sound, AudioJungle, PremiumBeat 등이 있고 커뮤니티 기반 사운드 이펙트 사이트에 가입하여 다른 사용자들이 업로드한 로열티 프리 사운드 이펙트를 활용할 수도 있습니다. 대표적인 사이트로는 Freesound, SoundBible 등이 있습니다.

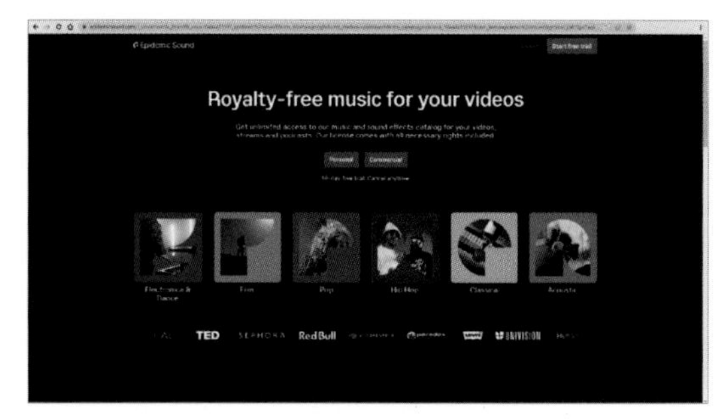

▲ https://www.epidemicsound.com/

■ **플러그인 마켓 플레이스**

외부 플러그인 마켓 플레이스에서는 유용한 플러그인들을 찾아서 사용할 수 있습니다. 예를 들어, 게임 내 결제 시스템을 간편하게 구현해 주는 페이먼트 플러그인, 소셜 로그인 기능을 제공하는 인증 플러그인, 라이브 스트리밍을 위한 오디오, 비디오 지원 여러 종류의 플러그인 등을 활용할 수 있습니다. 이러한 플러그인들은 개발 시간을 단축시켜주고 기능을 확장하는 데 도움을 줍니다. 이 외에도 유니티 생태계에서는 많은 플러그인 마켓 플레이스와 개발자 커뮤니티가 존재하므로, 다양한 플러그인을 검색하고 사용자 리뷰와 평점을 확인하여 프로젝트에 적합한 플러그인을 선택할 수 있습니다.

■ **튜토리얼 및 샘플 프로젝트**

게임이나 앱 개발에 처음 도전하는 경우, 튜토리얼부터 찾아보는 것을 습관으로 삼아도 좋을 만큼 유용한 고급 정보와 테크닉을 설명하고 있는 튜토리얼, 샘플 프로젝트들이 유튜브나 관련 커뮤니티에 넘칠 만큼 많이 있습니다. 이것들만 잘 따라해 보고 실습해 봐도 다른 교육이 필요 없을 정도로 유용한 자습 리소스가 될 것입니다.

유니티 공식 웹사이트에서는 공식 문서, 튜토리얼, 블로그, 포럼 등 다양한 자료를 제공하고 있으며, 다른 개발자들이 제작한 유용한 튜토리얼도 찾아볼 수 있습니다

■ **오픈소스 프로젝트**

오픈소스 프로젝트에서는 무료로 사용할 수 있는 다양한 자원들을 찾을 수 있습니다. GitHub와 같은 플랫폼에서 유니티 관련 오픈소스 프로젝트를 검색하여 필요한 리소스를 활용할 수 있습니다. 예를 들어, 게임 템플릿, 라이브러리, 툴킷 등을 활용하여 개발 속도를 높일 수 있습니다.

Unity

PART.

02

유니티 3D 엔진 자세히 들여다보기

유니티 3D 엔진의 기본 개념과 아키텍처

유니티 3D는 게임 개발을 위한 인기 있는 플랫폼으로, 3차원 가상 환경을 만들고 관리하는 데 사용됩니다. 이를 위해 다양한 도구와 기능을 제공합니다.

- **게임 오브젝트(Game object)**: 유니티 3D 엔진은 게임 오브젝트라는 개념을 기반으로 동작합니다. 게임 오브젝트는 게임 안에서 캐릭터, 아이템, 환경 요소 등을 나타내는 단위로 생각할 수 있습니다. 각 게임 오브젝트는 위치, 회전, 크기 등의 트랜스폼(Transform) 정보를 가지며, 스크립트(Script), 콜라이더(Collider), 렌더러(Render) 등의 컴포넌트를 추가하여 동작과 시각적인 표현을 조작할 수 있습니다.
- **씬(Scene)**: 유니티에서 게임은 씬(Scene)으로 구성됩니다. 씬은 게임 세계의 특정 영역을 나타내며, 게임 오브젝트들이 배치되는 공간입니다. 각각의 씬은 독립적으로 로드되고 관리될 수 있으며, 플레이어는 씬 간에 전환할 수 있습니다.
- **컴포넌트(Component)**: 유니티 3D 엔진에서 컴포넌트는 게임 오브젝트에 부착되어 동작과 표현을 제어합니다. 스크립트 컴포넌트를 추가하여 게임 로직을 구현하거나, 렌더러 컴포넌트를 추가하여 그래픽을 표현할 수 있습니다. 유니티는 다양한 내장 컴포넌트를 제공하며, 사용자 정의 컴포넌트를 생성할 수도 있습니다.
- **에셋(Asset)**: 에셋은 게임에 필요한 자원들을 나타냅니다. 텍스처, 3D 모델, 사운드, 애니메이션 등의 리소스가 에셋으로 사용될 수 있습니다. 에셋은 프로젝트 내에 저장되며, 씬에 로드되어 사용될 수 있습니다.
- **스크립팅**: 유니티 3D 엔진은 C# 스크립트를 사용하여 게임 로직을 구현합니다. 스크립트는 컴포넌트로 추가되어 게임 오브젝트와 상호작용하며, 키 입력, 충돌 감지, 애니메이션 제어 등 다양한 기능을 구현할 수 있습니다.
- **물리 시뮬레이션**: 유니티 3D 엔진은 물리 시뮬레이션을 지원하여 사실적인 물리 효과를 게임에 적용할 수 있습니다. 충돌 감지, 중력, 마찰력, 물리 속성 등을 설정하여 게임 오브젝트들이 현실적인 동작을 수행하도록 할 수 있습니다.
- **애니메이션**: 유니티 3D 엔진은 애니메이션을 생성하고 제어하는 기능을 제공합니다. 모델링된 캐릭터나 오브젝트에 애니메이션을 적용하여 움직임을 부여하거나, 복잡한 애니메이션 시퀀스를 만들 수 있습니다. 애니메이션 컨트롤러를 사용하여 애니메이션 상태와 전환을 관리할 수 있습니다.

- **스크립팅 API**: 유니티 3D 엔진은 다양한 스크립팅 API를 제공하여 개발자가 게임을 커스터마이징하고 확장할 수 있습니다. API를 통해 오브젝트 생성, 애니메이션 제어, 충돌 감지, 텍스처 로딩 등 다양한 기능을 프로그래밍적으로 조작할 수 있습니다.
- **빌드 및 배포**: 유니티 3D 엔진은 다양한 플랫폼에 대한 빌드와 배포를 지원합니다. 게임을 PC, 모바일 기기, 콘솔 등 다양한 플랫폼으로 빌드하여 실행할 수 있으며, 필요한 설정과 패키징을 통해 게임을 배포할 수 있습니다.

이와 같은 개념과 아키텍처를 이해하면 유니티 3D 엔진의 작동 원리를 더욱 자세히 이해할 수 있습니다. 유니티 공식 문서와 튜토리얼, 실습 프로젝트를 통해 실제로 적용해보면서 익숙해지는 것이 좋습니다. 그리고 필자가 계속해서 영어 용어를 병기하는 이유도 온라인 상에서 유니티를 배우거나 이를 이용하여 직접 게임을 개발할 때 이용하고 참고할 수 있는 엄청나게 많은 영어 버전의 튜토리얼과 팁들이 널려 있기 때문입니다. 구글이나 유튜브에서 영어로 관련 자료를 검색해 보시면 원하는 해답을 거의 놓치지 않고 얻게 될 것입니다.

유니티 설치하기

책을 집필하고 있는 현재 기준으로 2023년 6월 1일 유니티 2022 LTS 버전이 정식 릴리즈 되었습니다.

따라서 최신 버전인 유니티 2022 버전을 다운로드하고 인스톨하는 과정을 진행해보겠습니다.

이제 유니티를 인스톨해보겠습니다. 먼저 unity.com으로 가보면 첫 화면에 Download 버튼이 있습니다. 혹은 Dev Tools 메뉴 아래에 Download 하위 메뉴가 있으니 어느 것을 선택하여도 상관 없습니다. 여기에서 알아 두어야 할 것은 다운로드하는 파일이 유니티 허브(Unity Hub) 설치 파일이라는 사실입니다. 각 버전의 유니티는 유니티 허브를 이용하여 설치할 수 있습니다.

2-1 유니티 설치 최소 사양

유니티를 설치하기 위한 최소 시스템 요구 사양은 다음과 같습니다.

	Windows	macOS
운영체제	Windows 7 (SP1+), Windows 10 and Windows 11, 64비트 아키텍처	Mojave 10.14+ (Intel editor) Big Sur 11.0 (Apple silicon Editor)
CPU	X64 아키텍처 SSE2 instruction set 지원칩 (보통 Dual-core 1.8 GHz 또는 더 높은 성능의 프로세서)	X64 아키텍처 SSE2 instruction set 지원칩 (Intel processors)Apple M1 혹은 이상 (Apple silicon-based processors)
그래픽 API	DX10, DX11, and DX12 호환 GPU	Metal 호환 Intel, AMD GPU
기타	• 4GB 이상의 시스템 메모리 • 3GB 이상의 사용 가능한 하드 디스크 공간(설치 및 프로젝트 파일 저장) • .NET 4.6 Equivalent 또는 더 높은 버전	

이러한 요구 사항은 유니티 에디터를 실행하는 데 필요한 최소 사양입니다. 그러나 프로젝트의 규모나 복잡성에 따라 더 높은 하드웨어 사양이 필요할 수 있습니다. 게임을 개발하거나 실행할 때 더 강력한 하드웨어가 유용할 수 있습니다.

2-2 Window 버전 설치하기

01 Download 버튼을 눌러서 유니티 허브 설치 파일을 다운로드합니다.

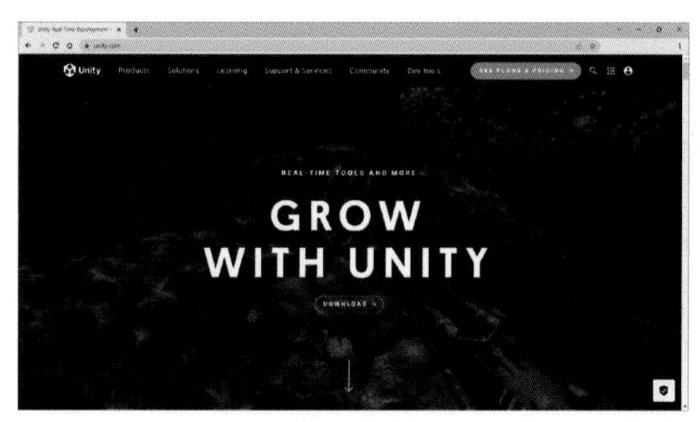

▲ https://unity.com/kr

02 사용 중인 OS 시스템에 맞는 설치 파일을 선택합니다.

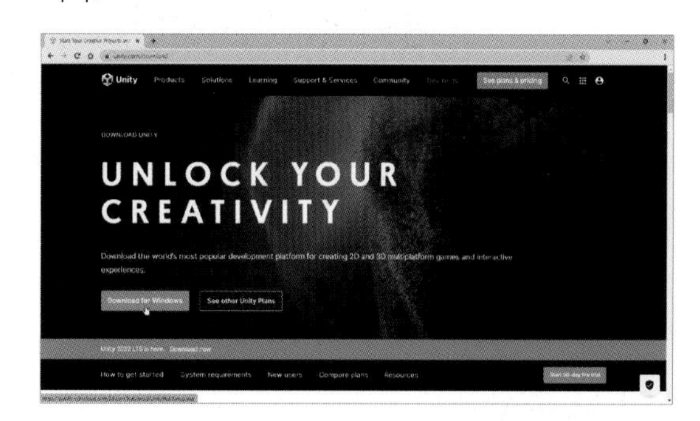

03 여기에서는 윈도우 버전 설치 파일을 다운로드하고 사용권 내용에 동의를 누르고 순서대로 설치를 진행하여서 유니티 허브를 설치합니다.

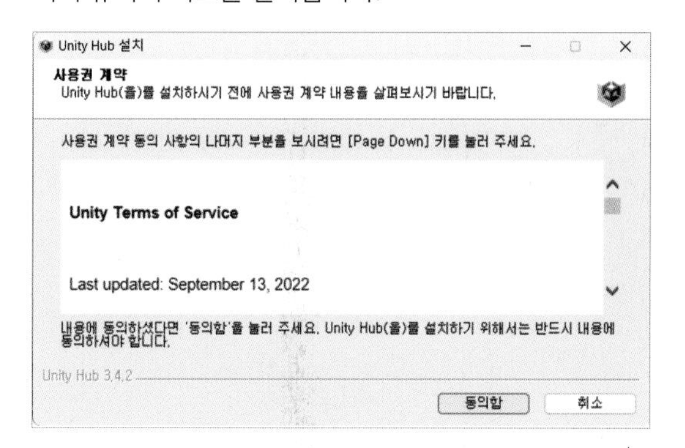

04 유니티 허브 설치를 마치면 이제 원하는 유니티 에디터를 선택해서 다운로드합니다. 여기에서는 최신 버전인 유니티 2022.3.0f1(LTS) 버전을 선택하겠습니다.

05 필요한 설치 파일이 다운로드 되면서 설치 과정이 진행됩니다.

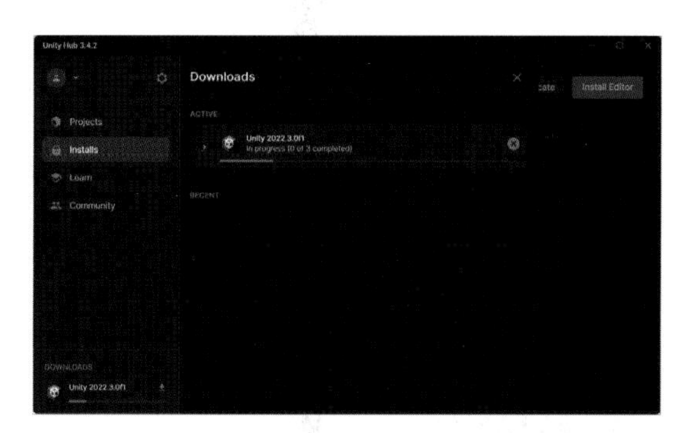

06 모든 설치가 완료되면 기본적인 유니티 에디터가 설치되었음을 확인할 수 있습니다.

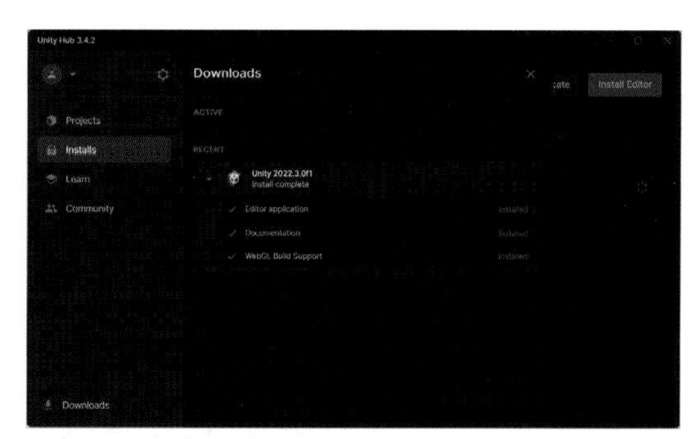

07 이제 프로젝트를 생성하고 유니티를 실행시켜야 하는데 왼쪽의 프로젝트를 선택하고 새로운 프로젝트를 생성하려고 하면 이런 에러 메시지를 볼 수 있습니다. 유니티를 사용하기 위해서는 유니티 계정으로 로그인을 먼저 해야 합니다.

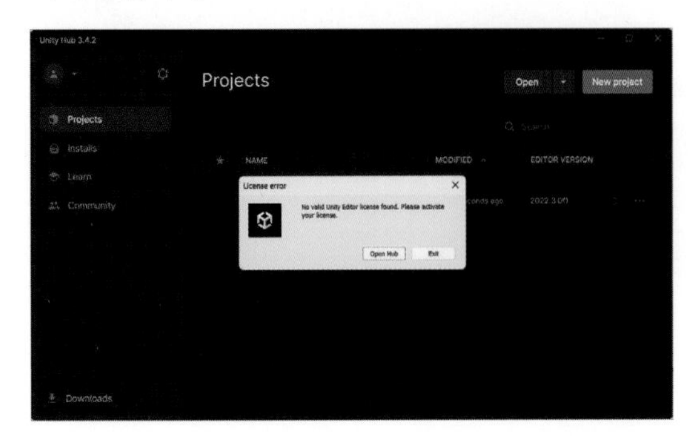

08 이미 유니티 계정을 가지고 있다면 유니티 허브에서 Sign in을 해주고 진행하면 되고 만약 유니티 계정이 없다면 새 계정(Create account)을 먼저 만들고 진행하면 됩니다.

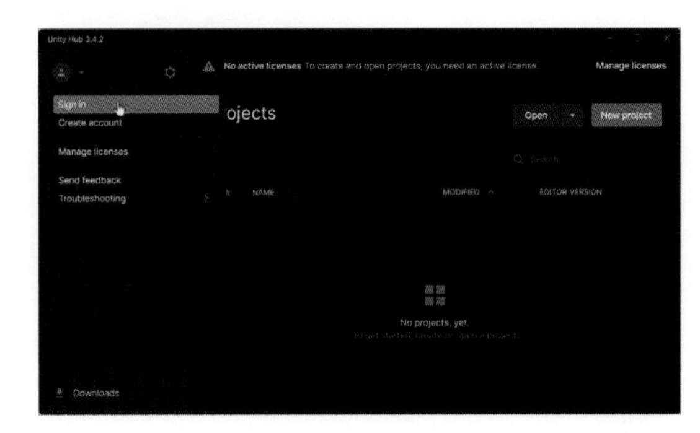

09 유니티 계정이 있으면 Sign in을 선택하면 로그인 페이지로 이동하게 되고 여기에서 아이디와 패스 워드를 입력하여 Sign in을 진행합니다.

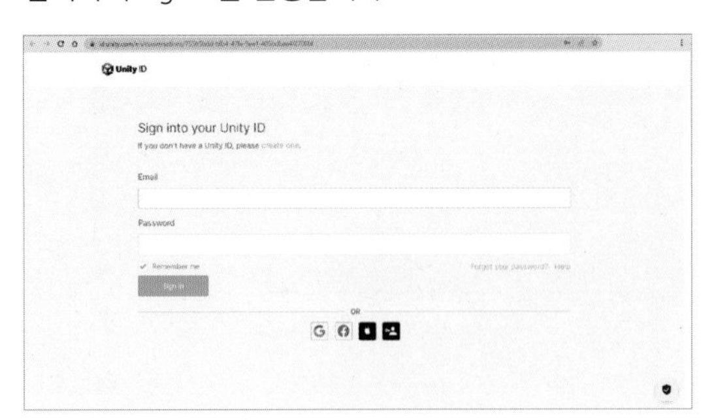

10 유니티 계정이 없다면 Create account를 선택하여 새 계정을 먼저 만들고 로그인을 해야 합니다.

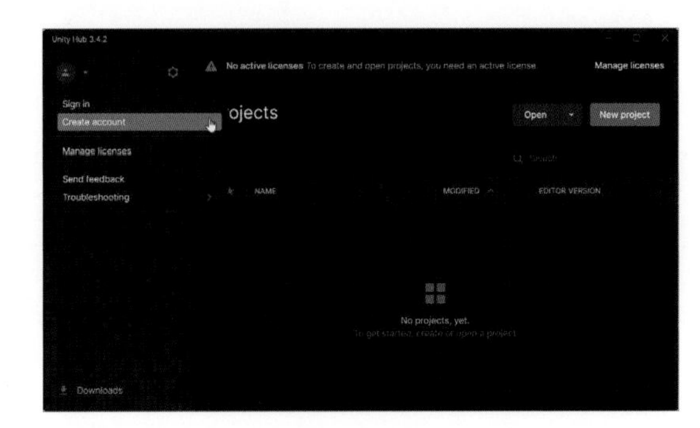

11 이메일, 패스 워드, 유저 네임 등을 설정하고 새 계정을 생성하고 이메일로 계정 활성화 확인을 해주면 계정을 만들고 로그인 할 수 있습니다.

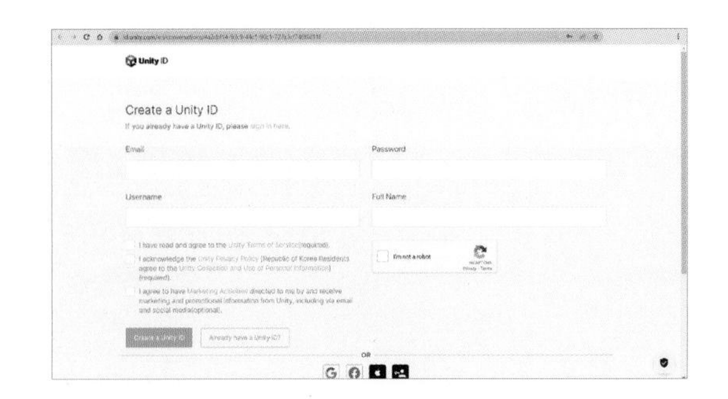

12 성공적으로 로그인을 하였다면 이제 유니티 라이선스를 설정해주겠습니다. 메시지에 보이는 Manage licenses 버튼을 선택하든지 왼쪽 톱니바퀴 모양의 설정(Preferences) 메뉴로 들어가서 Licenses 메뉴를 눌러도 동일한 과정을 진행할 수 있습니다.

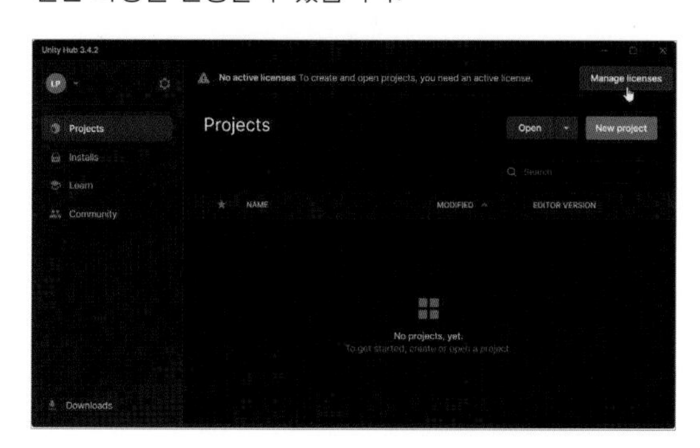

13 Add 버튼을 선택해서 유니티 라이선스를 등록해 주어야 합니다.

14 무료로 유니티를 사용할 수 있는 개인용 라이선스(Personal license)를 선택해 줍니다.

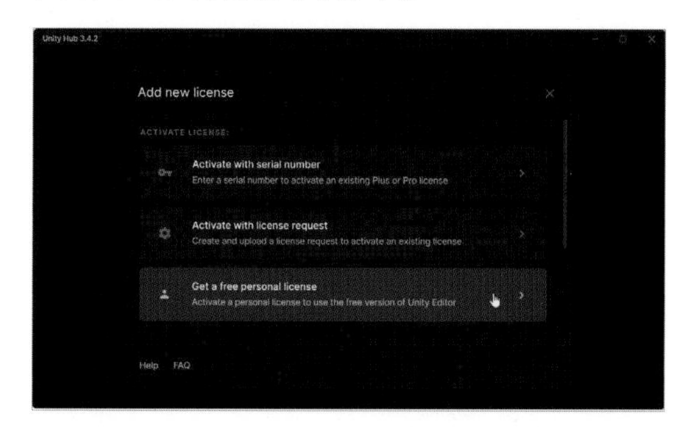

15 유니티 라이선스가 성공적으로 설치, 등록되었습니다.

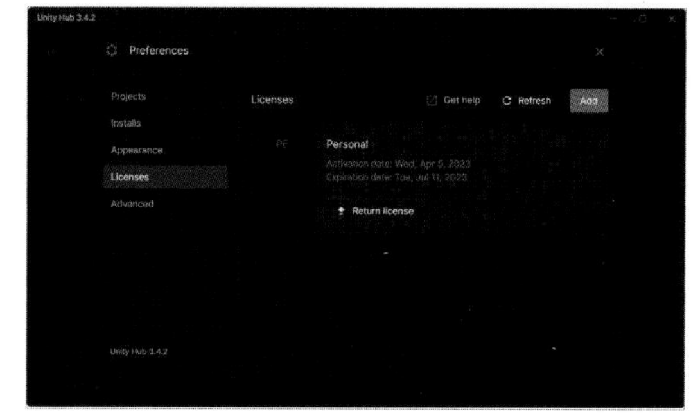

여기까지 하셨으면 유니티 허브와 유니티 에디터, 라이선스까지 성공적으로 설치하였고 지금부터 유니티 프로젝트를 생성하여 유니티를 실행시킬 수 있는 단계까지 오셨습니다.

그리고 유니티 허브 윈도우 왼쪽에 있는 톱니 모양(Preferences)을 선택하여 기본 설정에 대해서 조금 더 들여다보겠습니다.

16 프로젝트 저장 위치를 선택할 수 있습니다.

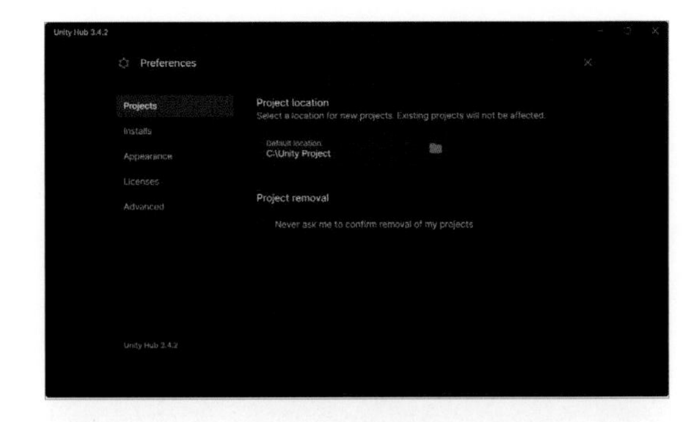

17 유니티 에디터가 설치되고 다운로드 파일들이 저장되는 위치를 선택할 수 있습니다.

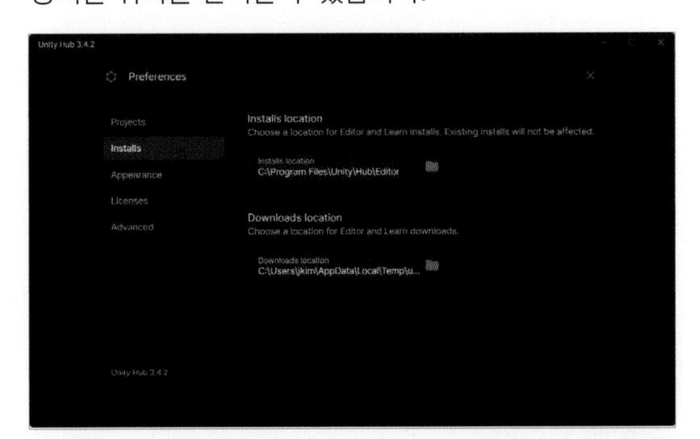

18 유니티 허브의 언어 및 스킨 관련 설정입니다.

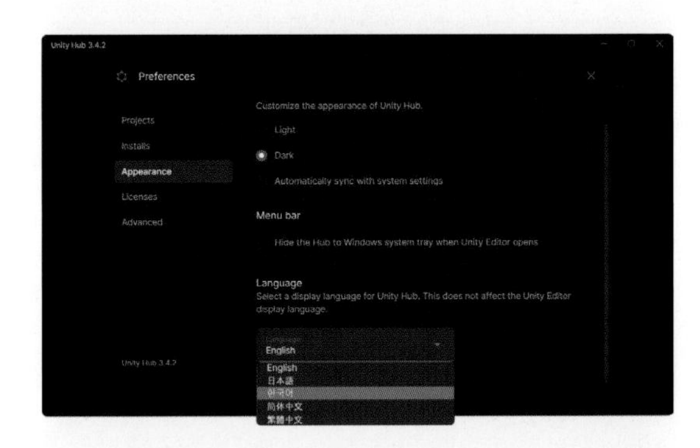

19 Advanced에서 Beta 채널을 선택하면 프리 릴리즈 베타 버전의 유니티 에디터가 자동으로 다운되고 설치가 됩니다. 이 기능을 사용하지 않는 디폴트 채널은 Production입니다.

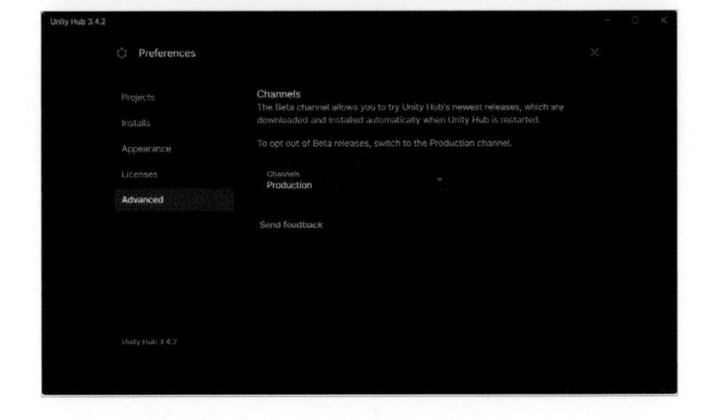

2-3 유니티 프로젝트 만들기

01 New project 버튼을 누릅니다.

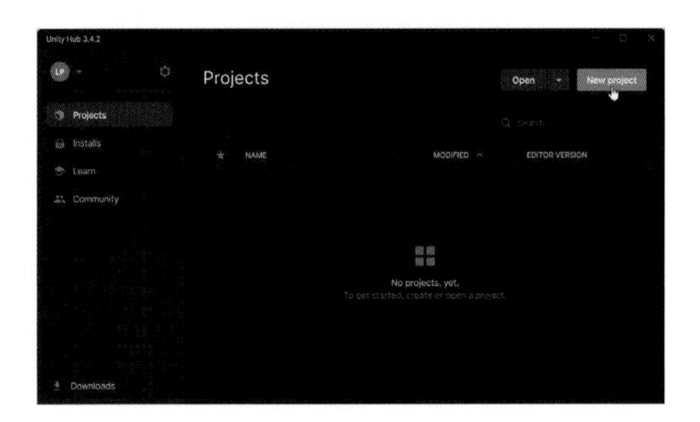

02 All templates 탭이 열리면서 사용자가 원하는 프로젝트 템플릿을 선택하고 다운로드 할 수 있습니다. 여기에서는 3D(URP)를 선택하고 Download template 버튼을 누릅니다.

03 다운로드된 후 적당한 프로젝트 이름과 위치를 선택하고 Create project 버튼을 누릅니다.

04 My Project가 새로 생성되었습니다.

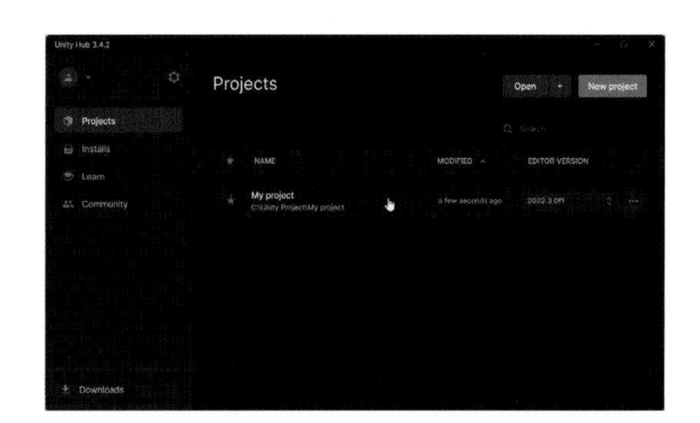

05 이 프로젝트를 선택하고 클릭을 하게 되면 유니티 에디터가 실행되면서 처음으로 유니티 화면을 볼 수 있게 됩니다.

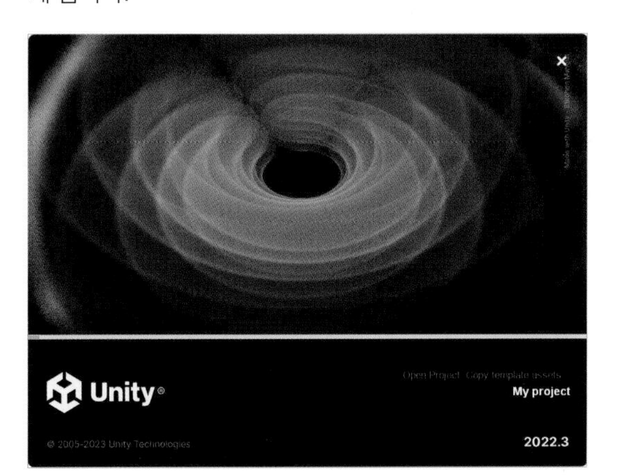

06 유니티 에디터 초기화면 모습입니다. 이 템플릿을 기본으로 이제 여러분들이 원하는 유니티 에디팅 작업을 진행할 수 있습니다. 유니티 기본 인터페이스에 대해서는 다음 장에서 자세하게 다루게 될 것입니다.

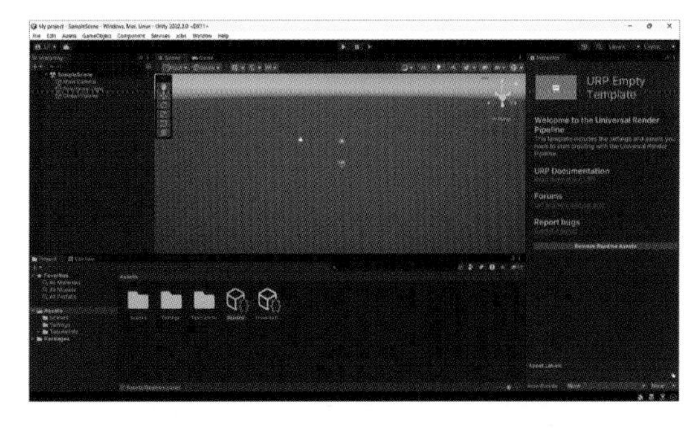

2-4 Platform Module 추가하기

01 이미 설치되어 있는 유니티 에디터에 추가로 Module을 설치할 수 있습니다. 유니티 허브에서 Installs 탭을 선택하면 현재 설치되어 있는 모듈 설정을 볼 수 있습니다.

여기에서는 WebGL과 Windows 모듈이 설치되어 있는 상태인데 더 다양한 플랫폼을 지원하기를 원하고 이 프로젝트를 안드로이드 버전으로 패키징을 원할 때 관련 모듈을 추가 설치할 수 있습니다.

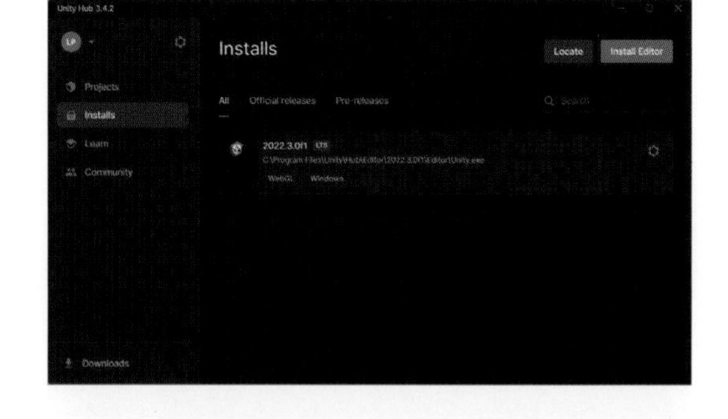

02 설치되어 있는 유니티 에디터 정보에서 오른쪽 톱니모양을 클릭해서 Add modules를 선택합니다.

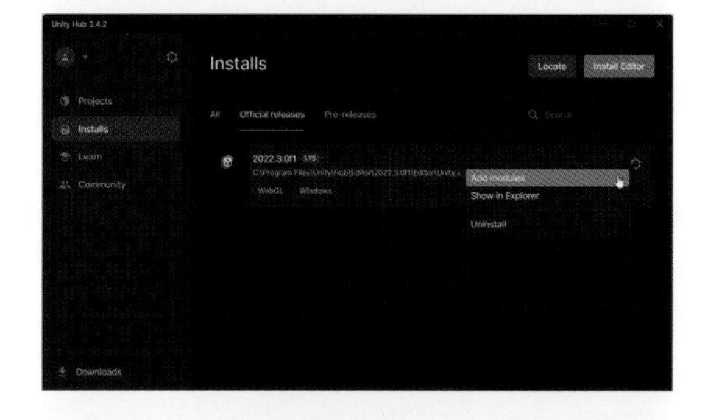

03 여기에서는 안드로이드 모듈을 설치해 보겠습니다. 보통 유니티 에디터를 설치할 때 컴퓨터에 Visual studio가 설치되어 있지 않다면 유니티 허브에서 자동으로 다운로드 후 설치를 하게 됩니다. 유니티 2022 버전의 모듈을 설치하려고 할 때 유니티 허브는 디폴트 값으로 Visual studio를 설치하게 되어 있으니 순서대로 사용 동의를 하면서 설치를 진행하면 됩니다.

04 Visual studio 2022 버전의 설치에 동의합니다.

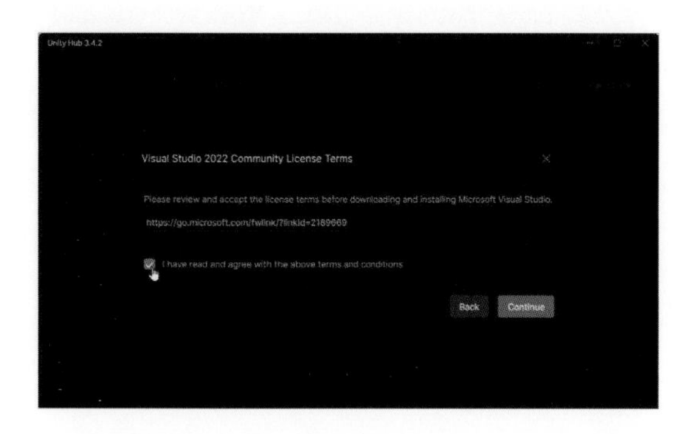

05 안드로이드 SDK 사용에 동의하고 Install 버튼을 누릅니다.

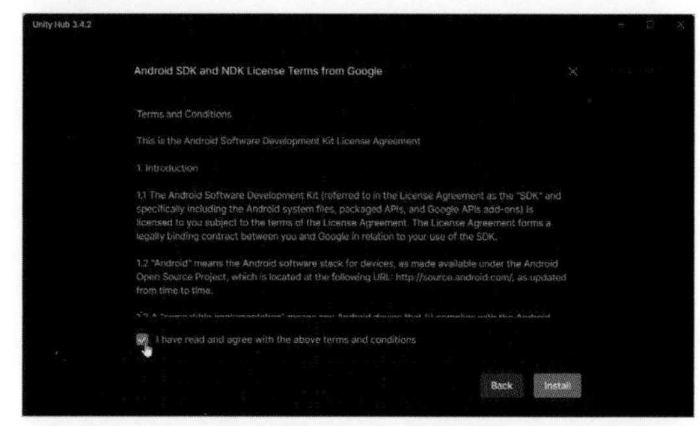

06 자동으로 Visual studio 2022가 설치가 시작됩니다.

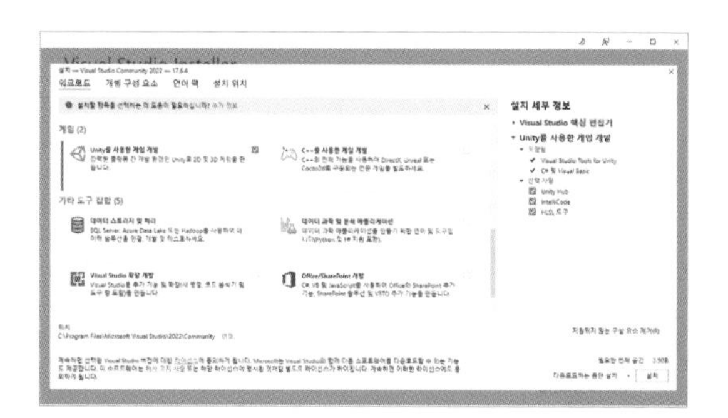

07 유니티 개발 옵션을 선택해 주고 설치를 누르면 됩니다.

08 안드로이드 모듈의 설치가 성공적으로 완료되었습니다.

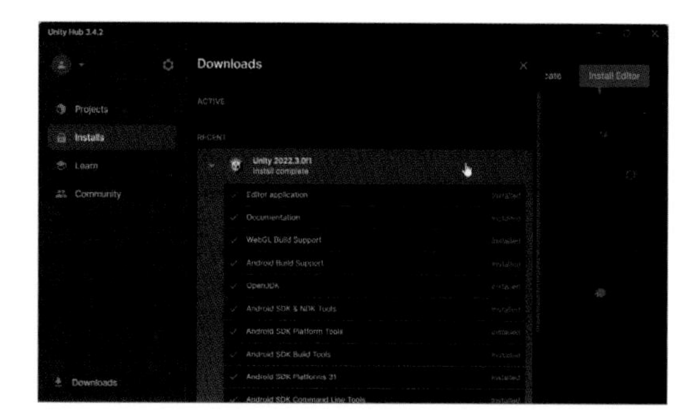

유니티 에디터에서 선택 가능한 플랫폼 모듈은 게임을 배포하려는 특정 플랫폼 또는 디바이스에 대한 지원을 의미합니다. Unity는 다양한 플랫폼에 게임을 개발하고 배포할 수 있는 유연성을 제공합니다.

2-5 유니티 주요 플랫폼 모듈

여기에서 몇 가지 주요 플랫폼 모듈을 설명하겠습니다:

- **PC, Mac & Linux Standalone**: 이 모듈은 Windows, macOS 및 Linux 운영체제에 대한 데스크톱 게임을 개발하고 배포하는 데 사용됩니다. 이 플랫폼에서는 게임 실행 파일을 생성하고 디버깅할 수 있습니다.
- **Android**: 이 모듈은 안드로이드 기반 모바일 디바이스와 태블릿에 게임을 배포하는 데 사용됩니다. 유니티에서 안드로이드 APK 파일을 빌드하고 배포할 수 있으며, Android 특정 기능과 플랫폼에 대한 지원을 제공합니다.
- **iOS**: 이 모듈은 iOS 기반 iPhone 및 iPad와 같은 Apple 디바이스에 게임을 배포하는 데 사용됩니다. Xcode와의 통합을 지원하며, iOS 앱 스토어로 게임을 게시할 수 있습니다.
- **Universal Windows Platform(UWP)**: UWP 모듈은 Windows 10 및 Xbox 플랫폼에 게임을 개발하고 배포하는 데 사용됩니다. 이 모듈은 Windows 스토어 및 Xbox 스토어에서 게임을 게시할 수 있도록 지원합니다.

- **WebGL**: 이 모듈은 웹 브라우저에서 실행되는 게임을 개발하고 배포하는 데 사용됩니다. Unity로 작성된 게임을 웹 브라우저에서 플레이할 수 있게 해주며, 웹 호스팅 또는 웹 플랫폼에 게시할 수 있습니다.
- **Nintendo Switch**: 이 모듈은 닌텐도 스위치 플랫폼에 게임을 개발하고 배포하는 데 사용됩니다. Unity를 사용하여 스위치 게임을 제작할 수 있습니다.
- **PlayStation**: PlayStation 모듈은 PlayStation 4 및 PlayStation 5와 같은 소니 플레이스테이션 플랫폼에 게임을 개발하고 배포하는 데 사용됩니다.
- **Xbox**: Xbox 모듈은 Xbox One 및 Xbox Series X/S와 같은 마이크로소프트 Xbox 플랫폼에 게임을 개발하고 배포하는 데 사용됩니다.

이상 유니티의 일부 플랫폼 모듈 중 일부에 대해서 간략하게 알아보았습니다.

2-6 추가 유니티 에디터 설치하기

01 유니티 허브를 통해서 원하는 다른 버전의 유니티 에디터를 설치할 수 있습니다.

Installs 탭에서 Install Editor 버튼을 클릭하면 Official Releases, Pre-releases, Archive 3가지 옵션을 볼 수 있습니다.

02 다른 버전의 Official Releases 유니티 에디터를 설치할 수도 있습니다.

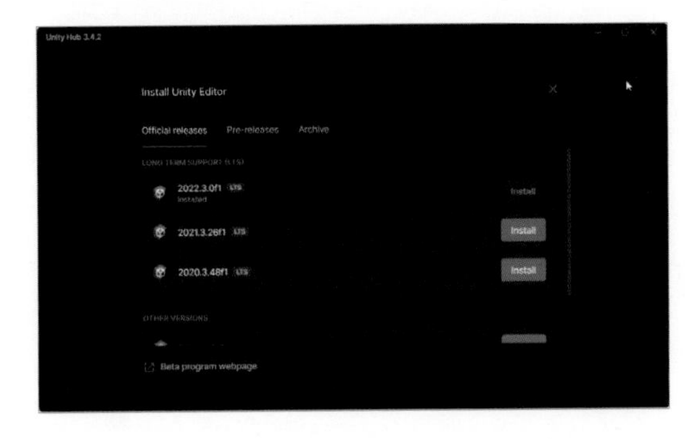

03 Pre-releases 베타 버전을 설치할 수 있습니다.

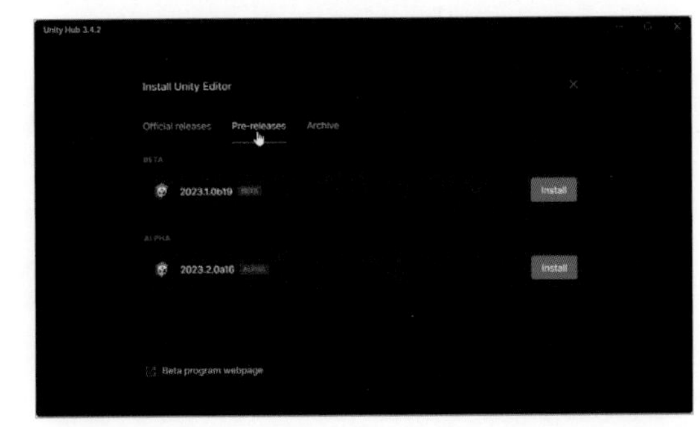

04 Archive를 선택하여 과거 버전의 에디터를 선택해서 설치할 수 있습니다. Download archive 링크를 클릭하면 웹 브라우저에서 유니티 아카이브 페이지로 이동하게 됩니다.

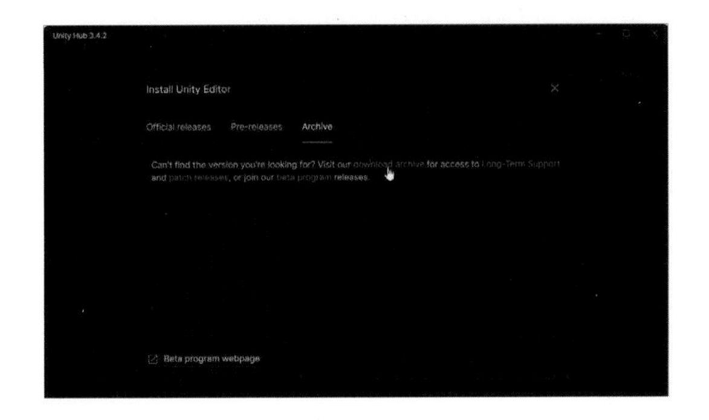

05 아카이브 페이지에서 원하는 특정 버전의 유니티 에디터를 선택합니다.

06 여기에서는 유니티 2021.3.21f1 버전을 선택해서 유니티 Hub 버튼을 클릭하고 유니티 Hub 열기를 선택합니다.

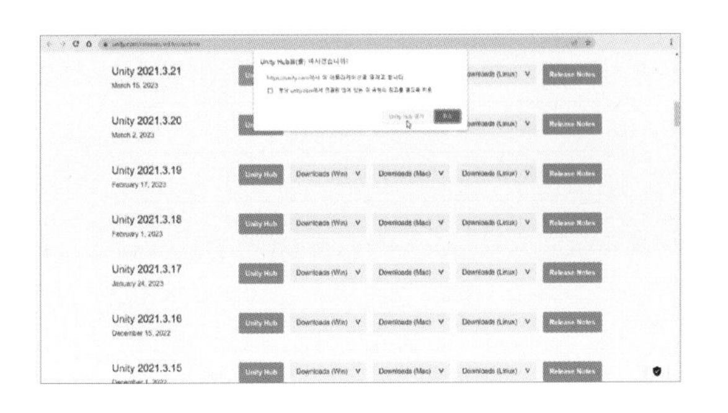

07 유니티 허브로 돌아와서 순서대로 설치를 진행하면 됩니다. 2021 버전에서는 Visual studio 2019 버전과 Android 모듈이 기본값으로 선택되어 있는 것을 볼 수 있습니다.

08 유니티 2021 버전이 추가로 설치가 되었습니다.

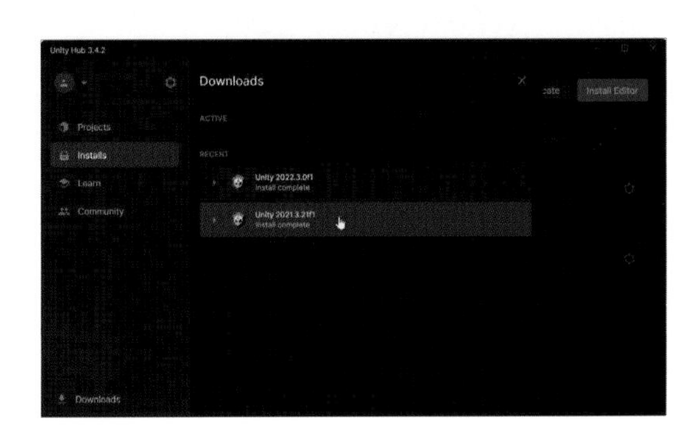

2-7 추가 프로젝트 생성하기

01 이제 새로 설치한 유니티 2021 버전으로 새 프로젝트를 추가해 보겠습니다.

Projects 탭에서 New Project 버튼을 클릭합니다. All templates 창 상단에 에디터 버전을 선택할 수 있는 옵션이 있습니다. 여기에서 2021.3.21f1을 선택합니다.

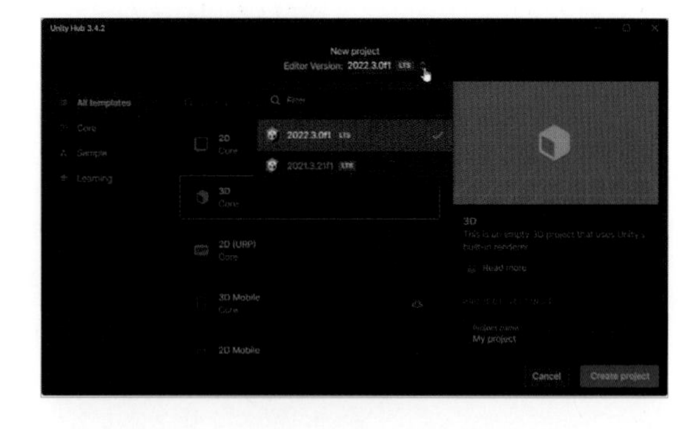

02 원하는 템플릿을 선택하고 프로젝트 이름 등을 원하는 대로 설정하고 Create project 버튼을 누르면 됩니다.

03 여기에서는 3D(HDRP) 템플릿을 선택하고 My project_2021.3.21f1_HDRP라는 이름으로 설정해 보겠습니다.

04 2021 버전의 새로운 프로젝트가 생성되었습니다.

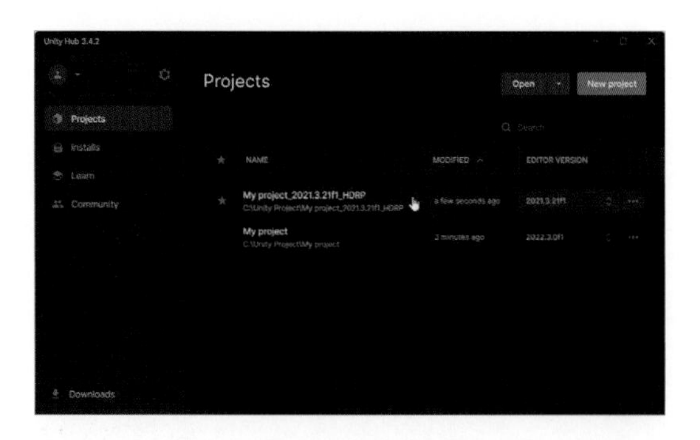

05 My project_2021.3.21f1_HDRP를 클릭하면 유니티 2021 에디터가 실행됩니다.

06 유니티 2021 버전의 에디터 초기화면입니다.

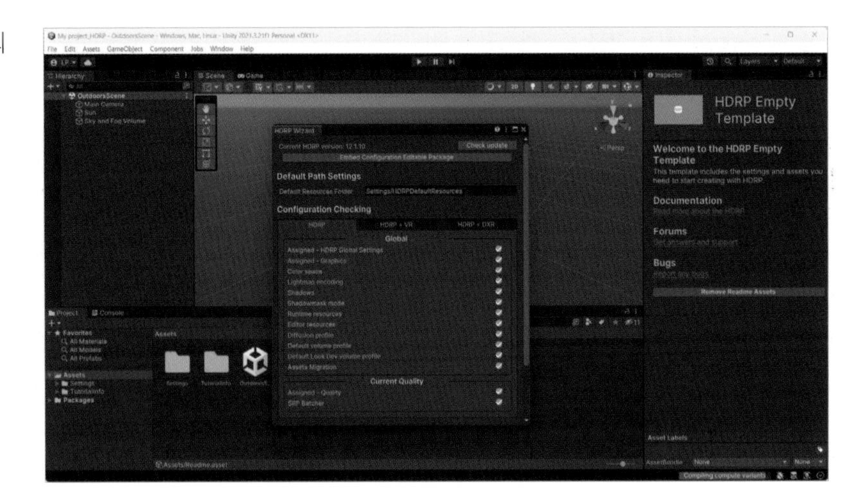

2-8 기존 프로젝트 이름 변경하기

01 기존의 프로젝트 이름을 다른 이름으로 변경하는 것도 가능하지만 유니티 허브에서 반드시 변경된 프로젝트를 다시 불러와서 인식을 시켜줘야 합니다. 직접 프로젝트가 저장되어 있는 폴더를 찾아서 열거나 정확한 위치를 모를 경우, 유니티 허브에서 프로젝트 이름 옆에 있는 More 메뉴(…)를 클릭해서 Show in explorer를 선택해도 됩니다.

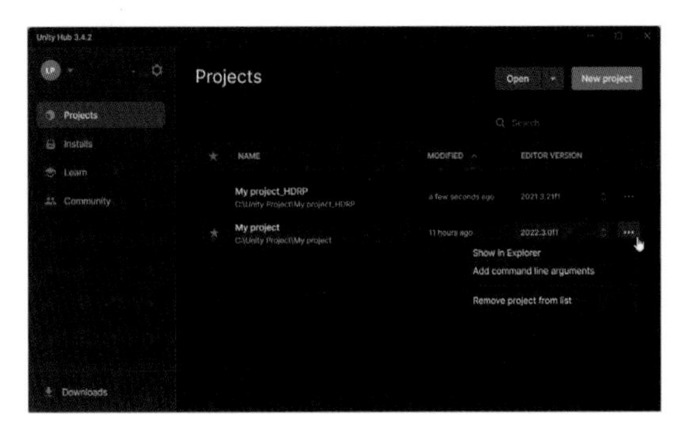

02 프로젝트 폴더 이름을 원하는 이름으로 바꾸어 줍니다. 여기서는 My project_URP, My project_HDRP로 변경하였습니다.

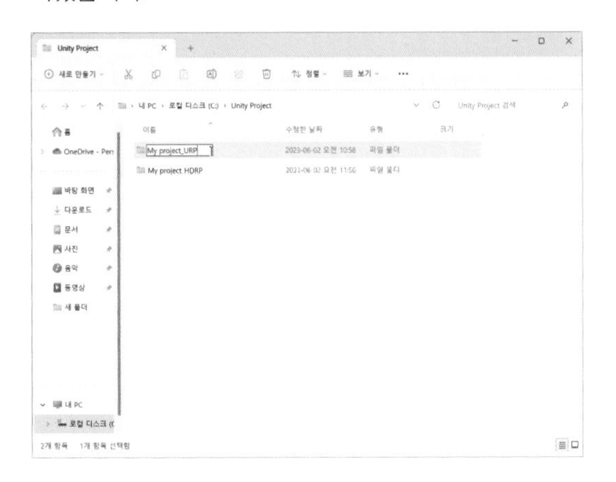

03 저장위치 폴더에서 프로젝트 이름을 변경했지만 유니티 허브에서는 자동으로 업데이트 하지 않습니다. 여기에서 My project_HDRP의 경우 우선 변경, 업데이트를 해 두었습니다. My project를 변경해 보겠습니다.

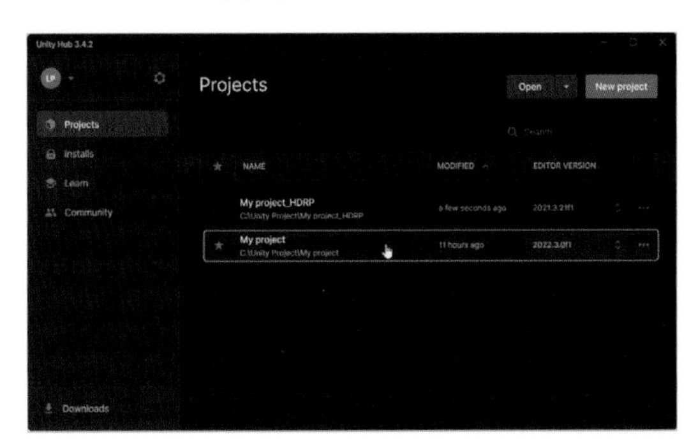

04 My project라는 이전 프로젝트명을 클릭하면 유니티 허브는 이를 찾지 못하고 에러 메시지를 내보냅니다.

05 Open 버튼 옆의 삼각형 옵션을 클릭하고 Add project from disk를 선택합니다.

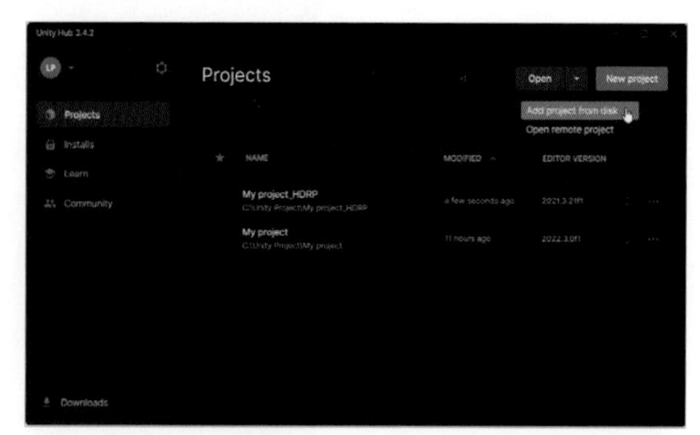

06 이름을 변경해 놓은 프로젝트 폴더를 선택합니다.

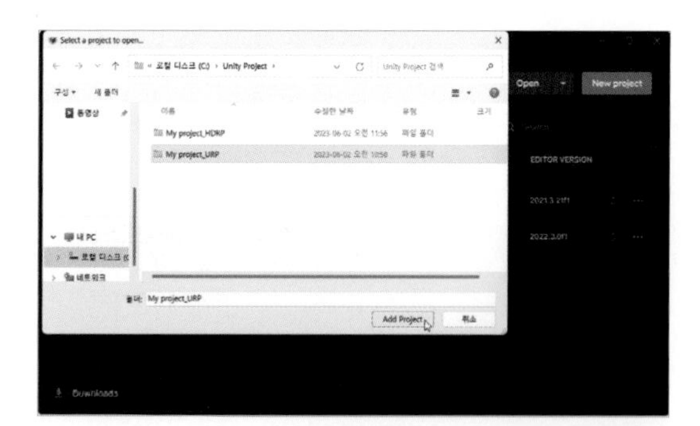

07 유니티 허브에서 새 프로젝트 이름으로 업데이트 되었습니다.

2-9 macOS 버전 설치하기

01 맥 버전 유니티 설치 과정은 기본적으로 윈도우 버전과 동일합니다.

unity.com의 첫 화면에 Download 버튼을 눌러서 유니티 허브 설치 파일을 다운로드합니다.

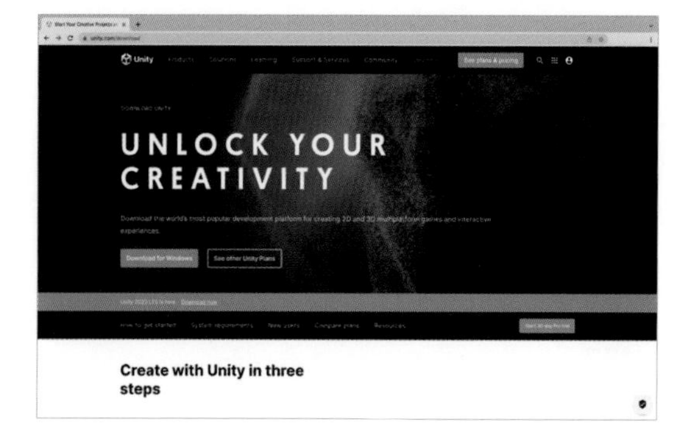

02 화면을 약간 아래로 스크롤해서 Download for Mac을 클릭합니다.

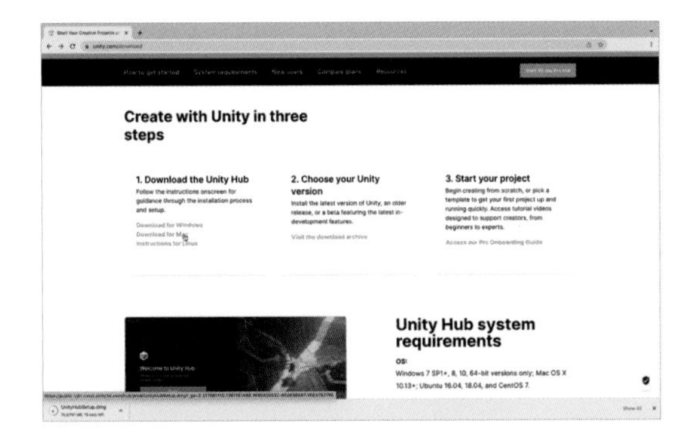

03 유니티 허브 라이선스 동의서에 동의를 합니다.

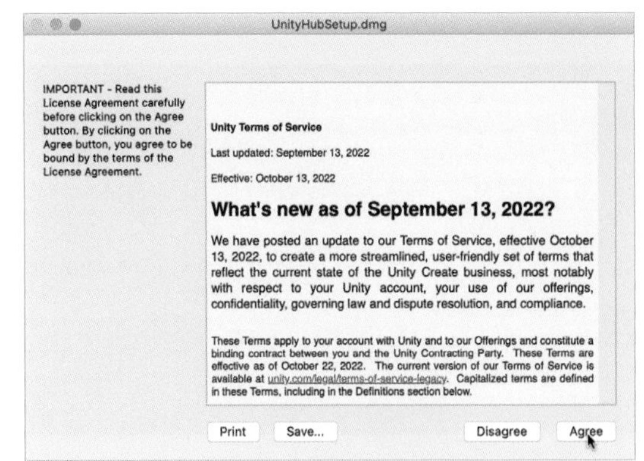

04 설치 파일이 다운로드 된 후 다음 윈도우 안에 있는 유니티 Hub 아이콘을 Applications 폴더로 드래그 앤 드롭해서 설치를 진행합니다.

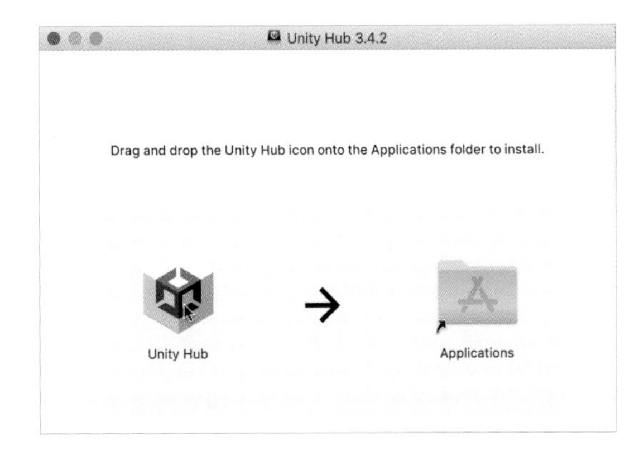

05 설치가 완료된 후 유니티 Hub를 엽니다.

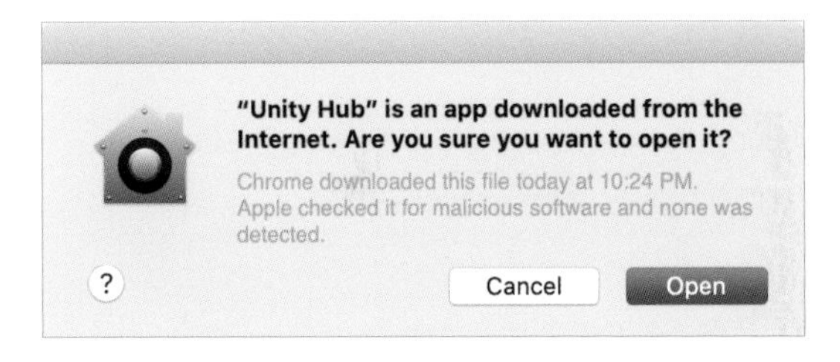

06 유니티 허브를 시작하기 위해서 Sign in을 해야 합니다. 윈도우 버전 설치 때와 마찬가지로 유니티 계정을 가지고 있으면 유니티 아이디와 패스워드를 이용해서 Sign in을 하면 되고 만약 계정이 없다면 Create account를 클릭해서 새로 계정부터 만들어야 합니다.

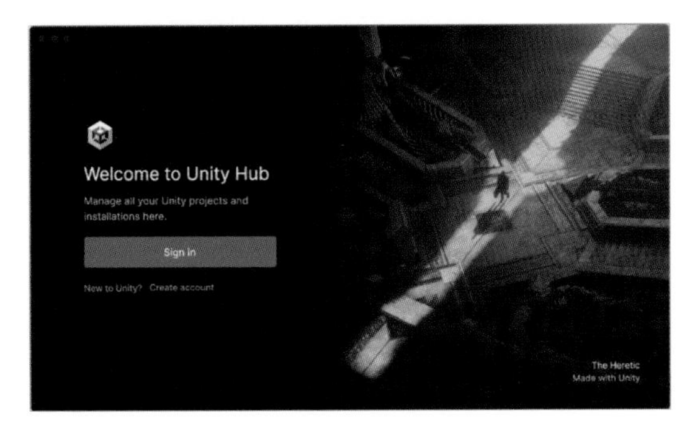

07 유니티 허브를 성공적으로 설치하고 나면 원하는 버전의 유니티 에디터를 선택해서 설치하면 됩니다. 윈도우 버전과 동일한 과정입니다. 여기서는 최신 버전 2022.3.0f1을 설치하겠습니다.

08 성공적으로 유니티 에디터를 설치하였습니다.

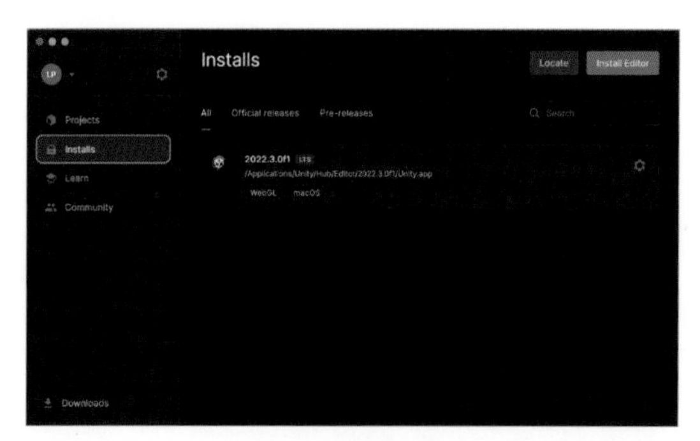

09 이제 새 프로젝트를 생성하겠습니다. New project 버튼을 누릅니다

10 필요한 템플릿을 선택하여 다운로드한 후 적당한 프로젝트 이름을 설정하고 Create project 버튼을 눌러서 생성을 마칩니다.

여기에서는 3D(URP) 템플릿을 선택하겠습니다.

11 유니티 허브에서 새로 만든 프로젝트를 선택하여 유니티를 처음으로 실행시킵니다.

12 맥 버전의 유니티 에디터 초기 화면입니다.

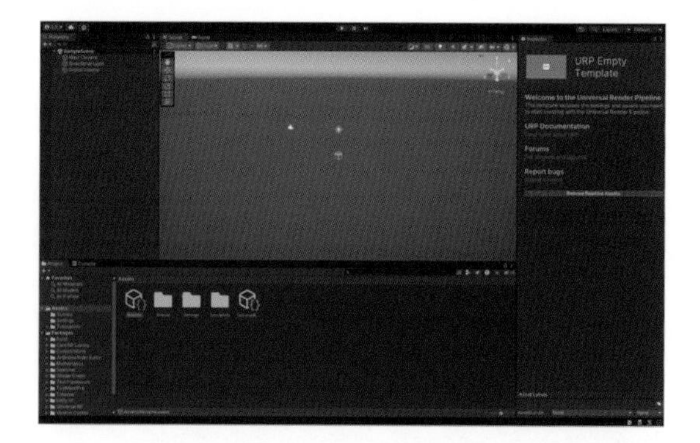

13 설치된 유니티 에디터에 iOS 모듈을 추가해 보겠습니다. Installs 탭에서 2022.3.0f1 오른쪽 톱니 모양 아이콘을 클릭하여 Add modules를 선택합니다.

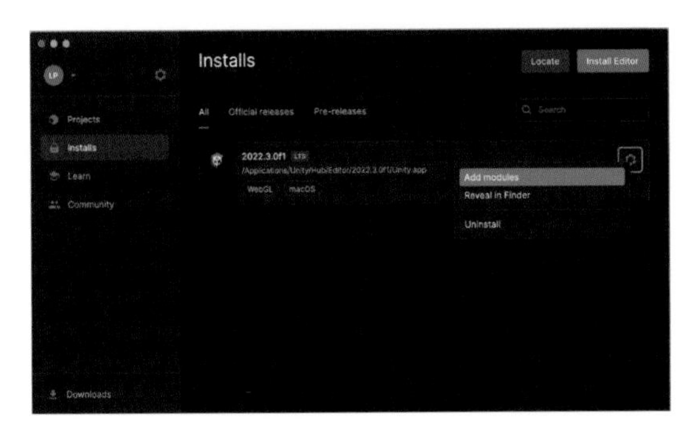

14 여기에서는 iOS 모듈을 선택하겠습니다. 아래 그림에서 보듯이 Visual studio for mac이 디폴트로 선택되어 있습니다.

15 Visual studio for mac 사용에 동의를 하고 설치를 합니다. Visual studio 2022 설치시 워크로드 없이 설치할 건지 물어보면 그냥 계속 진행하면 되고 설치된 후 로그인 여부를 물어보면 그냥 건너뛰기 해도 됩니다. 실행된 후 당장 사용할 일이 없으니 그냥 닫기 하시면 됩니다.

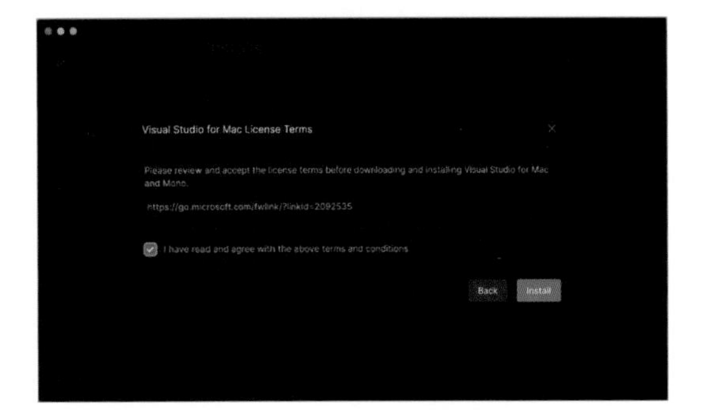

16 유니티 허브에서 필요한 파일들을 자동으로 다운로드하면서 설치가 진행됩니다.

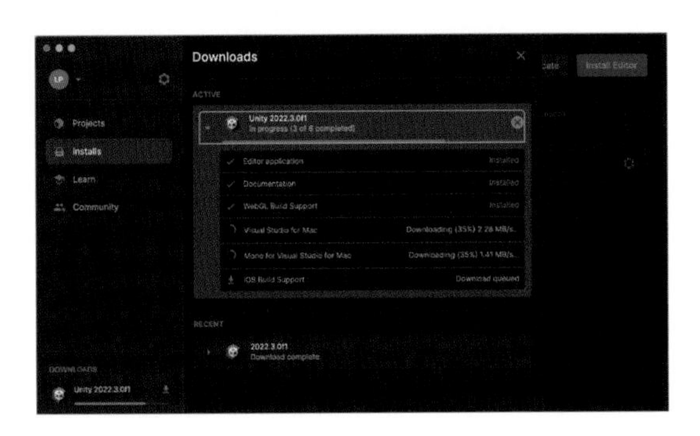

17 설치가 모두 끝나고 iOS 모듈이 추가된 것을 확인할 수 있습니다.

Unity

PART.

03

유니티기본 인터페이스

1. 인터페이스 구성
2. Toolbar
3. 계층(Hierarchy) 창
4. 프로젝트(Project) 창
5. 콘솔(Console) 창
6. 인스펙터(Inspector) 창
7. 씬(Scene) 뷰
8. 게임 뷰(Game View)

인터페이스 구성

유니티 에디터를 잘 사용하기 위한 가장 기본적인 일은 인터페이스가 어떻게 구성되어 있고 어떤 메뉴가 있으며 기본 인터페이스 요소들의 용도가 무엇인지 등을 먼저 파악하는 것입니다. 한 가지 확실한 사실은 유니티 에디터뿐만 아니라 언리얼, 프로스트바이트, 크라이엔진 심지어 각 게임개발사들의 자체 하우스 엔진 에디터들마저 기본적인 인터페이스 구성은 거의 유사하다는 것입니다.

리소스(에셋)들을 작업에 사용하기 용이하게 잘 정돈해서 모아두는 곳(Project window), 이러한 각종 리소스들을 가져다 무언가를 만들어 올릴 수 있는 무대(Scene window)와 거기에 사용된 리소스들의 리스트(Hierarchy window), 각 리소스들의 특성을 들여다보고 조절할 수 있는 조절창(Inspector window) 이 4가지 인터페이스 요소들은 거의 모든 종류의 게임 엔진에서 공통적으로 볼 수 있는 것들입니다. 여기에서는 유니티 에디터의 기본적인 인터페이스가 어떤 구성으로 되어 있고 각 요소들이 어떤 용도로 사용되고 각종 메뉴들이 어떻게 사용되는지 두루두루 둘러보고 나중에 각 항목들을 다룰 때 더 자세하게 설명하고 간단하게 따라할 수 있는 실습을 진행해 보도록 하겠습니다.

유니티 3D URP 템플릿을 선택하고 실행된 초기 화면입니다.

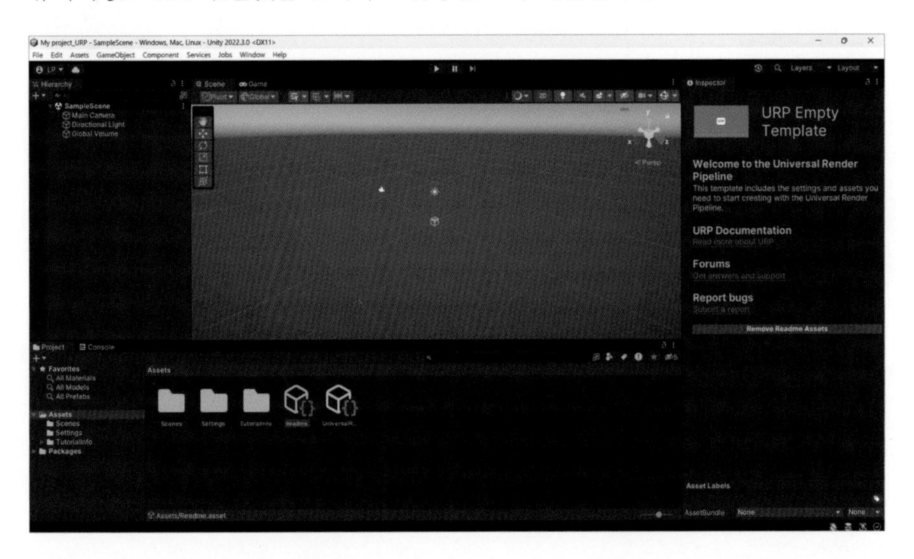

만약 새로운 씬을 만들고 싶으면 File 〉 New Scene 메뉴에서 적당한 템플릿을 선택하고 Create 버튼을 누릅니다.

이 때 Basic과 Standard의 차이점은 Global Volume 오브젝트의 유무만 다를 뿐입니다.

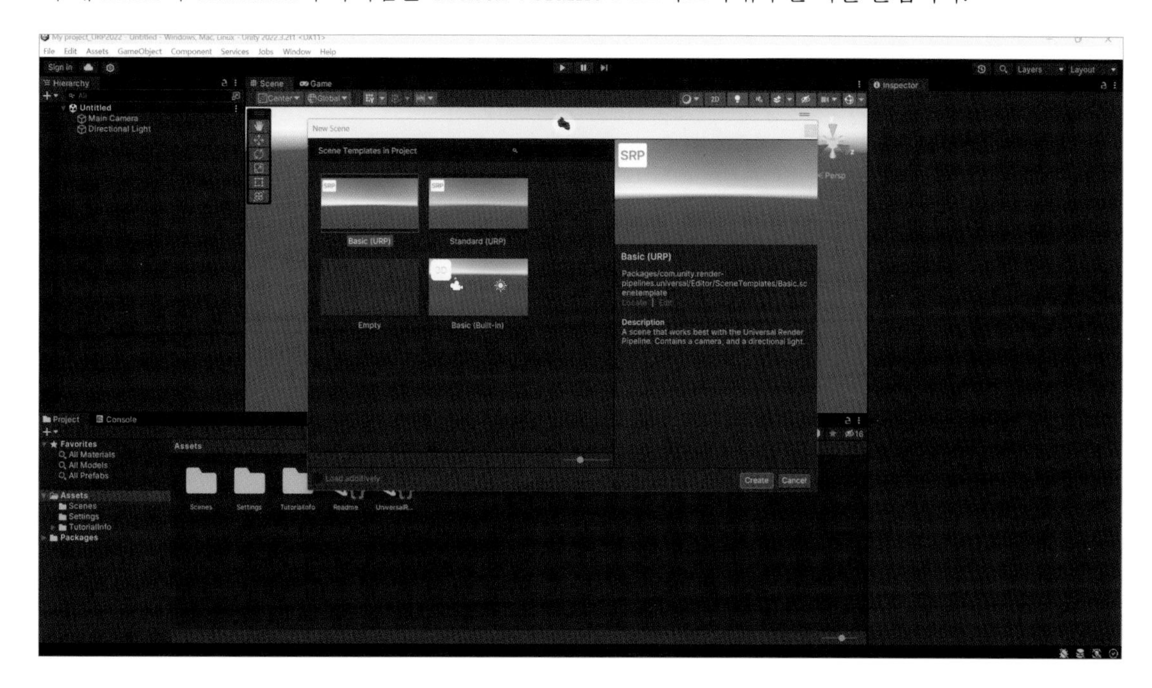

유니티는 기본적으로 다음과 같이 구성되어 있습니다.

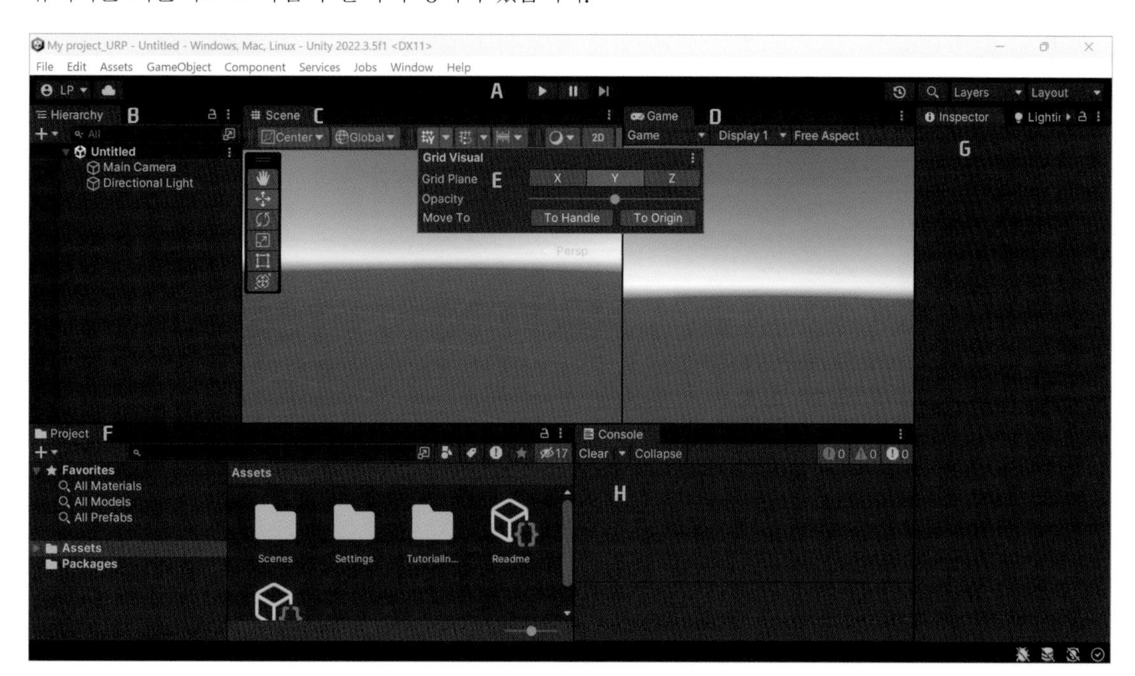

- A: 툴바(The Toolbar)
- B: 계층 창(The Hierarchy window)
- C: 씬 뷰(The Scene view)
- D: 게임 뷰(The Game view)
- E: 오버레이(Overlays)
- F: 프로젝트 창(The Project window)
- G: 인스펙터 창(The Inspector window)
- H: 콘솔 창(The Console window)

Toolbar

제일 위의 툴바부터 순서대로 살펴보면 유니티 로그인, 클라우드 서비스 관리 메뉴와 게임 플레이 관련 버튼입니다. 그리고 플레이 버튼은 에디터 내에서 게임을 실행하고 테스트하는 데 사용되는 기능입니다. 이 버튼을 클릭하면 현재 편집 중인 씬이 실행되며, 개발자는 직접 게임을 플레이하고 기능을 테스트할 수 있습니다.

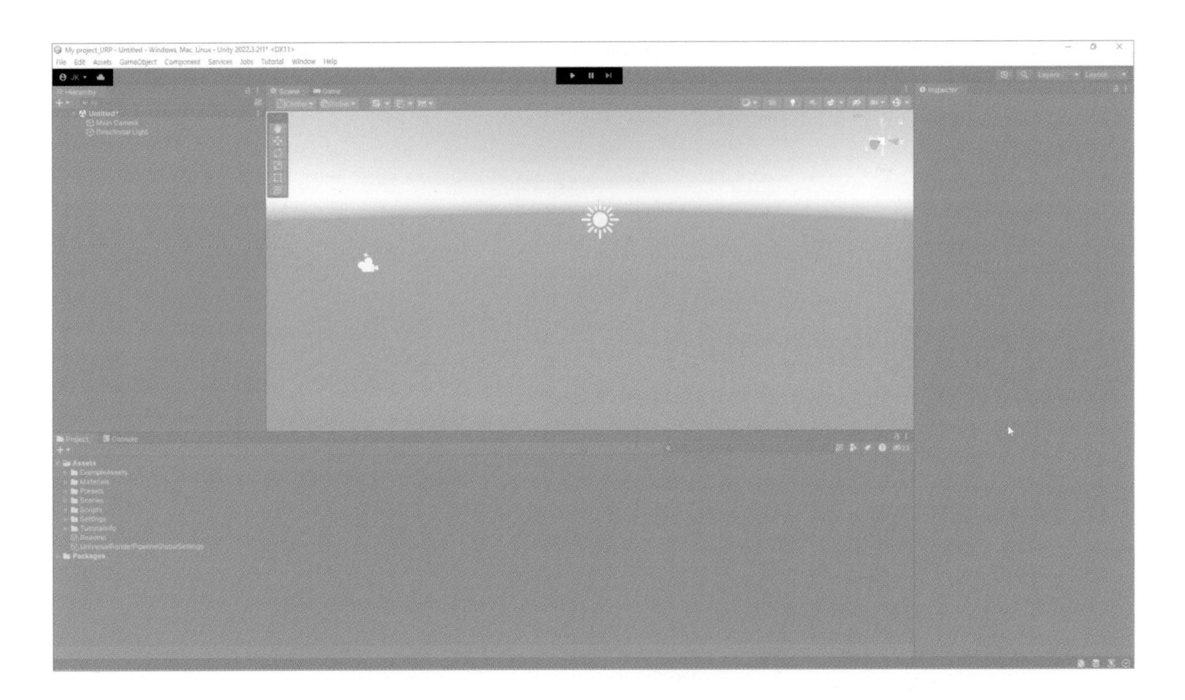

- **게임 실행**: 플레이 버튼을 클릭하면 현재 편집 중인 씬이 실행됩니다. 에디터 내에서 게임 화면이 표시되며, 사용자는 키보드, 마우스 또는 입력 장치를 사용하여 게임을 조작하고 상호작용할 수 있습니다.
- **에디터 모드와 플레이 모드 전환**: 플레이 버튼은 에디터를 에디터 모드에서 플레이 모드로 전환시키는 역할도 합니다. 플레이 모드에서는 게임을 실행하고 테스트할 수 있으며, 게임 실행 중에는 일부 에디터 기능이 비활성화되거나 제한될 수 있습니다.

- **게임 중지**: 게임을 실행 중에는 플레이 버튼이 일시 중지 버튼으로 변경됩니다. 이 버튼을 클릭하면 게임 실행을 일시 중지하고, 에디터로 돌아와서 작업을 계속할 수 있습니다.
- **플레이 모드에서의 에디터 기능**: 플레이 모드에서도 일부 에디터 기능을 사용할 수 있습니다. 예를 들어, 디버그 정보를 확인하거나 에디터 상단의 툴바에 있는 다른 기능을 활용할 수 있습니다.

Undo History는 유니티 에디터의 상단 메뉴바에 있는 "Edit" 메뉴에서 "Undo" 및 "Redo" 명령을 통해 사용할 수 있습니다. 또한, 단축키(Ctrl + Z / ⌘ + Z)를 사용하여 빠르게 Undo 기능을 실행할 수도 있습니다.

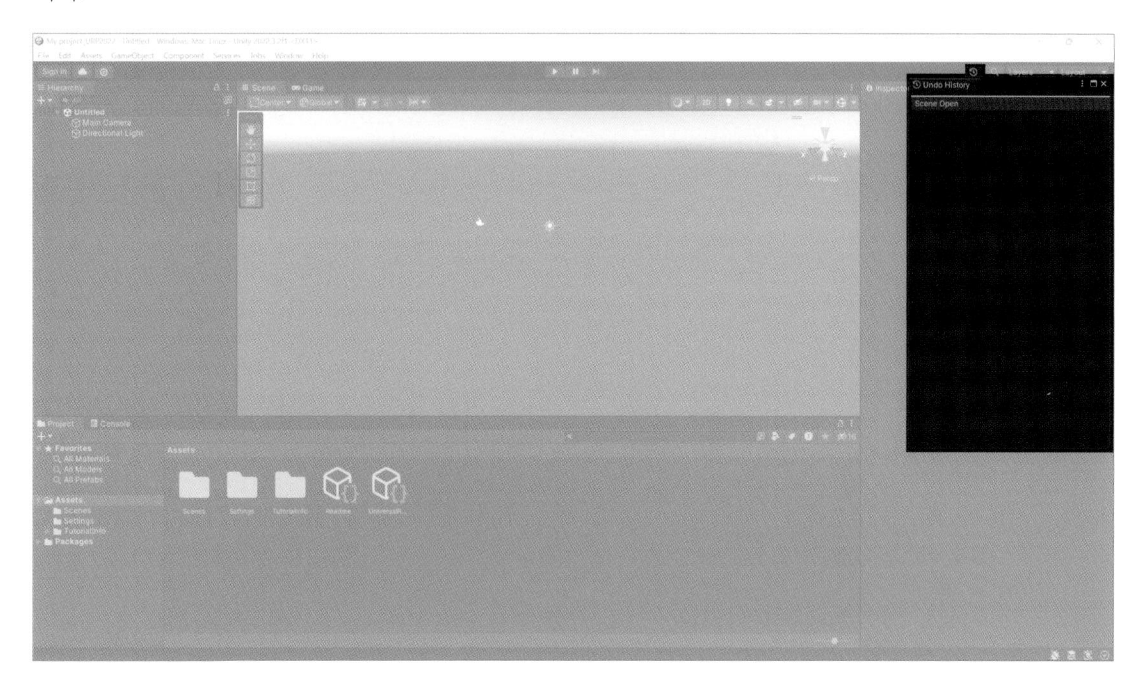

- **작업 취소**: Undo History를 사용하여 이전 작업을 취소할 수 있습니다. 예를 들어, 오브젝트의 이동, 회전, 크기 조정, 에셋의 추가 또는 삭제, 스크립트의 수정 등의 작업을 이전 상태로 되돌릴 수 있습니다.
- **작업 다시 실행**: Undo History를 통해 이전에 취소한 작업을 다시 실행할 수 있습니다. 이를 통해 실수를 되돌리고 이전 상태로 돌아갔다가 필요한 경우 다시 원래의 작업을 실행할 수 있습니다.
- **다중 레벨의 Undo**: Undo History는 단일 작업뿐만 아니라 여러 단계의 작업을 취소하고 다시 실행할 수 있습니다. 이전 작업의 역순으로 취소하거나 다시 실행하는 것이 가능합니다.
- **Undo 기록 관리**: Undo History는 사용자가 최근에 수행한 작업들의 기록을 관리합니다. 에디터에서 수행한 모든 작업에 대한 세부 정보를 제공하며, 사용자는 필요한 작업을 선택하여 취소하거나 다시 실행할 수 있습니다.

돋보기 모양의 글로벌 써치 창으로 글로벌 써치(Global Search) 기능은 유니티 에디터에서 프로젝트 내의 다양한 요소를 쉽게 찾고 탐색할 수 있게 도와줍니다. 이 기능을 사용하면 프로젝트의 에셋, 씬, 코드, 설정 등 다양한 항목을 검색하여 필요한 정보를 빠르게 찾을 수 있습니다.

글로벌 써치는 유니티 2019.3 버전부터 추가된 기능으로, 에디터의 상단 툴바에 있는 검색 아이콘을 클릭하거나 단축키를 사용하여 열 수 있습니다. 검색 창이 표시되면 원하는 검색어를 입력하고 Enter↵ 키를 누르면 검색 결과가 나타납니다.

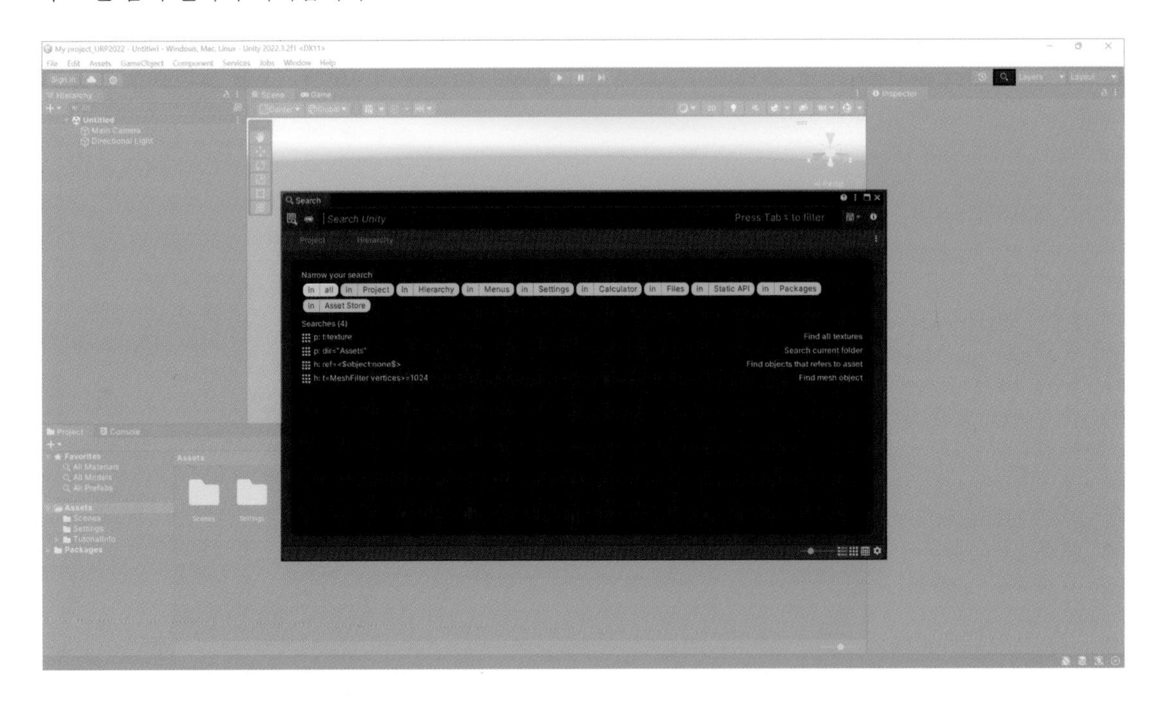

글로벌 써치는 다음과 같은 기능과 장점을 가지고 있습니다.

- **다양한 검색 대상**: 글로벌 써치를 사용하면 프로젝트 내의 다양한 요소를 검색할 수 있습니다. 에셋 파일(텍스처, 모델, 사운드 등), 씬, 코드 파일, 애니메이션, 에디터 설정 등을 검색할 수 있습니다.
- **빠른 검색 결과**: 글로벌 써치는 검색어를 입력하는 즉시 실시간으로 검색 결과를 업데이트하여 보여줍니다. 이를 통해 사용자는 입력 중에도 검색 결과를 빠르게 확인하고 탐색할 수 있습니다.
- **필터링 기능**: 글로벌 써치 결과에서 검색 범위를 필터링하여 원하는 결과에 집중할 수 있습니다. 예를 들어, 스크립트 파일만 보거나 특정 타입의 에셋만 보는 등의 필터링이 가능합니다.
- **퀵 액세스**: 글로벌 써치 결과에서 검색된 요소에 대한 빠른 액세스가 가능합니다. 검색 결과에서 항목을 선택하면 해당 요소가 에디터 내에서 즉시 열리거나 하이라이트 되어 표시됩니다.

글로벌 써치 기능은 큰 규모의 프로젝트에서 특히 유용하며, 작업 효율성을 향상시키고 개발자들이 원하는 요소를 빠르게 찾을 수 있도록 도와줍니다.

유니티에서 레이어는 게임 오브젝트 및 씬 요소를 그룹화하고, 이러한 그룹에 대한 다양한 동작 및 속성을 설정하는 데 사용됩니다. 레이어는 게임의 시각적인 표현, 충돌 감지, 카메라 시야, 라이팅 등 다양한 측면에서 유용하게 활용됩니다.

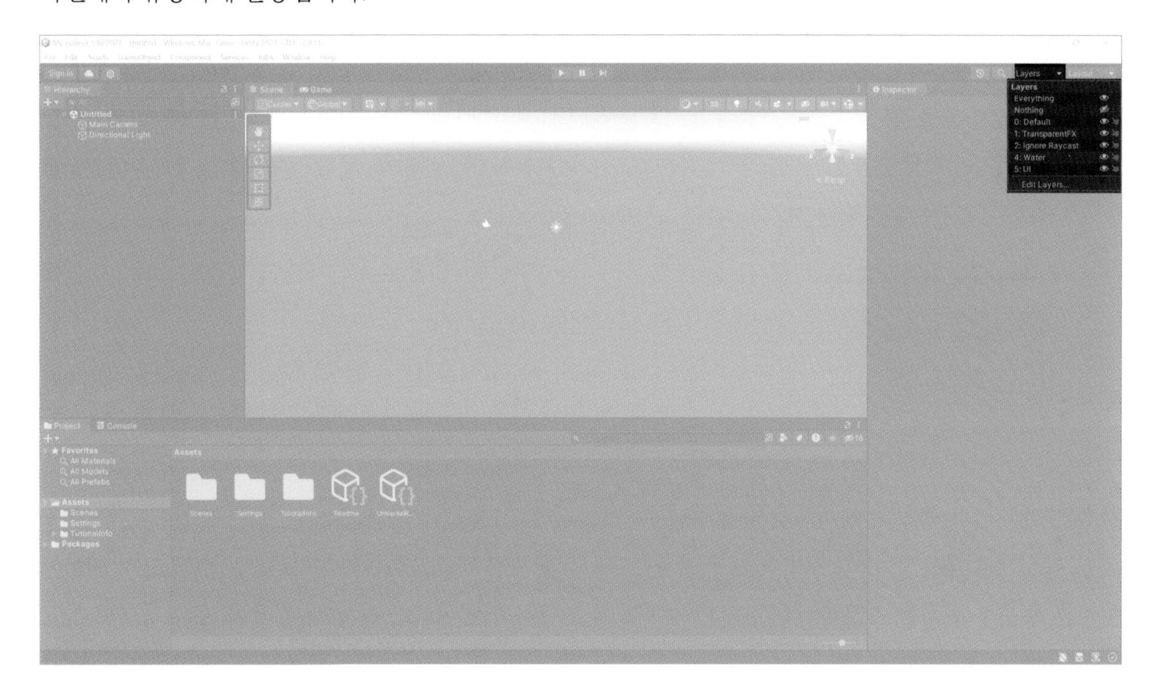

레이어는 프로젝트의 Inspector 창에서 "Tags and Layers" 섹션을 통해 관리됩니다. 이 섹션에서 새로운 레이어를 생성하고, 기존의 레이어를 수정하거나 삭제할 수 있습니다.

레이어 버튼을 눌러서 Edit Layer를 선택하면 아래 이미지 같은 레이어 창을 편집할 수 있습니다.

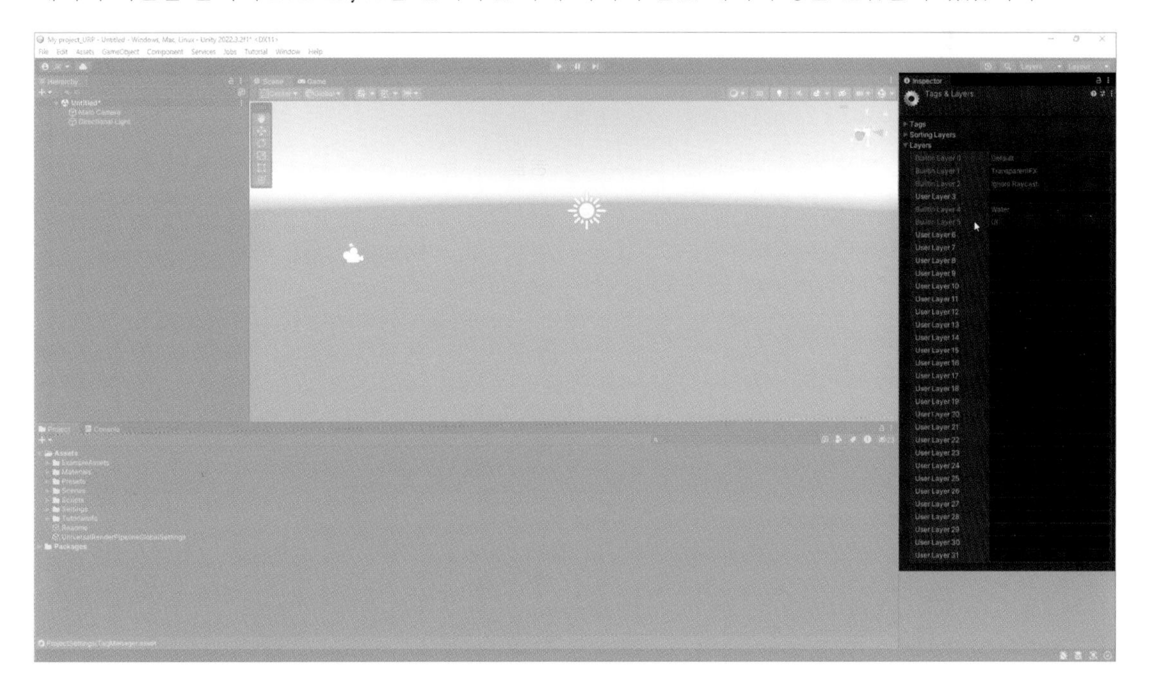

레이어는 주로 다음과 같은 기능을 가지고 있습니다.

- **시각적 표현**: 게임 오브젝트에 레이어를 할당하여 시각적으로 구분할 수 있습니다. 예를 들어, 플레이어 캐릭터, 적 캐릭터, 환경 요소 등 각각 다른 레이어를 가질 수 있습니다. 이를 통해 게임 화면을 보다 구조화하고 가독성을 높일 수 있습니다.
- **충돌 감지**: 충돌 감지는 게임에서 중요한 기능 중 하나입니다. 레이어를 사용하여 충돌 검사를 세밀하게 제어할 수 있습니다. 예를 들어, 플레이어가 특정 레이어의 오브젝트하고만 충돌하도록 설정하거나, 레이어 간의 충돌을 무시하도록 설정할 수 있습니다.
- **카메라 시야**: 카메라 컴포넌트를 사용할 때, 특정 레이어의 오브젝트만을 포함하도록 설정할 수 있습니다. 이를 통해 특정 레이어의 오브젝트만을 카메라가 보도록 제한할 수 있습니다.
- **라이팅**: 조명을 설정할 때, 특정 레이어의 오브젝트에만 조명이 적용되도록 할 수 있습니다. 이를 통해 게임에서의 조명 효과를 더욱 정교하게 구현할 수 있습니다.

다양한 에디터 작업창의 레이아웃을 설정할 수 있습니다. 사용자에 따라 필요한 창을 작업에 편리한 구조로 설정해서 사용할 수 있으며 창 제목 탭을 드래그 앤 드롭 방식으로 떼어내고 붙일 수 있으며 원하는 곳으로 윈도우 위치를 조정하여 에디터의 제자리에 고정하거나 에디터 창 밖으로 끌어 자유 플로팅 창으로 사용할 수 있습니다.

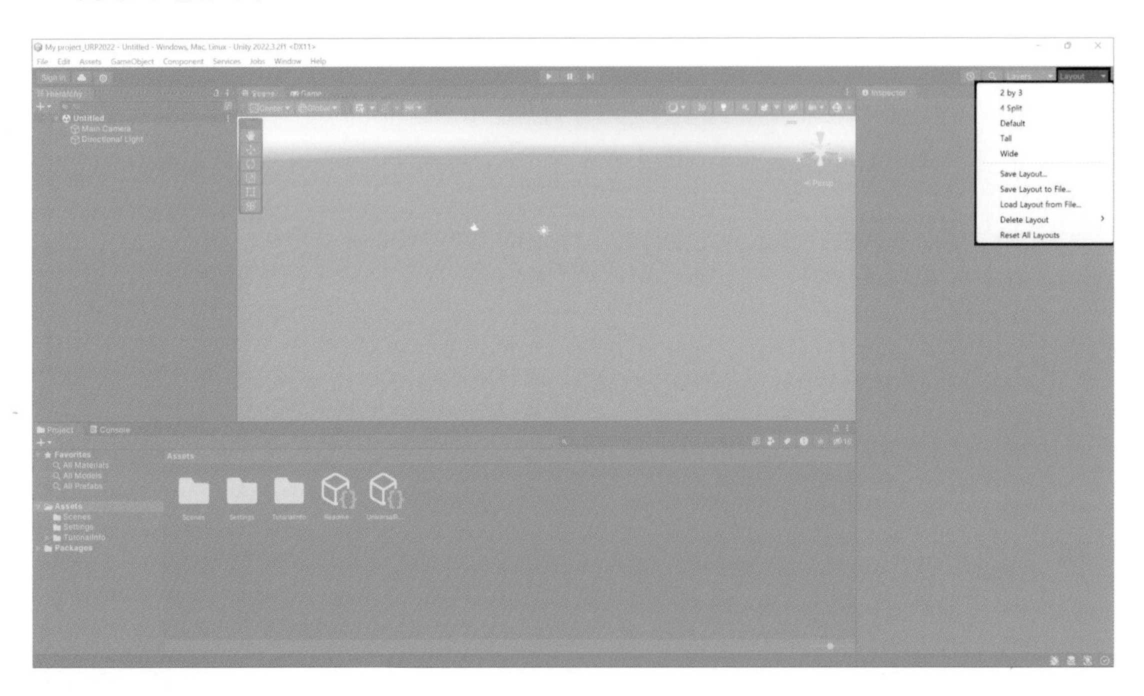

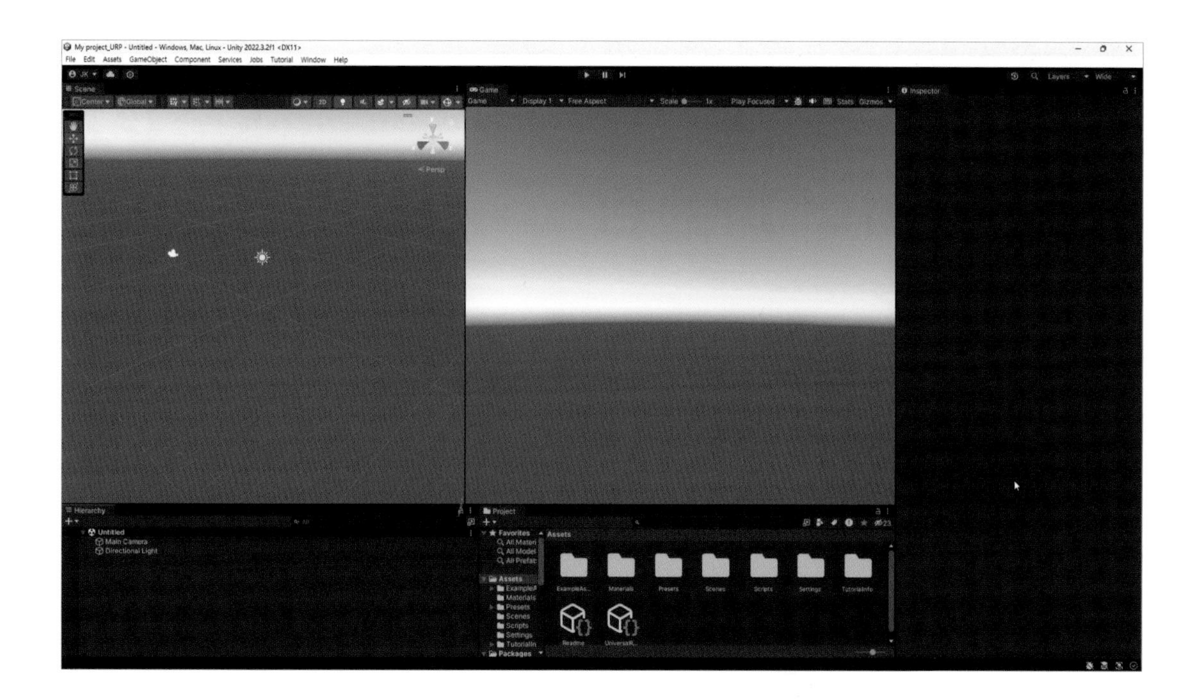

My project_URP - Untitled - Windows, Mac, Linux - Unity 2022.3.2f1 <DX11>
File Edit Assets GameObject Component Services Jobs Tutorial Window Help
Scene
Game
Inspector
Hierarchy
Untitled
Main Camera
Directional Light
Project
Favorites
Assets
Packages

계층(Hierarchy) 창

계층(Hierarchy) 창으로 직역되겠는데 기능을 간단하게 말하자면 바로 옆 무대(Scene)에 올라와 있는 모든 요소들의 리스트이자 각 요소들의 계층구조까지 한번에 보여주는 창입니다.

■ 모든 창들의 제목 탭 위에서 우클릭을 하면 각 창의 상태를 조절하는 메뉴가 나타남을 볼 수 있습니다.

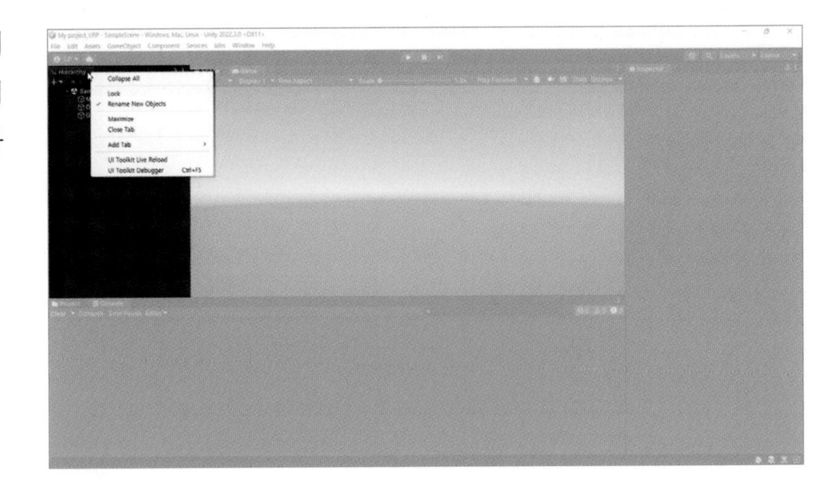

■ 제목 탭 오른쪽에 있는 More 메뉴(⋮)를 눌러도 동일한 작업을 할 수 있습니다.

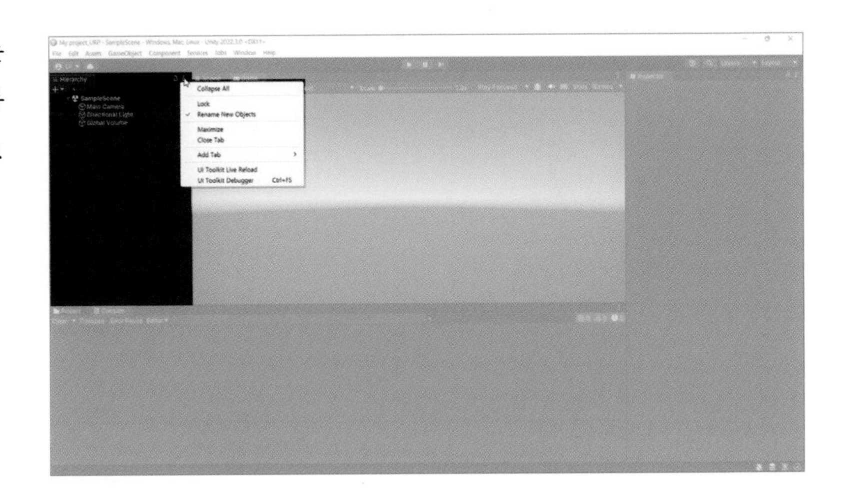

■ Add tab 메뉴에서 필요한 다른 창을 켤 수도 있습니다. 현재 기본 창들이 켜져 있기 때문에 여기서는 프로파일(Profile) 창, 애니메이션(Animation) 창을 켤 수가 있습니다

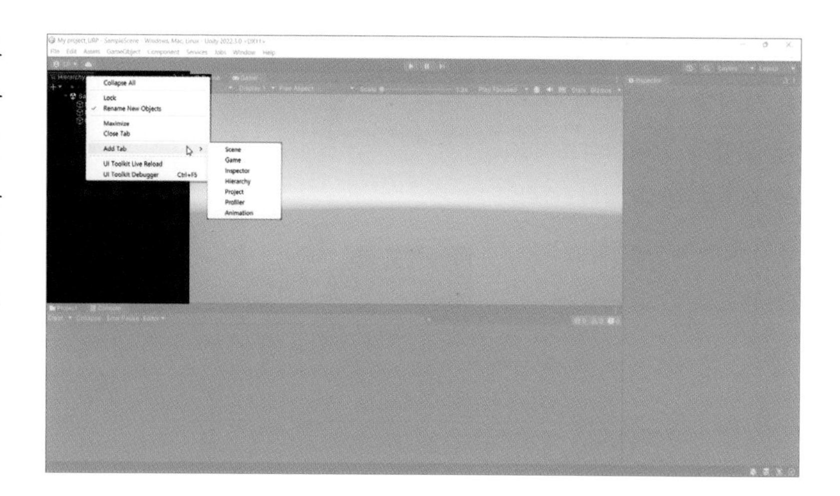

■ 그리고 계층(Hierarchy) 창에서 제일 중요한 기능이 될 수도 있는 내용입니다. + 아이콘 옆의 ▼를 누르면 다양한 게임 오브젝트를 직접 생성시킬 수 있습니다.

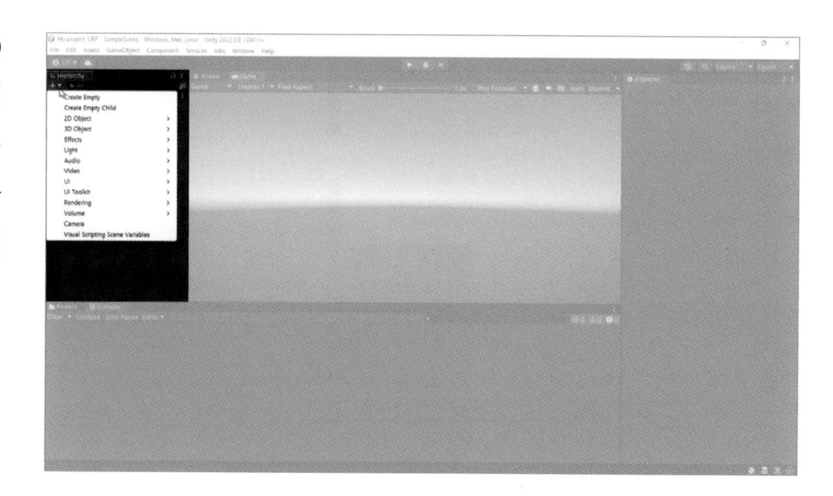

■ 계층(Hierarchy) 창 내에서 마우스 우클릭을 해도 동일한 기능을 사용할 수 있습니다.

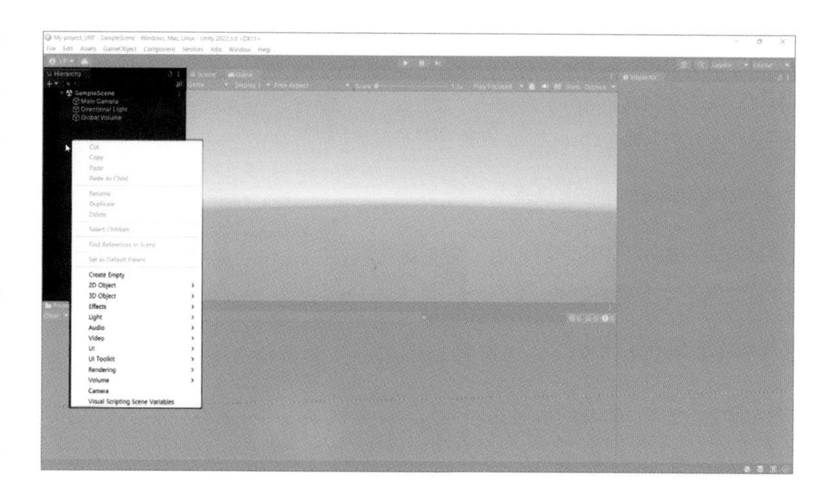

이 중에서 몇 가지 중요한 항목을 짚어보자면 우선 Create empty(Child/Parent)를 이용하여 빈 게임 오브젝트를 만들 수 있는데 이 빈 오브젝트(Empty Object)는 게임 오브젝트로서 시각적인 표현이 없고, 다른 컴포넌트나 자식 오브젝트를 가질 수 있는 빈 컨테이너 역할을 합니다. 이러한 빈 오브젝트는 게임의 구조화, 조직화, 그룹화 등에 사용됩니다.

■ 2D, 3D 게임 오브젝트를 생성할 수 있으며 다양한 모양의 프리미티브 메쉬, 텍스트 메쉬, 지형, 트리 등의 오브젝트를 만들 수 있습니다.

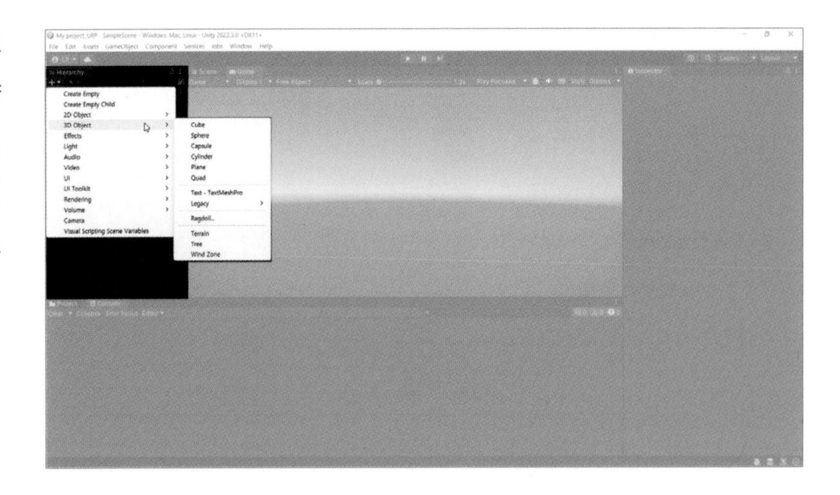

■ 그리고 스페셜 이펙트를 위한 파티클 시스템을 만듭니다.

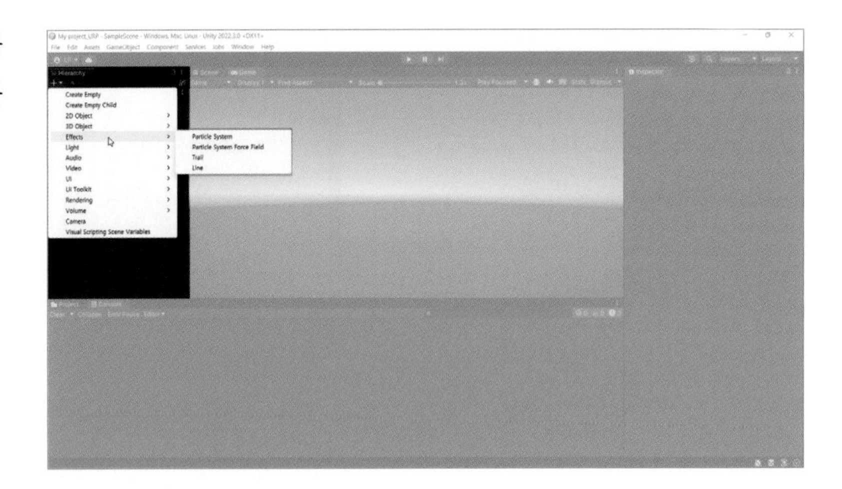

■ 디렉셔널(Directional Light), 포인트(Point Light), 스팟(Spotlight), 에이리어(Area Light)의 4가지 라이트와 리플렉션 프로브(Reflection Probe)/라이트 프로브 그룹(Light Probe GBroup)를 생성합니다.

각 라이트에 대해서는 뒤에서 자세하게 다룰 것입니다.

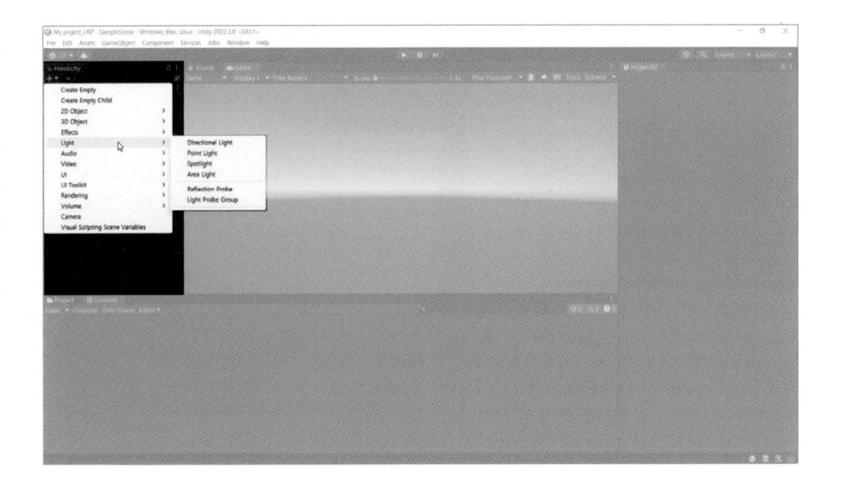

■ 다양한 UI 오브젝트를 생성하여 게임 또는 애플리케이션의 사용자 인터페이스를 만들 수 있습니다.

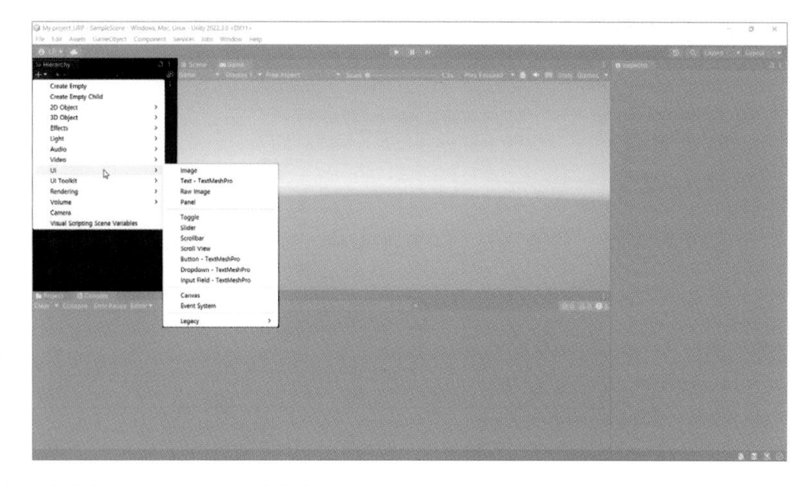

- **캔버스(Canvas)**: 사용자 인터페이스(UI) 요소들을 그리기 위한 기본적인 컨테이너 역할을 합니다. 캔버스는 화면에 표시되는 UI 요소들의 레이어를 관리하며, UI 요소들을 배치하고 조작하는 데 사용됩니다. 캔버스에는 다양한 속성과 구성 요소들이 있습니다.

■ UI 툴킷은 사용자 인터페이스(UI) 요소들을 생성, 관리 및 조작하기 위한 기능과 도구들의 모음입니다. 이 툴킷은 개발자가 게임이나 애플리케이션의 UI를 디자인하고 구축하는 데 도움을 줍니다.

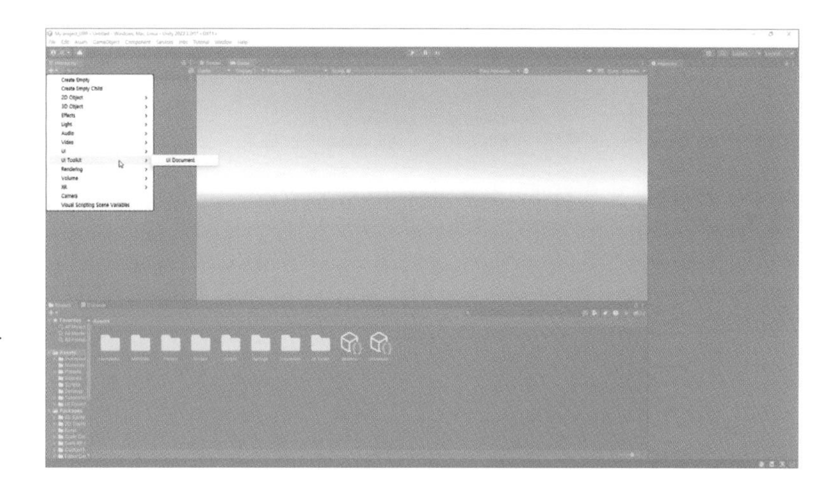

- **UI 요소 생성**: UI 툴킷은 다양한 종류의 UI 요소를 생성하는 기능을 제공합니다. 버튼, 텍스트, 이미지, 입력 필드, 슬라이더 등 다양한 UI 요소들을 캔버스에 추가할 수 있습니다.
- **계층 구조 관리**: UI 요소들은 계층 구조로 구성되어 있으며, UI 툴킷을 사용하여 계층 구조를 편집하고 관리할 수 있습니다. UI 요소들을 그룹화하거나 부모-자식 관계를 설정하여 UI 요소들을 구조적으로 조직화할 수 있습니다.
- **배치와 레이아웃**: UI 요소들의 위치와 크기를 조정하는 데 사용되는 배치와 레이아웃 도구를 제공합니다. UI 요소들을 드래그 앤 드롭하거나 정렬하여 캔버스 내에서 원하는 위치에 배치할 수 있습니다. 또한, 그리드, 그룹, 자동 크기 조정 등의 레이아웃 도구를 사용하여 UI 요소들을 자동으로 정렬하거나 크기를 조절할 수 있습니다.
- **스타일링과 테마**: UI 요소들의 스타일링과 테마를 적용하는 기능을 제공합니다. 버튼의 색상, 텍스트의 글꼴, 이미지의 투명도 등을 사용자 정의하여 UI 요소들을 개성 있게 디자인할 수 있습니다. 또한, 테마를 사용하여 일관된 UI 디자인을 유지하고 여러 UI 요소들에 일괄적으로 적용할 수 있습니다.

- **이벤트 처리**: UI 요소들의 이벤트 처리를 위한 기능을 제공합니다. 버튼 클릭, 입력 필드 입력, 슬라이더 조작 등의 이벤트를 감지하고, 이벤트 핸들러를 등록하여 해당 이벤트에 대한 동작을 정의할 수 있습니다.
- **애니메이션**: UI 요소들에 애니메이션을 적용하는 기능을 제공합니다. UI 요소의 위치, 크기, 회전, 색상 등을 애니메이션 효과로 조절할 수 있습니다. 이를 통해 부드러운 UI 전환 및 상호작용을 구현할 수 있습니다.
- **상태 전환**: UI 요소들의 상태 전환을 관리하는 기능을 제공합니다. 버튼의 활성화/비활성화, 텍스트의 변경, 이미지의 교체 등을 통해 UI 요소들을 다양한 상태로 전환할 수 있습니다. 이를 활용하여 게임 진행에 따라 UI 요소들을 동적으로 업데이트할 수 있습니다.
- **상호작용**: 사용자와의 상호작용을 처리하기 위한 기능을 제공합니다. 사용자 입력에 반응하여 UI 요소들을 제어하고, 클릭, 드래그, 스크롤 등의 제스처를 감지할 수 있습니다. 이를 통해 사용자와의 원활한 상호작용을 구현할 수 있습니다.
- **다국어 지원**: 다국어 지원 기능을 제공합니다. 다국어 텍스트를 관리하고, 언어 설정에 따라 UI 요소들의 텍스트를 자동으로 번역하거나 교체할 수 있습니다. 이를 통해 다국어 환경에서 다양한 사용자에게 적합한 UI를 제공할 수 있습니다.

UI 툴킷은 유니티 엔진의 강력한 기능 중 하나로, 사용자가 직관적이고 유연한 방식으로 게임 또는 애플리케이션의 사용자 인터페이스를 구축하고 관리할 수 있도록 도와줍니다.

■ URP(Universal Render Pipeline) 데칼 프로젝터(Decal Projector)는 유니티의 URP를 사용하여 게임에 데칼(Decal) 효과를 구현하는 데 사용되는 기능입니다. 데칼은 간단하게 말하자면 투명 접착지 형태의 스티커라고 생각하면 됩니다. 전사지라고도 흔히 얘기하는데 특정 표면에 투영되어 표면의 외관을 변경하는 효과를 만들어줍니다. 예를 들어, 총알이 벽에 부딪혀 남긴 흔적이나 혈흔 효과 등이 데칼로 구현될 수 있습니다.

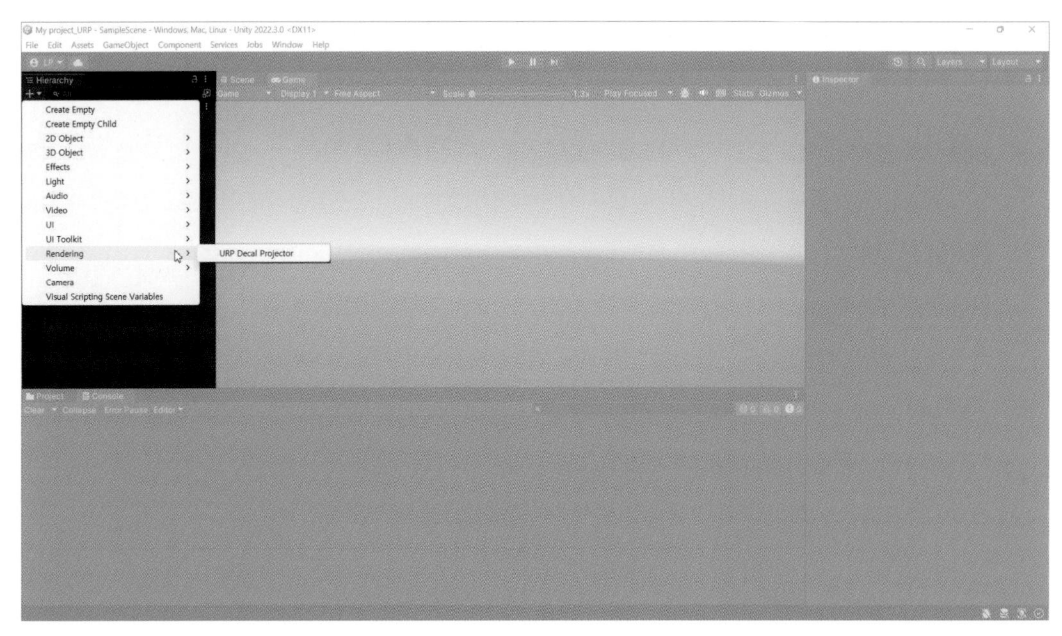

URP 데칼 프로젝터는 다음과 같은 주요 기능을 제공합니다.

- **투영 표면 설정**: 데칼 프로젝터를 사용하여 투영할 표면을 설정할 수 있습니다. 표면의 위치, 방향, 크기, 회전 등을 조정하여 원하는 위치와 방향으로 데칼을 투영할 수 있습니다.
- **투영 자료 설정**: 데칼 프로젝터에는 투영할 이미지, 노멀 맵, 반사도 맵 등과 같은 투영 자료를 설정할 수 있습니다. 이미지는 일반적으로 데칼의 시각적인 외관을 결정하며, 노멀 맵과 반사도 맵은 표면에 데칼을 투영할 때 표면의 법선과 광원에 따른 반사 특성을 시뮬레이션하기 위해 사용됩니다.
- **투영 범위 설정**: 데칼 프로젝터를 사용하여 데칼의 투영 범위를 설정할 수 있습니다. 투영 범위는 데칼이 표면에 얼마나 멀리까지 영향을 미칠지 결정합니다. 이를 조절하여 데칼의 범위를 적절히 제어할 수 있습니다.
- **투영 블렌딩**: 데칼 프로젝터는 데칼을 표면에 투영할 때 주변 픽셀과의 블렌딩을 지원합니다. 이를 통해 데칼이 자연스럽게 표면과 결합되어 보다 실감나는 효과를 만들어줍니다.

URP 데칼 프로젝터는 URP를 사용하는 게임이나 애플리케이션에서 데칼 효과를 구현하는 데 유용한 도구입니다. 데칼은 게임 환경의 실체감과 몰입감을 높여주는 중요한 시각적인 요소 중 하나이며, URP Decal Projector를 통해 손쉽게 다양한 데칼 효과를 구현할 수 있습니다.

만약 인스톨 후 처음으로 이 기능을 사용하면 에디터에 데칼 프로젝터 기능이 설치되지 않았다는 메세지가 뜹니다. 이 때는 인스펙터에서 기능을 Add decal feature를 실행해 주면 바로 설치할 수 있습니다. 그리고 HDRP 템플릿을 적용한 씬에서는 HDRP 데칼 프로젝터가 나타납니다.뒤에 머티리얼과 렌더링을 소개할 때 데칼 프로젝터 사용법에 대해서 자세하게 다루겠습니다.

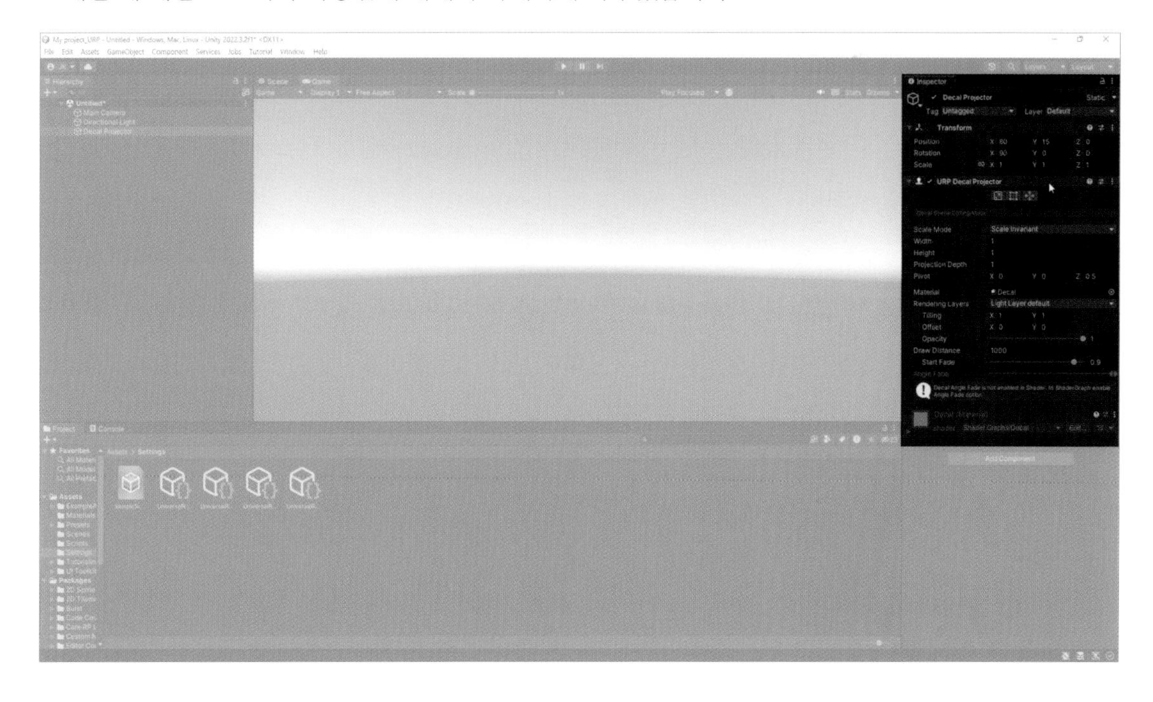

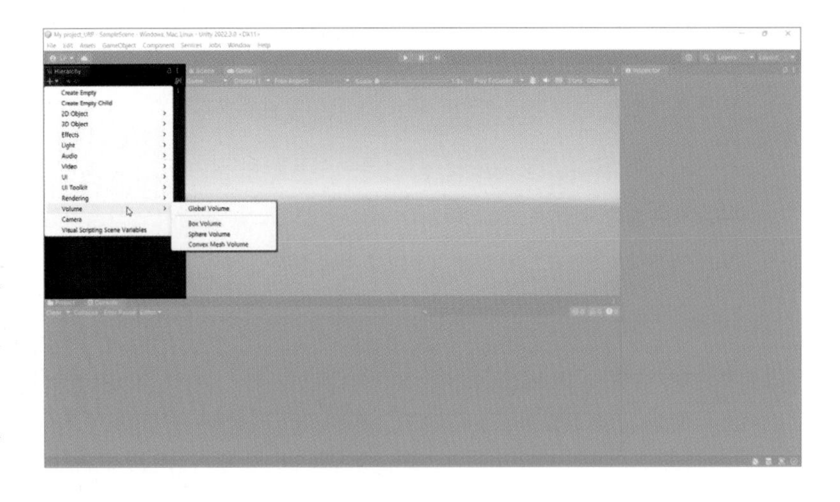

■ 유니티에서 생성할 수 있는 볼륨(Volume)은 다양한 시각적 효과와 물리적 모델링을 적용하는 데 사용되는 컴포넌트입니다. 각각의 볼륨은 특정한 기능과 효과를 제공하며, 다양한 용도로 활용될 수 있습니다.
그 중에서 글로벌 볼륨(Global Volume)은 볼륨 시스템의 맥락에서 특정한 시스템으로, 후처리 효과를 씬 전체에 균일하게 적용할 수 있게 해주는 시스템입니다.

- **균일한 적용**: 글로벌 볼륨은 후처리 효과가 씬 내의 모든 카메라와 객체에 일관되게 적용되도록 보장합니다. 이것은 이러한 효과들에 대한 마스터 컨트롤러 역할을 합니다.
- **후처리 효과**: 후처리 효과는 주된 렌더링 과정 이후에 렌더링된 이미지에 적용되는 시각적 개선 또는 변경 사항을 의미합니다. 이러한 효과에는 컬러 그레이딩, 블룸, 앰비언트 오클루전, 모션 블러 등이 포함될 수 있습니다. 글로벌 볼륨을 사용하여 이러한 효과의 매개변수와 설정을 제어할 수 있습니다.
- **효율성**: 개별 카메라나 객체마다 후처리 효과를 개별적으로 구성하는 대신, 글로벌 볼륨에서 한 번 설정할 수 있습니다. 이렇게 하면 시간뿐만 아니라 씬 전체에 일관된 룩 앤 필을 유지할 수 있습니다.
- **전역적 영향**: 후처리 볼륨은 그 영향 범위 내에 있는 모든 것에 영향을 미칠 수 있으므로 전체 씬에 영향을 줄 수 있습니다. 이것은 빈티지 필름 룩 추가 또는 특정 환경의 조명 조건 시뮬레이션과 같이 일관된 시각적 스타일이나 효과를 적용하는 데 유용합니다.
- **오버라이드**: 글로벌 볼륨은 후처리 효과의 기준선을 제공하지만 필요한 경우 개별 카메라나 객체의 특정 설정을 여전히 오버라이드할 수 있습니다. 이를 통해 세세한 조정과 예외 사항을 처리할 수 있습니다.
- **퍼포먼스**: 후처리 효과를 전역적으로 적용하는 것은 퍼포먼스에 영향을 미칠 수 있으므로 특히 하드웨어 성능이 낮은 경우에는 주의가 필요합니다. 시각적 품질과 성능 간의 균형을 유지하는 것이 중요합니다.

■ 계층(Hierarchy) 창 우측의 확장하는 화살표 아이콘은 글로벌 써치와 동일한 기능을 수행합니다.그 중에서 글로벌 볼륨(Global Volume)은 볼륨 시스템의 맥락에서 특정한 시스템으로, 후처리 효과를 씬 전체에 균일하게 적용할 수 있게 해주는 시스템입니다.

■ Untitled*로 되어 있는 디폴트 씬 위에서 마우스 우클릭을 하면 저장 등의 메뉴를 선택해서 씬을 저장할 수 있습니다.

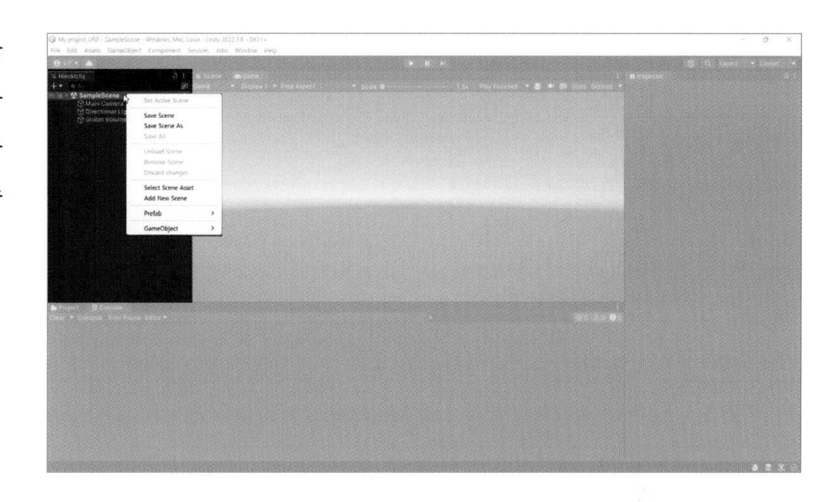

■ 우측에 있는 More 메뉴(⋮)를 눌러도 동일한 기능을 수행할 수 있습니다.

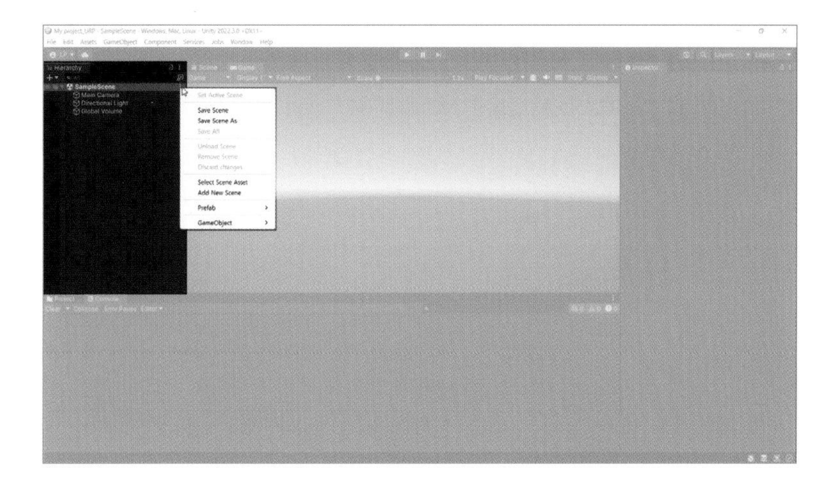

프로젝트(Project) 창

이제 프로젝트(Project) 창에 대해서 알아보겠습니다. 프로젝트(Project) 창은 쉽게 비유하자면 모든 에셋 등의 자원을 가지런히 저장해 놓은 자재창고라고 생각하면 됩니다.

- **프로젝트 파일 및 폴더**: 프로젝트(Project) 창은 프로젝트의 모든 파일과 폴더를 표시합니다. 이는 씬 파일, 스크립트 파일, 텍스처, 사운드 등과 같은 프로젝트 자산들을 포함합니다. 파일을 구조적으로 정리하고 검색하며, 필요한 자원을 찾아 액세스할 수 있습니다.
- **폴더 구조**: 프로젝트(Project) 창은 폴더 구조를 표시하여 파일을 조직적으로 관리할 수 있습니다. 사용자는 폴더를 생성하고 파일을 드래그하여 이동하거나 복사할 수 있습니다. 이를 통해 프로젝트의 구조를 유지하고 관리할 수 있습니다.
- **에셋 검색 및 필터링**: 프로젝트(Project) 창은 파일 및 폴더에 대한 검색 및 필터링 기능을 제공합니다. 사용자는 파일 이름, 유형, 태그 등을 기준으로 검색하여 필요한 자원을 빠르게 찾을 수 있습니다.
- **에셋 관리 및 임포트**: 프로젝트(Project) 창은 새로운 에셋을 프로젝트에 임포트하고 관리하는 기능을 제공합니다. 새로운 이미지, 사운드, 모델 등을 프로젝트에 추가하고 설정할 수 있습니다.
- **외부 툴과의 통합**: 프로젝트(Project) 창은 외부 툴과의 통합을 지원합니다. 예를 들어, 코드 편집기, 그래픽 편집 도구, 버전 관리 시스템 등을 연동하여 원활한 작업 흐름을 제공합니다. 패키지 메니저(Package manager)를 이용하여 이러한 툴들을 다운받아 설치할 수 있습니다.

프로젝트(Project) 창은 개발자가 프로젝트의 파일 및 폴더를 구성하고 관리하는 중요한 도구입니다. 효율적인 작업을 위해 파일 구조의 유지, 자원 검색 및 관리, 에셋 임포트 등을 적절히 활용할 수 있어야 합니다.

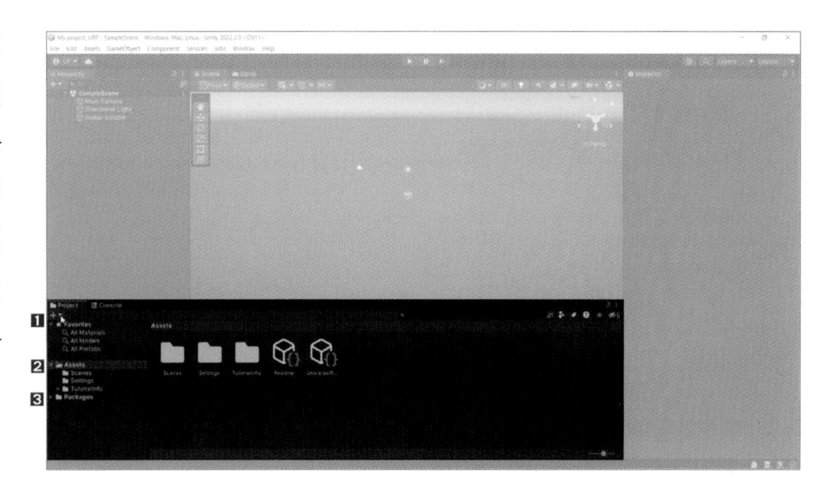

■ 프로젝트(Project) 창에는 "Favorite"라는 기능이 있습니다. 이 기능을 사용하면 자주 사용하는 파일 또는 폴더를 즐겨찾기로 설정하여 빠르게 액세스할 수 있습니다.

Favorite를 설정하는 방법은 간단합니다. 프로젝트(Project) 창에서 즐겨찾기로 설정하려는 파일이나 폴더를 선택한 후, 우클릭하여 "Add to Favorites" 옵션을 선택하면 해당 항목이 Favorite에 추가됩니다. 추가된 항목은 Favorite 폴더에 따로 표시되어 빠르게 액세스할 수 있습니다.

즐겨찾기를 사용하면 자주 사용하는 항목을 한 곳에 모아두어 효율적으로 작업할 수 있습니다. 예를 들어, 특정 스크립트 파일이나 리소스 폴더를 자주 참조하는 경우, 이를 Favorite로 설정하여 빠르게 접근하고 수정할 수 있습니다. 또한, 프로젝트 내에서 작업 중인 중요한 파일들을 Favorite로 설정하여 신속하게 찾을 수 있습니다.

■ 유니티의 프로젝트(Project) 창에는 Assets이라는 폴더가 있습니다. 이 폴더는 프로젝트에 사용되는 모든 에셋(Assets)을 포함하는 중요한 폴더입니다.

에셋 폴더는 유니티 프로젝트에서 사용되는 모든 에셋(자산)을 저장하는 공간입니다. 이 폴더 안에는 게임에 필요한 이미지, 모델, 사운드, 애니메이션, 스크립트 등 모든 프로젝트 자원들이 저장됩니다. 이러한 에셋들은 게임 오브젝트, 씬, 스크립트 등에서 사용되어 게임의 동작과 시각적인 콘텐츠를 구성합니다.

에셋 폴더의 특징과 용도는 다음과 같습니다.

- **에셋 관리**: 에셋 폴더는 유니티 프로젝트의 모든 에셋을 중앙에서 관리하는 역할을 합니다. 프로젝트의 모든 에셋들을 구조적으로 정리하고, 쉽게 찾을 수 있도록 도와줍니다.
- **에셋 임포트**: 에셋 폴더는 새로운 에셋을 프로젝트에 임포트하는 장소입니다. 이미지, 모델, 사운드 파일 등을 Assets 폴더로 드래그 앤 드롭하거나 파일을 임포트하여 프로젝트에 추가할 수 있습니다.
- **에셋 검색 및 필터링**: 에셋 폴더는 에셋의 검색과 필터링을 지원합니다. 에셋의 이름, 유형, 태그 등을 기준으로 검색하여 필요한 에셋을 쉽게 찾을 수 있습니다.
- **에셋의 종속성 관리**: 에셋 폴더는 프로젝트 내에서 에셋 간의 종속성을 관리합니다. 씬, 프리팹, 스크립트 등에서 Assets 폴더에 있는 에셋들을 참조하고 사용할 수 있습니다.

에셋 폴더 위에 마우스를 올리고 우클릭을 하면 에셋 생성, 임포트, 엑스포트 등 여러 컨텍스트 메뉴(Context Menu)들을 실행할 수 있습니다.

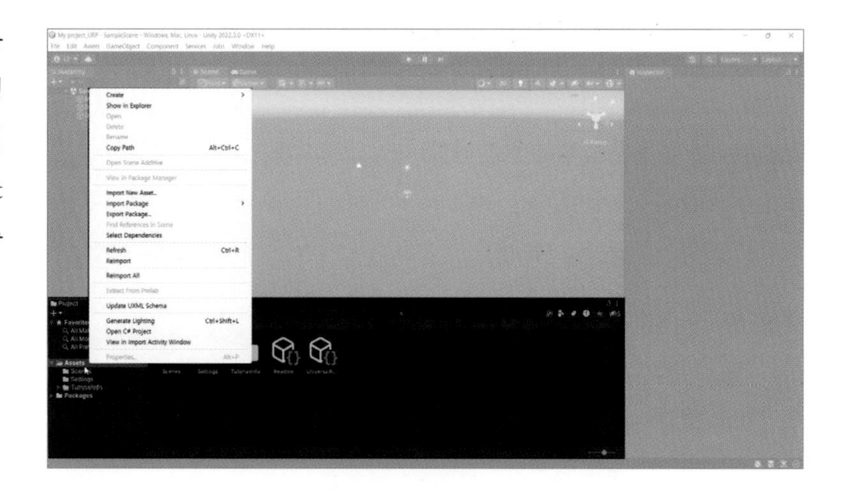

프로젝트(Project) 창 제목 아래 +표시 옆의 삼각형을 누르면 빈 폴더부터 유니티에서 사용하는 모든 종류의 에셋을 생성하는 메뉴가 나옵니다.

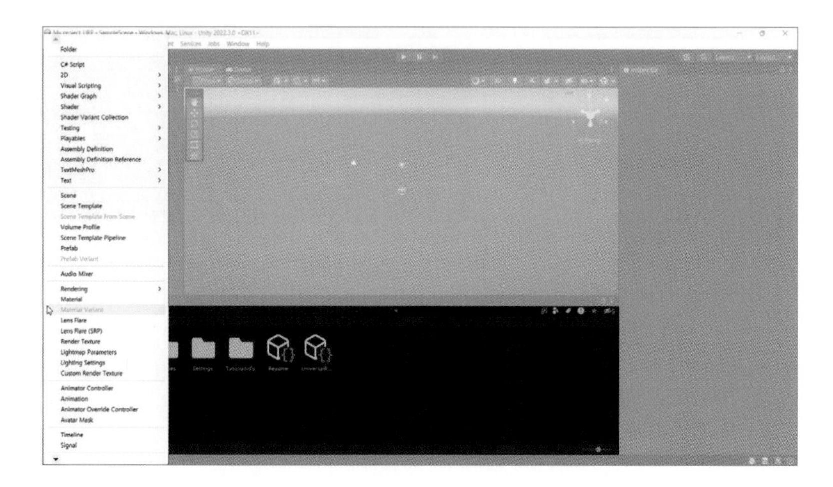

■ 패키지(Packages) 폴더는 유니티 패키지(Packages)와 관련된 파일과 자원들을 관리하고 사용하는 중요한 공간입니다.

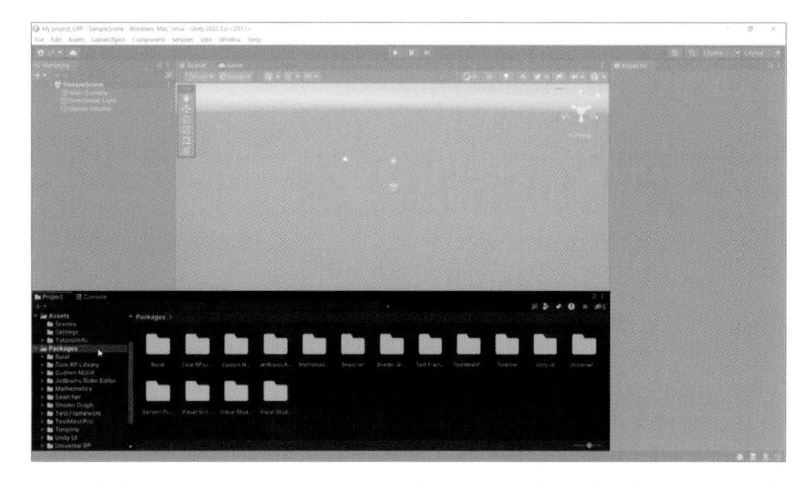

패키지는 게임 또는 애플리케이션 개발에 유용한 기능, 리소스, 도구 등을 포함한 미리 제작된 모듈입니다. Packages 폴더 안에는 이러한 패키지들을 다운로드하거나 프로젝트에 추가하여 사용할 수 있습니다.

- **패키지 관리**: Packages 폴더는 유니티 패키지를 중앙에서 관리하는 역할을 합니다. 패키지를 추가하거나 제거하는 작업을 수행할 수 있습니다. 패키지 관리자를 통해 패키지의 설치, 업데이트, 제거 등을 관리할 수 있습니다.
- **패키지 검색 및 가져오기**: Packages 폴더는 유니티의 패키지 스토어와 연결되어 다양한 패키지를 검색하고 가져올 수 있는 기능을 제공합니다. 사용자는 패키지 스토어에서 필요한 패키지를 검색하고, 원하는 패키지를 프로젝트로 가져와 사용할 수 있습니다.
- **프로젝트 기능 확장**: 패키지를 Packages 폴더에 추가하여 프로젝트에 새로운 기능을 추가할 수 있습니다. 패키지는 게임 플레이어 컨트롤, 그래픽 처리, 인공지능, 네트워킹 등과 같은 다양한 기능을 제공합니다. 이러한 패키지를 프로젝트에 추가하면 기능을 확장하고 개발 작업을 보다 효율적으로 수행할 수 있습니다.

콘솔(Console) 창

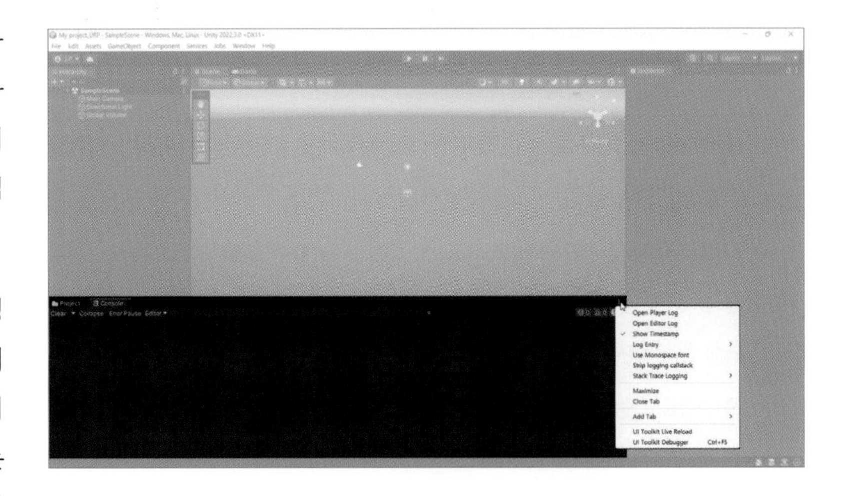

유니티의 콘솔 창은 개발자가 게임 실행 중에 발생하는 로그, 경고, 에러 메시지를 확인할 수 있는 공간입니다.

콘솔 창은 유니티의 디버깅과 로그 기능을 제공하여 개발자가 프로그램을 모니터링하고 문제를 식별하는데 도움을 줍니다. 콘솔 창을 통해 로그와 경고 메시지를 확인하고 필요한 조치를 취하여 개발 작업의 효율성을 높일 수 있습니다.

- **로그 출력**: 콘솔 창에는 유니티 스크립트에서 출력한 로그 메시지가 표시됩니다. 개발자는 주요 이벤트, 변수 값, 디버깅 정보 등을 로그로 출력하여 프로그램의 실행 상태를 확인할 수 있습니다. 주요 로그 유형으로는 Debug.Log, Debug.LogWarning, Debug.LogError 등이 있습니다.
- **경고 및 에러 메시지**: 콘솔 창은 경고 및 에러 메시지를 표시하여 개발자가 문제를 식별하고 해결할 수 있도록 도와줍니다. 이러한 메시지는 프로그램의 실행 중에 발생한 예외 상황이나 잘못된 동작을 알리는데 사용됩니다.
- **필터링 옵션**: 콘솔 창은 메시지의 필터링을 지원하여 개발자가 원하는 유형의 로그만 표시할 수 있도록 합니다. 필터링 옵션을 사용하여 로그, 경고 또는 에러 메시지를 선택적으로 표시할 수 있습니다.
- **스택 트레이스**: 콘솔 창은 로그 메시지와 함께 해당 로그가 출력된 스크립트의 스택 트레이스 정보를 표시합니다. 이를 통해 개발자는 로그가 발생한 위치를 확인하고 디버깅에 도움을 받을 수 있습니다.

인스펙터(Inspector) 창

CHAPTER 06

유니티의 인스펙터 창은 선택한 게임 오브젝트의 속성과 구성 요소에 대한 정보를 표시하는 도구입니다.

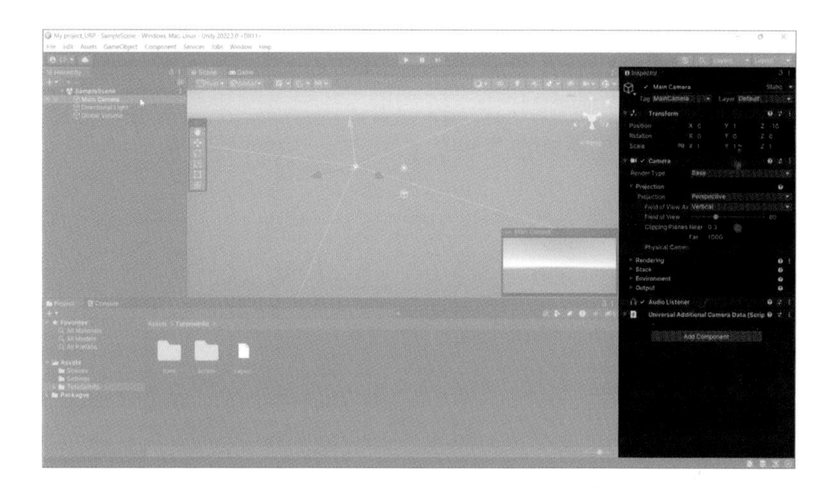

프로젝트의 게임 오브젝트를 선택하면 해당 오브젝트의 속성, 구성 요소 및 설정 옵션을 표시합니다. 이 창은 게임 오브젝트의 세부 정보를 수정하고 조정하는 데 사용됩니다.

아마 아티스트가 작업 중에 제일 많이 들여다보고 만지작거리는 창이 바로 인스펙터 창이 될 것입니다.

- **오브젝트 속성 표시**: 선택한 게임 오브젝트의 속성을 표시합니다. 이는 위치, 회전, 크기, 태그, 레이어 등과 같은 기본 속성들을 포함합니다. 또한 사용자 정의 속성이나 스크립트에서 추가한 변수들도 인스펙터 창에서 확인할 수 있습니다.
- **구성 요소 편집**: 게임 오브젝트가 가지고 있는 구성 요소들을 인스펙터 창에서 편집할 수 있습니다. 예를 들어, 트랜스폼, 렌더러, 콜라이더, 애니메이터 등과 같은 구성 요소들의 속성과 설정을 수정할 수 있습니다.
- **커스텀 에디터 확장**: 개발자는 인스펙터 창에 사용자 지정 에디터 요소를 추가하여 원하는 형식으로 표시할 수 있습니다. 이를 통해 특정 구성 요소의 편집을 간소화하거나 추가 정보를 제공할 수 있습니다.
- **컴포넌트 추가 및 제거**: 인스펙터 창에서는 게임 오브젝트에 구성 요소를 추가하거나 제거할 수 있습니다. 또한 컴포넌트의 활성화 또는 비활성화도 수행할 수 있습니다.

인스펙터 창의 Lock 아이콘은 상단에 있는 잠금 아이콘으로 표시됩니다. 이 아이콘은 인스펙터 창에서 현재 선택한 게임 오브젝트의 속성과 구성 요소를 고정하는 기능을 제공합니다. 즉, Lock 기능을 활성화하면 해당 오브젝트의 속성이나 구성 요소를 선택한 상태에서 다른 오브젝트를 선택해도 인스펙터 창의 내용이 변경되지 않습니다. 바로 옆의 More 메뉴(⋮)를 눌러도 동일한 기능을 사용할 수 있습니다.

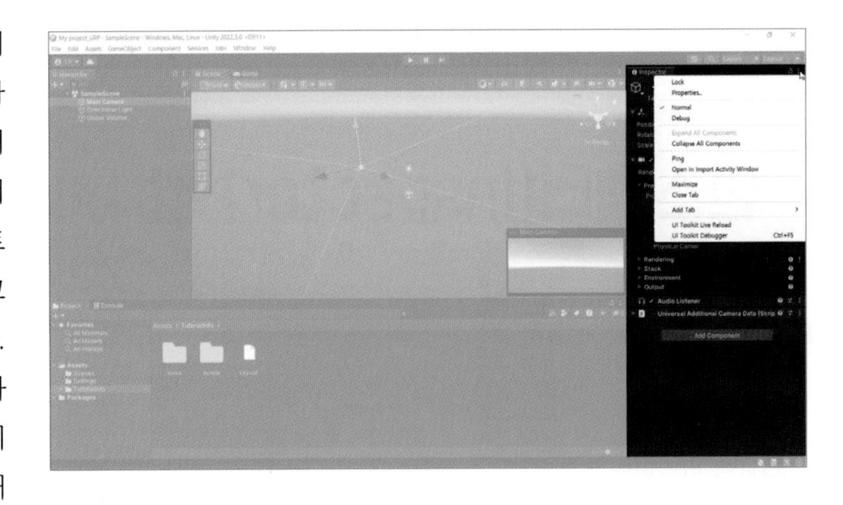

- **속성 고정**: Lock 기능을 활성화하면 현재 선택한 게임 오브젝트의 속성이 고정됩니다. 다른 오브젝트를 선택하더라도 인스펙터 창에는 이전에 선택한 오브젝트의 속성이 표시됩니다. 이를 통해 특정 오브젝트의 속성을 계속 확인하고 조작할 수 있습니다.
- **편집 방지**: Lock 기능을 사용하면 인스펙터 창에서 현재 선택한 오브젝트의 구성 요소를 편집하지 않도록 방지할 수 있습니다. 다른 오브젝트를 선택하더라도 해당 오브젝트의 구성 요소는 고정되어 수정되지 않습니다. 이는 실수로 오브젝트의 설성을 변경하지 않도록 보호하는 데 도움을 줍니다.
- **동시에 여러 오브젝트 확인**: Lock 기능을 사용하면 다른 오브젝트를 선택해도 인스펙터 창의 내용이 변경되지 않기 때문에 여러 오브젝트의 속성을 동시에 확인할 수 있습니다. 이는 다양한 오브젝트 간의 비교 및 분석에 유용합니다.

씬(Scene) 뷰

이제 씬(Scene) 뷰(Scene view)와 각종 오버레이(Overlays)에 대해서 알아보겠습니다. 씬(Scene) 뷰는 게임의 실제 3D 환경을 시각적으로 표현하고 편집할 수 있는 창입니다. 씬(Scene) 뷰는 게임 오브젝트의 배치, 위치 조정, 회전, 크기 조절 등을 수행할 수 있는 주요 에디터 창 중 하나로 이 창을 통해 게임의 시나리오를 구성하고 레벨 디자인을 수행할 수 있습니다.

- **3D 환경 표시**: 씬(Scene) 뷰는 게임의 3D 환경을 시각적으로 표시합니다. 3D 모델, 텍스처, 라이팅, 카메라 등이 실제로 어떻게 보일지를 미리 확인할 수 있습니다. 이를 통해 게임의 레벨 디자인과 시각적인 효과를 조정하고 실시간으로 확인할 수 있습니다.
- **게임 오브젝트 편집**: 씬(Scene) 뷰에서는 게임 오브젝트를 직접 선택하고 편집할 수 있습니다. 이를 통해 오브젝트의 위치, 회전, 크기 조정 등을 수행할 수 있습니다. 또한 다른 오브젝트와의 상호작용 및 충돌 검사를 시뮬레이션하고 레이아웃을 조정할 수 있습니다.
- **씬 구성**: 씬(Scene) 뷰를 통해 다양한 게임 오브젝트를 배치하고 조정하여 씬을 구성할 수 있습니다. 이는 게임의 레벨 디자인, 오브젝트 간의 상호작용, 퍼포먼스 최적화 등에 유용합니다. 게임 오브젝트를 씬에 추가하거나 제거하고, 그룹화하거나 편집하는 등의 작업을 수행할 수 있습니다.
- **툴과 가이드라인(Overlays)**: 씬(Scene) 뷰에는 다양한 편집 도구와 가이드라인이 제공됩니다. 이를 사용하여 오브젝트를 정확하게 배치하거나 정렬할 수 있습니다. 예를 들어, 그리드 스냅, 회전 도구, 스케일 도구 등을 사용하여 편집 작업을 보다 쉽게 수행할 수 있습니다.
- **애니메이션 작업**: 씬(Scene) 뷰를 사용하여 애니메이션을 생성하고 편집할 수 있습니다. 애니메이션 시퀀스를 구성하고 키프레임을 조정하여 캐릭터나 오브젝트의 움직임을 만들 수 있습니다.
- **카메라 조작**: 씬(Scene) 뷰에서 카메라를 조작하여 게임의 시점과 시야를 설정할 수 있습니다. 카메라의 위치, 회전, 줌 등을 조정하여 원하는 시각 효과를 구현할 수 있습니다.
- **조명 조작**: 씬(Scene) 뷰를 사용하여 조명을 조작하여 게임의 조명 효과를 조정할 수 있습니다. 조명의 위치, 색상, 강도 등을 조정하여 게임의 분위기를 설정할 수 있습니다.
- **충돌 검사**: 씬(Scene) 뷰에서 충돌 검사를 시뮬레이션하여 오브젝트 간의 상호작용을 확인할 수 있습니다. 콜라이더, 물리 엔진 등을 사용하여 오브젝트의 충돌 동작을 확인하고 조정할 수 있습니다.

7-1 툴 설정(Tool Settings)

우선 제일 좌측부터 툴 세팅(Tool Settings) 관련 2가지 설정 버튼이 있습니다.

■ 첫 번째는 토글 툴 핸들 포지션(Toggle Tool Handle position)으로 오브젝트를 선택했을 때 툴의 핸들이 오브젝트의 중앙이나 피봇 중 어디에 위치하게 할지 정할 수 있습니다. 예를 들면 마야나 블렌더 같은 외부 3D 툴을 이용해서 모듈식으로 제작된 배경 에셋들을 불러와서 조립할 때 이것을 피봇으로 설정하면 스내핑 기능과 함께 월드빌딩 작업을 훨씬 수월하게 진행할 수 있습니다.

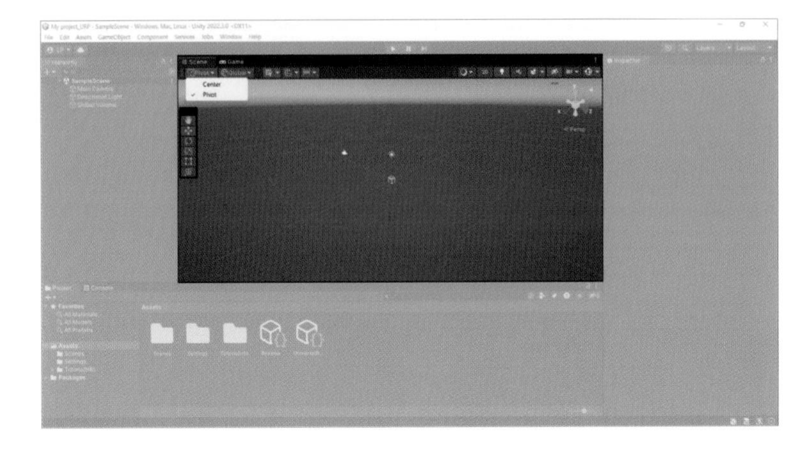

■ 두 번째는 토글 툴 핸들 로테이션(Toggle Tool Handle rotation)으로 툴의 핸들 회전 기준이 글로벌이냐 로컬이냐를 정할 수 있습니다. 글로벌을 선택하면 다음과 같이 게임 오브젝트가 회전한 후에도 회전 툴의 정렬은 월드에 맞춰져 있음을 볼 수 있습니다.

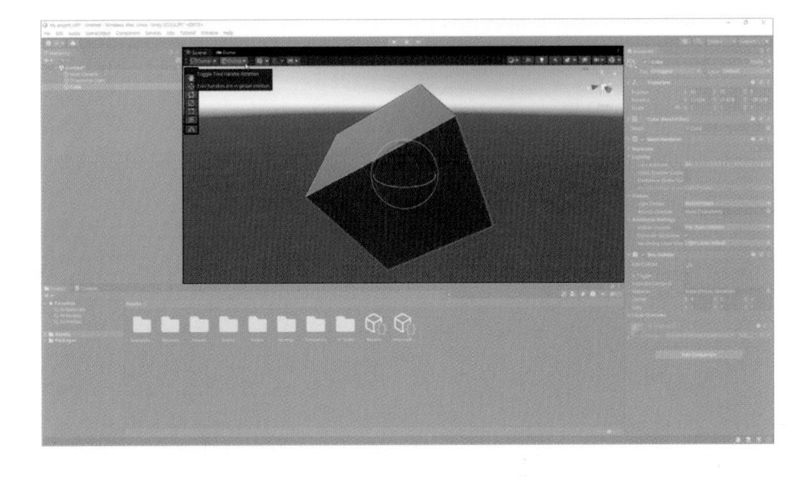

로컬로 설정되어 있으면 회전한 오브젝트를 기준으로 회전 툴이 정렬되어 있음을 볼 수 있습니다.

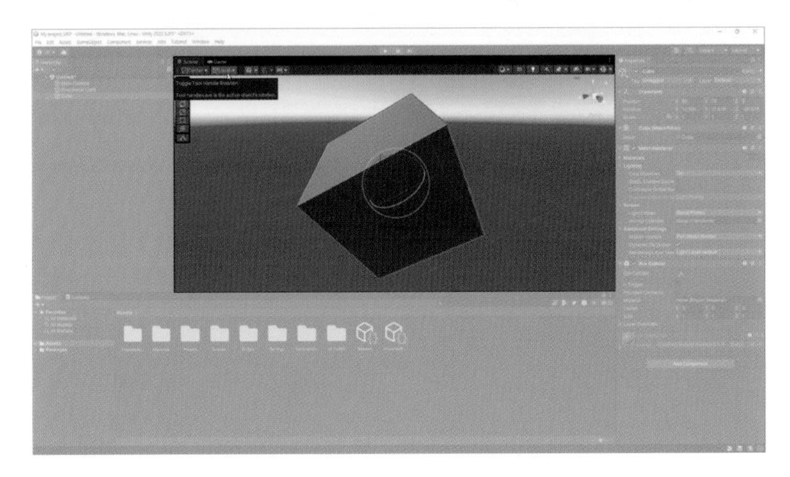

■ **그리드와 스냅 툴바(Grid & Snap Toolbar)**

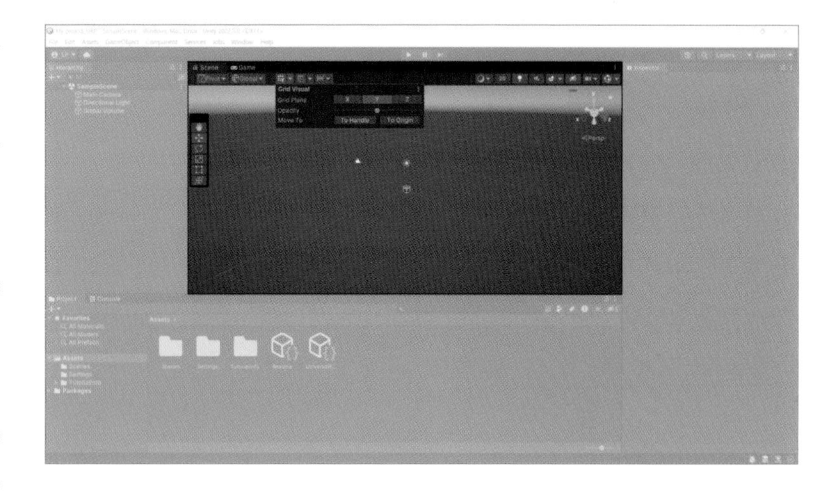

우선 그리드 비주얼(Grid Visual)은 씬(Scene) 뷰에서 격자를 표시하여 오브젝트의 위치 조정과 정렬을 도와주는 기능을 켜거나 끌 수 있습니다. x, y, z 축에 맞추어서 그리드를 위치시킬 수 있고 그리드 비주얼에서 제공하는 "Move to Handle"과 "Move to Origin"은 오브젝트의 위치 조정을 위한 기능입니다.

- **Move to Handle**: 선택한 오브젝트를 그리드의 핸들 위치로 이동시키는 기능입니다. 그리드의 핸들은 오브젝트를 정렬하고 원하는 위치로 이동시키는 데 사용됩니다. 이 기능을 사용하면 선택한 오브젝트를 핸들 위치로 쉽게 이동시킬 수 있습니다. 다만 이 기능들은 오브젝트의 트랜스폼 위치 값을 변화시키는 것이 아니라 기준선 역할을 하는 그리드를 어디에 위치시켜서 보여줄지를 정하는 기능입니다.
- **Move to Origin**: 선택한 오브젝트를 그리드의 원점(Origin)으로 이동시키는 기능입니다. 격자의 원점은 좌표(0, 0, 0)에 해당하는 위치로, 오브젝트의 위치를 초기화하거나 정렬하는 데 사용됩니다. 이 기능을 사용하면 선택한 오브젝트를 그리드의 원점으로 쉽게 이동시킬 수 있습니다.

■ 다음은 그리드 스내핑(Grid Snapping) 온/오프 토글(Toggle)기능입니다.

아이콘을 눌러서 파란색으로 변하면 스내핑 기능이 활성화된 것입니다. 그리고 정렬시켜줄 축을 정해줄 수 있습니다. 모든 축, x, y, z 축으로 설정할 수 있습니다. 오토 스내핑(Auto snapping) 기능을 사용하려면 반드시 툴 핸들 로테이션(Tool Handle Rotation) 값이 글로벌(Global)로 설정되어 있어야 합니다. 혹은 Ctrl 키(윈도우), ⌘ 키(맥)을 누른 상태로 오브젝트를 이동이나 회전시키면 스내핑 기능을 사용할 수 있습니다.

그리드 스냅 기능을 사용하면 정확한 위치, 회전 및 크기를 가진 오브젝트를 씬(Scene) 뷰에서 조작할 수 있습니다. 격자에 맞춰 조작함으로써 레벨 디자인이나 레이아웃을 보다 정교하게 구성할 수 있으며, 오브젝트들 간의 일관된 배치를 실현할 수 있습니다.

■ 이런 스내핑을 할 때 특정 간격으로 정확하게 조작하여 오브젝트의 이동, 회전 및 스케일 정도를 미리 크기 조정을 할 수 있습니다. 이때 사용하는 기능이 인크래먼트 스내핑(Increment Snapping) 설정입니다.

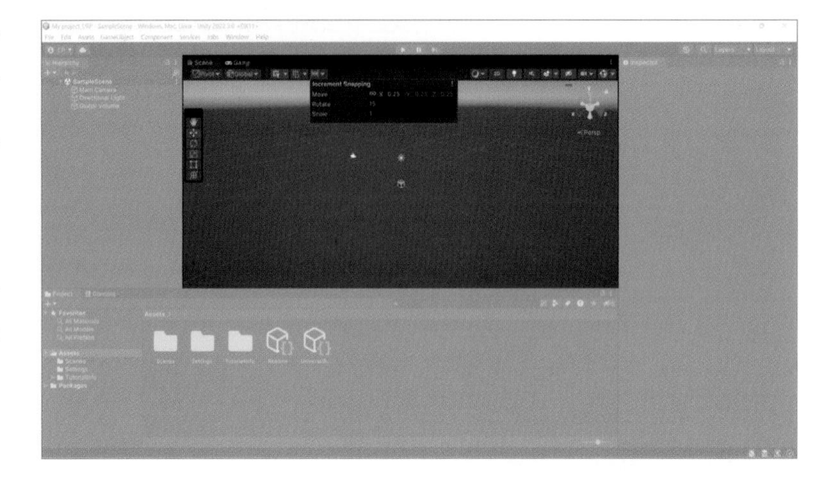

- **이동 Snapping**: 인크래먼트 스내핑을 활성화하고 씬(Scene) 뷰에서 오브젝트를 이동시키면, 오브젝트의 위치가 설정된 단위로 정확히 이동됩니다. 이를 통해 오브젝트를 일정한 간격으로 이동시키고 정렬할 수 있습니다.
- **회전 Snapping**: 인크래먼트 스내핑을 활성화하고 씬(Scene) 뷰에서 오브젝트를 회전시키면, 오브젝트의 회전 각도가 설정된 단위로 정확하게 조정됩니다. 이를 통해 오브젝트의 회전을 일정한 간격으로 조절할 수 있습니다.
- **스케일 Snapping**: 인크래먼트 스내핑을 활성화하고 씬(Scene) 뷰에서 오브젝트의 크기를 조정하면, 오브젝트의 크기가 설정된 단위로 정확하게 조정됩니다. 이를 통해 오브젝트의 크기를 일관된 간격으로 조설할 수 있습니다.

7-2 씬(Scene) 뷰 옵션 툴바(Scene View Option Toolbar)

■ 다음은 씬(Scene) 뷰에서 뷰 옵션(View Option) 툴바입니다. 먼저 드로 모드(Draw mode)에 대해서 알아보겠습니다.

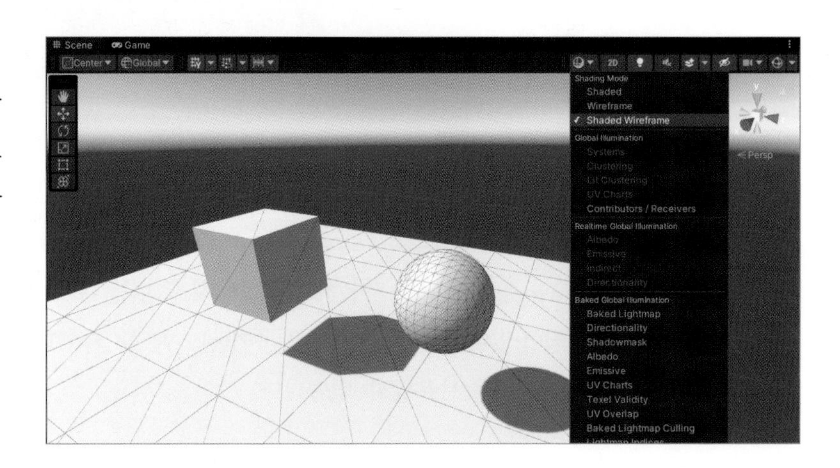

쉐이딩 모드(Shading mode)

Shaded	텍스처가 보이는 표면을 표시합니다.
Wireframe	와이어프레임 표현으로 메쉬를 그립니다.
Shaded Wireframe	텍스처를 입히고 와이어프레임을 오버레이하여 메쉬를 표시합니다.

- **글로벌 일루미내이션(Global Illumination)**: Systems, Clustering, Lit Clustering, UV Charts 및 Contributors/Receivers 모드는 전역 조명 시스템의 요소를 시각화하는 데 유용하게 사용할 수 있습니다.
- **리얼타임 글로벌 일루미내이션(Real time Global Illumination)**: Albedo, Emissive, Indirect 및 Directionality 모드는 인라이튼 실시간 전역 조명 시스템의 요소를 시각화하는 데 유용하게 사용할 수 있습니다.
- **베이크 일루미내이션(Baked Global Illumination)**: Baked Light Map, Directionality, Shadowmask, Albedo, Emissive, UV Charts, Texel Validity, UV Overlap, Baked Lightmap Culling, Lightmap Indices 및 Light Overlap 모드는 베이크된 전역 조명 시스템의 요소를 시각화하는 데 유용하게 사용할 수 있습니다.

■ 2D 모드 선택 토글 옵션입니다. 꺼져 있으면 3D 모드이고 켜지면 2D 모드로 전환됩니다.

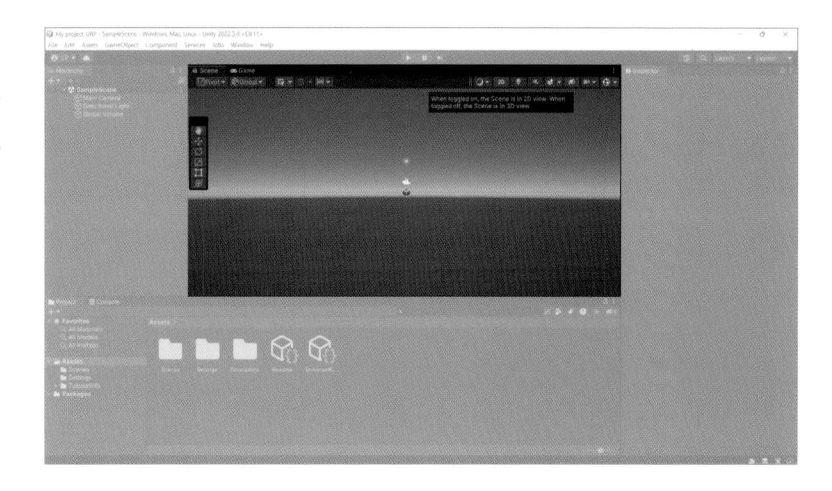

■ 라이팅 효과를 켜거나 끄는 토글 옵션입니다.

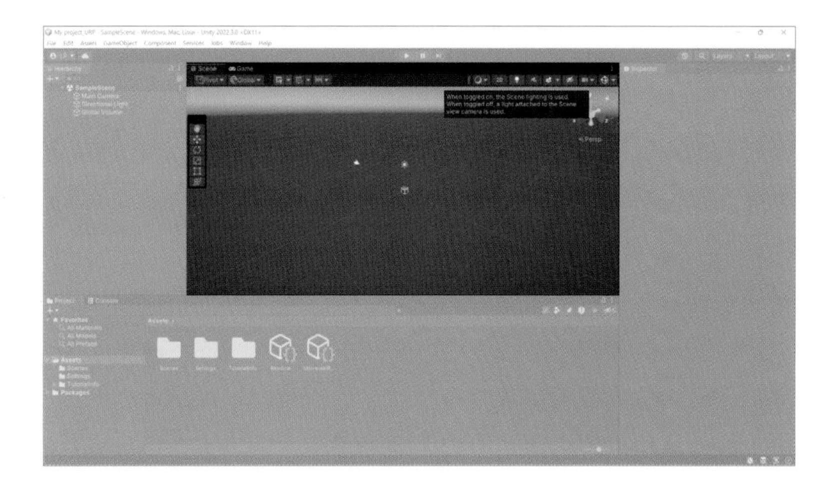

■ 씬(Scene) 뷰에서 오디오를 켜거나 끄는 옵션입니다.

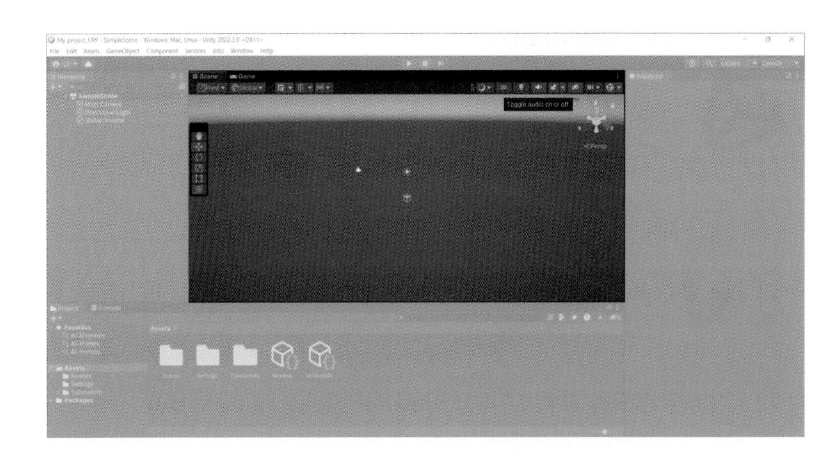

■ 씬(Scene) 뷰에서 스카이 박스, 포그, 플레어 등의 이펙트 디스플레이 옵션입니다.

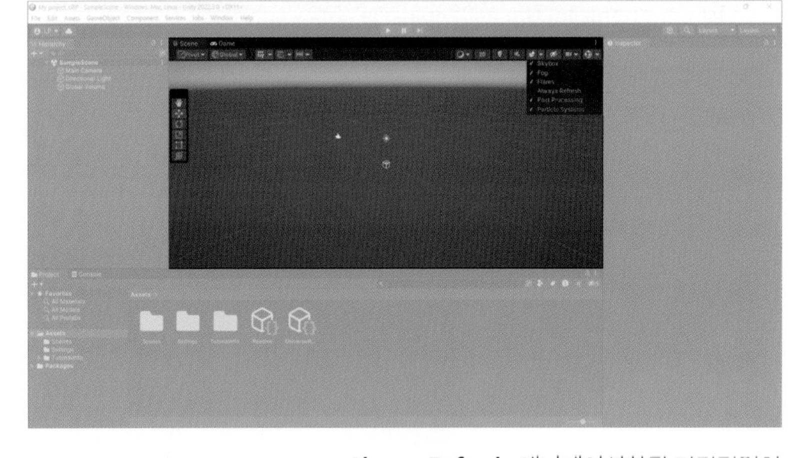

- **Skybox**: 씬의 배경에 렌더링되는 스카이박스 텍스처
- **Fog**: 카메라에서 거리가 멀어지면서 뷰가 점차 플랫 컬러로 페이드 됩니다.
- **Flares**: 광원의 렌즈 플레어
- **Post Processing**: 포스트 프로세싱 효과를 표시합니다.
- **Particle Systems**: 파티클 시스템 효과를 표시합니다.
- **Always Refresh**: 애니메이션화된 머티리얼이 애니메이션을 표시할지 여부를 정의합니다. 선택하면 시간 기반 효과(예: 쉐이더)가 애니메이션화됩니다. 지형에서 바람에 흔들리는 풀 같은 씬 효과를 예로 들 수 있습니다.

■ **씬 가시성(Scene Visibility) 설정**

다음은 씬 가시성 제어를 보여주는 옵션입니다. 이 옵션를 켜져 있어야 씬(Scene) 뷰에서 오브젝트를 감출 수 있습니다.

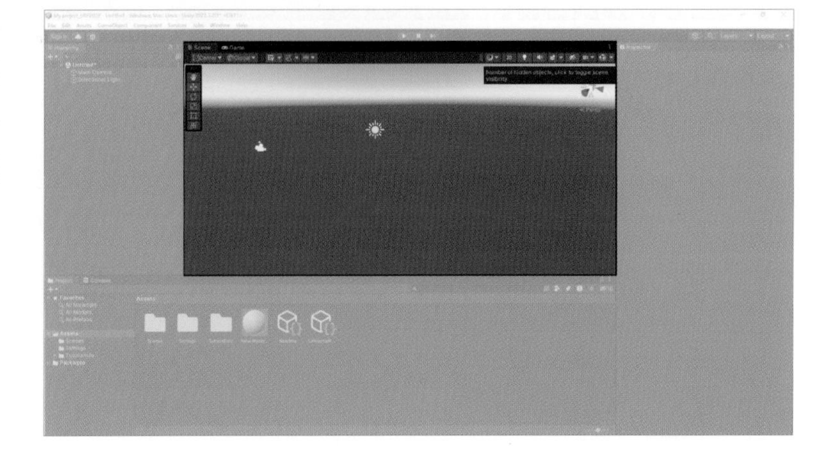

7-3 씬(Scene) 뷰에서 게임 오브젝트 표시

유니티의 씬 가시성 제어를 이용하면 게임 내 가시성을 변경하지 않고도 씬(Scene) 뷰에서 게임 오브젝트를 빠르게 숨기거나 표시할 수 있습니다. 이는 특정 게임 오브젝트를 보거나 선택하기가 힘든 대규모 또는 복잡한 씬으로 작업할 때 특히 유용합니다.

여기에서는 큐브, 스피어, 캡슐 3개의 3D 오브젝트를 생성했습니다.

계층(Hierarchy) 창에 있는 모든 오브젝트 위에 마우스를 가져가 보면 눈 모양과 손가락 모양의 아이콘이 나타납니다. 이때 눈 모양 아이콘을 눌러서 비활성화 시키면 해당 오브젝트를 숨기거나 보이게 제어를 할 수 있습니다. 혹은 단축키 H를 눌러도 동일한 효과가 나타납니다.

■ 큐브를 선택해 보겠습니다.

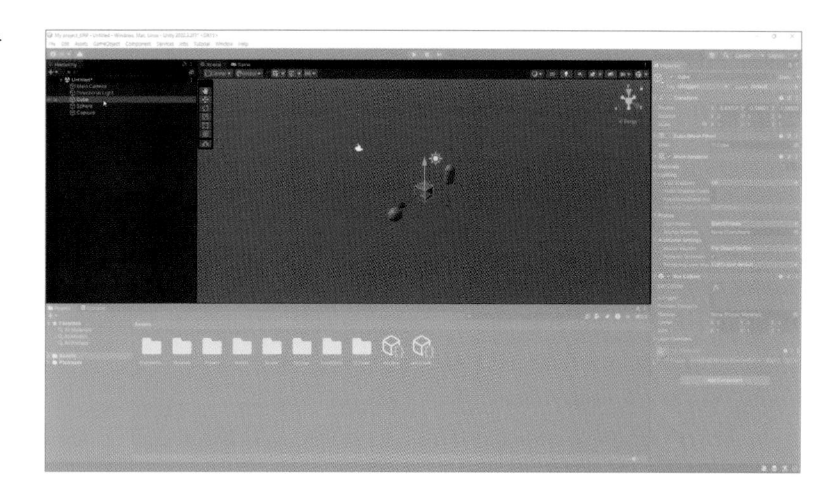

■ 눈 모양 아이콘을 눌러서 비활성화 시키면 씬(Scene) 뷰에서 큐브가 감춰졌습니다. 이 때 씬 가시성 제어 옵션이 켜져 있는 상태라는 걸 주목해야 합니다.

■ 캡슐을 선택해서 스피어 위에 드래그 앤 드롭해서 부모 자식 관계로 만들었습니다. 이 때 부모인 스피어를 숨기면 자식인 캡슐도 속성을 물려받아서 같이 숨겨집니다.

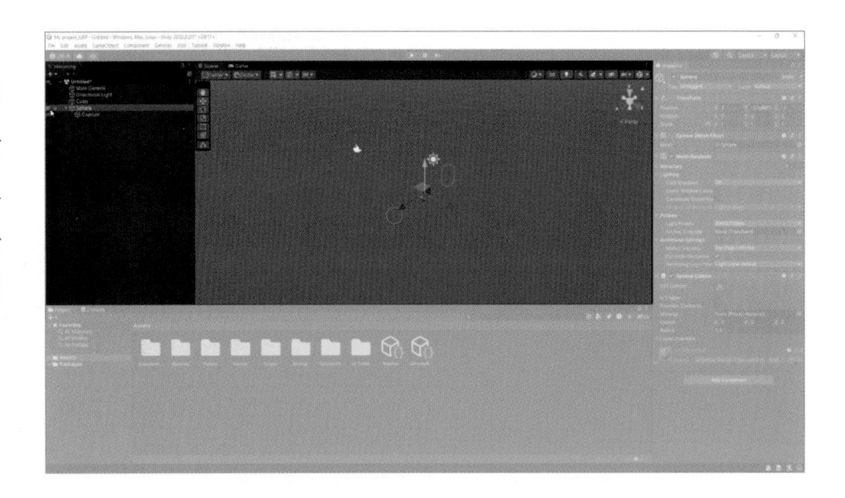

■ 하지만 자식인 캡슐을 숨겨도 부모인 스피어에는 영향이 없습니다.

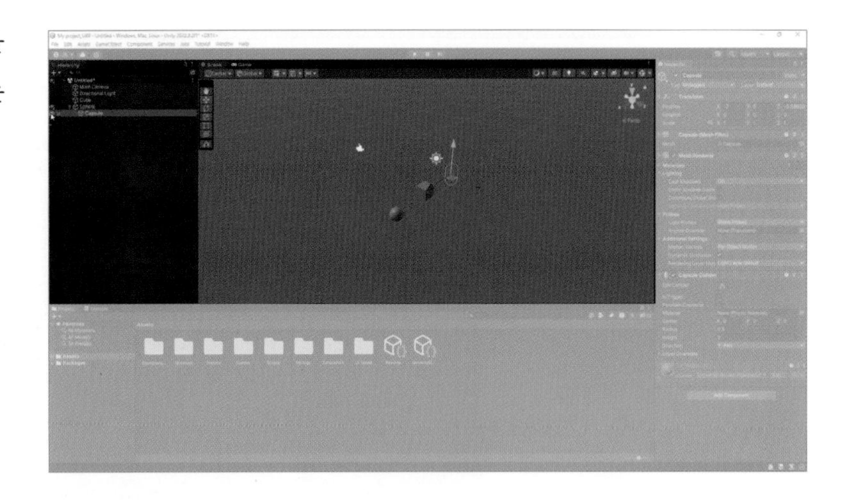

■ 그리고 부모 오브젝트를 숨기고 난 후라도 자식 오브젝트는 필요에 따라 선택적으로 다시 보이게 할 수 있습니다.

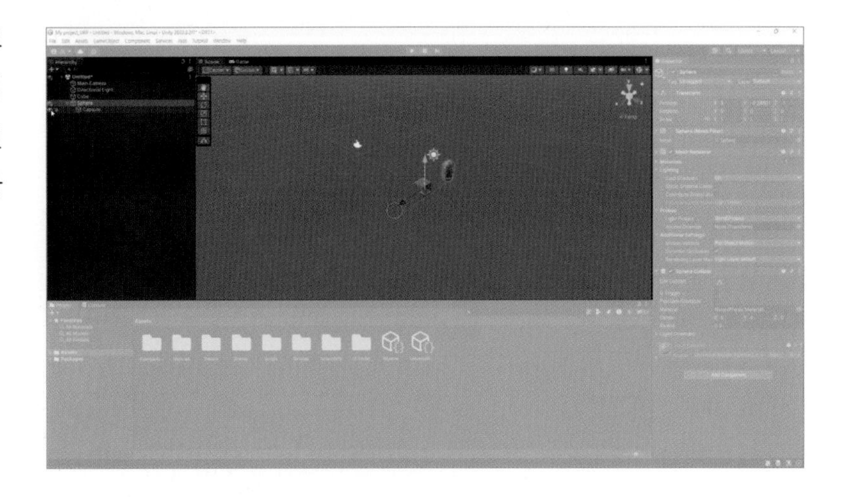

이처럼 각 오브젝트를 숨기거나 보이게 했을 경우 눈 모양의 아이콘으로 그 상태를 파악할 수 있습니다.

(눈 아이콘)	게임 오브젝트와 해당 자식이 표시되었습니다.
(빗금 눈 아이콘)	게임 오브젝트와 해당 자식이 숨김 처리되었습니다.
(부분 눈 아이콘)	게임 오브젝트가 표시되지만, 일부 자식이 숨김 처리되었습니다.
(부분 빗금 눈 아이콘)	게임 오브젝트가 숨김 처리되었지만, 일부 자식이 표시되었습니다.

그리고 처음에 언급했듯이 씬 가시성을 끄면 계층(Hierarchy) 창에서 설정한 씬 가시성이 해제됩니다. 단, 삭제되거나 변경되지는 않습니다. 모든 숨겨진 게임 오브젝트는 일시적으로 표시됩니다.

7-4 선택된 게임 오브젝트 격리

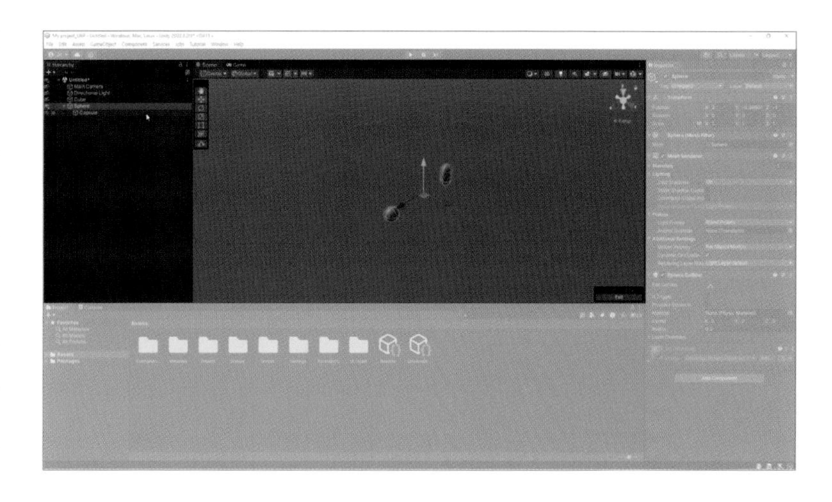

격리(Isolation) 뷰는 선택한 게임 오브젝트만 표시되고 나머지는 숨기도록 씬 가시성 설정을 오버라이드합니다. 계층(Hierarchy) 창에서 오브젝트를 선택하고 Shift + H키를 누르면 모든 선택된 게임 오브젝트와 해당 자식을 격리합니다. 숨겨진 게임 오브젝트를 격리하면 격리 뷰를 종료할 때까지 계속 표시됩니다.

격리 뷰를 종료하려면 Shift + H키를 다시 누르거나, 씬(Scene) 뷰에서 Exit 버튼을 클릭합니다.

7-5 씬(Scene) 뷰 카메라(Scene View Camera) 설정

다음은 카메라 모양의 아이콘을 누르면 씬(Scene) 뷰 카메라 설정 옵션을 열 수 있습니다. 이것은 씬(Scene) 뷰를 디스플레이하는 카메라 설정을 제어하는 것으로 이 옵션을 조정해도 Camera 컴포넌트가 포함된 게임 오브젝트의 설정은 변하지 않습니다.

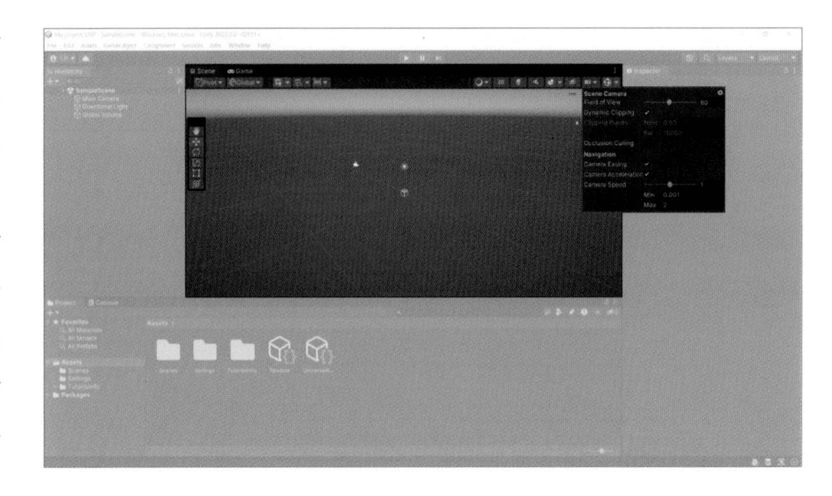

- **Field of View**: 카메라 뷰 앵글의 높이입니다.
- **Dynamic Clipping**: 씬의 뷰포트 크기를 기준으로 카메라의 근거리 및 원거리 클리핑 평면을 계산합니다.
- **Clipping Planes**: 씬의 게임 오브젝트 렌더링을 시작하고 중지하는 카메라와의 거리입니다.
- **Near**: 게임 오브젝트를 렌더링하는, 카메라와 가장 가까운 지점입니다.
- **Far**: 게임 오브젝트를 렌더링하는, 카메라와 가장 멀리 떨어진 지점입니다.
- **Occlusion Culling**: 이 상자를 선택하면 씬(Scene) 뷰에서 오클루전 컬링이 활성화됩니다. 이렇게 하면 유니티는 다른 게임 오브젝트 뒤에 가려져 있어서 카메라가 볼 수 없는 게임 오브젝트를 렌더링하지 않습니다.
- **Camera Easing**: 이 상자를 선택하면 카메라가 씬(Scene) 뷰의 모션이 서서히 움직임을 시작하고 멈춥니다. 즉, 카메라가 즉시 최고 속도에 이르지 않고 서서히 움직이기 시작하며, 멈출 때에도 천천히 멈추도록 할 수 있습니다.
- **Camera Acceleration**: 이 상자를 선택하면 카메라를 움직일 때 가속도를 활성화할 수 있습니다. 이 기능이 활성화되면 카메라가 처음에는 속도 값에 기반한 속도로 움직이며, 움직임이 멈출 때까지 지속적으로 속도가 빨라집니다. 이 기능을 비활성화하면 카메라가 Camera Speed에 기반하여 일정한 속도로 가속합니다.
- **Camera Speed**: 씬(Scene) 뷰 내 카메라의 현재 속도입니다.
- **Min**: 씬(Scene) 뷰 내 카메라의 최저 속도입니다. 유효한 값은 0.01 - 98 사이입니다.
- **Max**: 씬(Scene) 뷰 내 카메라의 최고 속도입니다. 유효한 값은 0.02 - 99 사이입니다.

7-6 기즈모(Gizmo) 메뉴

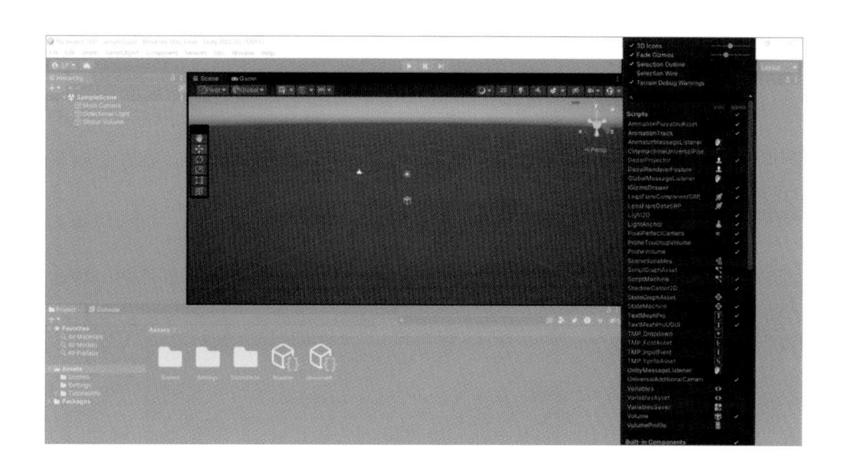

· 3D Icons	3D Icons 확인란은 에디터가 (Lights 및 Cameras 아이콘 같은) 컴포넌트 아이콘을 씬(Scene) 뷰에 3D로 그리도록 할 것인지 설정하는 데 사용합니다. 3D Icons 확인란을 선택하면 컴포넌트 아이콘이 카메라와의 거리에 따라 확대/축소되고 씬의 게임 오브젝트에 가려서 보이지 않습니다. 아이콘의 전체 크기 표시는 슬라이더를 사용하여 조정할 수 있습니다. 3D Icons 확인란을 선택하지 않으면 컴포넌트 아이콘이 일정한 크기로 표시되고 항상 씬(Scene) 뷰의 게임 오브젝트 위에 표시됩니다.
· Fade Gizmos	화면에 작은 기즈모를 페이드 아웃하고 렌더링을 중지합니다.
· Selection Outline	Selection Outline을 선택하면 선택된 게임 오브젝트가 컬러 아웃라인과 함께 표시되며, 자식 게임 오브젝트는 다른 컬러의 아웃라인과 함께 표시됩니다. 유니티는 기본적으로 선택한 게임 오브젝트를 주황색으로 강조 표시하며, 자식 게임 오브젝트는 파란색으로 강조 표시합니다. 이 옵션은 씬(Scene) 뷰 기즈모 메뉴에서만 사용 가능하고 게임 뷰 기즈모 메뉴에서는 활성화할 수 없습니다.
· Selection Wire	Selection Wire를 선택하면 선택된 게임 오브젝트가 와이어프레임 메쉬로 보이게 표시됩니다. 선택 와이어의 컬러를 변경하려면 Edit 〉 Preferences로 이동한 후 Colors를 선택하고 Wireframe Selected 설정을 수정합니다. 이 옵션은 씬(Scene) 뷰 기즈모 메뉴에서만 사용 가능하고 게임 뷰 기즈모 메뉴에서는 활성화할 수 없습니다.
· Recently Changed	최근에 수정한 컴포넌트와 스크립트에 대한 아이콘과 기즈모의 가시성을 제어합니다.
· Scripts	씬의 스크립트에 대한 아이콘과 기즈모의 가시성을 제어합니다.
· Built-in Components	아이콘이나 기즈모가 있는 모든 컴포넌트 타입의 아이콘과 기즈모의 표시 여부를 설정하는 데 사용합니다.

씬(Scene) 뷰와 게임 뷰에는 모두 기즈모(Gizmos) 메뉴가 있습니다.

■ 기즈모(Gizmo)

기즈모는 씬에 있는 게임 오브젝트와 연관된 그래픽스입니다. 기즈모는 일반적으로 비트맵 그래픽이 아니라 코드를 사용하여 그려지는 와이어프레임이며, 상호작용(Interactive)할 수 있습니다. Camera 기즈모와 Light direction 기즈모는 모두 빌트인 기즈모의 예이며, 스크립트를 사용하여 원하는 기즈모를 직접 만들 수도 있습니다.

일부 기즈모는 참조용으로 표시되는 패시브형 그래픽 오버레이입니다.(예: 광원의 방향을 나타내는 Light direction 기즈모). 그 외의 기즈모(예: 편집 포인트를 클릭하고 끌어서 포인트 라이트(Point light)의 최대 범위(Range)를 조정할 수 있는 Point light spherical range 기즈모는 인터렉티브형입니다. Move, Scale, Rotate 및 Transform 툴도 인터렉티브형 기즈모입니다.

■ 아이콘(icon)

게임 뷰 또는 씬(Scene) 뷰에 아이콘을 표시할 수 있습니다. 아이콘은 게임 관련 작업 중에 게임 오브젝트의 포지션을 분명히 표시하기 위해 사용할 수 있는 납작한 빌보드 스타일 오버레이입니다. Cameras 아이콘과 Light 아이콘은 빌트인 아이콘의 예이며, 직접 만든 아이콘을 게임 오브젝트나 개별 스크립트에 할당할 수도 있습니다.

아래 이미지에서 이동 툴 기즈모, Light direction 기즈모, 카메라, 라이트 아이콘을 구별해서 볼 수 있습니다.

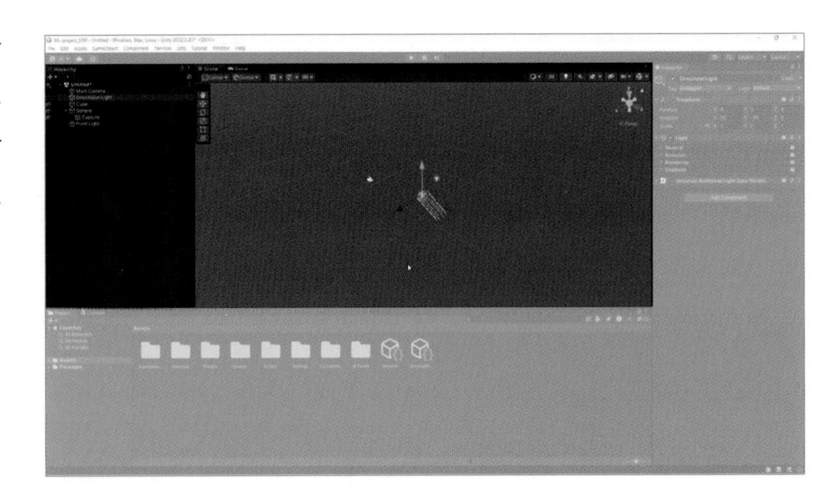

편집 포인트를 클릭하고 끌어서 포인트 라이트(Point light)의 최대 범위(Range)를 조정할 수 있는 인터렉티브형 기즈모인 Point light spherical range 기즈모입니다.

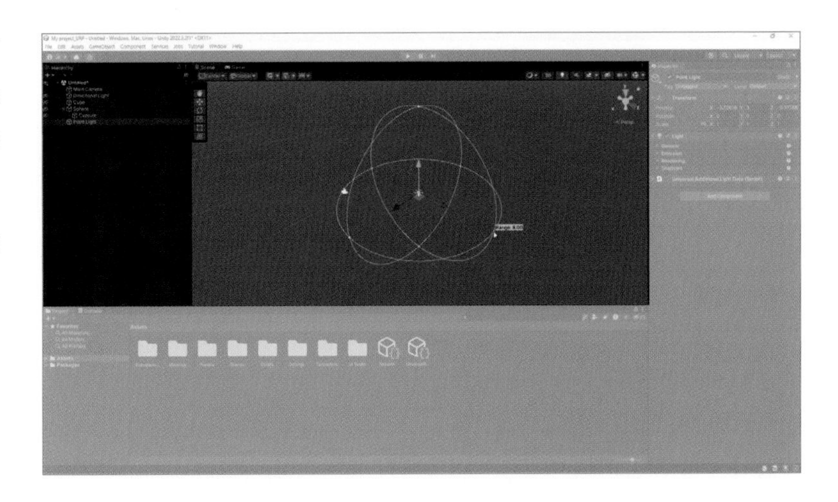

게임 뷰(Game View)

게임 뷰는 애플리케이션의 카메라에서 렌더링되며, 최종적으로 퍼블리시된 애플리케이션을 보여줍니다. 툴바의 버튼을 사용하여 에디터 플레이 모드를 제어하고 퍼블리시된 애플리케이션 플레이 방식을 확인합니다.

계층(Hierarchy) 창에서 디폴트로 제공되어 있는 Main camera를 선택하면 씬(Scene) 뷰 내에 작은 Main camera 창이 열리는데 이는 메인 게임 뷰와 동일한 렌더링 뷰입니다. 씬(Scene) 뷰에서 와는 다르게 게임 뷰에서는 카메라 뷰를 회전이나 이동시킬 수 없습니다. 애플리케이션을 사용할 때 플레이어가 보는 것을 제어하려면 하나 이상의 카메라를 사용해야 합니다.

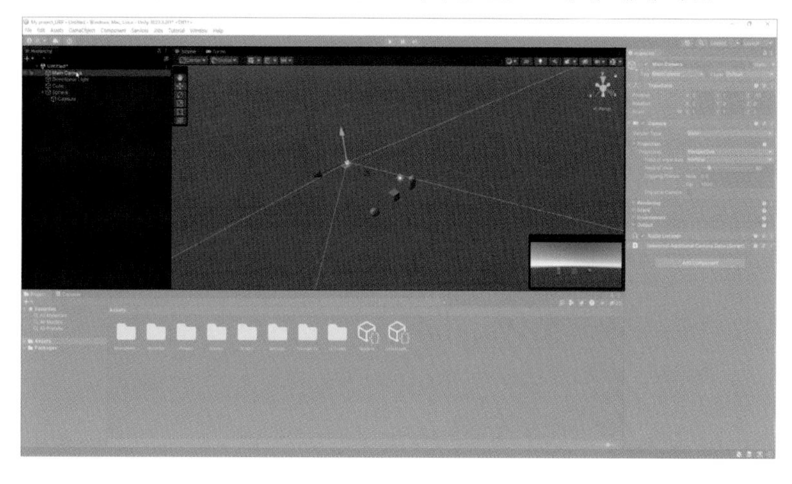

- **Game/Simulator**: 클릭하면 드롭다운 메뉴에서 게임 뷰 또는 시뮬레이터 뷰를 활성화합니다.

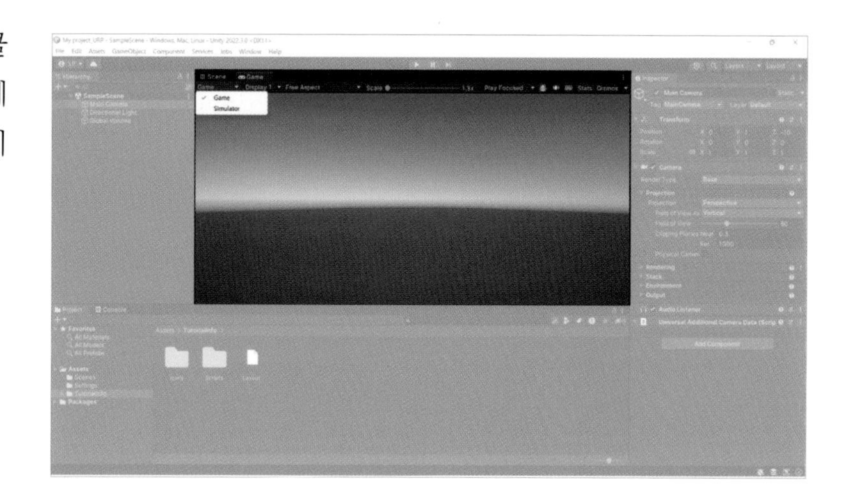

- **Display:** 씬에 카메라가 여러 대 있는 경우 카메라 리스트에서 이 버튼을 선택하여 원하는 카메라를 선택할 수 있습니다. 기본적으로 Display 1로 설정되어 있습니다. Target Display 드롭다운 메뉴에서 카메라 모듈에 있는 카메라에 디스플레이를 할당할 수 있습니다.

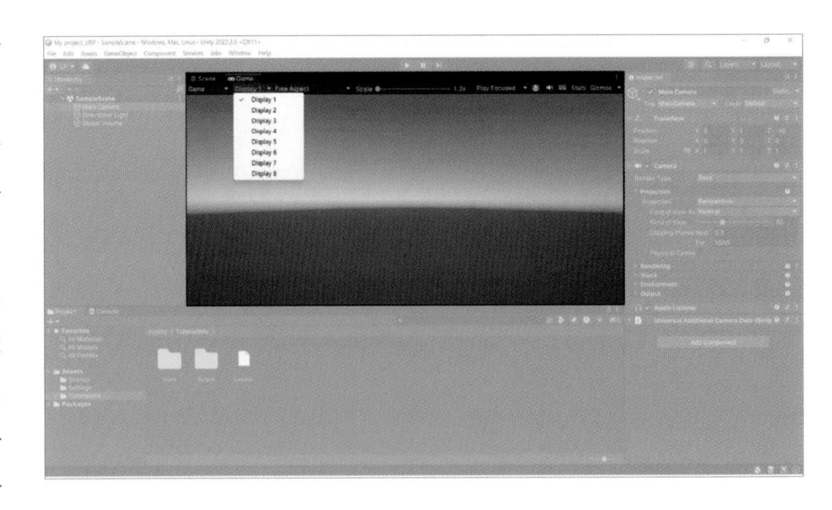

- **Aspect:** 이 값을 선택하여 다른 종횡비를 가진 모니터에서 게임이 어떻게 보일지 테스트할 수 있습니다. 기본적으로 Free Aspect 로 설정되어 있습니다.

  - **Low Resolution Aspect Ratios**: 구형 디스플레이의 픽셀 밀도를 에뮬레이트하려면 이 Low Resolution Aspect Ratios를 활성화합니다. 이렇게 하면 종횡비를 선택했을 때 게임 뷰의 해상도가 줄어듭니다. 이 옵션은 레티나 디스플레이가 탑재되지 않은 기기에서 게임 뷰를 실행할 때 항상 활성화됩니다.
  - **VSync(Game view only)**: 게임 뷰에 우선 순위를 부여하려면 VSync(Game view only)를 활성화합니다. 이 옵션은 비디오를 녹화할 때 유용한 수직 동기화를 추가할 수 있습니다. 유니티는 모니터 새로고침 속도로 게임 뷰를 렌더링하려고 시도합니다(보장되지는 않음). 이 옵션이 활성화된 경우에도 다른 뷰를 숨기고 유니티가 렌더링하는 뷰 수를 줄이기 위해 플레이 모드에서 게임 뷰를 최대화하는 것이 좋습니다.

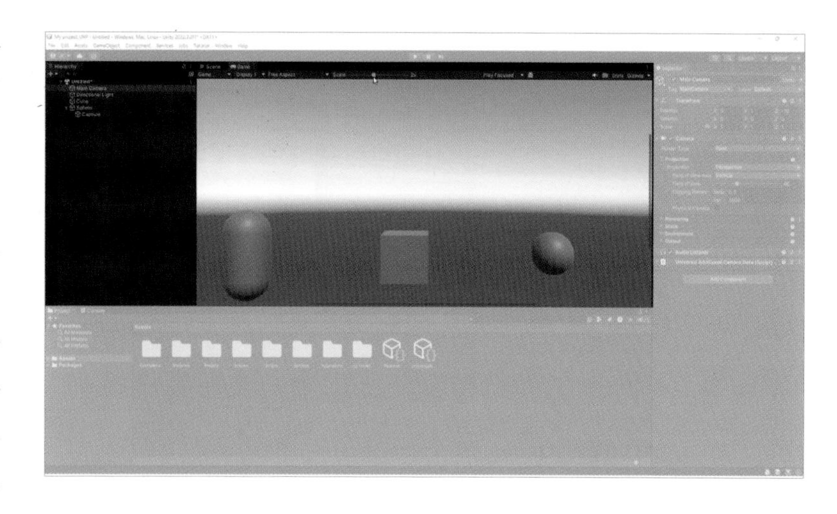

- **Scale**: 슬라이더 오른쪽으로 스크롤하여 게임 화면을 확대하고 화면 영역을 자세히 확인합니다. 이 슬라이더를 이용하면 게임 뷰 창의 크기에 비해 기기의 해상도가 높은 경우 전체 화면을 축소하여 볼 수 있습니다. 애플리케이션이 중지되었거나 일시 정지되었을 때에는 스크롤 휠이나 마우스 가운데 버튼을 사용하여 이 작업을 수행할 수도 있습니다.

8-1 기기 시뮬레이터 뷰

기기 시뮬레이터는 모바일 디바이스에서 애플리케이션이 표시되고 동작하는 방식을 시뮬레이션하는 유니티 에디터 기능입니다. 이를 사용하여 해당 기기의 화면 모양, 해상도, 방향과 함께 애플리케이션이 어떻게 표시되는지 확인합니다.

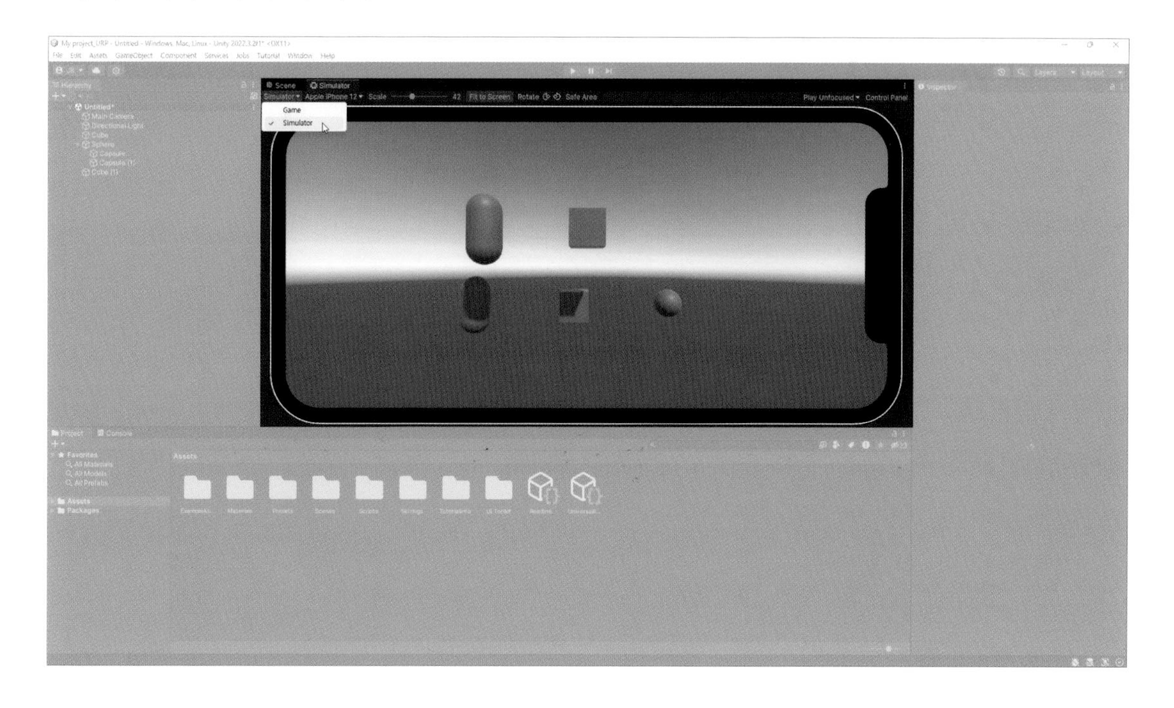

- **기기 정의**: 사용 가능한 기기 정의에서 시뮬레이션할 기기를 선택합니다.

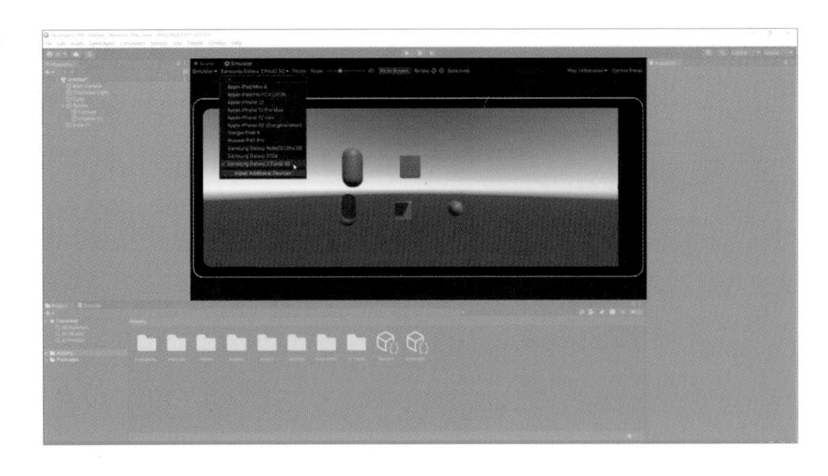

- **Scale**: 시뮬레이션된 화면을 확대하거나 축소합니다.
- **Fit to Screen**: 디스플레이를 확대/축소하여 창 내부에 맞춥니다.
- **Rotate**: 기기의 물리적 회전을 시뮬레이션합니다. 자동 회전을 활성화하고 기기가 회전을 지원하는 경우 기기 화면의 이미지가 기기와 함께 회전합니다. 그렇지 않으면 기기를 회전할 때 이미지가 옆으로 또는 거꾸로 뒤집힐 수 있습니다. 하지만 기기 시뮬레이터는 XR 컨텐츠에서 이용되는 자이로스코프 시뮬레이션을 지원하지 않습니다.

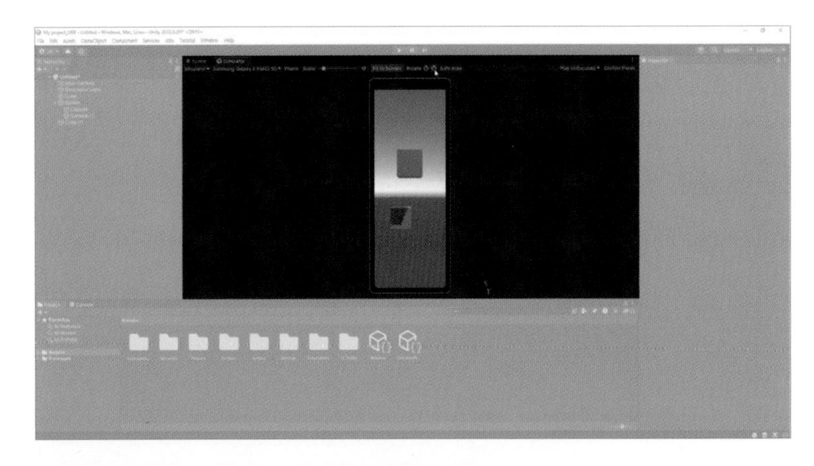

- **스크린 세이프 영역**: 일부 디스플레이에서는 화면의 특정 영역이 사용자에게 보이지 않을 수 있습니다. 이는 디스플레이의 모양이 직사각형이 아니거나 TV 디스플레이의 경우 오버스캔으로 인해 발생할 수 있습니다. 이 영역을 표시해서 사용자 인터페이스 요소를 안전 영역 사각형 외부에 배치하지 않도록 주의해야 합니다.

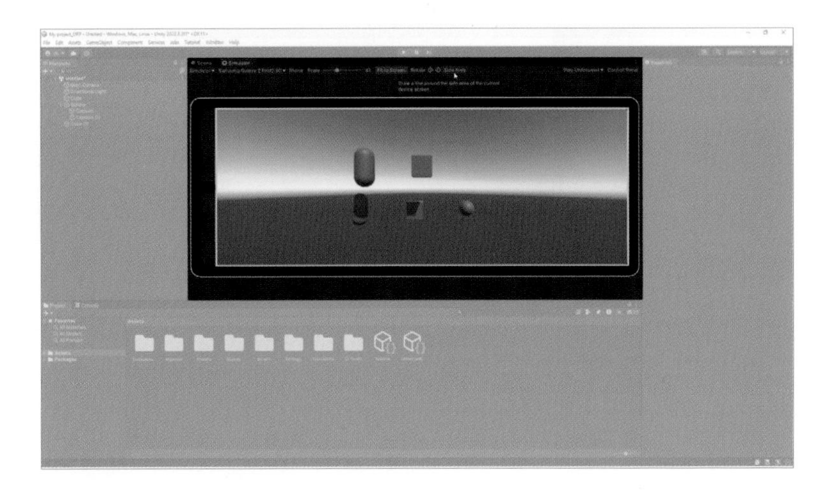

- **Play Mode Behaviour**
  - **Play Focused**: 플레이 시 시뮬레이터 뷰에 초점을 맞춥니다.
  - **Play Maximized**: 플레이 시 시뮬레이터 뷰에 초점을 맞추고 최대화합니다.
  - **Play Unfocused**: 플레이 시 시뮬레이터 뷰에 초점을 맞추지 않습니다.

8-2 프레임 디버거 창

벌레 모양 아이콘은 역시나 디버거(Debugger)입니다. 프레임 디버거(Frame Debugger)창을 열 수 있습니다. 혹은 Window 〉 Analysis 〉 Frame Debugger로 열 수 있습니다.

프레임 디버거(Frame Debugger)를 사용하면 실행 중인 게임을 특정 프레임에서 중지하고 해당 프레임을 렌더링하는 데 사용되는 개별 드로우 콜을 볼 수 있습니다. 디버거는 드로우 콜의 리스트를 제공하고, 하나씩 단계별로 볼 수 있도록 하여 씬이 그래픽 요소에서 어떻게 구성되는지 자세하게 볼 수 있습니다.

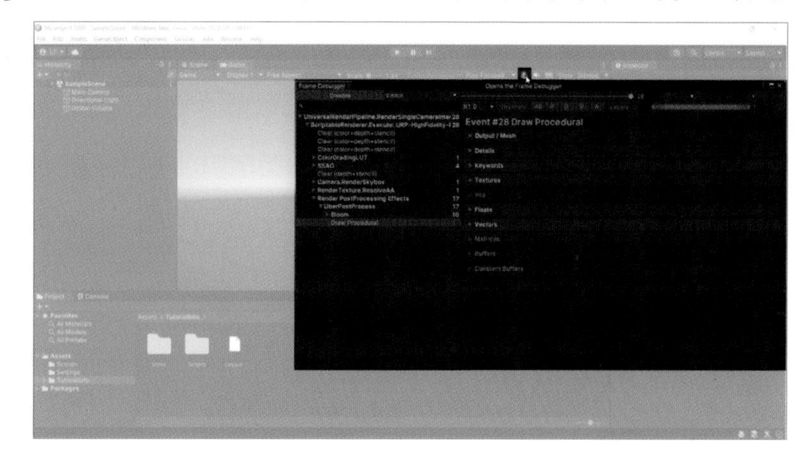

메인 리스트는 출처를 식별할 수 있는 계층 구조 형식으로 드로우 콜과 프레임 버퍼 삭제와 같은 다른 이벤트의 순서를 보여줍니다. 리스트 오른쪽에 있는 패널은 지오메트리의 세부 사항이나 렌더링에 사용되는 쉐이더와 같은 드로우 콜에 대한 자세한 정보를 제공합니다. 또는 쉐도우 맵이 어떻게 렌더링되는지도 확인할 수 있습니다.

- **Mute Audio**: 클릭하면 활성화됩니다. 플레이 모드를 시작할 때 애플리케이션 내 오디오를 음소거하려면 이 옵션을 사용합니다.

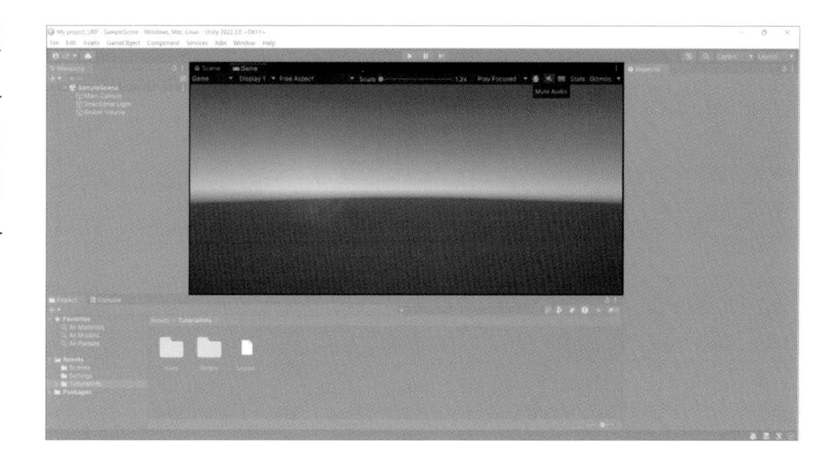

■ **Stats**: 애플리케이션의 오디오 및 그래픽스에 대한 렌더링 통계를 확인할 수 있는 통계 오버레이를 표시하려면 이 옵션을 클릭합니다. 이 옵션은 플레이 모드에서 애플리케이션의 성능을 모니터링하는 데 아주 유용합니다.

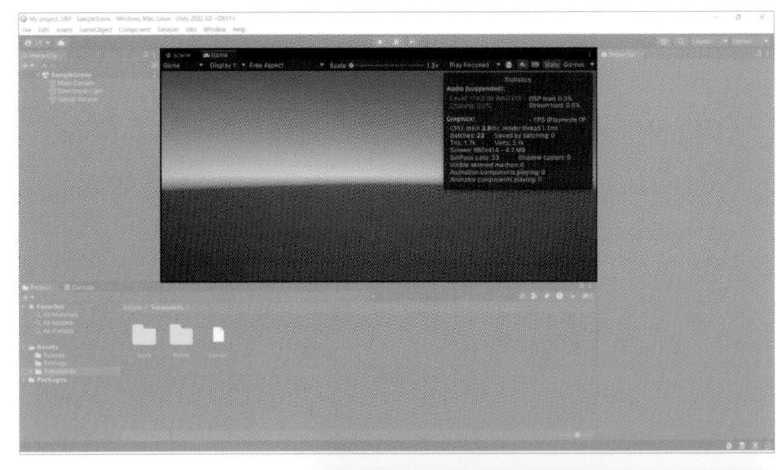

특히 눈여겨 봐야 할 부분이 Batches로 이것이 드로콜 값입니다. 드로콜 중에서도 아주 크리티컬 한 값으로 SetPass calls가 있습니다.

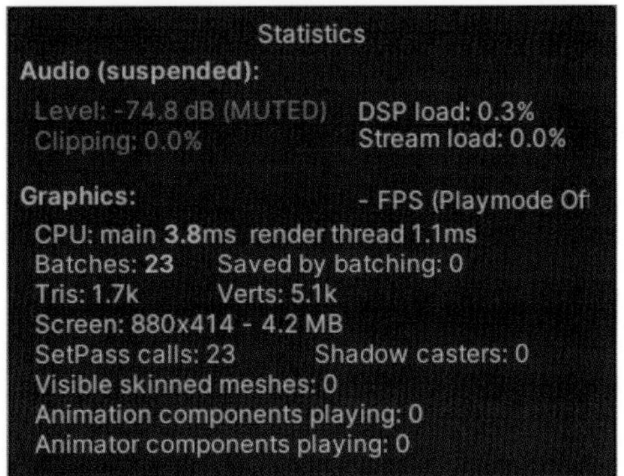

■ **Gizmos**: 기즈모를 표시하려면 이 옵션을 클릭합니다. 플레이 모드에서 특정 타입의 기즈모만 보려면 Gizmos 옆에 있는 드롭다운 화살표를 클릭하여 보려는 기즈모 타입을 활성화합니다.

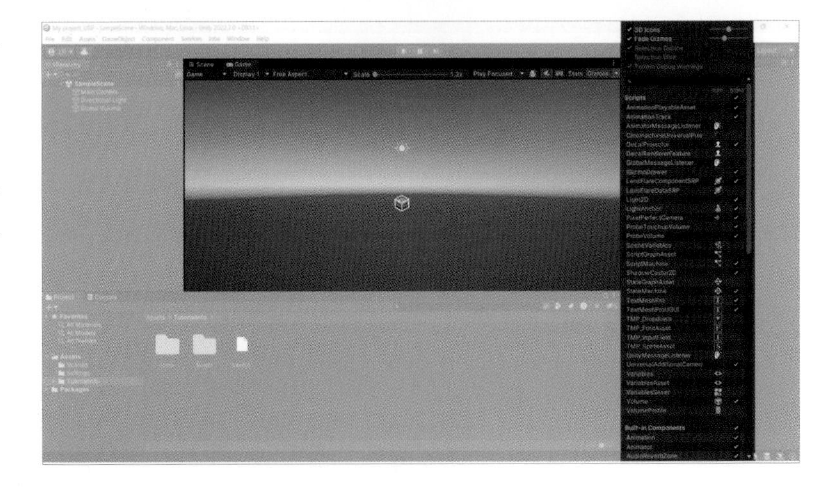

■ 게임 뷰 탭 위에서 우클릭을 하거나 More 메뉴(⋮)를 선택하면 고급 옵션을 표시할 수 있습니다.

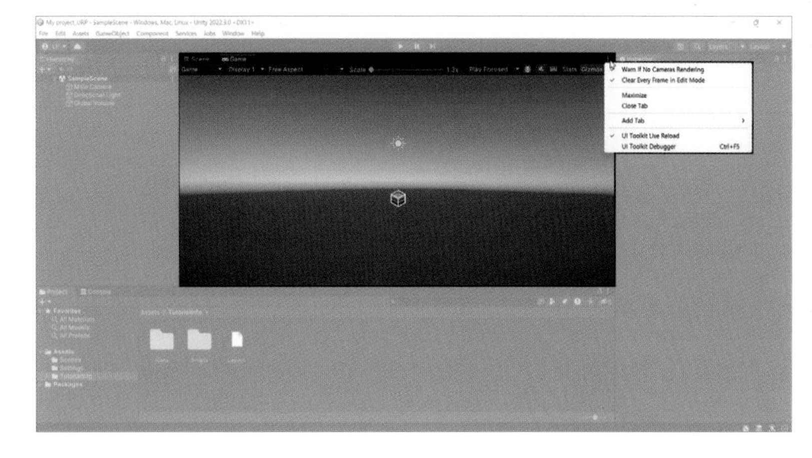

- **Warn if No Cameras Rendering**: 이 옵션은 기본적으로 활성화되어 있습니다. 화면에 렌더링하는 카메라가 없을 경우 유니티가 경고 메시지를 표시합니다. 실수로 카메라를 삭제하거나 비활성화하는 등의 문제를 진단할 때 유용합니다. 애플리케이션 렌더링에 의도적으로 카메라를 사용하지 않는 경우가 아니라면 이 기능을 활성화 상태로 유지합니다.
- **Clear Every Frame in Edit Mode**: 이 옵션은 기본적으로 활성화되어 있습니다. 애플리케이션이 실행되지 않을 때 유니티가 프레임마다 게임 뷰를 지웁니다. 이렇게 하면 애플리케이션을 설정할 때 얼룩 효과를 방지할 수 있습니다. 플레이 모드가 아닌 경우 이전 프레임의 콘텐츠에 의존하지 않는 한 이 설정을 활성화 상태로 유지합니다.

Unity

PART.

04

모델(Models)

유니티에서 모델이란

유니티에서 모델은 3차원(3D)을 가진 오브젝트를 나타냅니다. 이 모델은 주로 게임과 시뮬레이션 등 다양한 디지털 콘텐츠에서 사용되며, 캐릭터, 물체, 환경 등을 표현하는데 사용됩니다. 모델은 여러 면과 꼭짓점으로 이루어진 3D 메쉬(Mesh)로 구성되어 있으며, 이러한 메쉬를 조합하여 다양한 형태의 오브젝트를 만들 수 있습니다.

유니티에서 모델은 3D 세계에 있는 오브젝트를 시각적으로 렌더링하는데 사용됩니다. 즉, 모델은 3D 화면에 표시되며, 빛과 재질 등의 요소와 상호작용하여 시각적인 효과를 나타냅니다. 3D 모델은 실제 세계의 물체와 유사한 모습과 움직임을 표현할 수 있어 게임과 애플리케이션의 현실적인 경험을 제공하는데 중요한 역할을 합니다.

1-1 유니티에서 사용하는 다양한 모델

유니티에서는 다양한 종류의 모델을 사용할 수 있으며, 각각의 사용 방법은 다음과 같습니다:

- **3D 모델**: 3D 모델은 3차원을 가진 오브젝트로, 여러 면과 꼭짓점으로 이루어져 있습니다. 주로 게임 캐릭터, 환경, 물체 등을 표현하는데 사용됩니다.
  3D 모델을 유니티 프로젝트에 가져오려면 "Assets" 폴더에 해당 모델 파일을 드래그 앤 드롭하면 됩니다. 그 후, 씬에서 해당 모델을 캐릭터 컨트롤러나 물리 시뮬레이션과 함께 사용하거나, 게임 오브젝트로 생성하여 상호작용하는 등의 동작을 구현할 수 있습니다.
- **2D 스프라이트**: 2D 스프라이트는 2차원을 가진 이미지로, 대부분 평면적인 게임 오브젝트를 표현하는데 사용됩니다.
  2D 스프라이트를 유니티 프로젝트에 추가하려면 "Assets" 폴더에 해당 이미지 파일을 드래그 앤 드롭하면 됩니다. 2D 스프라이트를 게임 오브젝트로 생성하여 화면에 배치하거나, 애니메이션 컨트롤러를 사용하여 애니메이션을 추가하고, 2D 콜라이더를 사용하여 충돌 감지 등의 기능을 구현할 수 있습니다.

- **애니메이션 모델**: 애니메이션 모델은 주로 캐릭터나 개체의 움직임을 나타내는데 사용됩니다. 3D 모델과 결합하여 특정 동작을 부여할 수 있습니다.
  애니메이션 모델은 3D 모델에 대한 애니메이션 정보를 담고 있는 파일입니다. 유니티에서 애니메이션 컨트롤러를 만들어 해당 모델에 애니메이션을 할당하고, 애니메이션 컨트롤러를 캐릭터 컨트롤러와 연결하여 게임 오브젝트에 애니메이션을 적용할 수 있습니다.
- **파티클 시스템**: 파티클 시스템은 입자를 이용하여 다양한 특수 효과를 구현하는데 사용됩니다. 불, 연기, 물 등 다양한 효과를 만들 수 있습니다.
  사용 방법은 파티클 시스템을 유니티 씬에 추가하면 됩니다. 입자의 시작 위치, 모양, 속도, 생명주기 등을 조정하여 원하는 효과를 얻을 수 있습니다.
- **데칼(Decal)**: 데칼은 특정 표면 위에 이미지를 덮어서 그림자, 탄환 흔적 등의 효과를 시각적으로 나타내는데 사용됩니다.
  데칼을 유니티 프로젝트에 추가하려면 데칼 이미지를 "Assets" 폴더에 추가하고, 씬에서 해당 데칼을 원하는 표면에 배치하면 됩니다.

이러한 다양한 모델과 효과를 활용하여 유니티에서 다양한 게임 오브젝트를 구현하고 시각적으로 풍부하고 흥미로운 경험을 제공할 수 있습니다.

일반적으로 외부 애플리케이션에서 모델을 생성하고 유니티로 임포트 하는데 사용하는 방법은 다음과 같습니다:

- **모델 가져오기**: 유니티 프로젝트에 사용할 모델을 외부 애플리케이션의 고유 포맷 파일 형태나 FBX, OBJ 파일을 가져올 수 있습니다. 일반적으로 3D 모델링 소프트웨어(예: Blender, Maya, 3ds Max 등)에서 만든 모델을 유니티로 가져옵니다.
- **메쉬 컴포넌트 추가**: 유니티에서 FBX 또는 OBJ와 같은 3D 모델 파일을 프로젝트에 임포트하면, 해당 모델에 대한 메쉬 정보가 자동으로 생성되고 메쉬 컴포넌트가 게임 오브젝트에 추가됩니다. 이렇게 함으로써 모델이 화면에 렌더링되도록 준비가 완료됩니다.
  메쉬 컴포넌트는 모델의 기하학적 형상 데이터를 담고 있으며, 이를 통해 모델의 모양과 크기를 결정합니다. 따라서 모델을 화면에 렌더링하고 움직이거나 다른 오브젝트와 상호작용하게 하려면 메쉬 컴포넌트가 필요합니다.
  하지만 경우에 따라서는 자동으로 메쉬 컴포넌트가 추가되지 않을 수도 있습니다. 예를 들어, 특정 유니티 패키지나 외부 에셋을 사용할 때, 해당 패키지에는 메쉬 컴포넌트가 자동으로 포함되어 있지 않을 수 있습니다. 이런 경우에는 수동으로 메쉬 컴포넌트를 추가해야 합니다.
- **재질(Material) 추가**: 모델에 시각적인 외관을 부여하기 위해 "재질"을 추가해야 합니다. 재질은 색상, 질감, 광택 등의 시각적 효과를 제어합니다.

- **애니메이션 추가(Optional)**: 모델에 움직임을 부여하기 위해 애니메이션을 추가할 수 있습니다. 이를 통해 모델이 움직이거나 특정 동작을 수행하도록 만들 수 있습니다.
- **씬(장면) 배치**: 유니티의 씬에서 모델을 원하는 위치에 배치하여 게임 화면을 구성합니다.

모델은 게임 개발에서 매우 중요한 요소이며, 세계를 구축하고 플레이어와 상호작용하는데 사용됩니다. 게임의 캐릭터, NPC, 물체, 환경 등을 3D 모델로 표현하여 게임 세계를 생생하게 만들 수 있습니다. 따라서 모델링 기술과 모델을 유니티로 효과적으로 구현하는 방법을 익히는 것은 게임 개발에 있어서 매우 중요한 스킬입니다.

1-2 유니티의 모델 파일 포맷

유니티는 표준 모델 파일 포맷과 전용 모델 파일 포맷을 다양하게 지원합니다.

■ 표준 파일 포맷

유니티에서의 표준 모델 파일 포맷은 주로 두 가지 형태로 사용됩니다. 각각은 3D 모델의 데이터를 저장하고 유니티 엔진에서 활용하는 데에 적합한 형식입니다.

- **FBX(Filmbox)**: FBX는 오토데스크사에서 개발한 파일 형식으로, 3D 모델과 애니메이션, 물리 시뮬레이션 등 다양한 데이터를 저장할 수 있습니다. 유니티에서 가장 널리 사용되는 모델 파일 포맷 중 하나입니다.
  - **특징**: FBX 파일은 모델의 기하학적 형상, 텍스처, 뼈대 및 애니메이션 정보를 포함할 수 있습니다. 또한 모델의 머티리얼 정보, 빛, 카메라 설정 등도 저장할 수 있습니다. 다양한 3D 모델링 소프트웨어와 호환되기 때문에 다양한 형태의 모델을 FBX로 가져와서 유니티에서 사용할 수 있습니다.
- **OBJ(Wavefront Object)**: OBJ는 Wavefront Technologies에서 개발한 파일 형식으로, 3D 모델의 기하학적 형상 데이터를 저장하는 데에 주로 사용됩니다.
  - **특징**: OBJ 파일은 모델의 꼭짓점 좌표, 면 데이터, 텍스처 좌표 등을 저장합니다. 하지만 애니메이션 정보나 물리 시뮬레이션과 같은 추가적인 데이터는 저장하지 않습니다. OBJ 파일은 단순한 모델의 형태를 저장하는 데에 유용하지만, 복잡한 애니메이션과 상호작용을 포함하는 모델의 경우 FBX와 같은 더 다양한 정보를 담고 있는 형식이 더 적합합니다.

유니티에서는 이러한 FBX와 OBJ 파일을 모두 지원하며, 프로젝트에 가져와서 사용할 수 있습니다. FBX는 많은 기능을 포함하고 있기 때문에 복잡한 게임 콘텐츠의 모델링과 애니메이션에 주로 사용되며, OBJ는 단순한 형태의 모델링에 적합합니다. 유니티에서 모델을 사용하기 위해선 해당 파일을 "Assets" 폴더에 드래그 앤 드롭하여 프로젝트에 추가하고, 재질 등을 추가하여 시각적인 외관을 설정하고 게임 세계에 배치하여 사용합니다.

내부적으로 유니티는 FBX 파일 포맷을 임포트용 체인으로 사용합니다. 따라서 가능한 FBX 파일 포맷을 사용하는 것이 좋습니다.

■ 지원되는 모델 파일 포맷

유니티는 다음과 같은 표준 3D 파일 포맷을 읽을 수 있습니다.

- FBX
- OBJ
- DAE(Collada)
- DXF

■ 전용 파일 포맷

다음 3D 모델링 소프트웨어의 전용 파일을 Unity로 임포트한 다음 FBX 파일로 전환할 수 있습니다.

- Autodesk Maya
- Blender
- Modo
- Cheetah3D

하지만 다음 애플리케이션들은 FBX를 매개체로 사용하지 않습니다. 에디터로 임포트하기 전에 반드시 FBX 파일로 전환해야 합니다.

- SketchUp
- SpeedTree
- Autodesk® 3ds Max®

Unity는 전용 파일을 임포트할 때 3D 모델링 소프트웨어를 백그라운드에서 실행합니다. 그런 다음 해당 전용 소프트웨어와 통신하여 네이티브 파일을 Unity가 읽을 수 있는 포맷으로 전환합니다.

그리고 .ma, .mb, .max, .c4d, .blend 파일 포맷으로 저장된 에셋은 사용자의 컴퓨터에 해당 3D 모델링 소프트웨어가 설치되어 있지 않은 경우 임포트할 수 없습니다. 따라서 Unity 프로젝트 작업을 수행하는 모든 사용자의 컴퓨터에 올바른 소프트웨어가 설치되어 있어야 합니다.

참고로 유니티는 Unity 2019.3 버전부터 Cinema4D 파일에 대한 빌트인 지원을 더 이상 제공하지 않습니다. 전용 소프트웨어에서 Cinema4D 파일을 FBX 파일로 익스포트해야 유니티에서 사용할 수 있습니다.

1-3 외부에서 익스포트할 모델 파일 준비 시 유의 사항

유니티에서 외부 애플리케이션에서 익스포트할 모델 파일을 준비할 때 몇 가지 유의해야 할 사항이 있습니다.

■ 적합한 파일 형식 선택

앞서 자세하게 설명한 것처럼 유니티에서 지원하는 FBX 또는 OBJ와 같은 적합한 3D 파일 형식을 선택해야 합니다. FBX 파일은 대부분의 3D 모델링 소프트웨어와 호환성이 높고, OBJ 파일은 단순한 모델의 형태를 저장하기에 적합합니다.

- **정점(Vertices) 수 제한**: 모델의 정점(Vertices) 수는 가능한 한 적게 유지하는 것이 좋습니다. 많은 정점을 가진 모델은 렌더링 및 성능에 부담을 줄 수 있습니다.
- **텍스처 크기**: 텍스처의 크기를 적질하게 조절하는 것이 중요합니다. 큰 텍스처는 메모리를 많이 차지하므로, 적절한 크기의 텍스처를 사용하여 성능을 최적화할 수 있습니다.
- **모델의 중심 정렬**: 모델의 중심을 월드 중심(혹은 Origin)에 맞춰주는 것이 좋습니다. 이를 통해 모델이 정확한 위치에 배치되어 시작하게 됩니다.
- **UV 언래핑**: 모델에 텍스처를 적용하기 위해서는 적절한 UV 언래핑(UV Unwrapping)이 필요합니다. 텍스처가 제대로 적용되지 않을 수 있으므로, UV 언래핑에 신경을 써야 합니다.
- **본(Bone) 과 리깅(Rig) 설정**: 모델에 애니메이션을 추가하려면 본(Bones)와 리깅(Rig)을 정확하게 설정해야 합니다. 모델이 원활하게 애니메이션을 적용 받을 수 있도록 준비해야 합니다.

모델을 적절하게 최적화하고 설정하는 것은 게임 개발에서 중요한 단계이며, 이를 통해 게임의 성능과 시각적 품질을 향상시킬 수 있습니다.

■ 스케일링 인자

유니티에서 모델을 임포트하고 게임 오브젝트로 씬에 사용하는 과정에 스케일링 인자는 매우 중요한 사항 중 하나입니다. 예를 들면 외부 애플리케이션의 유닛과 유니티 내에서의 유닛 스케일링 인자가 불일치해서 100배 큰 오브젝트로 임포트가 된다든지 반대로 100분의 1 사이즈로 임포트 되는 경우가 있습니다. 3D 아티스트라면 습관적으로 작업하는 외부 3D 툴에서 기본 유닛 설정에 늘 신경을 써야 합니다. 프로젝트의 성격에 따라서 1cm 단위가 적절한지 1m 단위가 적당한지 판단해서 항상 작업 환경이 바르게 설정되어 있는지 확인해야 합니다.

스케일링 인자는 모델의 크기와 비율을 결정하며, 유니티에서 모델이 올바른 크기로 표시되도록 하는데 영향을 미칩니다.

유니티에서 사용하는 좌표 시스템과 단위는 미터 단위를 기준으로 합니다. 하지만 외부 3D 모델링 애플리케이션에서 생성된 모델은 다른 단위로 만들어질 수 있습니다. 예를 들면 마야에서 디폴트 값으로 cm 단위로 유닛이 설정되어 있을 경우가 있습니다. 따라서 외부 애플리케이션에서 익스포트하기 전에 스케일링 인자를 조정하여 모델의 크기를 유니티에 맞게 변환해야 합니다.

이 때 주의해야 할 사항은 다음과 같습니다.

- **단위 확인**: 외부 애플리케이션에서 사용하는 단위를 확인해야 합니다. 대부분의 3D 애플리케이션은 자체 단위 시스템을 가지고 있으며, 이는 유니티의 미터 단위와 일치하지 않을 수 있습니다.
- **단위 변환**: 외부 애플리케이션에서 모델을 제작하는 도중에 적절한 단위로 작업하는 것이 좋습니다. 예를 들어, 유니티의 미터 단위로 작업할 계획이라면, 모델을 미터 단위로 제작하고 익스포트해야 합니다.
- **스케일링 인자 적용**: 모델을 익스포트할 때, 외부 애플리케이션에서 유니티의 단위로 변환하는 스케일링 인자를 적용해야 합니다. 이는 모델의 크기와 비율을 유니티에서 올바르게 표시하기 위해 필요합니다.
- **단위 변환 옵션**: 외부 애플리케이션에 따라 스케일링 인자를 적용하는 방법이 다를 수 있습니다. 일부 애플리케이션은 익스포트 설정에서 단위 변환을 선택할 수 있지만, 다른 경우에는 직접 스케일링 인자를 적용해야 할 수도 있습니다.

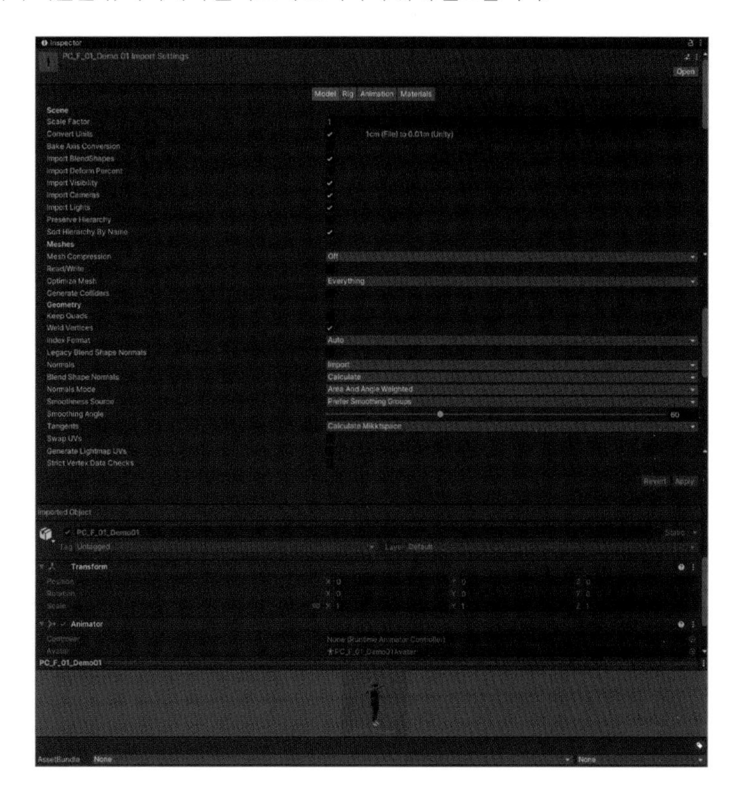

스케일링 인자를 정확하게 적용하지 않으면 모델이 유니티에서 부적절하게 크거나 작게 나타날 수 있습니다. 따라서 모델을 외부 애플리케이션에서 준비할 때 스케일링 인자를 올바르게 설정하는 것이 중요하며, 이를 통해 모델이 올바른 크기로 유니티에 임포트되어 원활하게 사용될 수 있습니다.

유니티의 물리와 조명 시스템에서는 게임의 1미터를 임포트된 모델 파일의 1단위로 간주합니다.

스케일링 인자가 다른 3D 모델링 애플리케이션의 모델 파일을 유니티로 임포트하는 경우, Convert Units 옵션을 활성화하여 파일 단위를 유니티 스케일로 변환할 수 있습니다.

1-4 파일 최적화

파일을 유니티로 임포트하기 전에 파일이 최상의 방식으로 최적화되었는지 확인하기 위해 몇 가지 사전 체업 항목을 살펴보겠습니다.

- **Meshes**: 모든 NURBS, NURMS, Spline, 패치 및 subdiv 표면을 폴리곤(Polygon)으로 전환해야 합니다.
- **Bake deformers**: FBX 파일 포맷으로 익스포트하기 전에 디포머를 모델에 베이크합니다.
- **Textures**: 애플리케이션의 텍스처를 유니티 프로젝트의 Textures라는 폴더로 복사해 둡니다.
- **Embed Media 옵션**: 텍스처를 FBX 파일에 포함하면 유니티가 텍스처를 사용하기 전에 추출해야 하므로 프로젝트가 쓸데없이 커지고 임포트 프로세스가 느려집니다.
- **Smoothing**: 블렌드 쉐잎 노멀을 임포트하려면 반드시 FBX 파일에 스무딩 그룹이 있어야 합니다.
- **FBX 익스포터**: FBX 파일을 익스포트하기 전에 3D 모델링 애플리케이션이 지원하는 최신 FBX 익스포터 버전을 사용합니다.

1-5 최적의 성능을 위한 모델 생성

최적의 성능을 위한 모델을 생성하는 데 다양한 요소와 방법들이 있고 3D 아티스트는 늘 최적화된 모델을 생성하기 위해서 고민을 하고 주의를 기울이고 있습니다. 이 때 적용할 수 있는 몇 가지 기본적인 사항들을 추려보자면 다음과 같습니다.

- **적절한 폴리곤(Polygon) 수**: 모델의 폴리곤 수를 최소화하여 정점(Vertices)의 개수를 줄입니다. 불필요한 세부 사항은 제거하고 최적화된 로우 폴리곤 모델을 사용합니다.

- **텍스처 압축**: 텍스처를 압축하여 메모리 사용량을 줄입니다. 압축 형식과 해상도를 적절히 조정하여 성능을 최적화합니다.
- **LOD(Level of Detail) 사용**: LOD를 사용하여 원격에 있는 모델은 더 낮은 폴리곤 버전으로 표시하여 원활한 성능을 유지합니다.
- **메시 병합**: 여러 모델의 메시를 하나로 병합하여 드로우콜(Draw Call) 수를 줄입니다. 이로 인해 렌더링 성능이 향상됩니다.
- **텍스처 아틀라스(Atlas) 사용**: 여러 텍스처를 하나의 아틀라스로 결합하여 텍스처 스위칭 비용을 줄입니다.
- **본(bones) 최적화**: 본 개수를 최소화하고, 애니메이션에 필요한 본만 사용하여 성능을 개선합니다.
- **스킴프 맵(Skimpy Maps) 사용**: 스킴피 맵(Skimpy Map)은 멀리서 보일 때에는 해상도가 낮은 텍스처를 사용하여 성능을 향상시키는 기술입니다. 게임 개발에서 많은 텍스처를 사용하는 경우, 멀리서 보일 때에도 상세한 텍스처를 사용하면 성능에 부하가 발생할 수 있습니다.
  스킴피 맵은 이러한 문제를 해결하기 위해 사용됩니다. 기본적으로 모든 물체에 대해 동일한 고해상도 텍스처를 사용하는 대신, 멀리서 보일 때에는 해상도가 낮은 텍스처를 적용하여 불필요한 성능 저하를 방지합니다. 이로 인해 GPU의 메모리 사용량과 텍스처 렌더링 비용을 줄일 수 있습니다.
- **옵티마이저 사용**: 외부 모델링 도구의 옵티마이저를 사용하여 불필요한 데이터와 컴포넌트를 제거합니다.
- **이 외에 유니티 내에서 정적(Static) 배치**: 정적인 모델은 정적 배치하여 렌더링 비용을 줄입니다.
- **미리 컴파일된 쉐이더 사용**: 미리 컴파일된 쉐이더는 실행 중에 쉐이더 컴파일 비용을 줄여줍니다.
- **배치(Batching) 사용**: 비슷한 속성을 가진 여러 개체를 배치하여 드로우콜 수를 줄입니다.
- **오브젝트 풀링**: 자주 생성되고 삭제되는 오브젝트를 풀링하여 GC(Garbage Collection) 오버헤드를 줄입니다.
- **레이어 사용**: 레이어를 활용하여 카메라 시야 안에 있는 오브젝트만 렌더링합니다.
- **씬 최적화**: 렌더링 범위를 제한하여 시야 바깥의 오브젝트를 렌더링하지 않습니다.
- **GPU 인스턴싱**: GPU 인스턴싱을 사용하여 동일한 메쉬의 복제본을 효율적으로 렌더링합니다.

모델을 최적화하는 데 있어 이러한 요소와 방법들을 고려하고 적절하게 적용하면 유니티에서 높은 성능과 원활한 게임 플레이를 얻을 수 있습니다. 최적화는 게임 개발의 중요한 부분이며, 성능을 향상시키고 메모리 사용량을 줄이는 데에 큰 영향을 미칩니다.

모델 임포트(Import)

유니티에서 모델을 임포트하는 방법은 간단합니다. 원하는 모델을 프로젝트 창에 직접 드래그 앤 드롭을 할 수도 있고 컨텍스트 메뉴로 임포트 할 수도 있습니다.

- **프로젝트 창으로 모델 임포트**: 프로젝트 창에서 우클릭으로 Import New Assets를 선택해서 임포트할 3D 모델 파일을 선택합니다. 지원하는 파일 형식은 보통 FBX, OBJ, 3DS 등입니다.
- **모델 파일의 설정 확인**: 모델 파일을 선택한 후 프로젝트 창에서 해당 모델 파일을 클릭하면 Inspector 창에 모델의 설정이 표시됩니다

3D 모델 파일 임포트하고 나면 다음과 같은 Inspector 창을 통해서 설정을 제어할 수가 있습니다. 여기서는 기본적인 Model, Rig, Animation, Materials 탭에 대해서 자세하게 알아보겠습니다.

2-1 모델(Model) 탭

모델을 선택하면 모델 파일에 대한 Import Settings가 인스펙터 창의 Model 탭에 표시됩니다. 이 설정은 모델에 저장된 여러 요소와 프라퍼티에 영향을 미칩니다. Unity는 이런 설정을 사용하여 각 에셋을 임포트하므로 프로젝트의 다양한 에셋에 적용할 설정을 조정할 수 있습니다.

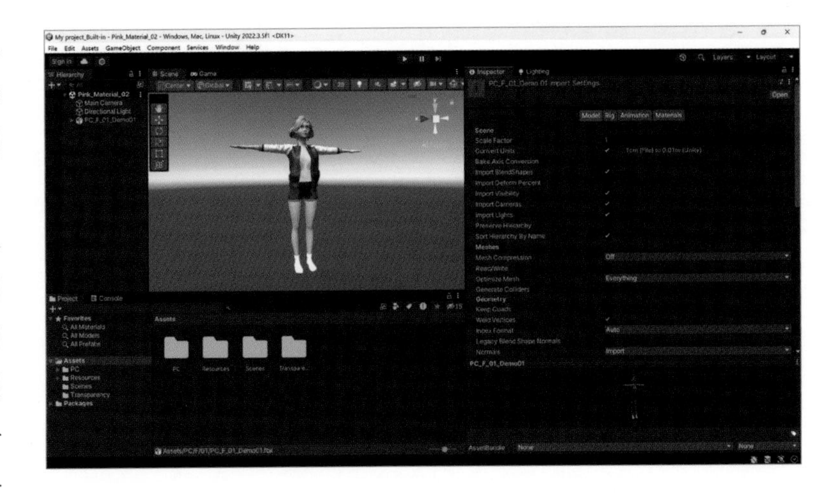

■ 모델 임포트 프라퍼티

프라퍼티	기능
Scale Factor	원본 파일 스케일이 프로젝트의 의도한 스케일에 맞지 않는 경우 임포트된 모델에 글로벌 스케일을 적용하려면 이 값을 설정합니다. 유니티의 물리 시스템에서는 게임 월드의 1미터가 임포트된 파일의 1유닛을 의미합니다.
Convert Units	모델 파일에 정의된 모델 스케일링을 유니티 스케일로 전환하려면 이 옵션을 활성화합니다.
Bake Axis Conversion	유니티와 다른 축 시스템을 사용하는 모델을 임포트할 경우 이 프라퍼티를 활성화하여 축 전환 결과를 직접 애플리케이션 에셋 데이터(예: 버텍스 또는 애니메이션 데이터)로 베이크할 수 있습니다.
Import BlendShapes	이 프라퍼티를 활성화하면 유니티는 블렌드 쉐이프를 메시와 함께 임포트합니다.
Import Visibility	MeshRenderer 컴포넌트의 활성화 여부를 지정하는 FBX 설정을 임포트합니다.
Import Cameras	.FBX 파일에서 카메라를 임포트합니다.
Import Lights	.FBX 파일에서 광원을 임포트합니다.
Preserve Hierarchy	이 모델에 루트가 하나만 있는 경우에도 항상 명시적인 프리팹 루트를 생성합니다. 일반적으로 FBX 임포터는 최적화 방법의 하나로 빈 루트 노드를 모델에서 제거합니다. 하지만 동일한 계층 구조의 일부분이 포함된 FBX 파일이 여러 개인 경우 이 옵션을 사용하여 원래 계층 구조를 유지할 수 있습니다.
Sort Hierarchy by Name	이 프라퍼티를 활성화하면 계층 구조 내에서 알파벳순으로 게임 오브젝트를 정렬하고 비활성화하면 FBX 파일에 정의된 계층 구조 순서를 유지합니다.

2-2 릭(Rig) 탭

릭(Rig) 탭의 설정은 유니티에서 임포트된 모델의 메시에 디포머를 매핑하여 메시를 애니메이션화할 수 있게 하는 방법을 정의합니다. 간단하게 외부 툴에서 정의된 리깅 데이터를 유니티에 맞게 설정해 주는 단계입니다.

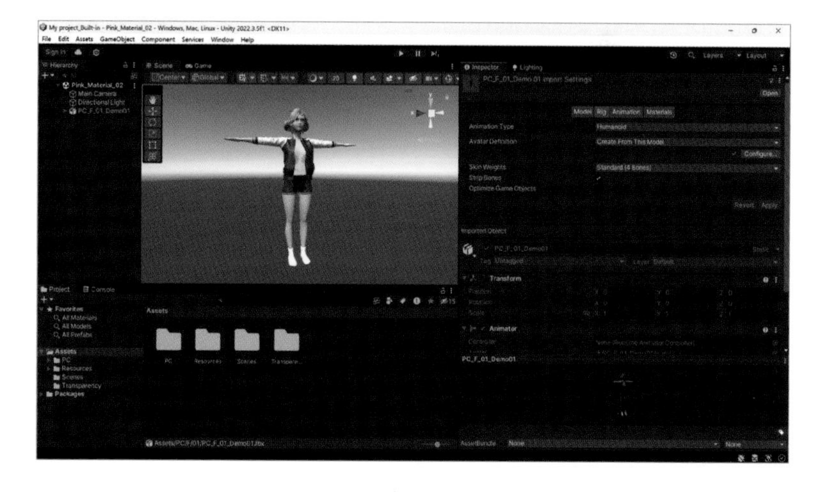

기본적으로, 프로젝트(Project) 창에서 모델을 선택하면 유니티는 선택된 모델에 가장 적합한 애니메이션 타입(Animation Type)을 결정하여 릭(Rig) 탭에 표시합니다. 디폴트 값으로 유니티에서 파일을 임포트한 적이 없는 경우 애니메이션 타입이 없음(None)으로 설정됩니다. 여기에서는 제네릭 애니메이션 타입(Generic Animation Type)과 휴머노이드 애니메이션 타입(Humanoid Animation Type)에 대해서 자세하게 알아보겠습니다.

Animation Type	기능
None	애니메이션이 없습니다.
Legacy	레거시 애니메이션 타입은 오래된 애니메이션 시스템과의 호환성을 유지하기 위해 제공되지만, 새로운 프로젝트에서는 Mecanim 애니메이션 시스템을 사용하는 것이 권장됩니다.
Generic	릭이 비휴머노이드(네 발 달린 생물 또는 애니메이션화할 엔티티)인 경우 제네릭 애니메이션 시스템을 사용합니다. 유니티의 에니메이션 임포트 옵션 중 "Generic" 애니메이션 타입은 가장 일반적으로 사용되는 애니메이션 시스템입니다. 이 타입은 유니티의 Mecanim 애니메이션 시스템과 호환되며, 다양한 기능을 제공합니다.
Humanoid	인간 형태의 캐릭터 모델에 대한 애니메이션을 다루는 데 사용됩니다. 이 타입은 특히 캐릭터 애니메이션을 위한 고급 기능과 유연성을 제공합니다.

■ **제네릭 애니메이션 타입**(Generic Animation Type)

제네릭 애니메이션 타입은 Animator 컴포넌트에서 사용하는 하나의 Animation Controller로 여러 종류의 캐릭터 및 모델에 대해 공통으로 사용할 수 있는 기본적인 애니메이션 타입입니다. 이 Animation Type은 각각의 캐릭터마다 Animator 컴포넌트를 개별적으로 생성할 필요 없이, 공유된 Animation Controller로 여러 캐릭터를 제어할 수 있도록 해줍니다. 제네릭 애니메이션 타입을 사용하는 경우, Animator 컴포넌트의 Controller 속성에 Generic을 선택하고, Rig 탭에서 Humanoid 타입이 아닌 Generic을 선택합니다. 이후 애니메이션을 적용하기 위해 해당 Rig 탭에서 모델의 각 본(Bone)에 대한 정의와 애니메이션 매핑을 수동으로 설정해야 합니다.

- **특징**
  - **Mecanim 호환**: 제네릭 애니메이션 타입은 유니티의 Mecanim 애니메이션 시스템과 완벽하게 호환됩니다. 이것은 Mecanim의 애니메이션 블렌딩, 상태 머신(State Machine), 파라미터 사용 등과 같은 강력한 기능을 사용할 수 있음을 의미합니다.
  - **노드 기반 편집**: 에니메이션 클립을 노드 기반으로 편집할 수 있는 에니메이션 컨트롤러(Animator Controller)를 사용합니다. 이를 통해 복잡한 애니메이션 논리를 시각적으로 작성하고 편집할 수 있습니다.
- **장점**
  - **재사용성 증가**: 다양한 종류의 캐릭터와 모델에 대해 하나의 Animation Controller를 재사용할 수 있습니다. 캐릭터마다 개별적인 Animator를 만드는 대신, 공통적인 애니메이션 로직을 하나의 Controller로 공유하여 사용할 수 있습니다.
  - **효율적인 애니메이션 관리**: 제네릭 애니메이션 타입은 여러 캐릭터에 대해 공통된 애니메이션 정보를 한 곳에서 관리할 수 있습니다. 이를 통해 애니메이션 로직의 수정과 유지보수가 용이해집니다.
  - **적은 리소스 사용**: 애니메이션 데이터를 각각의 캐릭터마다 중복 저장할 필요가 없으므로, 더 적은 리소스를 사용할 수 있습니다.

그러나 제네릭 애니메이션 타입은 Humanoid 타입과 비교하여 몇 가지 제한 사항이 있습니다. Humanoid 타입에 비해 정교하고 상세한 제어가 좀 떨어지며, 각 본(Bone)에 대한 애니메이션 정보를 수동으로 매핑해야 합니다. 따라서 제네릭 애니메이션 타입은 기본적인 애니메이션 제어에 사용되거나, 간단한 캐릭터나 모델에 적용하는 데 적합합니다. 더 복잡한 캐릭터와 모델을 제어하기 위해서는 Humanoid 타입을 사용하는 것이 더 적합할 수 있습니다.

■ 휴머노이드 애니메이션 타입(Humanoid Animation Type)

휴머노이드 애니메이션 타입은 Animator 컴포넌트에서 사용하는 하나의 Animation Controller로, 인간 형태의 캐릭터에 대해 고유한 애니메이션을 제어하는 기능입니다. 이 Animation Type은 인간 모양의 캐릭터들에 대해 미리 정의된 Humanoid Avatar를 기반으로 애니메이션을 적용하고, 본 구조와 애니메이션을 자동으로 매핑합니다.

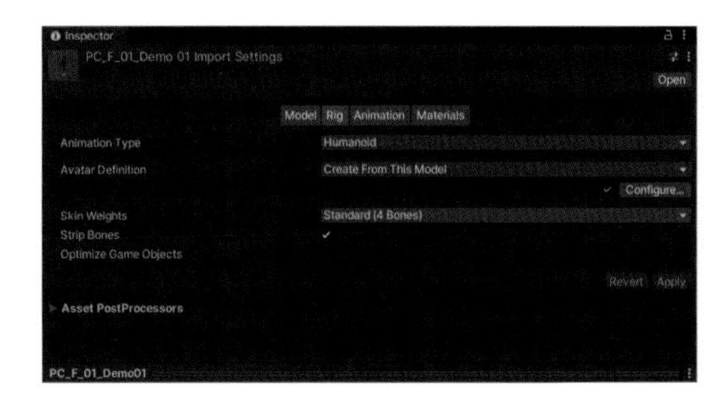

Configure… 버튼을 눌러서 본 구조와 매핑 상태를 확인 및 조정할 수 있습니다.

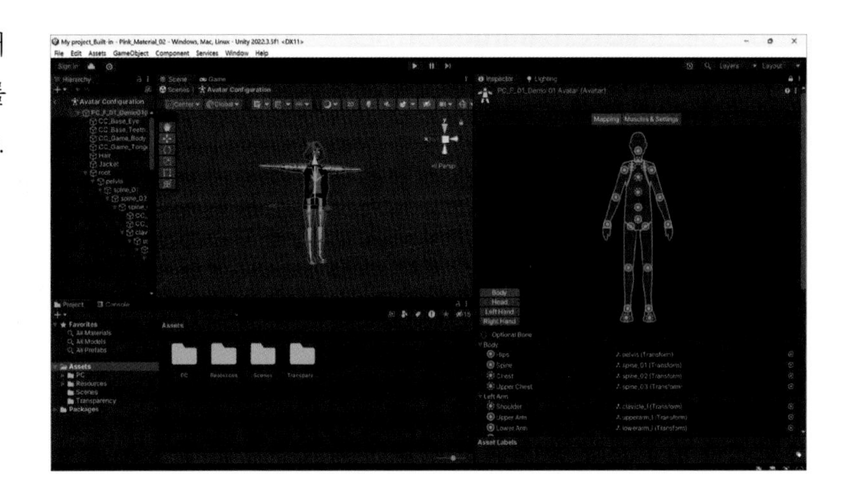

휴머노이드 애니메이션 타입을 사용하는 경우, Animator 컴포넌트의 Controller 속성에 Humanoid를 선택하고, Rig 탭에서 Humanoid를 선택합니다. 이후 해당 Rig 탭에서 Humanoid Avatar와 모델의 본 구조와 애니메이션을 연결하는 작업을 자동으로 처리할 수 있습니다.

- **특징**
  - **인간 형태 캐릭터**: 휴머노이드 애니메이션은 인간 형태의 캐릭터 모델을 위해 설계되었습니다. 이는 주로 캐릭터의 뼈대, 관절 및 뼈대 구조와 관련된 애니메이션에 사용됩니다.
  - **애니메이션 리타겟팅**: 다양한 캐릭터 모델에 동일한 애니메이션을 적용할 수 있도록 리타겟팅 기능을 제공합니다. 즉, 여러 캐릭터 모델에 동일한 애니메이션을 적용할 수 있으므로 작업 효율성을 향상시킵니다.

◦ **모델 변경 대응**: 캐릭터 모델의 일부 변경(예: 크기 조정, 프로포션 변경)에도 상대적으로 쉽게 대응할 수 있습니다. 휴머노이드 애니메이션은 일부 모델 변경을 자동으로 처리할 수 있습니다.

◦ **Mecanim 호환**: 휴머노이드 애니메이션은 유니티의 Mecanim 애니메이션 시스템과 완벽하게 호환됩니다. 이것은 복잡한 애니메이션 블렌딩 및 상태 머신을 활용할 수 있음을 의미합니다.

- **장점**

◦ **사용 편의성**: 미리 정의된 Humanoid Avatar를 사용하여 인간 형태의 캐릭터에 대한 애니메이션을 쉽게 적용할 수 있습니다. 별도의 설정 없이도 자동으로 캐릭터의 본과 애니메이션을 매핑해주기 때문에 사용 편의성이 높습니다.

◦ **자동 매핑**: 유니티가 캐릭터의 모델과 애니메이션의 본 구조를 자동으로 인식하고 매핑해줍니다. 이를 통해 별도의 수동 설정 없이도 캐릭터에 애니메이션을 적용할 수 있습니다.

◦ **인간 형태 캐릭터에 최적화**: 인간 형태의 캐릭터에 최적화되어 있습니다. 따라서 인간 형태를 가진 캐릭터의 애니메이션 제어에 최적의 성능과 결과를 제공합니다.

2-3 애니메이션(Animation) 탭

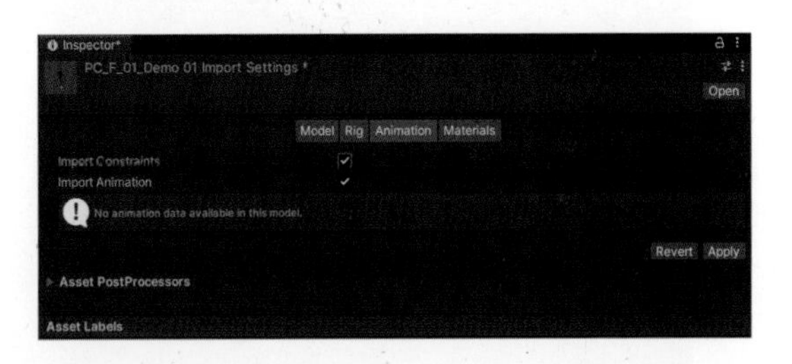

프라퍼티	기능
Import Constraints	컨스트레인을 임포트합니다.
Import Animation	애니메이션을 임포트합니다. 비활성화하면 페이지의 모든 다른 옵션을 숨기고 애니메이션을 임포트하지 않습니다.
Bake Animations	IK 또는 시뮬레이션을 사용하여 생성된 애니메이션을 FK 키프레임으로 베이크합니다.
Resample Curves	애니메이션 곡선을 쿼터니언(Quaternion) 값으로 리샘플하고 애니메이션의 각 프레임에 대한 새로운 쿼터니언 키프레임을 생성합니다. 가져온 파일에 오일러(Euler) 곡선이 포함되어 있는 경우에만 나타납니다.
Anim. Compression	애니메이션을 임포트할 때 사용하는 압축 타입입니다.
Off	애니메이션 압축을 사용하지 않습니다. 즉, Unity가 임포트할 때 키프레임 수를 줄이지 않습니다. 애니메이션 압축을 비활성화하면 고정밀도 애니메이션이 되지만, 성능이 떨어지고 파일과 런타임 메모리 크기가 커집니다.
Keyframe Reduction	임포트할 때 중복 키프레임을 줄입니다.
Keyframe Reduction and Compression	임포트할 때 키프레임을 줄이고 애니메이션을 파일에 저장할 때 키프레임을 압축합니다.

Optimal	유니티가 키프레임 감소 또는 고밀도 포맷 사용 중에서 압축 방식을 결정합니다.
Animation Compression Errors	Keyframe Reduction 또는 Optimal 압축이 활성화된 경우에만 사용할 수 있습니다.
Rotation Error	회전 커브 압축에 대한 오류 허용치(각도)를 설정합니다.
Position Error	포지션 커브 압축에 대한 오류 허용치(백분율)를 설정합니다.
Scale Error	스케일 커브 압축에 대한 오류 허용치(백분율)를 설정합니다.

2-4 머티리얼(Materials) 탭

이 탭을 사용하면 모델을 임포트할 때 유니티에서 머티리얼과 텍스처를 처리하는 방법을 변경할 수 있습니다.

유니티는 할당된 머티리얼이 없는 모델을 임포트하는 경우 유니티 디퓨즈 머티리얼을 사용합니다. 모델에 머티리얼이 있는 경우 모델의 하위 에셋으로 임포트됩니다.

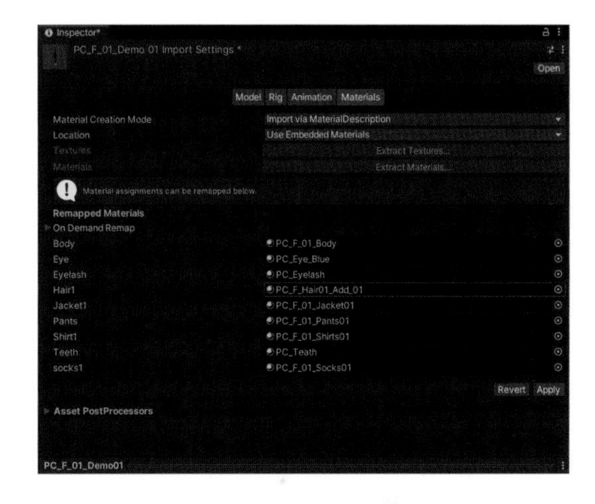

프로퍼티	기능
Material Creation Mode	모델을 위한 머티리얼을 생성하거나 임포트하는 방식을 지정합니다.
None	이 모델에 포함된 머티리얼을 사용하지 않고, 대신 유니티의 기본 디퓨즈 머티리얼을 사용합니다.
Standard	임포트 시 기본 규칙 세트를 적용하여 머티리얼을 생성합니다.
Import via MaterialDescription	임포트 시 FBX 파일에 포함된 머티리얼 설명을 사용하여 머티리얼을 생성합니다. Arnold, Autodesk Physical, Unity HDRP 머티리얼 등을 비롯하여 다양한 머티리얼 타입을 지원합니다.
sRGB Albedo Colors	이 옵션을 활성화하면 감마 공간에 알비도 컬러를 사용합니다. 리니어 색 공간을 사용하는 프로젝트의 경우 이 옵션을 비활성화해야 합니다.
Location	머티리얼 및 텍스처 액세스 방법을 정의합니다.
Use Embedded Materials	임포트된 머티리얼을 임포트된 에셋 안에 포함된 상태로 유지합니다.
Use External Materials(Legacy)	임포트된 머티리얼을 외부 에셋으로 추출합니다.

Unity

PART.

05

게임 오브젝트 (Game Object)

1. 유니티에서 게임 오브젝트(Game Object)란?
2. 구성 요소(Component)
3. Renderer(렌더러)
4. 콜라이더(Collider)
5. 유니티에서 게임 오브젝트 다루기
6. 레이어(Layer)
7. 프리팹(Prefab)

유니티에서 게임 오브젝트 (Game Object)란

게임 오브젝트(Game Object)는 유니티 에디터에서 가장 중요한 개념입니다.

게임 오브젝트(Game Object)는 유니티에서 게임 세계에 존재하는 모든 요소를 나타내는 기본적인 단위입니다. 게임 오브젝트는 3D 모델, 2D 스프라이트, 카메라, 라이트, 오디오, 파티클 시스템 등 게임 안에서 시각적 또는 비시각적으로 나타나는 모든 것을 포함합니다. 게임 오브젝트는 유니티에서 시각적으로 보이지 않더라도 게임 세계에 존재하고, 기능을 가지고 있을 수 있습니다.

게임 오브젝트는 다음과 같은 주요 특징을 가지고 있습니다.

- **위치, 회전, 스케일**: 게임 오브젝트는 3D 공간에서 위치, 회전, 스케일을 가지고 있습니다. 항상(위치와 오리엔테이션을 나타내기 위해) 부착된 Transform 컴포넌트를 가지며 이를 제거할 수 없습니다. 게임 오브젝트는 게임의 모든 요소들을 표현하고 관리하는데 사용되고 하나의 씬(Scene) 안에 배치되며, 씬 안에서 자유롭게 위치를 이동하고 조작할 수 있습니다. 또한 게임 오브젝트는 스크립트를 통해 동작을 제어하거나, 유니티의 Inspector 창에서 속성을 설정하여 외형과 동작을 조정할 수 있습니다.
- **구성 요소(Components)**: 게임 오브젝트는 또한 구성 요소(Components)를 가지고 있습니다. 구성 요소는 게임 오브젝트의 동작, 속성, 외모를 정의하는데 사용됩니다. 예를 들어, 물리 효과를 주기 위해 리지드바디 컴포넌트를 추가하거나, 애니메이션을 적용하기 위해 애니메이터 컴포넌트를 추가할 수 있습니다. 게임 오브젝트는 필요에 따라 다양한 종류의 구성 요소를 추가하고 관리하여 원하는 동작을 구현할 수 있습니다.
- **게임 오브젝트 계층 구조**: 게임 오브젝트는 씬 안에서 계층 구조로 조직화되어 있습니다. 부모 게임 오브젝트는 하나 이상의 자식 게임 오브젝트를 가질 수 있으며, 이를 통해 게임 오브젝트들을 그룹화하고 구조화할 수 있습니다. 게임 오브젝트의 위치, 회전, 스케일은 부모 게임 오브젝트에 상대적으로 결정됩니다.

또한 게임 오브젝트는 프리팹(Prefab) 기능을 통해 재사용이 가능합니다. 프리팹은 게임 오브젝트의 원본 템플릿으로, 유사한 게임 오브젝트들을 여러 번 생성하여 재사용할 수 있습니다. 이를 통해 게임 개발을 효율적으로 진행할 수 있으며, 유지보수와 수정이 용이해집니다.

유니티에서 다양한 종류의 게임 오브젝트가 있으며 주요한 게임 오브젝트의 종류는 다음과 같습니다.

- **3D 모델**: 3D 공간에서 시각적인 모델을 나타내는 오브젝트로, 3D 메쉬를 가지고 있습니다.
- **2D 스프라이트**: 2D 게임에서 시각적인 스프라이트를 나타내는 오브젝트로, 2D 이미지를 가지고 있습니다.
- **카메라**: 시점을 표현하거나 게임 세계를 보여주기 위해 사용되는 오브젝트로, 뷰포트에 보이는 내용을 결정합니다.
- **라이트**: 조명 효과를 만들기 위해 사용되는 오브젝트로, 조명의 유형과 강도를 설정할 수 있습니다.
- **리지드바디**: 물리 시뮬레이션을 적용하기 위해 사용되는 오브젝트로, 물리적인 특성을 가지게 됩니다.
- **애니메이터**: 모델의 애니메이션을 제어하기 위해 사용되는 오브젝트로, 애니메이션 클립과 애니메이션 파라미터를 관리합니다.
- **파티클 시스템**: 파티클 효과를 만들기 위해 사용되는 오브젝트로, 연기, 불꽃, 물방울 등의 효과를 생성합니다.
- **UI 요소**: 사용자 인터페이스를 나타내는 오브젝트로, 버튼, 텍스트, 이미지 등의 UI 요소를 포함합니다.

하지만 게임 오브젝트 자체로는 아무것도 할 수 없습니다. 독자적으로 많은 것을 하기보다는 기능을 구현하는 컴포넌트의 컨테이너 역할을 합니다. 따라서 게임 오브젝트가 캐릭터, 환경, 특수 효과가 될 수 있으려면 먼저 프라퍼티를 부여해야 합니다.

예를 들어, 게임 오브젝트가 광원이 되기 위해 필요한 프라퍼티를 부여하려면 오브젝트에 Light 컴포넌트를 게임 오브젝트에 연결해 생성합니다. 만들려는 오브젝트 종류에 따라 다양한 컴포넌트 조합을 게임 오브젝트에 추가할 수 있습니다.

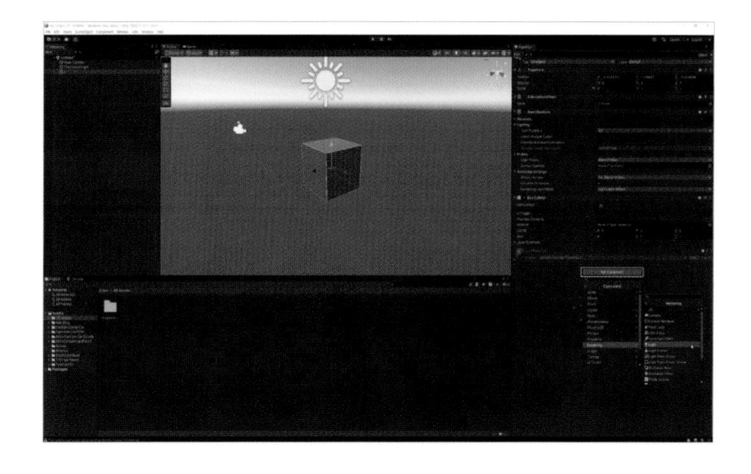

솔리드 큐브 오브젝트는 큐브의 표면을 그리기 위해 Mesh Filter와 Mesh Renderer 컴포넌트를, 물리와 관련된 오브젝트의 솔리드 영역을 나타내기 위해 박스 콜라이더를 갖습니다.

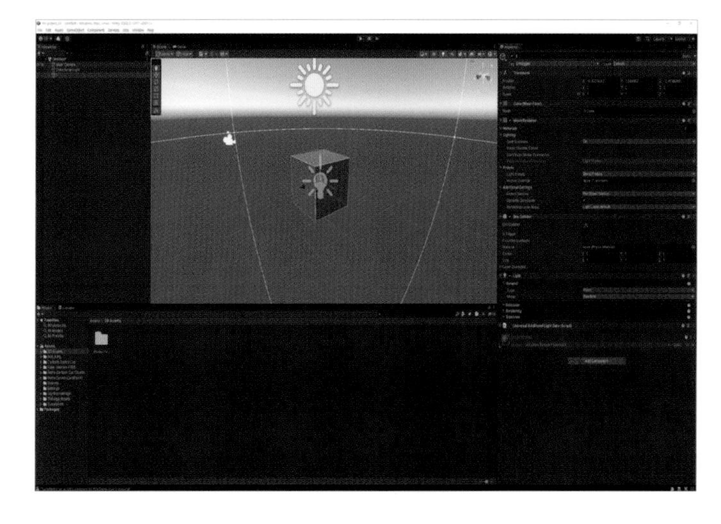

구성 요소(Component)

유니티에서 구성 요소(Component)는 게임 오브젝트에 부착하여 동작, 기능 또는 외관을 정의하는 모듈식 구성 요소입니다. 구성 요소를 사용하면 게임 오브젝트의 기능을 확장하고 상호작용성과 동적 특성을 부여할 수 있습니다. 유니티에서 게임 오브젝트에 기능과 상호작용성을 추가하는 주요 수단입니다.

유니티는 다양한 목적으로 사용되는 많은 내장 구성 요소를 제공합니다. 유니티에서 사용 가능한 일반적인 구성 요소의 몇 가지 예는 다음과 같습니다.

- **Transform**: Transform 구성 요소는 3D 공간에서 게임 오브젝트의 위치, 회전 및 크기를 정의합니다.
- **Renderer**: Renderer 구성 요소는 게임 오브젝트의 렌더링을 처리하며 외관, 재질 및 쉐이더를 다룹니다.
- **Collider**: Collider 구성 요소는 게임 오브젝트의 물리적 모양과 충돌 감지 속성을 정의하여 다른 오브젝트와의 상호작용을 가능하게 합니다.
- **Rigidbody**: Rigidbody 구성 요소는 게임 오브젝트에 물리 기반의 움직임과 힘을 시뮬레이션하여 중력, 충돌 및 힘에 반응할 수 있게 합니다.
- **스크립트 구성 요소**: 유니티는 C# 또는 유니티의 스크립팅 언어(JavaScript 또는 Boo 등)로 스크립트를 작성하여 사용자 정의 구성 요소를 생성할 수 있습니다. 이러한 스크립트를 게임 오브젝트에 부착하여 사용자 정의 동작과 기능을 정의할 수 있습니다.
- **카메라**: 카메라 구성 요소는 장면을 렌더링하는 데 사용되는 보기와 시점을 정의합니다. 플레이어에게 보이는 내용과 장면이 어떻게 캡처되는지를 결정합니다.
- **조명**: 조명 구성 요소는 장면의 조명을 제어하며 주변 조명, 방향성 조명 및 다양한 유형의 조명 소스를 포함합니다.
- **오디오**: 유니티는 게임에서 소리와 음악을 제어하고 재생하기 위한 오디오 구성 요소를 제공합니다.
- **UI 구성 요소**: 유니티에는 버튼, 텍스트 요소, 이미지, 슬라이더 등 다양한 UI 구성 요소가 있어 사용자 인터페이스를 만들 수 있습니다.

유니티에서 사용 가능한 구성 요소는 위에서 언급한 것들뿐만 아니라 많은 다른 유용한 구성 요소들로 구성됩니다.

- **Animation**: 애니메이션 구성 요소는 게임 오브젝트에 애니메이션을 적용하고 제어하는 기능을 제공합니다.
- **Particle System**: 파티클 시스템 구성 요소는 입자 효과를 생성하고 제어하여 불, 연기, 물 등 다양한 시각적 효과를 구현할 수 있습니다.
- **NavMesh Agent**: NavMesh Agent 구성 요소는 내비게이션 기능을 제공하여 게임 오브젝트를 지정된 경로로 이동시킬 수 있습니다.
- **AudioSource**: AudioSource 구성 요소는 소리를 재생하고 제어하는 기능을 제공합니다.
- **Network Components**: 네트워크 게임을 위한 네트워크 관련 구성 요소들이 있어 다중 플레이어 기능을 구현할 수 있습니다.

이러한 것들은 유니티에서 사용 가능한 많은 구성 요소 중 일부에 불과합니다. 다양한 구성 요소를 조합하고 설정함으로써 복잡하고 상호작용이 있는 게임 오브젝트와 장면을 만들 수 있습니다. 게다가 유니티는 스크립팅을 통해 사용자 정의 구성 요소를 생성할 수 있도록 해주어 게임에서 독특한 기능을 설계하고 구현할 수 있는 유연성을 제공합니다.

렌더러(Renderer)

렌더러 컴포넌트(Renderer Component)는 게임 오브젝트의 시각적인 표현을 정의하고 관리하는 데 사용되는 중요한 컴포넌트 중 하나입니다. 이 컴포넌트는 게임 내의 3D 물체나 2D 스프라이트를 화면에 그리는 역할을 합니다. 렌더러 컴포넌트는 주로 다음과 같은 기능과 속성을 가집니다.

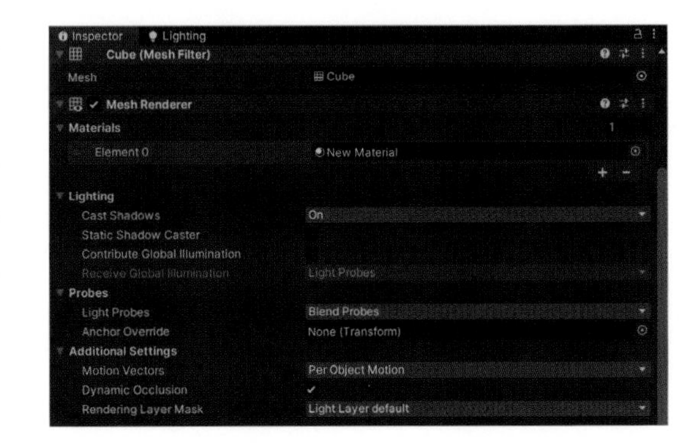

- **렌더링 타입(Rendering Type)**: 2D 게임과 3D 게임을 모두 지원합니다. 따라서 렌더러 컴포넌트는 게임 오브젝트의 타입에 따라 2D 스프라이트 렌더링 또는 3D 모델 렌더링을 수행할 수 있습니다.
- **머티리얼(Material)**: 렌더러는 오브젝트가 어떻게 보일지를 결정하는 머티리얼을 참조합니다. 머티리얼은 오브젝트의 색상, 텍스처, 반사, 광택 등을 정의합니다.
- **레이어(Layer)**: 렌더러는 레이어를 통해 오브젝트가 카메라에서 언제 그려질지를 결정합니다. 게임 내의 렌더링 순서를 제어하는 데 중요합니다.
- **그림자(Shadows)**: 렌더러는 그림자 생성을 활성화 또는 비활성화할 수 있습니다. 이는 게임의 시각적 품질을 조절하는 데 중요합니다.
- **캐스팅 및 리시브 쉐도우(Casting and Receiving Shadows)**: 오브젝트가 그림자를 캐스팅하거나 리시브(수신)할지를 설정할 수 있습니다. 이것은 게임의 성능과 시각적 효과에 영향을 줍니다.
- **정적 및 동적 렌더링(Static and Dynamic Batching)**: Unity는 정적 및 동적 렌더링을 지원하여 오브젝트들을 효율적으로 그릴 수 있게 합니다.
- **라이팅(Lighting)**: 렌더러는 조명에 의해 영향을 받을 수 있으며, 게임 내의 조명 설정에 따라 물체의 그림자와 반사가 변할 수 있습니다.
- **카메라 컬링(Camera Culling)**: 렌더러는 카메라 컬링을 통해 어떤 카메라에 어떤 부분이 그려질지 결정합니다. 이것은 게임의 성능 최적화에 중요한 역할을 합니다.

콜라이더(Collider)

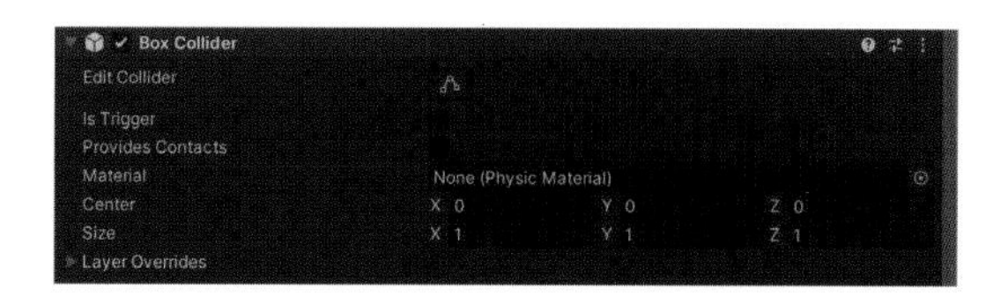

유니티에서 콜라이더(Collider)는 게임 엔진의 물리 엔진에서 사용되는 기본 구성 요소로, 충돌 감지 및 물리 상호 작용을 위한 객체 경계나 부피의 모양을 정의하는 데 주로 사용됩니다. 콜라이더는 유니티 프로젝트 내에서 현실적이고 상호 작용 가능한 3D 및 2D 환경을 만드는 데 중요합니다.

콜라이더 컴포넌트는 다음과 같은 기능과 속성을 가집니다.

- **충돌 감지**: 콜라이더는 게임에서 두 개 이상의 객체가 서로 접촉하거나 충돌할 때 이를 감지하기 위해 사용됩니다. 유니티의 물리 엔진은 콜라이더의 객체가 서로 교차하거나 겹치는지 확인함으로써 충돌 감지를 수행합니다.
- **물리 상호 작용**: 콜라이더는 객체 간의 충돌, 반발력, 굴러가기 및 미끄러짐과 같은 현실적인 물리 상호 작용을 구현하는 데 중요합니다. 이들을 사용하여 객체가 서로 충돌할 때 어떻게 반응해야 하는지 정의할 수 있으며, 서로 부딪히거나 충돌 시 어떻게 행동해야 하는지 결정합니다.
- **콜라이더 컴포넌트**: Unity는 객체의 모양과 요구 사항에 따라 GameObject에 부착할 수 있는 다양한 종류의 콜라이더 컴포넌트를 제공합니다. 일반적인 콜라이더 컴포넌트로는 Box Collider, Sphere Collider, Capsule Collider, Mesh Collider 등이 있습니다. 각 콜라이더 유형은 특정 기하 모양과 대응됩니다.
- **3D 및 2D 콜라이더**: 유니티는 3D 및 2D 게임을 모두 지원하므로 각 문맥에 맞게 조정된 콜라이더가 있습니다. 3D 콜라이더는 3D 게임에서 사용되며, 2D 콜라이더는 2D 게임에서 사용됩니다. 이들은 비슷한 속성을 가지고 있으며 속성에는 약간의 차이가 있습니다.
- **IsTrigger vs. Non-Trigger**: 콜라이더는 트리거 또는 비트리거로 설정할 수 있습니다. 비트리거 콜라이더는 충돌 및 반응과 같은 물리 상호 작용을 유발합니다. 트리거 콜라이더는 다른 콜라이더가 해당 부피에 들어갈 때 이벤트 또는 함수를 트리거하며 물리 상호 작용을 유발하지는 않습니다.
- **콜라이더 속성**: 콜라이더에는 크기, 중심 및 방향과 같이 조정 가능한 속성이 있으며, 콜라이더 유형에 따라 이러한 속성을 세밀하게 조정하여 정확한 충돌 감지를 보장할 수 있습니다.
- **레이어 기반 충돌**: 유니티는 객체 간 상호 작용을 제어하기 위해 레이어 및 충돌 매트릭스를 설정할 수 있도록 해줍니다. 이것은 성능 최적화와 원치 않는 상호 작용을 줄이는 데 도움이 됩니다.

- **성능 고려 사항**: 콜라이더의 효율적인 사용은 게임의 성능을 유지하는 데 중요합니다. 복잡한 콜라이더(예: Mesh Collider와 같은)의 과용은 성능에 영향을 미칠 수 있으므로 가능한 경우 간단한 콜라이더를 사용하는 것이 중요합니다.
- **콜라이더 이벤트**: 유니티는 스크립트에서 충돌과 트리거를 처리하기 위한 이벤트와 메서드를 제공합니다. 이러한 이벤트를 사용하여 충돌이 발생할 때 사용자 정의 동작을 정의할 수 있습니다.
- **콜라이더 최적화**: 복잡한 객체의 경우 콜라이더를 최적화하기 위해 모양을 단순화하거나 간단한 콜라이더의 조합(여러 간단한 콜라이더들의 조합)을 사용하여 성능을 향상할 수 있습니다.

4-1 콜라이더(collider) 종류

유니티에서 사용 가능한 여러 종류의 콜라이더(collider)는 각각 게임 또는 시뮬레이션에서 다른 모양과 용도에 맞게 설계되었습니다. 다음은 주요 콜라이더 유형입니다.

- **박스 콜라이더(Box Collider)**: 이 콜라이더는 객체를 직사각형 프리즘(박스) 모양으로 만듭니다. 큐브 또는 직사각형 모양을 가진 객체에 적합합니다.

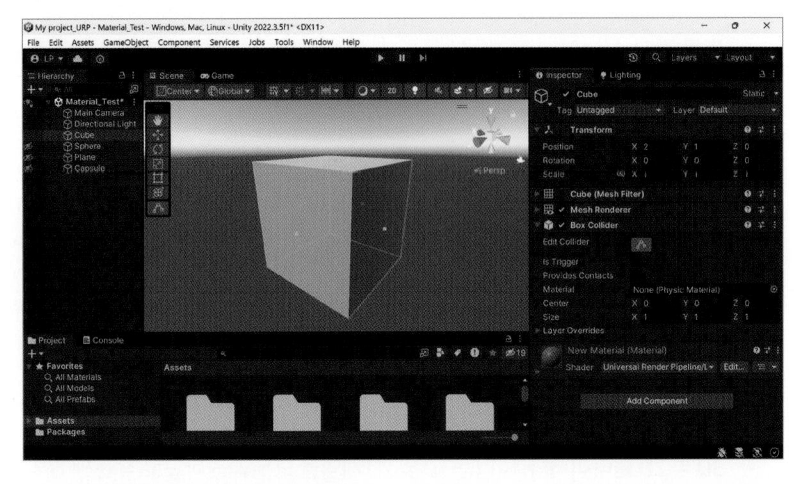

- **구체 콜라이더(Sphere Collider)**: 구체 콜라이더는 구형이며, 공 또는 행성과 같이 둥근 객체에 적합합니다.

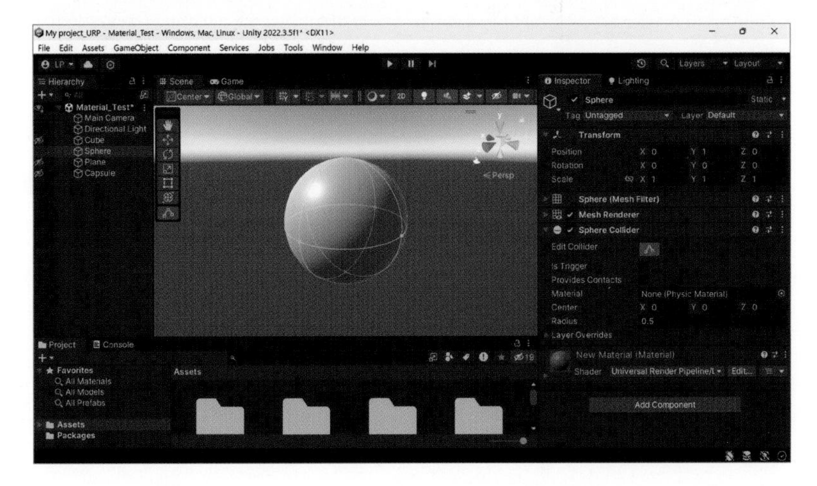

- **캡슐 콜라이더(Capsule Collider)**: 캡슐 콜라이더는 알약 또는 캡슐 모양입니다. 캐릭터 컨트롤러 또는 원통 모양을 가진 객체에 적합합니다.

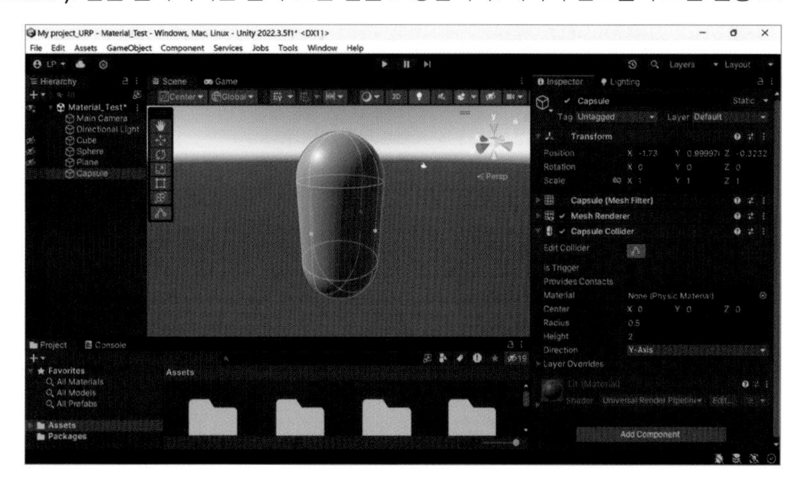

- **메시 콜라이더(Mesh Collider)**: 메시 콜라이더는 객체의 메시를 사용하여 콜라이더를 생성합니다. 복잡한 모양에 적합하지만 간단한 콜라이더보다 더 많은 자원을 사용할 수 있습니다.

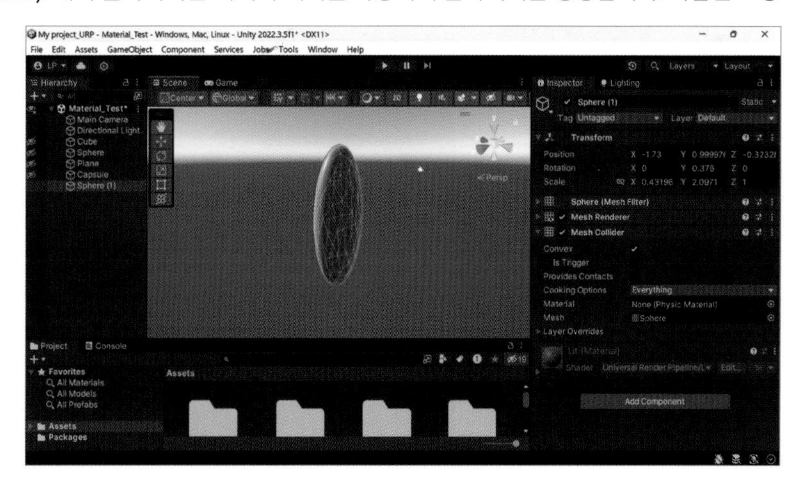

이상이 가장 자주 사용되는 콜라이더 종류입니다. 이 외에도 다양한 콜라이더가 있습니다.

- **휠 콜라이더(Wheel Collider)**: 차량 바퀴에 사용되며, 휠 물리를 정확하게 시뮬레이션합니다.
- **터레인 콜라이더(Terrain Collider)**: 유니티의 터레인 시스템으로 생성된 지형 객체에 특화되어 충돌 감지를 간소화합니다.
- **캐릭터 컨트롤러(Character Controller)**: 캐릭터의 움직임과 충돌을 표준 콜라이더보다 복잡하게 제어하는 데 사용됩니다.
- **2D 복합 콜라이더(Composite Collider 2D)**: 2D 게임에서 여러 콜라이더를 결합하여 성능을 향상시킵니다.
- **2D 엣지 콜라이더(Edge Collider 2D)**: 이 2D 콜라이더는 연결된 점들로 정의된 콜라이더 모양을 만듭니다. 벽이나 플랫폼과 같은 얇은 객체에 적합합니다.
- **2D 폴리곤 콜라이더(Polygon Collider 2D)**: 더 복잡한 2D 모양에 사용되며, 정점 집합을 사용하여 콜라이더 모양을 정의합니다.

이러한 콜라이더는 유니티에서 게임 오브젝트에 컴포넌트로 추가되며, 게임 오브젝트의 모양과 요구 사항에 가장 적합한 것을 선택할 수 있습니다. 일반적으로 객체의 모양에 맞는 가장 간단한 콜라이더를 선택하는 것이 성능 최적화를 위한 좋은 방법입니다.

4-2 콜라이더(Collider) 사용 방법

유니티에서 콜라이더(Collider)를 사용하는 방법은 게임에서 충돌 감지와 물리 상호 작용을 활성화하기 위해 여러 단계를 거칩니다. 콜라이더를 사용하는 방법에 대한 단계별 가이드는 다음과 같습니다.

■ 게임 오브젝트에 콜라이더 컴포넌트 추가

- 계층 창에서 콜라이더를 추가하려는 게임 오브젝트를 선택합니다. 인스펙터 창에서 “Add Component” 버튼을 클 릭합니다.

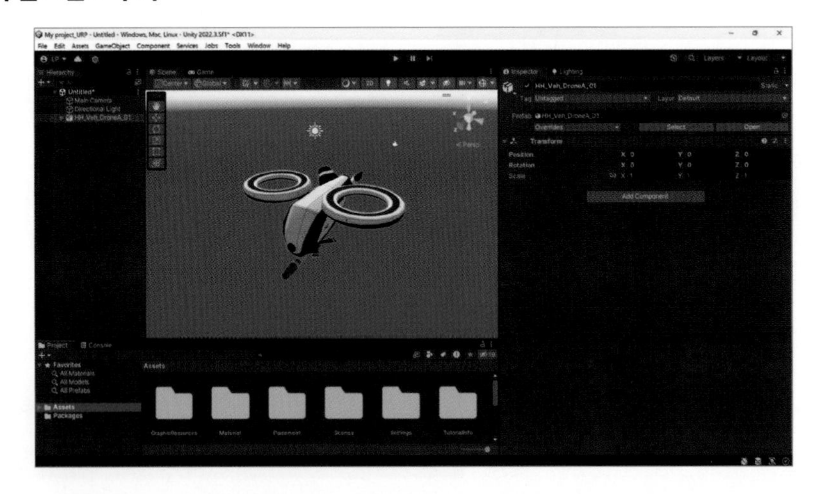

- 추가할 콜라이더 유형을 검색합니다.(예: 박스 콜라이더, 구체 콜라이더, 캡슐 콜라이더)

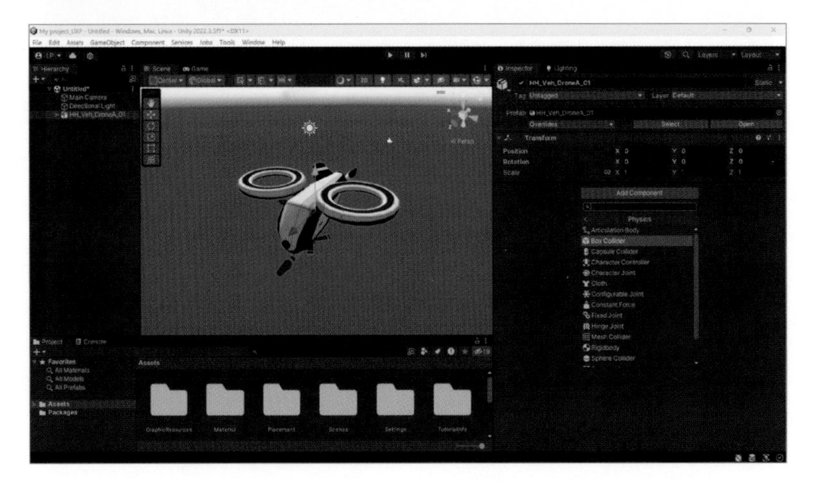

- 원하는 콜라이더 유형을 클릭하여 게임 오브젝트에 추가합니다.

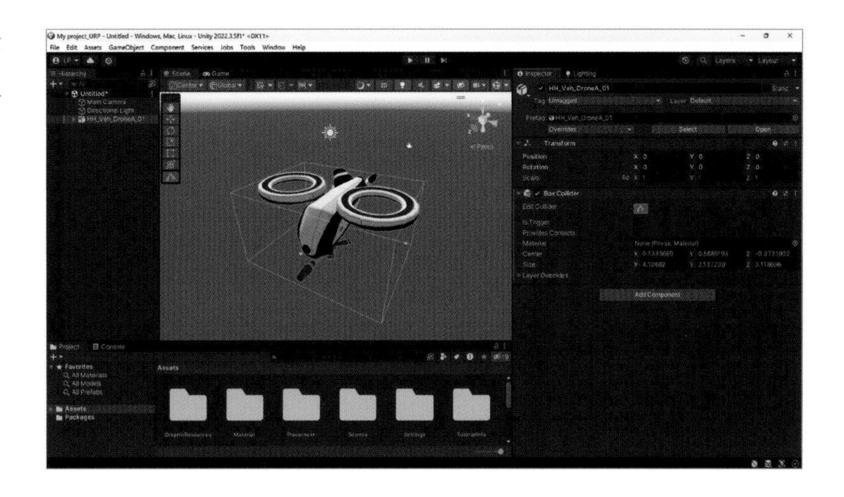

4-3 콜라이더 속성 구성

인스펙터 창에서 추가한 콜라이더의 여러 속성을 구성할 수 있습니다. 크기, 중심 위치 및 트리거 여부 등을 설정할 수 있습니다.

이러한 속성을 조정하여 객체의 모양과 크기에 맞게 설정합니다. 예를 들어 캐릭터의 경우 캡슐 콜라이더를 사용하고 높이와 반지름을 조정할 수 있습니다.

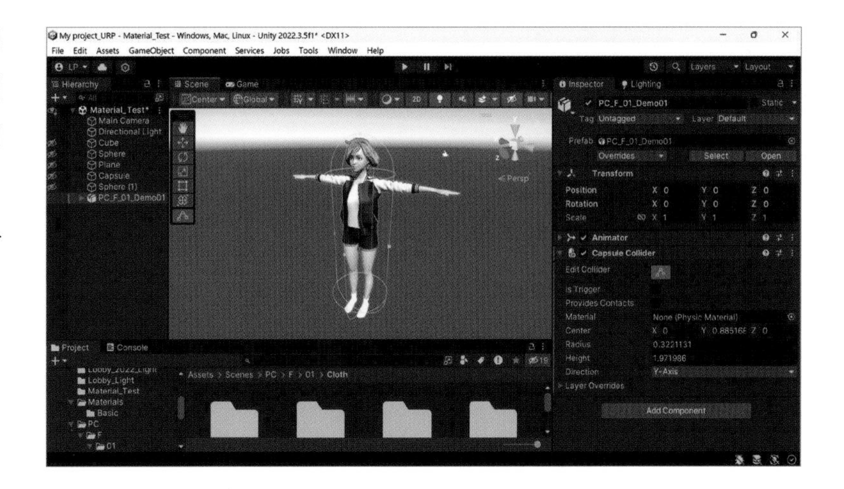

유니티에서 게임 오브젝트 다루기

5-1 씬(Scene) 뷰 내비게이션

아티스트가 유니티 에디터를 사용하면서 제일 많이 하게 될 작업은 뭐니뭐니 해도 씬 뷰에 오브젝트를 배치하고 이동시키고 씬 뷰를 둘러보는 작업이 될 것입니다.

- Alt + **왼쪽 마우스**: 회전(Orbit)

- Alt + **오른쪽**: 줌 인, 줌 아웃

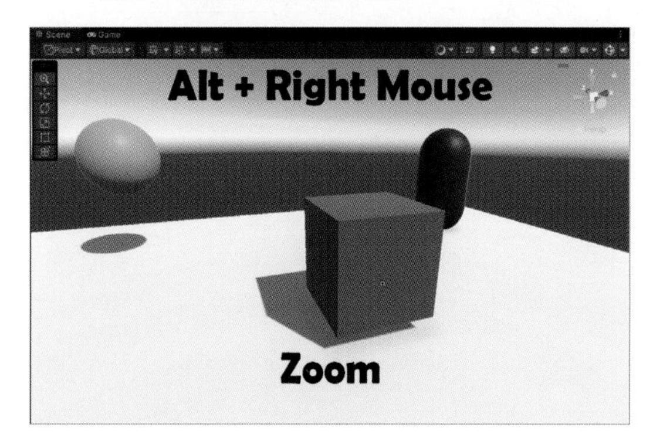

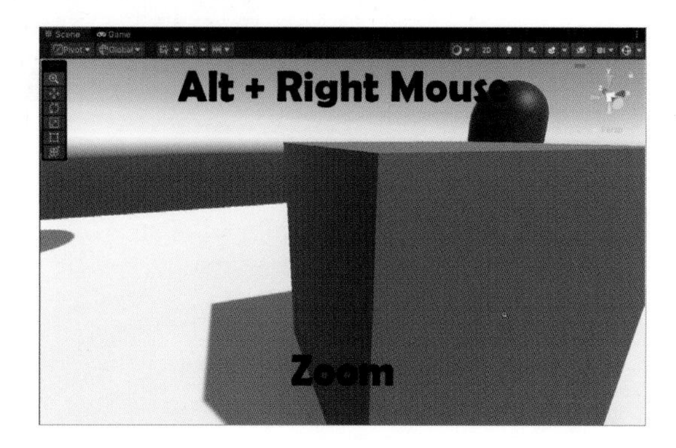

- Alt + **미들**: 카메라 무브(패닝) 조작입니다.

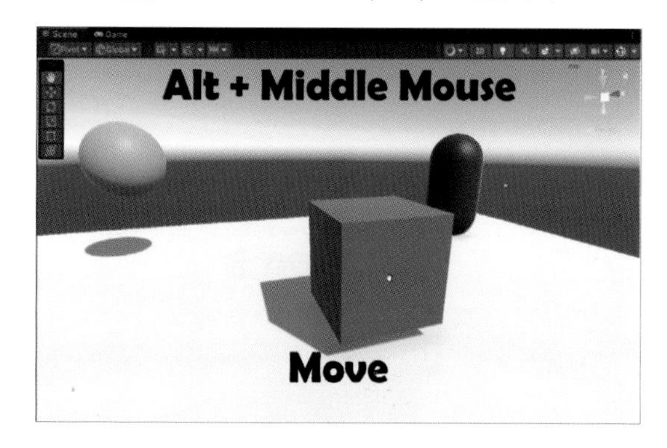

- **핸드 툴**: Alt + 미들(카메라 무브)와 동일하며 단축키는 Q키입니다.

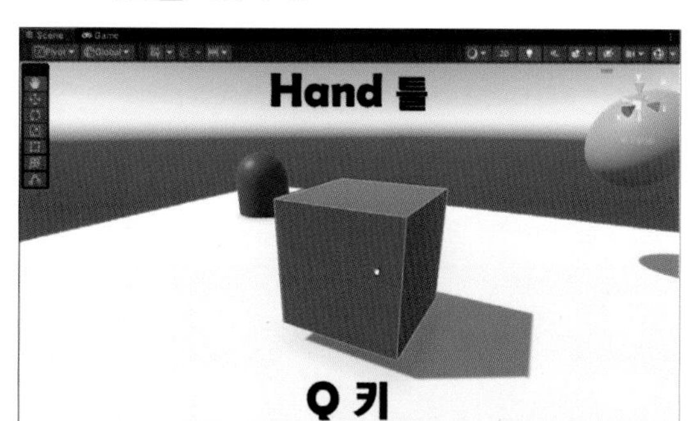

- **무브 툴**: 오브젝트를 x, y, z 축으로 이동시킬 수 있으며 단축키는 W키입니다.

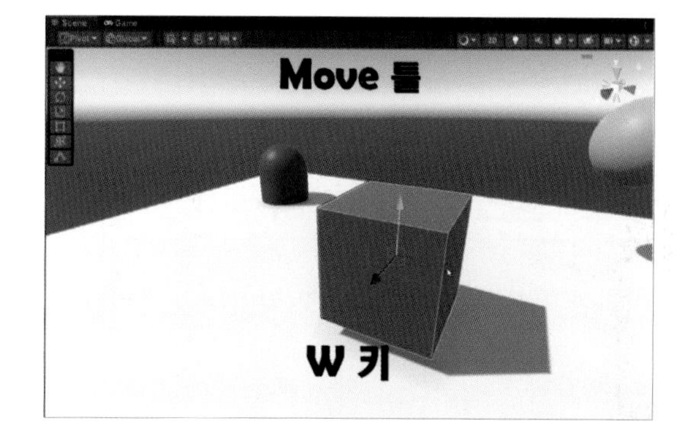

- **회전 툴**: 오브젝트를 x, y, z 축으로 회전시킬 수 있으며 단축키는 E키입니다.

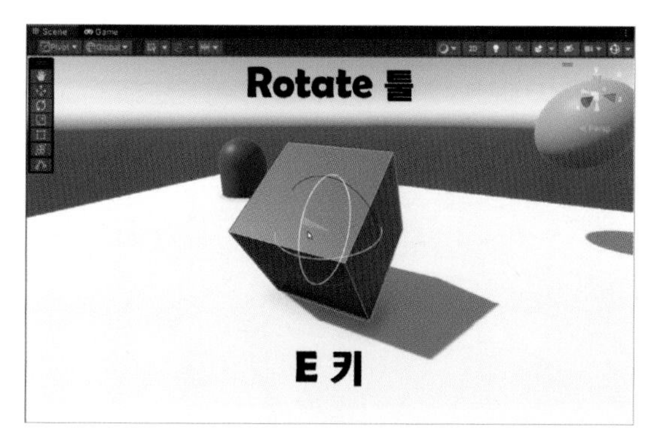

- **스케일 툴**: 오브젝트 사이즈를 조절할 수 있으며 단축키는 R키입니다.

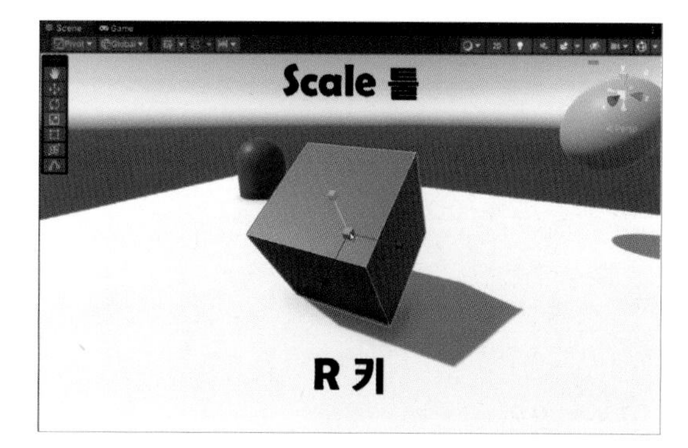

- **렉트트랜스폼 툴**: RectTransform은 주로 스프라이트 또는 UI 요소와 같은 2D 요소를 위치시키는 데 사용되지만, 3D GameObject를 조작하는 데도 유용할 수 있습니다. 단축키는 T키입니다.
- **트랜스폼 툴**: 이동, 크기 조절 및 회전을 하나의 Gizmo로 결합합니다. 단축키는 Y키입니다.

5-2 플라이 모드 네비게이션

이러한 기본적인 조작 외에도 알아두면 편리한 씬 뷰 네비게이션 조작방법을 알아보겠습니다.

■ 복잡하거나 큰 씬 안에서 빠르게 씬을 확인하고 이동하려고 할 때 유용합니다. 우클릭한 상태로 W / A / S / D키를 눌러서 전후좌우 방향으로 씬 뷰 안을 플라이 모드로 둘러볼 수 있습니다.

이 때 Shift키를 같이 사용하면 이동 스피드를 올릴 수 있습니다. 아래 위로의 이동은 Q / E키를 누르면 됩니다.

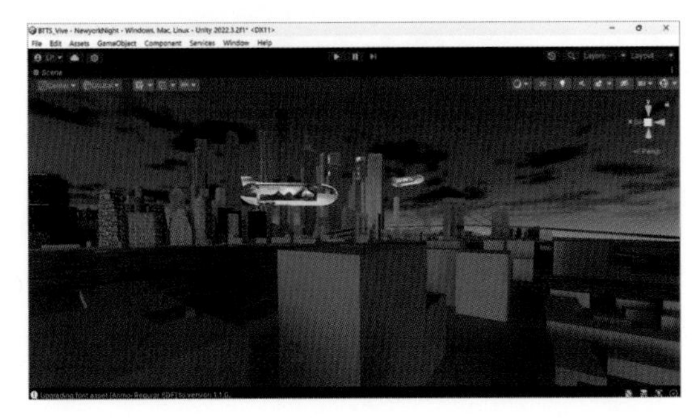

■ 또 다른 유용한 기능은 마우스 휠로 이동 스피드 배율을 조절할 수 있습니다. 작은 숫자일 때 천천히 더 디테일한 이동을 할 수 있고, 빨리 이동하고자 할 때는 큰 숫자로 세팅하면 됩니다.

■ 기즈모를 이용하여 각 축 방향으로 빠른 전환을 할 수 있습니다.

다음 이미지에서 오르쪽 상단에 있는 기즈모의 각 축을 클릭하면 즉시 해당 축방향으로 카메라 뷰가 전환됩니다. 여기서는 Y축을 눌러보겠습니다.

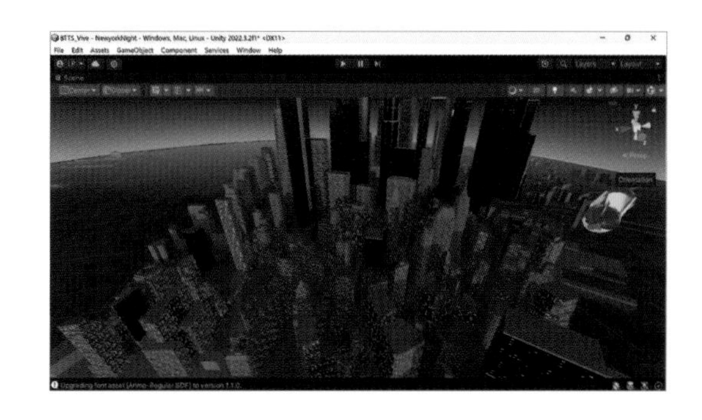

즉시 탑 뷰로 전환됩니다. 다음 이미지는 퍼스펙티브 탑 뷰입니다.

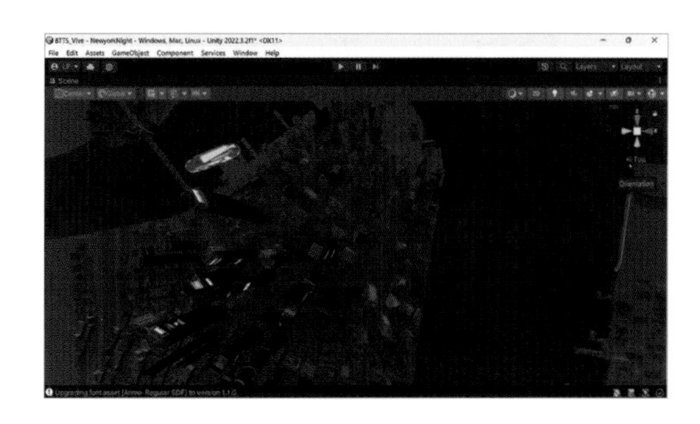

이 때 기즈모 아래에 있는 퍼스펙티브, 아이소 메트릭 모드를 토글해서 뷰를 전환할 수 있습니다. 아이소 메트릭 모드는 특히 탑 뷰나 사이드 뷰에서 오브젝트 배치를 평면도에 맞춰서 보려고 할 때 유용합니다. 다음 이미지는 아이소 메트릭 모드를 나타내고 있습니다.

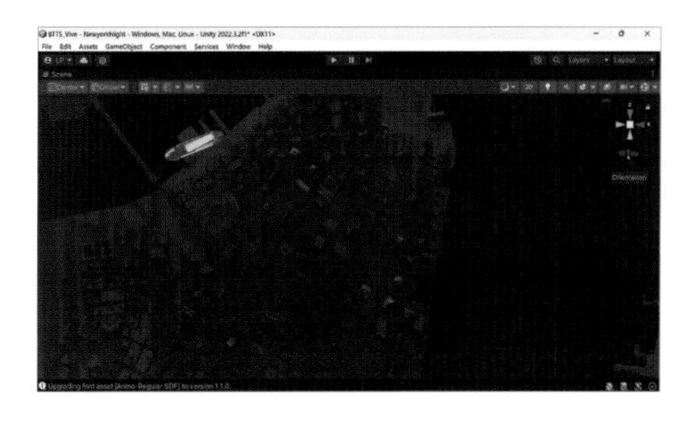

다음 이미지는 X축을 클릭했을 때 전환된 뷰를 보여줍니다.

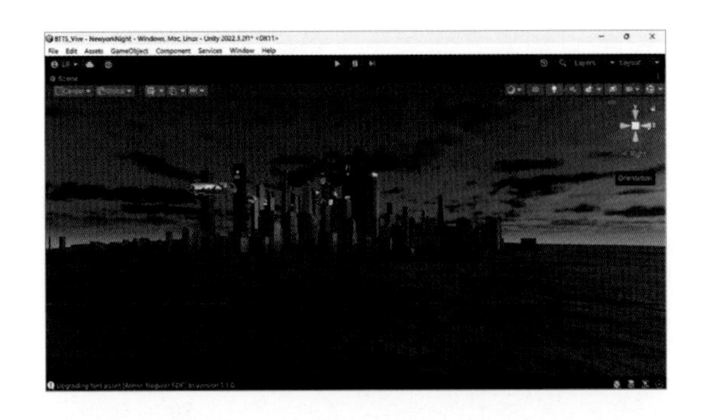

5-3 유용한 스내핑(Snapping) 기능

유니티에서 오브젝트를 배치할 때 아주 유용한 그리드 스내핑 기능을 사용하는 방법과 핫키(Hotkey)에 대해 자세하게 설명하겠습니다.

- **스내핑 활성화**: 스내핑을 사용하기 위해 먼저 씬 뷰의 Tool Handle Rotation값을 Global로 세팅합니다.

- **스내핑 설정**: Grid Snapping 옵션을 켜고 스내핑할 축을 선택할 수 있습니다. 그리고 Increment Snapping을 조정하여 오브젝트를 배치할 때 스냅할 단위를 설정합니다.

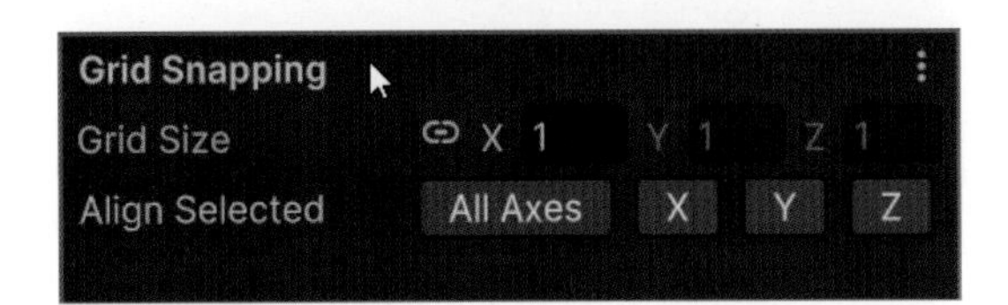

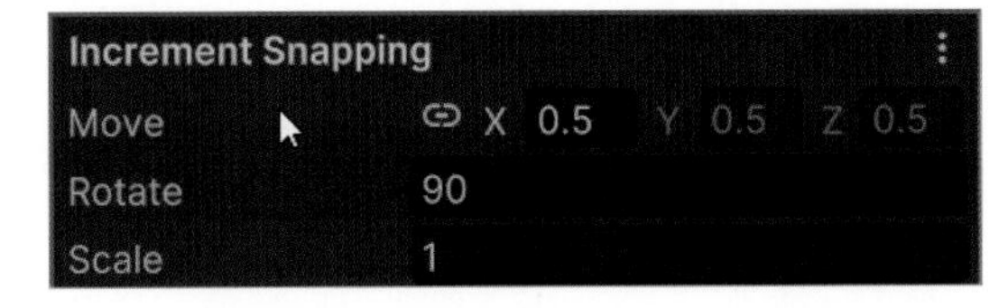

- **오브젝트 배치**: 스내핑 기능이 활성화되고 설정이 완료되었다면, 오브젝트를 배치할 준비가 되었습니다. 씬(Scene) 뷰에서 배치하고자 하는 오브젝트를 선택한 후, 이동 도구를 사용하여 원하는 위치로 드래그합니다. 이때 오브젝트의 이동은 스냅 값에 따라 자동으로 조정됩니다.

이러한 그리드 스내핑 외에 핫키(Hotkey)를 이용한 스내핑에 대해서 알아보겠습니다.

예를 들어서 모듈화되어 있는 벽체 같은 오브젝트처럼 접촉하여 붙어 있는 여러 오브젝트를 이어서 배치할 때 규칙적인 사이즈의 오브젝트라면 보통 좌표값을 정확히 입력하여 이동시킨 뒤 맞추면 되지만 경우에 따라서 빈틈 없이 딱 붙지 않게 배치된다든지 매번 이렇게 하기가 번거로울 수 있습니다. 이럴 때 유니티에서 제공하는 스냅 기능 핫키를 이용하면 간단하게 작업을 할 수 있습니다.

다음 이미지처럼 바닥, 벽, 프랍으로 사용할 5개의 오브젝트를 생성해서 배치할 준비를 하였습니다. 정점(Vertices) 스냅 기능과 표면 스냅 기능은 오브젝트를 표면에 정확히 배치할 때 사용합니다. 정점(Vertices) 스냅 기능을 이용하기 위해서 오브젝트를 선택하고 V키를 누릅니다.

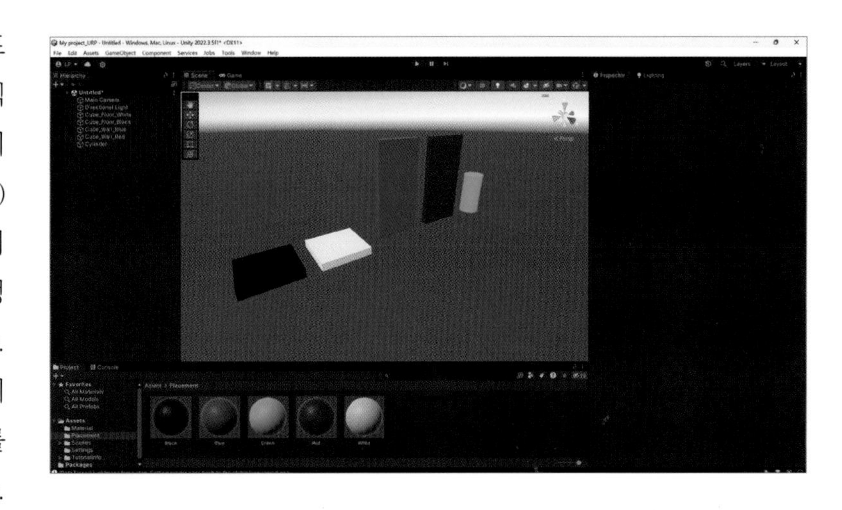

표면 스냅 기능은 Ctrl키를 혹은 Shift키와 Ctrl키를 동시에 눌러서 활성화되고 해당 오브젝트를 선택하고 드래그 하면 마우스 위치 근처의 평면에 딱 붙게 됩니다.

오브젝트의 정점 중 원하는 정점으로 마우스를 움직이면 기즈모 센터가 해당 정점으로 변경되면서 마치 피봇이나 센터가 이동한 것 같은 상태가 됩니다. 여기서는 바닥으로 사용할 흰색 큐브의 아래 모서리 정점으로 기즈모 위치를 이동시키고 V키를 누르고 있는 상태로 Ctrl키를 동시에 눌러서 검은 색 큐브의 모서리로 오브젝트를 스내핑 이동시켰습니다. 이런 방식으로 어떤 오브젝트든지 원하는 정점을 기준으로 스내핑 배치가 가능합니다.

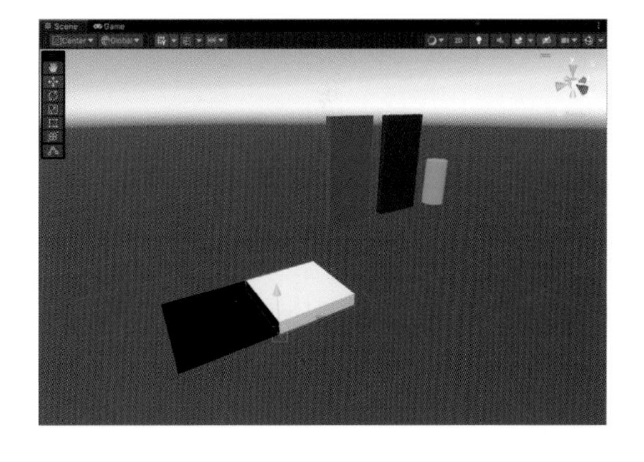

다음 이미지처럼 V키를 누르고 있는 동안 이동 기즈모를 오브젝트 위를 움직여보면 가장 가까운 정점으로 기즈모 센터가 이동합니다. 마치 피봇이 이동한 상태처럼 보입니다만 V키를 떼는 순간 다시 오리지널 센터나 피봇 위치로 되돌아갑니다.

이런 방법으로 바닥 큐브를 복사해서 붙이기를 반복해서 널직한 평면을 만들어 보겠습니다.

01 오브젝트를 복사하는 방법은 Ctrl + C(카피) 그리고 Ctrl + V(붙여넣기)를 하는 거나 Ctrl + D(Duplicate) 한번만 하는 거나 동일합니다.

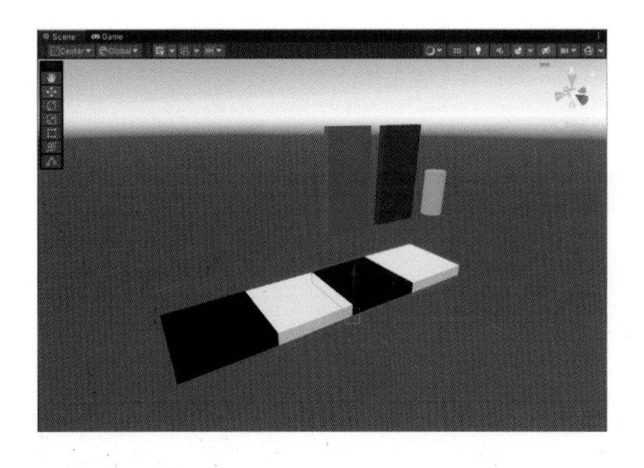

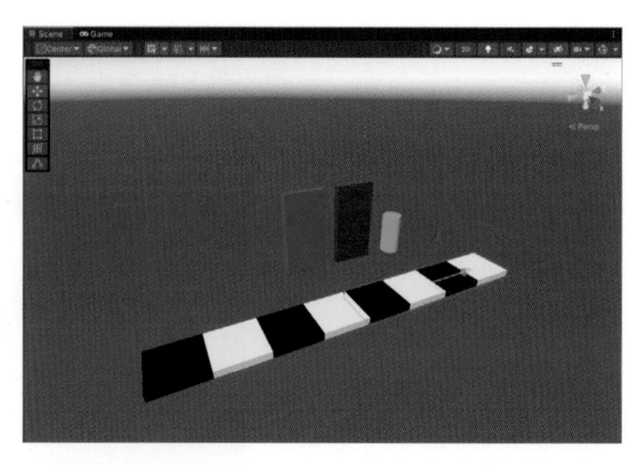

흰색과 검은색 바닥 큐브 오브젝트들을 이용해서 빈 틈 없는 바닥을 만들었습니다.

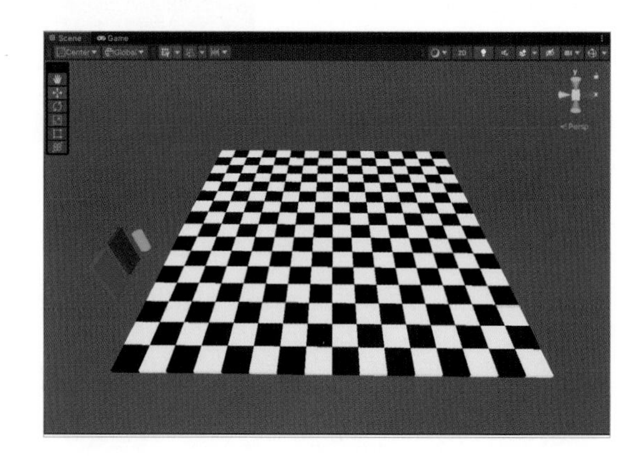

02 같은 방법으로 벽체로 사용할 파란색 큐브도 V키를 누르고 아래쪽 모서리 정점으로 피봇(혹은 센터)를 임시로 변경해서 Ctrl키를 동시에 누른 상태로 이동 배치해서 바닥과 딱 들어맞는 벽체를 쌓았습니다.

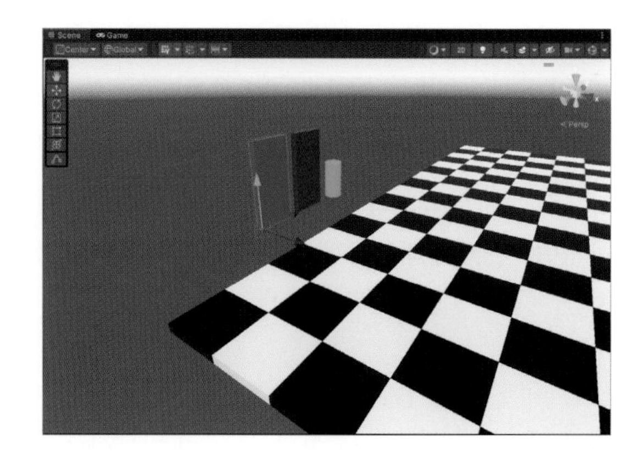

03 회전 스내핑 기능도 회전 툴을 선택하고 Ctrl키를 동시에 누르고 회전시키면 간단하게 활성화할 수 있습니다. 이 때 회전 값은 Increment Snapping에 설정된 유닛만큼 스내핑이 적용됩니다.

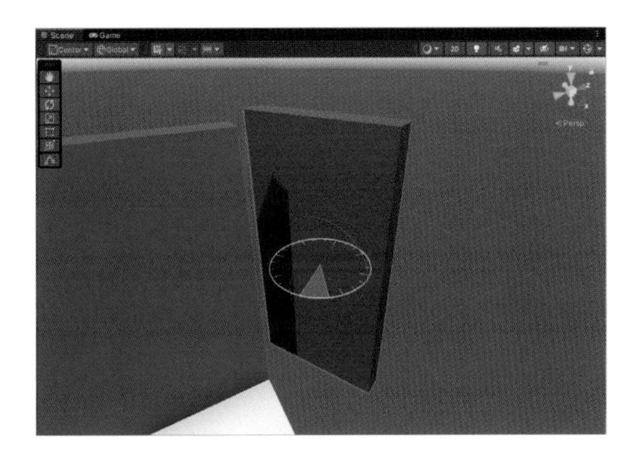

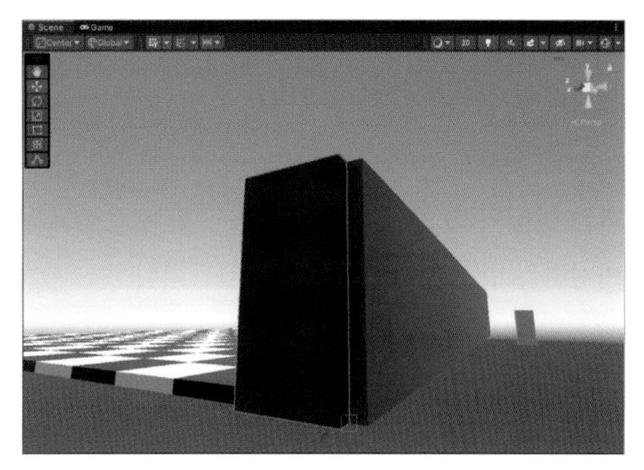

04 V키, Ctrl키를 이용한 스내핑 기능으로 간단하게 레벨 빌드 작업을 할 수 있습니다.

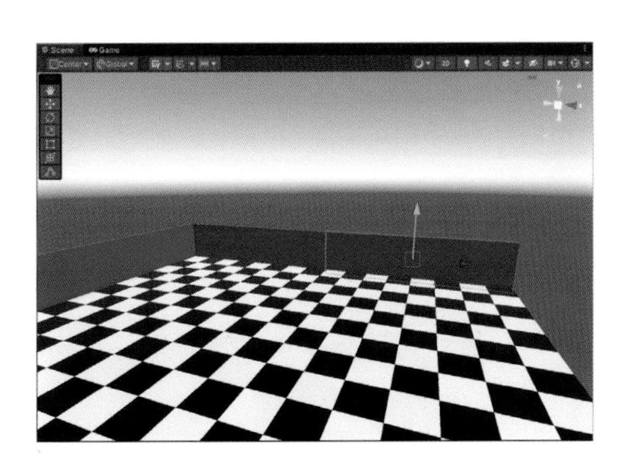

05 만약 여러 오브젝트를 동시에 선택해서 회전을 할 때 Toggle Tool Handle Position이 Center로 설정되어 있다면 아래 이미지처럼 한덩어리처럼 회전시킬 수 있습니다.

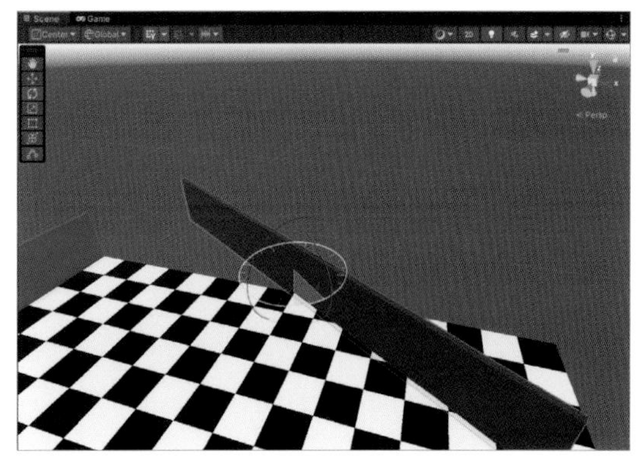

06 반면 Toggle Tool Handle Position이 Pivot으로 설정되어 있다면 아래 이미지처럼 각 오브젝트들이 독립적으로 회전합니다.

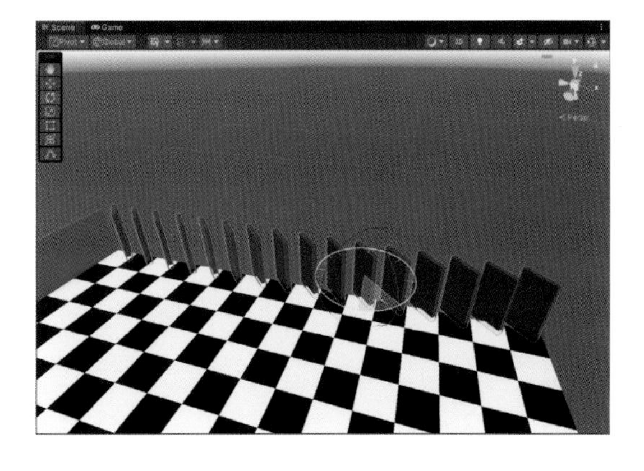

5-4 오브젝트 피봇 변경

유니티에서 오브젝트 피봇을 변경하는 방법에 대해 자세하게 설명해드리겠습니다.

유니티에서는 근본적으로 GameObject의 Pivot을 변경할 수 없습니다. 임포트 하기 전 외부 애플리케이션(마야, 블렌더 등)에서 원하는 위치에 오리진이 자리잡게 배치한 후 다시 익스포트하고 유니티로 임포트하는 방법이 있으나 유니티 내에서 빈 오브젝트를 이용하여 부모 자식관계로 만들어서 간단하게 피봇을 변경하는 방법에 대해서 알아보겠습니다.

01 먼저 피봇을 바꾸려는 대상을 확인합니다. 다음 이미지의 실린더는 유니티에서 생성한 3D 오브젝트이므로 기본적으로 피봇이 센터에 위치합니다. 이 상태라 하더라도 에디팅 작업을 하는데 지장은 없지만 만약 피봇이 바닥에 있다면 이 오브젝트를 바닥면에 좀 더 쉽게 배치할 수 있을겁니다.

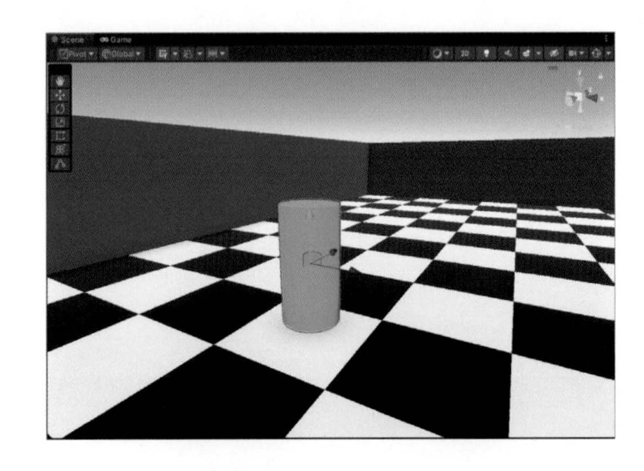

02 빈 오브젝트를 생성합니다.

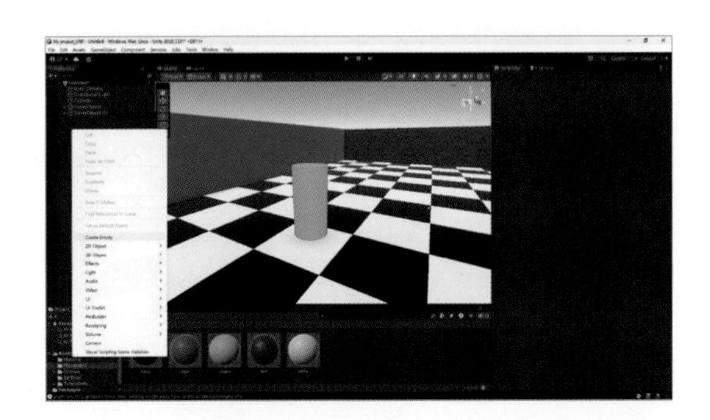

03 유니티에서 새로 오브젝트를 생성하더라도 포지션이 원점(0, 0, 0)에 위치하는 것이 아니므로 작업을 쉽게 하기 위해서 인스펙터 창에서 트랜스폼 값을 Reset해서 오리진에 위치시키도록 하겠습니다.

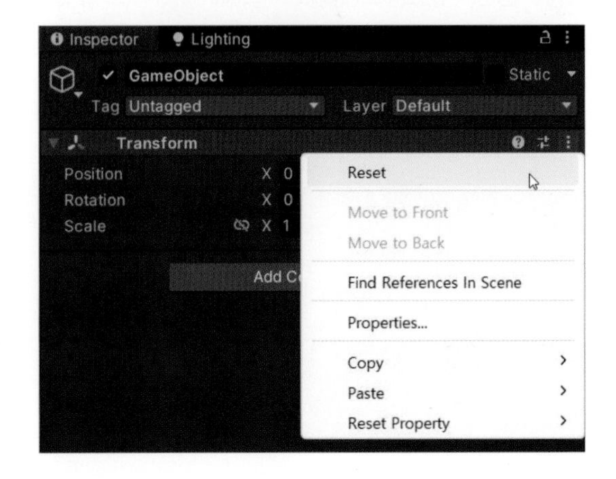

04 실린더도 선택 후 트랜스폼 값을 Reset해서 원점에 위치시키도록 하겠습니다.

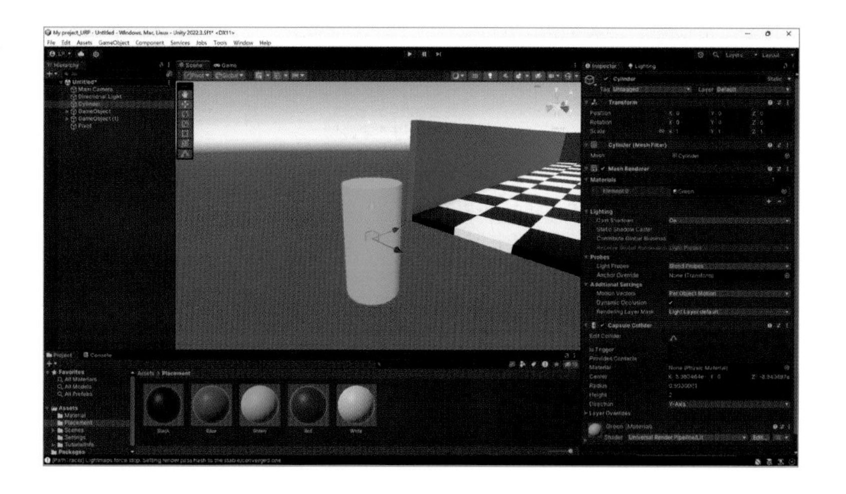

05 다음 이미지처럼 실린더의 바닥이 그리드면에 위치하도록 위로 이동시켰습니다.

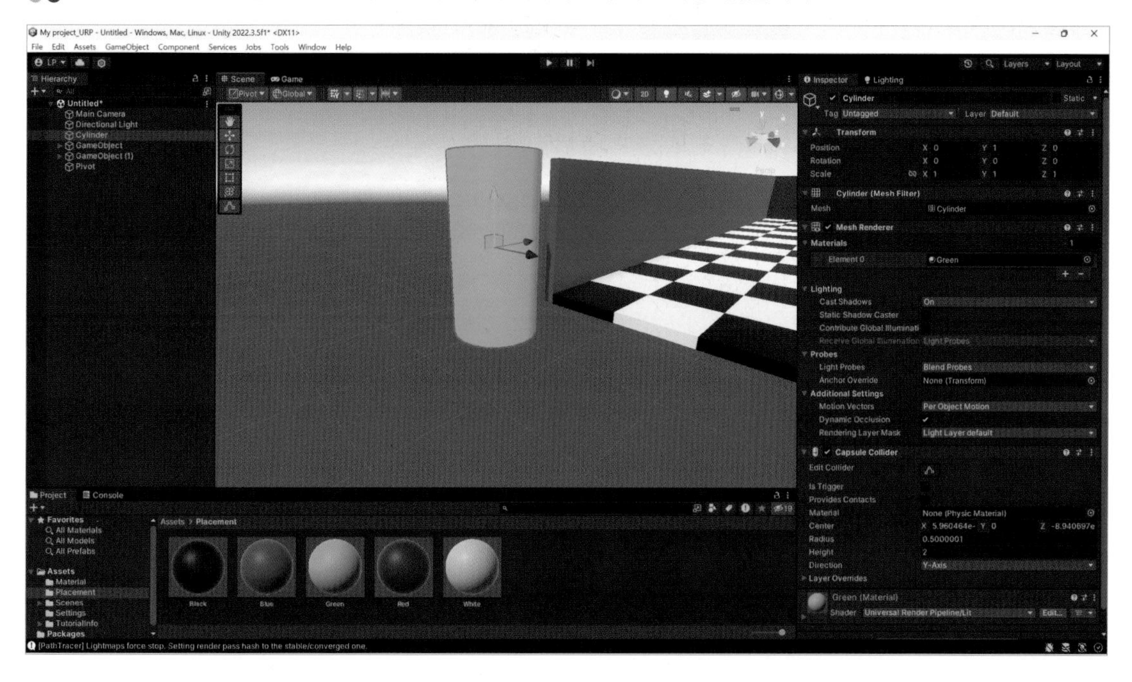

06 계층 창에서 실린더를 드래그해서 Pivot으로 이름을 바꾼 빈 GameObject 아래에 가져다 놓아서 부모자식 관계로 계층을 만들었습니다.

07 다음 이미지처럼 실린더 오브젝트는 원점(0 ,0, 0)에 위치하는 빈 게임 오브젝트 Pivot의 자식으로 실린더 바닥으로 피봇이 옮겨 간 결과를 얻을 수 있습니다.

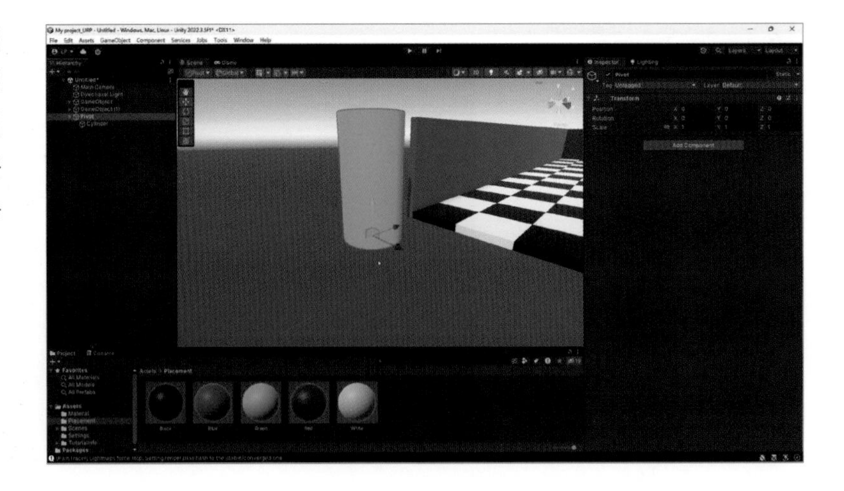

08 이제 실린더 오브젝트의 피봇은 바닥에 있으므로 Ctrl키나 Ctrl + Shift키를 이용한 표면 스내핑 기능으로 지금 주어진 환경 하에서 아주 편리하게 오브젝트를 배치할 수가 있습니다.

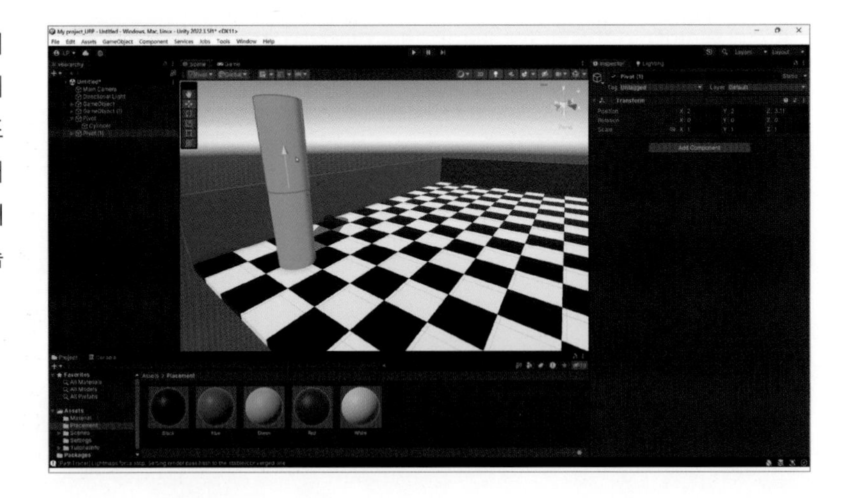

레이어(Layer)

유니티에서 레이어(Layer)는 게임 오브젝트를 그룹화하고 분류하는데 사용되는 기능입니다. 레이어를 통해 게임 오브젝트들을 쉽게 관리하고, 다양한 상호작용 및 렌더링 설정을 적용할 수 있습니다. 레이어는 일반적으로 게임의 다양한 요소들을 구분하여 처리하기 위해 사용됩니다.

유니티에서 레이어는 다음과 같은 주요 기능을 제공합니다.

- **게임 오브젝트 그룹화**: 레이어를 사용하여 게임 오브젝트들을 그룹화하고 구분할 수 있습니다. 예를 들어, 적 캐릭터들을 한 레이어에, 아이템들을 다른 레이어에, 환경 요소들을 또 다른 레이어에 배치할 수 있습니다.
- **렌더링 설정**: 레이어를 통해 특정 레이어의 게임 오브젝트들을 렌더링하는데 적용되는 설정을 조정할 수 있습니다. 카메라의 Culling Mask 설정을 통해 특정 레이어의 오브젝트를 렌더링에서 제외하거나 포함시킬 수 있습니다.
- **충돌과 상호작용**: 레이어는 충돌 및 상호작용을 제어하는데 사용됩니다. 물리 시뮬레이션에서 특정 레이어의 오브젝트들끼리 충돌하도록 설정하거나, 레이캐스트(Raycast)를 사용하여 특정 레이어의 오브젝트와 상호작용할 수 있도록 할 수 있습니다.
- **겹침 처리**: 레이어는 겹침 처리를 제어하는데 사용됩니다. 오브젝트들이 화면에서 겹쳐서 보일 때 어떤 오브젝트를 렌더링할지 결정할 수 있습니다.

6-1 레이어 추가 방법

유니티에서 레이어를 추가하는 방법은 다음과 같습니다.

■ 메뉴로 추가하기

01 Unity 편집기에서 상단 메뉴 바에서 "Edit(편집)"을 클릭합니다.

02 "Project Settings(프로젝트 설정)"을 선택합니다. Project Settings 창에서 "Tags and Layers(태그 및 레이어)" 탭을 선택합니다. "Layers(레이어)" 섹션 아래에 레이어 목록이 나타납니다.

03 레이어 목록에서 원하는 위치(여기서는 User Layer 6)에 새 레이어 이름 Test를 입력하고 엔터 키를 누릅니다. 새 레이어가 추가됩니다.

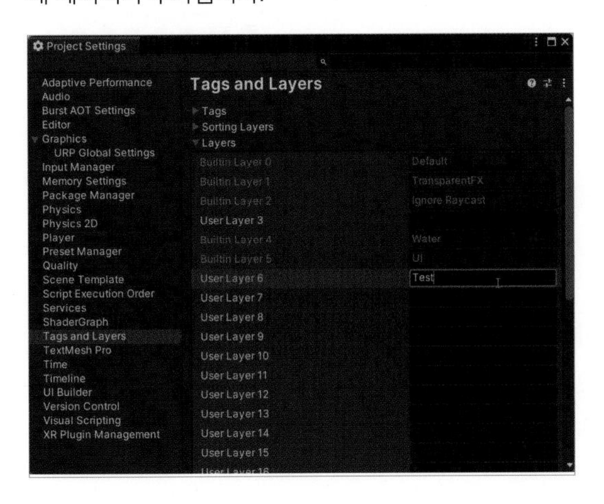

04 아무 오브젝트를 선택한 후 인스펙터 창의 Layer 리스트를 열어보면 새로 Test라는 레이어가 정의되어 있음을 확인할 수 있습니다.

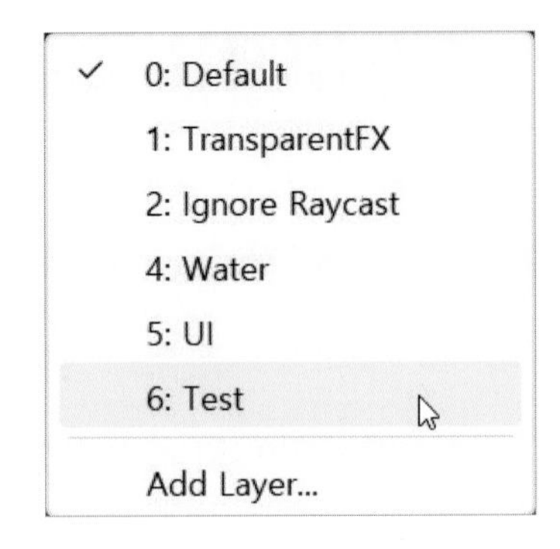

■ Inspector를 통해 추가하기

01 프로젝트 창 또는 씬 창에서 오브젝트를 선택합니다. 선택한 오브젝트의 Inspector 창에서 "Layer(레이어)" 항목을 찾습니다. 이 항목은 일반적으로 오브젝트의 Transform 섹션 아래에 있습니다.

02 "Add Layer(레이어 추가)" 버튼을 클릭하여 새 레이어를 추가합니다. 새로운 레이어 이름 Test2를 입력하고, "Save(저장)" 버튼을 클릭합니다.

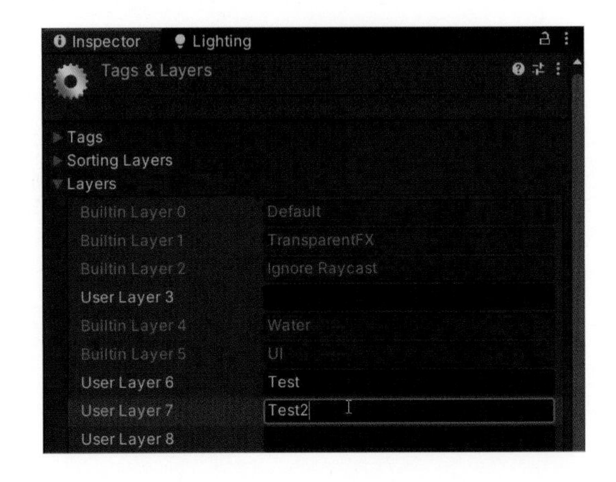

레이어를 추가한 후, 해당 레이어를 사용하여 게임 오브젝트를 분류하고 다른 오브젝트와 상호 작용하도록 설정할 수 있습니다. 이는 레이어 마스크, 레이캐스트, 충돌 검사 및 다른 여러 상황에서 유용하게 사용됩니다.

■ **빌트인 레이어**

레이어 메뉴를 열면 일부 레이어는 이미 이름이 지정된 것을 볼 수 있습니다. 이러한 빌트인 레이어는 계속 사용할 수 있지만 이름을 바꾸거나 삭제할 수는 없습니다.

6-2 레이어에 게임 오브젝트 추가

게임 오브젝트를 선택하고 인스펙터 창으로 이동하여 Layer 옆에 있는 드롭다운을 선택하고 게임 오브젝트에 적합한 레이어를 선택할 수 있습니다.

각 게임 오브젝트는 하나의 레이어에만 할당할 수 있지만 한 레이어에는 여러 개의 게임 오브젝트를 추가할 수 있습니다.

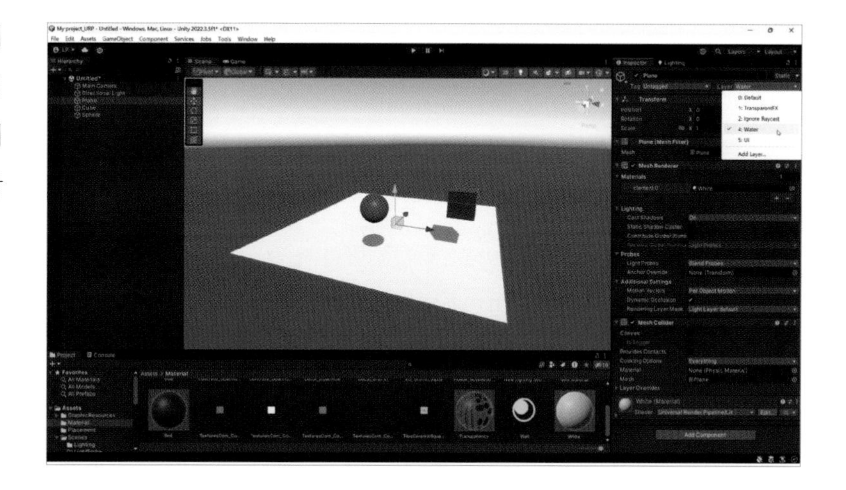

프리팹(Prefab)

유니티의 프리팹(Prefab)은 게임 오브젝트의 템플릿이며, 재사용성과 쉬운 관리를 위해 사용되는 중요한 개념입니다. 조립식 건축물이란 뜻의 Prefab이란 단어 자체가 말해주듯 프리팹으로 자주 사용하는 에셋들의 조합으로 미리 만들어 놓고 필요에 따라 이리저리 변형을 주면서 편리하게 사용할 수가 있습니다.

프리팹을 이용하여 게임 오브젝트를 생성, 설정 및 저장할 수 있으며, 해당 게임 오브젝트의 모든 컴포넌트, 프라퍼티 값, 자식 게임 오브젝트를 재사용 가능한 에셋으로 만들 수 있습니다.

프리팹은 다음과 같은 특징을 가지고 있습니다.

- **템플릿 기능**: 프리팹은 게임 오브젝트를 템플릿으로 만들어 놓은 것입니다. 한 번 정의된 프리팹은 동일한 내용을 가진 많은 복사본(인스턴스)을 만들 수 있습니다. 이를 통해 오브젝트들을 일괄적으로 관리하고 손쉽게 반복해서 사용할 수 있습니다.
- **변경 사항의 효율적 적용**: 프리팹을 사용해서 프리팹 자체를 수정하면 프리팹으로부터 만들어진 모든 인스턴스들에도 자동으로 변경 사항이 적용됩니다. 이는 유지보수와 작업의 효율성을 높여줍니다.
- **인스턴스화**: 프리팹을 씬에 끌어다 놓거나 스크립트로 인스턴스화하여 프리팹으로부터 실제 게임 오브젝트를 생성할 수 있습니다. 이렇게 생성된 인스턴스는 프리팹과는 독립적으로 동작하며 필요에 따라 개별적으로 수정할 수 있습니다.
- **중첩 프리팹**: 프리팹 안에 다른 프리팹을 넣어서 중첩 프리팹을 만들 수 있습니다. 이를 통해 복잡한 게임 오브젝트를 논리적으로 구조화하고, 재사용 가능한 블럭처럼 관리할 수 있습니다.
- **변수화된 프리팹**: 프리팹에는 변수를 추가하여 프리팹 인스턴스마다 서로 다른 속성을 가질 수 있습니다. 이를 통해 유사한 오브젝트지만 조금씩 다른 특성을 가진 여러 오브젝트를 만들 수 있습니다.

프리팹의 일부 인스턴스를 다르게 만들고 싶은 경우 개별 프리팹 인스턴스의 설정을 오버라이드할 수도 있습니다. 또한 프리팹의 배리언트(Variants)를 생성하여 오버라이드 집합을 유의미한 프리팹 배리에이션으로 그룹화할 수도 있습니다.

따라서 유니티에서는 다음과 같은 경우에 프리팹을 사용하기 좋습니다.

- **재사용성이 높은 오브젝트**: 동일한 유형의 게임 오브젝트를 반복해서 사용해야 할 때 프리팹을 사용하면 편리합니다. 예를 들어, 적들(NPC), 아이템, 환경 요소(나무 등) 등 여러 개의 동일한 종류의 오브젝트가 있을 경우 프리팹으로 만들어서 재사용할 수 있습니다.
- **연관된 프라퍼티와 스크립트 그룹핑**: 오브젝트에 연관된 스크립트, 컴포넌트, 텍스처 등을 묶어서 한 번에 관리하고 싶을 때 프리팹을 사용하면 유용합니다. 이렇게 하면 관련된 설정들을 모두 한 곳에서 변경하고 업데이트할 수 있습니다.
- **중복된 오브젝트 생성 및 관리**: 여러 개의 비슷한 오브젝트를 생성하고 관리해야 할 때, 프리팹을 사용하면 일괄적으로 수정하고 업데이트할 수 있어 효율적입니다. 예를 들어, 레벨 디자인에서 반복되는 장애물이나 구성 요소를 프리팹으로 만들어 관리하는 것이 유용합니다.
- **변경 사항의 일괄 적용**: 프리팹을 사용해서 오브젝트를 한 곳에서 수정하면 해당 프리팹으로부터 생성된 모든 인스턴스에도 변경 사항이 적용됩니다. 이는 유지보수와 수정 작업을 효율적으로 처리하는 데 도움이 됩니다.
- **레벨 디자인과 월드 구축**: 레벨 디자인에서 프리팹을 활용하면 반복적인 작업을 줄이고, 구성 요소들을 쉽게 배치하고 변경할 수 있습니다. 또한 월드의 다양한 지역에 같은 타입의 오브젝트들을 배치할 때 편리합니다.

7-1 프리팹 만들기

유니티에서 프리팹을 생성하는 방법은 간단합니다.

이런 프리팹 만들기에 적당한 예로, 게임 레벨에 자주 사용하게 될 식탁 세트가 있습니다. 기본 식탁 세트를 하나 프리팹으로 만들어 놓고 다양한 파생형들을 베리언트로 구성해 놓으면 배치할 때 이렇게 세팅되어 있는 식탁 세트를 불러와서 배치한다면 시간도 절약되고 매번 세트를 꾸미느라 하게 될 단순 반복 작업을 줄일 수 있습니다.

먼저 프리팹으로 만들 오브젝트를 씬(Scene) 뷰나 계층(Hierarchy) 창의 게임 오브젝트를 선택합니다. 프리팹으로 만들 오브젝트는 이미 씬에 배치되어 있거나 프로젝트(Project) 창에서 새로 임포트하거나 생성한 오브젝트일 수 있습니다.

여기에서는 외부 툴에서 만든 3D 오브젝트를 불러와서 프리팹으로 만들어 보며 프리팹의 구성이나 아이콘 등에 대해서 먼저 알아보겠습니다.

■ 외부 툴에서 만든 3D 오브젝트를 불러올 때 'Import New Asset' 메뉴를 이용하여 저장된 fbx파일을 불러오는 방법도 있습니다만 더 간단하게 오브젝트를 유니티로 임포트하는 방법도 있습니다.

■ 단순히 모델이 있는 폴더를 열고 원하는 fbx 오브젝트를 선택하고 프로젝트 창으로 드래그 앤 드롭해서 임포트할 수 있습니다.

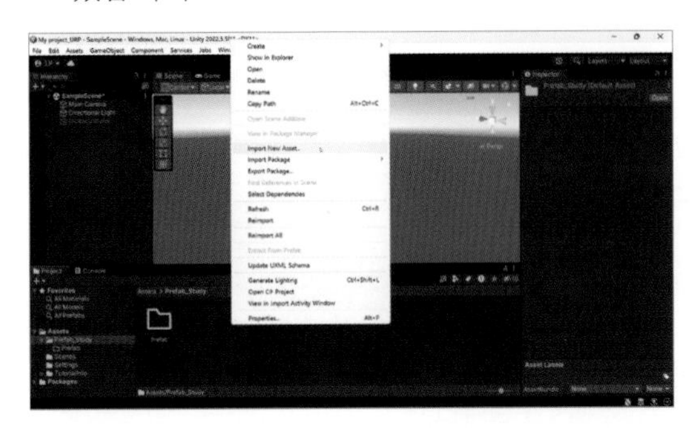

다음 이미지처럼 다양한 머티리얼을 생성해서 각각의 오브젝트에 컵에 적용하고 씬에 배치했습니다.

오브젝트들을 씬에 배치하고 난 후 계층 창을 보면 파란색 박스위에 검은 줄이 있는 한 면이 회색인 프리팹 아이콘을 볼 수 있습니다.

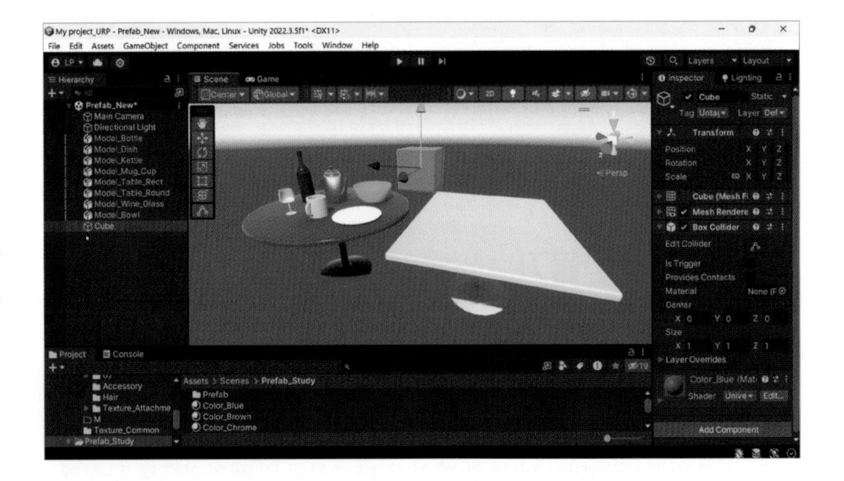

참고로 임포트 된 3D 모델, 프리팹과 프리팹 베리언트는 각기 다른 아이콘을 사용하고 있습니다. 임포트 된 3D 모델은 어떤 상황에서는 프리팹과 유사하게 처리되지만 사실상 같지는 않습니다. 다만 임포트 된 오브젝트도 프리팹으로 사용하기 위해서 앞의 이미지처럼 씬에 배치하고 특별한 조치를 취할 필요는 없습니다.

이런 임포트 된 오브젝트는 엄밀하게 말해서 프리팹은 아니지만 프리팹과 유사한 연결(Link)을 가지고 있습니다. 유니티는 임포트된 메시와 같은 경우에 이렇게 처리하며, 메시를 리임포트(Reimport)하면 (즉, 업데이트하면) 일반적인 프리팹처럼 현재 열려 있는 씬에 있는 해당 메시의 모든 인스턴스도 업데이트됩니다.

그러나 큰 프로젝트의 장기적인 유지보수성을 고려하면, 가져온 메시를 직접 씬에 배치하지 않고 대신 프리팹으로 만들어 사용하고, 실제 메시를 소스 파일로 남겨두는 것이 좋습니다. 이렇게 하면 모델을 편집, 교체 또는 추가할 때 모든 게임 레벨의 기존 인스턴스를 모두 검색하고 교체할 필요 없이 변경 사항이 프로젝트 전체에 자동으로 적용되어 효율적입니다.

	임포트된 메시는 상자 아이콘 위에 검은 줄이 있는 회색 면이 하나 있는 아이콘으로 나타납니다.
	프리팹은 파란색 상자 아이콘만 있는 아이콘입니다.
	프리팹 베리언트는 파란색 상자 아이콘 위에 대각선 줄무늬가 있는 회색 면이 하나 있는 아이콘입니다 (하지만 위쪽에 검은 줄은 없습니다).

이와 대조적으로 유니티에서 3D 오브젝트를 생성해 보면 아이콘의 차이점을 잘 볼 수 있는데 예로 큐브를 하나 생성해서 씬에 배치해 보겠습니다. 다음 이미지에서처럼 계층 창에서 임포트된 모델 아이콘과 자체 생성 3D 오브젝트의 빈 박스 모양의 아이콘과의 차이점을 볼 수 있습니다.

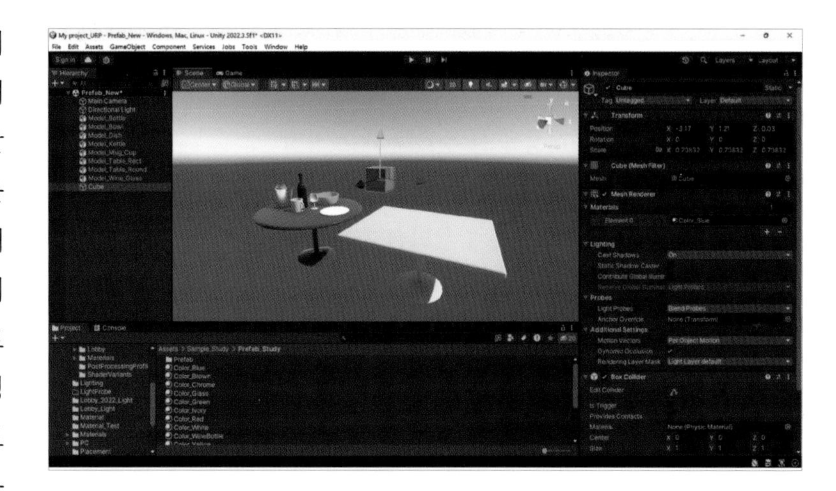

7-2 프리팹 생성 실습

계층 창에서 선택한 오브젝트를 프리팹으로 만들기 위해서는 간단하게 드래그한 오브젝트를 프로젝트 창의 원하는 위치에 드롭하면 프리팹이 생성됩니다. 물론 이 때 알아보기 쉽게 Prefab이라는 이름으로 적당한 폴더를 새로 만들어서 따로 관리하면 더 편리합니다.

필요하다면 프리팹을 생성하고 해당 프리팹 파일의 이름을 설정합니다. 이는 프리팹을 구분하기 쉽도록 하는데 도움이 됩니다.

그리고 한가지 재미있는 사실을 알아보겠습니다. 임포트 된 오브젝트 중 하나와 기본 3D 오브젝트를 선택하고 프리팹으로 만들기 위해서 프로젝트 창으로 드래그 앤 드롭해 보겠습니다.

여기에서는 Model_Bowl과 Cube를 선택하고 프로젝트 창의 빈 폴더로 드래그 했습니다.

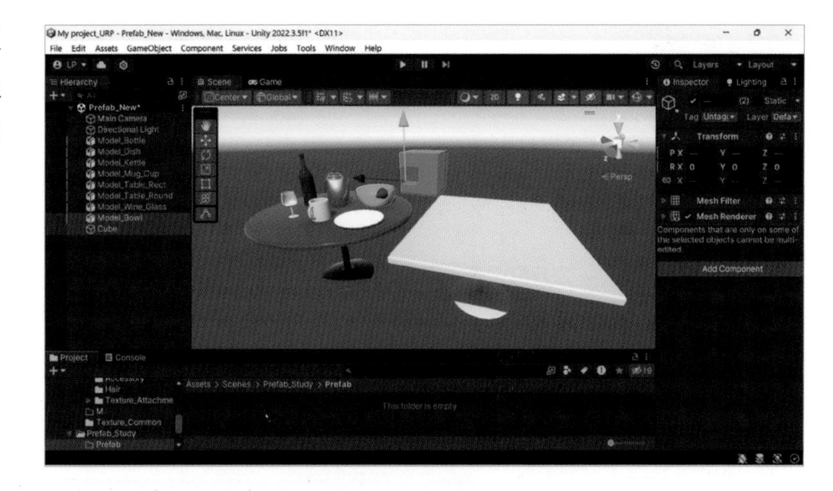

그러면 다음과 같은 대화창을 볼 수 있는데 프리팹과 베리언트를 생성하겠냐는 내용입니다. 즉 기본 3D 오브젝트 Cube는 간단하게 프리팹으로 생성하고, 이미 프리팹인 임포트 된 오브젝트 Model_Bowl은 그 베리언트로 만들겠다는 얘기입니다.

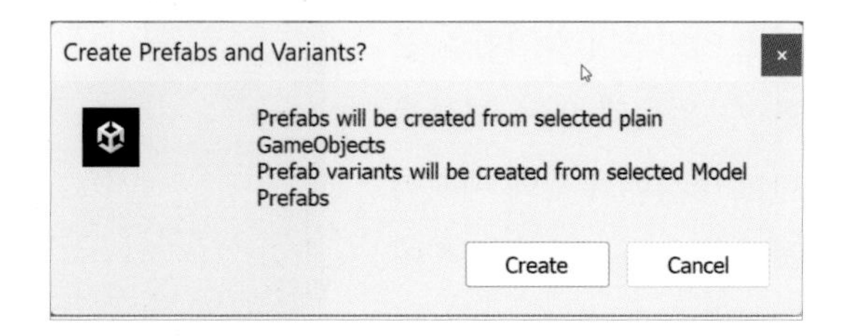

결과적으로 드래그 한 후 계층 창이나 프로젝트 창을 보면 다음 이미지처럼 하나는 프리팹으로 다른 하나는 프리팹 베리언트로 각각 바뀌어 있음을 확인할 수 있습니다.

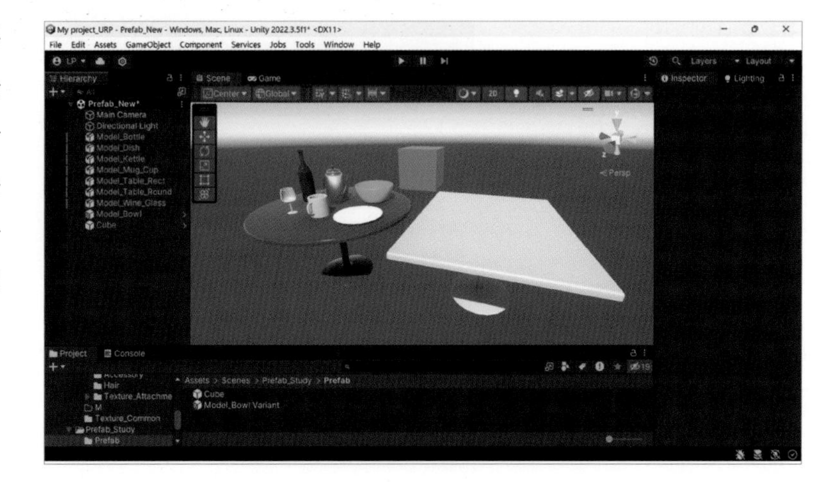

다음 이미지처럼 임포트 된 오브젝트를 선택하고 계층 창에서 우클릭해서 Prefab 〉 Unpack(혹은 Unpack Completely)을 하면 프리팹이 일반 오브젝트로 변환됩니다.

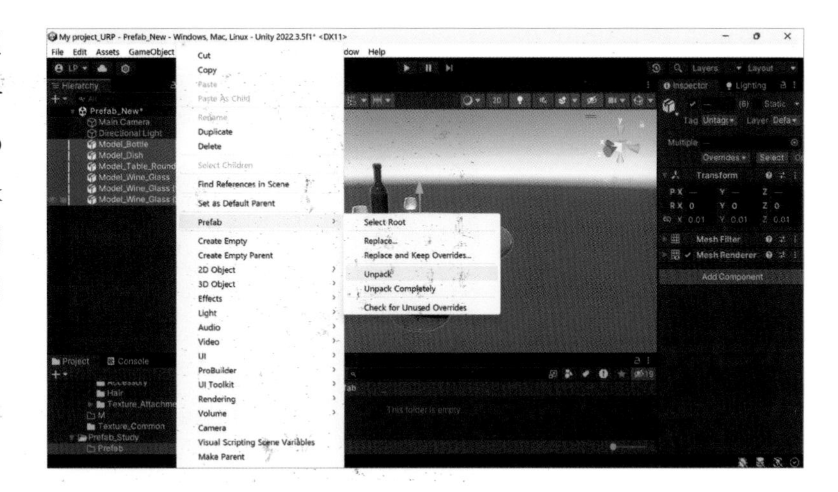

선택된 오브젝트들의 아이콘이 일반 오브젝트 아이콘으로 즉각 변경된 것을 볼 수 있습니다.

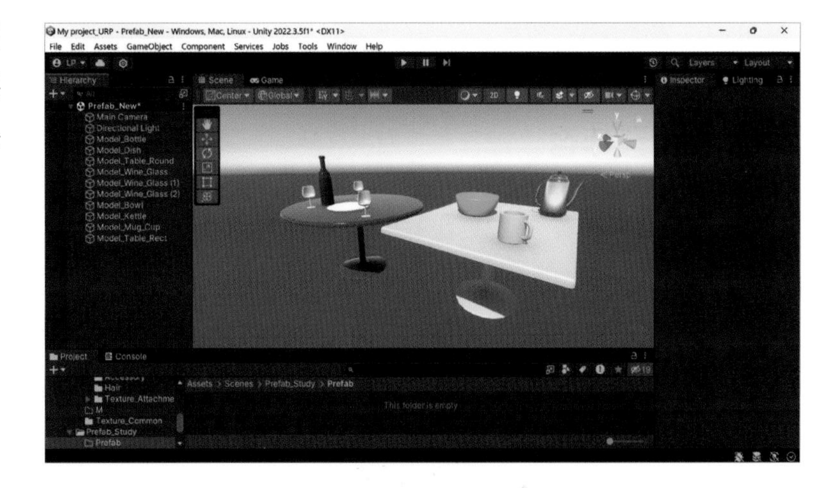

이제 이 프랍들을 가지고 좀 더 실질적인 프리팹을 만들어 보겠습니다. 위의 오브젝트를 이용해서 다양한 식탁 세팅을 만들고 싶을 때 기본 식탁 세팅을 하나 만들어서 이를 프리팹으로 저장하고 다양한 파생형을 베리언트로 저장하는 방법을 이용할 것입니다. 예를 들어서 둥근 테이블 위에 와인 병 하나에 잔 세 개를 올려둔 식탁을 구성하고 싶다면 크게 두가지 방식으로 프리팹을 만들 수 있습니다.

■ 첫 번째는 식탁 위에 와인병, 잔 모두 배치해서 프리팹으로 저장하는 방법입니다.

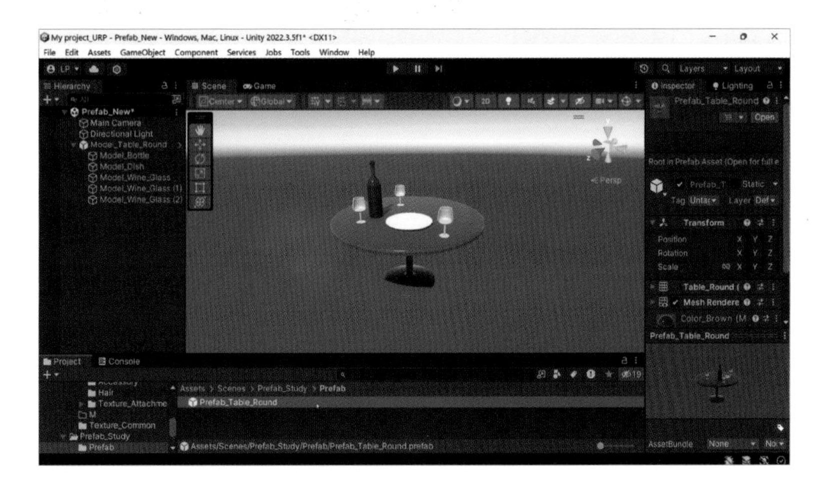

■ 두 번째는 다음 이미지처럼 식탁과 식탁 위 프랍들을 따로 프리팹으로 저장해서 나중에 더 다양한 조합으로 구성하기 쉽게 만들 수도 있습니다. 어떤 구성안이 효율적일지 아티스트가 작업 계획에 맞게 선택하면 됩니다.

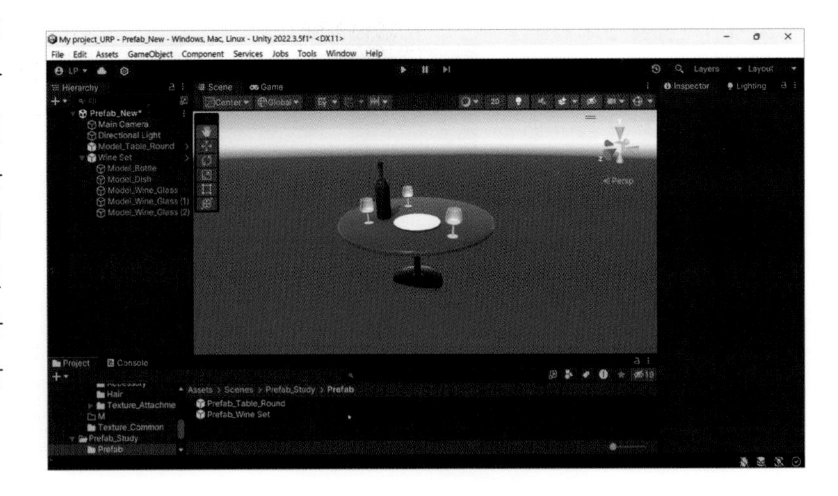

7-3 프리팹 수정

그러면 생성한 프리팹을 수정, 편집하는 방법에 대해서 자세하게 알아보겠습니다.

우선 첫 번째 방법으로 계층 창에서 프리팹을 선택하고 우클릭으로 "Prefab" 탭을 선택하면, 프리팹 모드로 진입합니다. 다음 이미지처럼 2가지 옵션 중에 선택할 수 있습니다. Open Asset in Context(씬 전체 모드에서 수정)와 Open Asset in Isolation(단독 수정 모드)입니다.

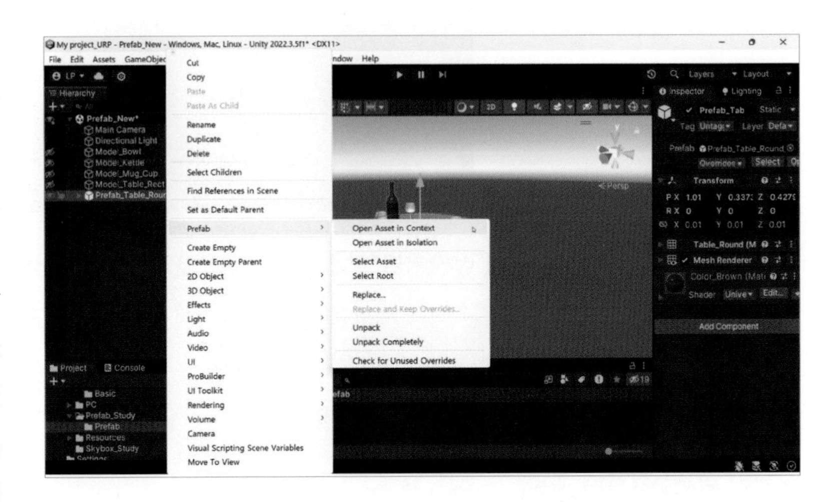

또 다른 방법으로 프로젝트(Project) 창에서 기존의 프리팹 파일을 찾아서 더블 클릭하거나 프리팹 선택 후 인스펙터 창에서 Open 버튼, 혹은 계층창에서 프리팹 오브젝트 이름 옆에 있는 〉를 눌러서 수정모드로 프리팹을 엽니다. 이 방법들의 차이는 단독 수정 창을 여느냐 씬 모드 그대로 해당 프리팹을 수정하느냐의 차이일 뿐이므로 아무 방법이나 편한 방법을 선택하면 됩니다.

다음 이미지는 프리팹의 인스펙터 창에 있는 Open 버튼을 보여줍니다.

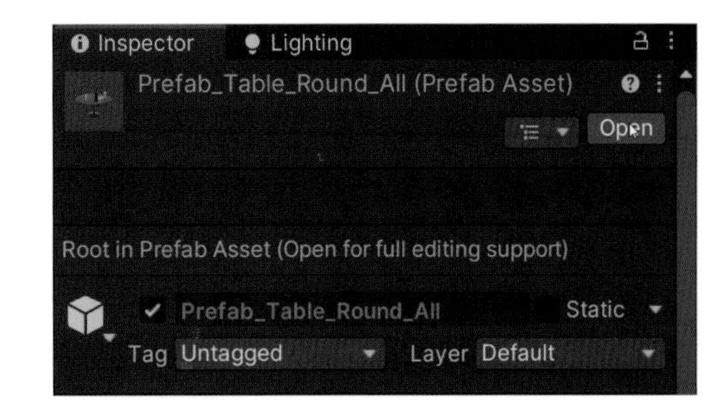

다음 이미지는 계층 창에서 프리팹 파일 이름 옆에 〉를 누르는 방법입니다. 기본은 전체 씬 모드이고 Alt키와 함께 누르면 단독 모드 편집창을 엽니다.

프리팹 모드를 단독으로 시작하면 유니티는 씬 뷰와 계층 창에 해당 프리팹의 콘텐츠를 표시합니다.

그리고 프리팹 모드에서는 씬 뷰의 상단에 이동 경로 바가 표시됩니다. 가장 오른쪽에 있는 엔트리가 현재 열린 프리팹입니다. 이동 경로 바를 사용하여 열어둔 메인 씬이나 기타 프리팹 에셋으로 다시 돌아갈 수 있습니다.

그리고 계층 창의 상단에 표시되는 프리팹 헤더 바의 뒤로 가기 화살표 〈를 사용하여 한 단계 전으로 이동할 수 있습니다. 이는 씬(Scene) 뷰의 이동 경로 바에서 이전 이동 경로를 클릭하는 동작에 해당합니다. 다음은 단독 모드 편집창 예입니다.

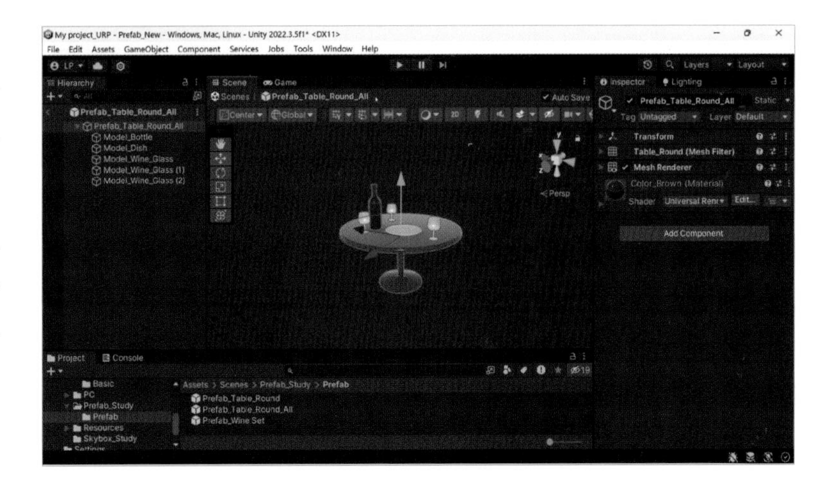

다음 이미지는 전체 씬 모드에서 프리팹을 수정하는 방법입니다.

기본적으로 유니티는 컨텍스트의 시각적 표현을 그레이스케일을 디폴트로 표시하여 편집한 프리팹 콘텐츠와 시각적으로 구분합니다.

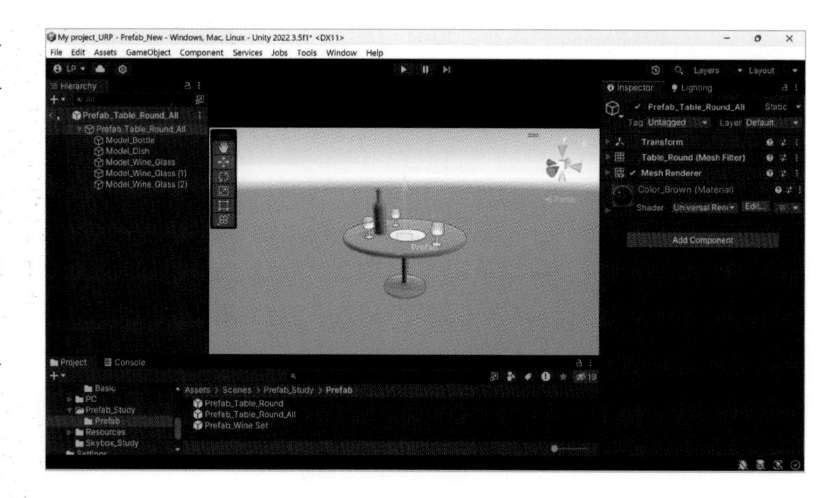

7-4 프리팹 저장

프리팹을 편집한 후에는 변경 사항을 저장해야 하는데 단독 모드에서는 씬 뷰의 오른쪽 상단 모서리에 있는 Auto Save 설정을 활성화하면 자동으로 변경사항이 저장 적용됩니다.

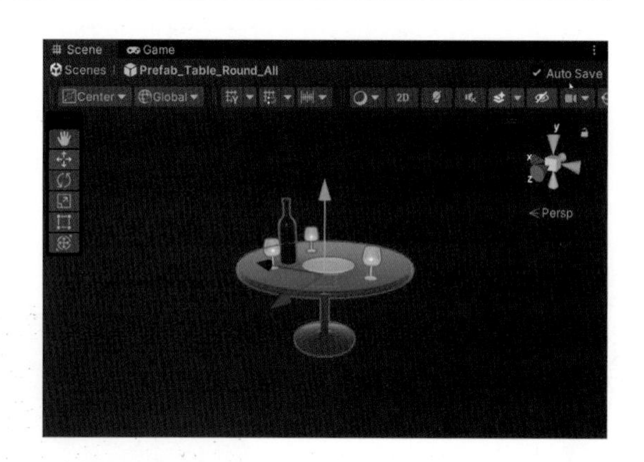

7-5 프리팹 배리언트(Prefab Variant)

프리팹 배리언트(Prefab Variant)는 유니티에서 기존의 프리팹을 기반으로 만들어지며, 기존 프리팹의 속성과 구성 요소를 상속하면서 일부 속성을 수정하거나 추가할 수 있는 기능입니다. 이를 통해 기존의 프리팹과 유사한 오브젝트를 만들고, 해당 오브젝트들 간에 약간의 차이를 두고 싶을 때 사용합니다. 프리팹 배리언트를 사용하는 장점은 다음과 같습니다.

- **유사한 오브젝트 생성**: 기존의 프리팹과 유사한 오브젝트를 효율적으로 생성할 수 있습니다. 프리팹 배리언트를 사용하여 비슷한 유형의 오브젝트들을 일괄적으로 생성하고, 필요한 부분만 변경하여 다양한 종류의 오브젝트를 만들 수 있습니다.

- **효율적인 변경 관리**: 프리팹 배리언트는 기존의 프리팹과 연결되어 있기 때문에, 기존 프리팹을 수정하면 모든 배리언트에도 자동으로 변경 사항이 적용됩니다. 이를 통해 변경 사항의 관리가 효율적으로 이루어집니다.
- **다양한 설정 가능**: 프리팹 배리언트는 기존 프리팹과 상속 관계를 가지기 때문에, 새로운 구성 요소를 추가하거나 기존 요소를 변경함으로써 다양한 설정을 할 수 있습니다.

7-6 프리팹 배리언트 생성

프리팹 배리언트는 여러 가지 방법으로 다른 프리팹에 기반한 프리팹 배리언트를 생성할 수 있습니다.

01 우선 프로젝트(Project) 창에서 프리팹을 우클릭한 후 Create > Prefab Variant를 선택하는 방법이 있지만 간단하게 씬 뷰에서 기존 프리팹을 복제하고 프로젝트 창으로 드래그 앤 드롭하기만 하면 베리언트가 생성됩니다.

식탁 세트를 두 개 복제하여 프로젝트 창으로 드래그하여 베리언트를 만듭니다.

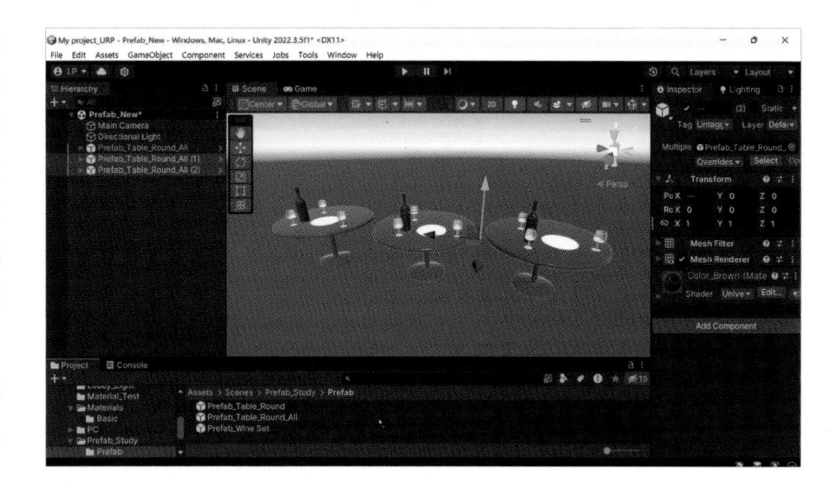

02 이 때 다음 이미지와 같은 옵션 대화창을 볼 수 있습니다. Prefab Variant를 선택하여 베리언트를 생성합니다. 베리언트는 오리지널 프리팹과 항상 계층적으로 연결되어 있어서 오리지널 프리팹에 어떠한 수정을 하게 되면 모든 베리언트에 일괄적으로 변경 사항이 반영됩니다.

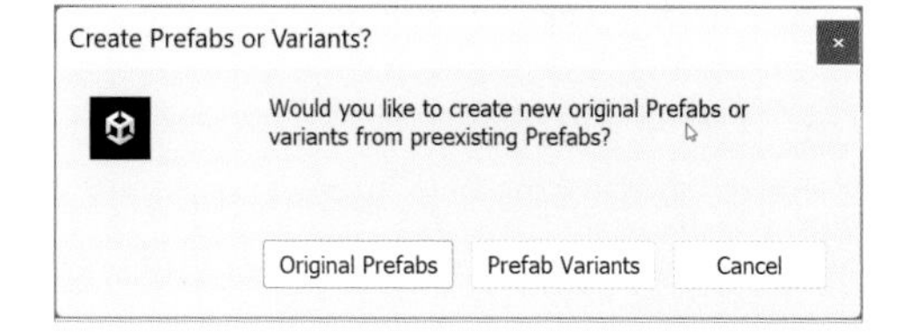

03 유니티는 즉시 계층 창과 프로젝트 창의 해당 베리언트를 업데이트하여 베리언트 아이콘으로 디스플레이 해줍니다.

04 이제 베리언트를 만들었으니 각 베리언트 식탁 위에 놓인 프랍 오브젝트를 하나씩 추가하여 변형 조합으로 만들어 보겠습니다. 다음 이미지처럼 전체 씬 편집 모드에서 두 번째 식탁에는 초록색 그릇을 하나 추가했고 세 번째 식탁에는 노란색 머그컵을 두 개 추가했습니다.

05 만약 오리지널 프리팹에 새로운 오브젝트를 추가하면 계층상 하위인 모든 베리언트에도 변경사항이 즉시 적용됩니다. 여기서는 첫 번째 오리지널 프리팹을 단독 수정 모드에서 식탁위의 와인 변 대신 주전자로 바꿔보겠습니다.

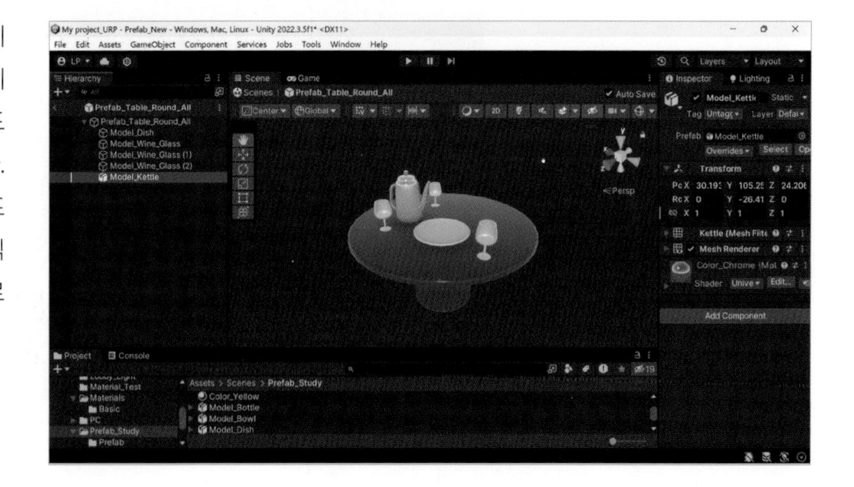

06 즉시 두 번째, 세 번째 베리언트에도 와인 병 대신에 주전자로 대체되었음을 알 수 있습니다. 이런 방법으로 여러 개의 오브젝트들을 하나의 프리팹으로 묶어서 생성하고 필요에 따라 구성 오브젝트를 한번에 변경할 수 있습니다.

이상 프리팹에 수정을 가하면 베리언트들에 어떤 변화가 생기는지 알아보았습니다.

07 그런데 만약 오리지널 프리팹이 아니라 베리언트를 수정하면 어떻게 될까요? 이번엔 두 번째 베리언트 식탁을 단독 수정 모드로 들어가서 와인 병을 하나 추가해 보겠습니다.

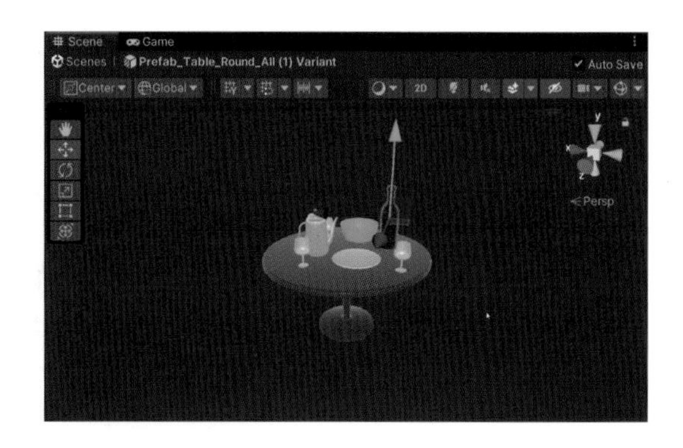

08 오리지널 프리팹과 세 번째 베리언트에는 아무런 영향이 없이 해당 식탁 베리언트만 수정되어 있는 것을 확인할 수 있습니다. 즉, 오리지널 프리팹과 프리팹 베리언트 사이의 관계는 상, 하위 관계의 계층이 있음을 알 수 있습니다.

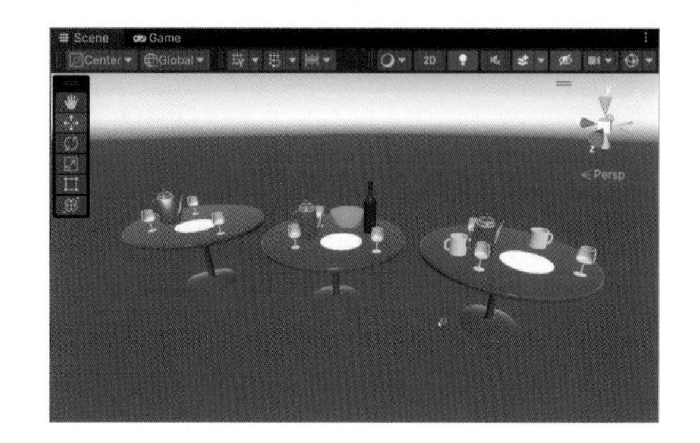

7-7 중첩 프리팹(Nested Prefab)

중첩 프리팹(Nested Prefab)은 유니티에서 프리팹의 기능을 확장하여, 하나의 프리팹 안에 다른 프리팹 인스턴스를 포함할 수 있는 기능입니다. 이를 통해 복잡한 게임 오브젝트들을 구성하고 효율적으로 관리할 수 있습니다.

중첩 프리팹을 사용하면 다음과 같은 장점이 있습니다.

- **논리적 구조화**: 게임 오브젝트들의 구조를 논리적으로 구성할 수 있습니다. 중첩 프리팹을 사용하면 하나의 프리팹 안에 다른 프리팹들을 중첩시켜서 오브젝트들을 모듈화하고 구조화할 수 있습니다.
- **재사용성 증가**: 중첩 프리팹을 사용하여 게임 오브젝트들을 모듈화하면, 해당 모듈을 다른 프로젝트에서 재사용하거나, 동일한 프로젝트의 다른 곳에서 반복해서 사용할 수 있습니다.
- **업데이트 용이성**: 중첩 프리팹 안에 있는 프리팹들을 수정하면, 해당 중첩 프리팹을 사용하는 모든 인스턴스에 변경 사항이 자동으로 적용됩니다. 이를 통해 수정이 용이하며 유지보수가 편리해집니다.
- **프로토타이핑 간소화**: 중첩 프리팹을 사용하면 게임 개발 초기 단계에서 프로토타이핑을 간단하게 진행할 수 있습니다. 각각의 프리팹들을 모듈화하여 빠르게 구성 요소를 테스트하고 조합할 수 있습니다.

중첩 프리팹을 사용하는 방법은 간단합니다. 여기서는 별개의 프리팹으로 생성했던 식탁 프리팹과 와인 병, 와인 잔, 접시 세트 프리팹을 사용하여 부모 자식 관계로 드래그 앤 드롭하여 중첩시킵니다. 이렇게 중첩된 프리팹은 부모 프리팹의 일부가 되며, 필요에 따라 중첩된 프리팹 인스턴스들을 추가하거나 수정할 수 있습니다. 예제에서처럼 식탁은 그대로 두고 식탁 위 내용물을 다양하게 만들어서 중첩 프리팹을 이용하여 다양한 식탁 차림 세팅을 만들 수 있습니다.

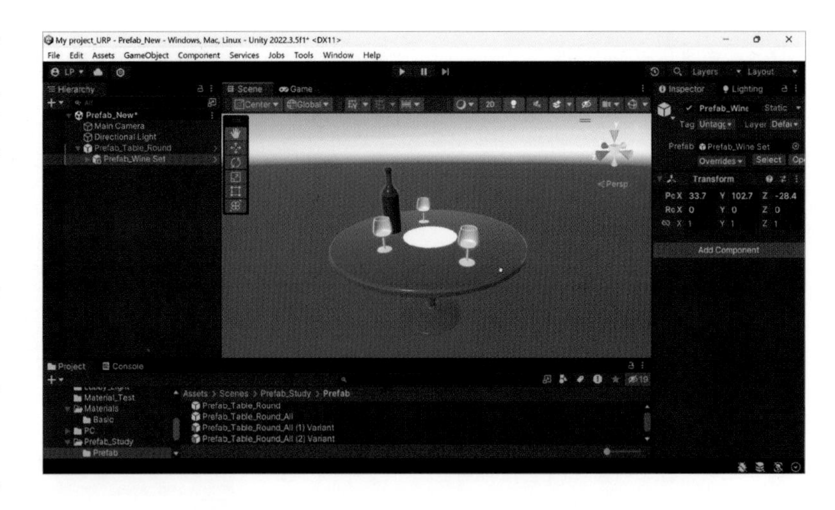

7-8 다중 프리팹 에셋 생성

한번에 여러 프리팹 에셋을 생성하려면 계층(Hierarchy) 창에서 프로젝트(Project) 창으로 게임 오브젝트를 여러 개 드래그합니다. 아직 프리팹이 아닌 게임 오브젝트를 프로젝트(Project) 창으로 여러 개 드래그하면 유니티는 추가 작업 없이 각각에 대해 새로운 원본 프리팹 에셋을 생성합니다. 계층 창에서 기본 3D 오브젝트를 여러 개 생성하였습니다.

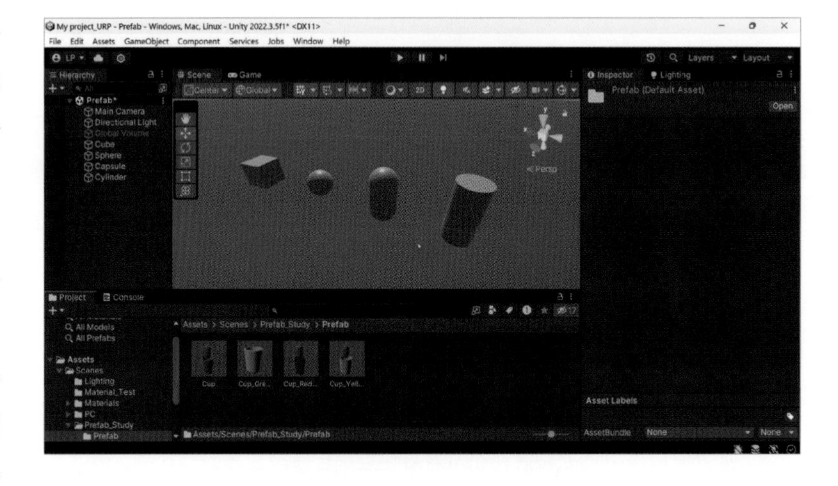

계층 창에서 오브젝트들을 선택하고 프로젝트 창으로 드래그 앤 드롭 해보겠습니다.

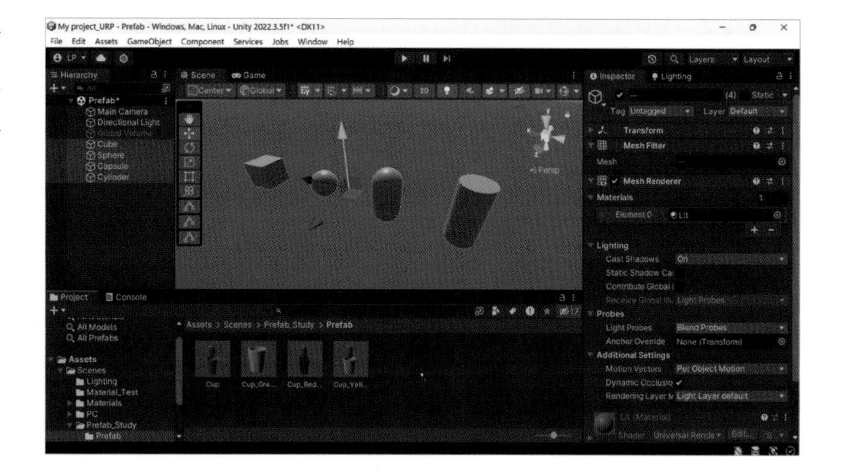

4개의 오브젝트들이 즉시 4개의 프리팹으로 각각 생성되는 것을 알 수 있습니다.

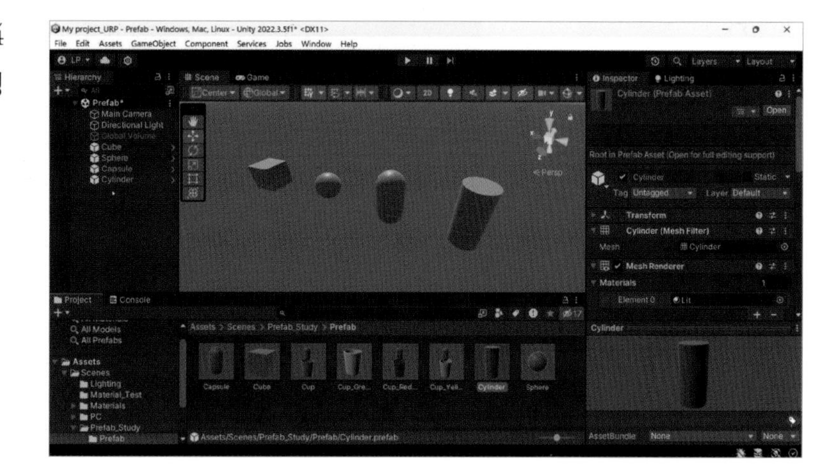

참고로 프로젝트(Project) 창으로 드래그 하는 게임 오브젝트가 기존 프리팹 배리언트인 경우 유니티는 게임 오브젝트에서 새로운 프리팹 에셋을 생성할지 아니면 새로운 배리언트를 생성할지 확인하는 다이얼로그 상자를 표시합니다.

7-9 프리팹 인스턴스 생성

프리팹 인스턴스(prefab instance)는 동일한 객체의 여러 인스턴스를 게임이나 애플리케이션에서 효율적으로 만들고 관리하며 업데이트하는 데 사용되는 프리팹 게임 오브젝트의 복사본입니다.

프리팹과의 개념 차이점을 살펴보면 다음과 같습니다.

- **프리팹(Prefab)**: 프리팹은 유니티에서 생성하고 에셋으로 저장하는 재사용 가능한 게임 오브젝트입니다. 이것은 게임 오브젝트의 템플릿 역할을 하며, 개별 인스턴스를 수동으로 만들지 않고도 프리팹을 사용하여 동일한 속성

및 컴포넌트를 가진 여러 복사본을 만들 수 있습니다.

- **프리팹 인스턴스(Prefab Instance)**: 프리팹을 씬 계층 구조에 끌어다 넣거나 스크립트를 통해 인스턴스화하면 프리팹 인스턴스를 생성합니다. 각 프리팹 인스턴스는 원본 프리팹 에셋에 대한 연결을 유지합니다. 이것은 프리팹 에셋에 변경 사항을 가하면 씬의 모든 인스턴스가 해당 변경 사항을 반영하게 됩니다.

프리팹 인스턴스는 여러 복사본을 효율적으로 생성하고 관리해야 하는 게임 개발에 필수적입니다. 적 캐릭터, 수집 아이템, 총알 및 게임에서 여러 번 나타나야 하는 모든 게임 오브젝트에 사용됩니다.

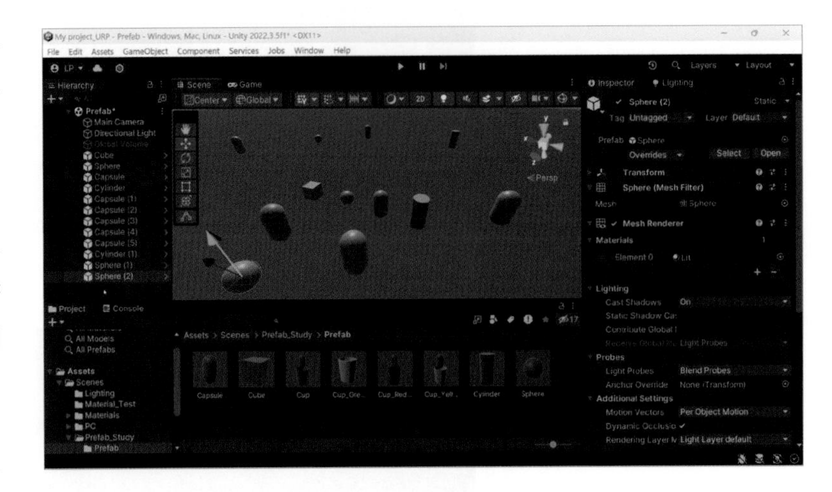

유니티에서 프리팹 인스턴스를 만드는 방법은 다음과 같습니다.

- **프리팹 인스턴스 편집**: 개별 프리팹 인스턴스의 속성 및 컴포넌트를 수정할 수 있습니다. 그러나 모든 인스턴스에 영향을 미치는 변경 사항을 만들려면 원본 프리팹 에셋을 편집하고 해당 변경 사항이 씬의 모든 인스턴스에 전파되도록 할 수 있습니다.
- **프리팹 생성**: 먼저 원하는 모든 컴포넌트와 속성을 가진 게임 오브젝트를 씬에 만듭니다. 그런 다음 계층 창에서 프로젝트 창으로 끌어다 놓아 프리팹으로 저장합니다.
- **프리팹 인스턴스화**: 프로젝트(Project) 창의 프리팹 에셋을 계층(Hierarchy) 창 또는 씬(Scene) 뷰로 드래그하여 에디터에서 프리팹 에셋의 인스턴스를 생성 배치할 수 있습니다.

7-10 기존 프리팹 대체

프리팹을 대체하는 방법은 유니티의 프로젝트 구조와 개발 방식에 따라 다양할 수 있습니다. 중요한 점은 기존의 프리팹과 새로운 프리팹이 동일한 구조와 기능을 가지도록 유의해야 합니다. 변경 사항이 크고 중요한 경우, 기존 프리팹을 백업하고 수정하는 것이 좋을 수도 있습니다. 가장 쉬운 방법으로 계층(Hierarchy) 창에서 새 게임 오브젝트를 프로젝트(Project) 창의 기존 프리팹 에셋 위로 드래그하여 프리팹을 교체할 수 있습니다.

01 새로 3D 큐브 오브젝트를 하나 생성해서 빨간색 머티리얼을 적용하고 계층 창에 있는 이 오브젝트를 프로젝트 창에 있는 기존 프리팹인 캡슐 오브젝트 위로 드래그 앤 드롭 합니다.

02 그러면 유니티는 다음과 같은 메시지를 보여줍니다. 여기서는 기존 캡슐 프리팹을 새로운 빨간색 큐브 오브젝트로 대체를 하기 위해서 Replace Anyway를 선택하겠습니다.

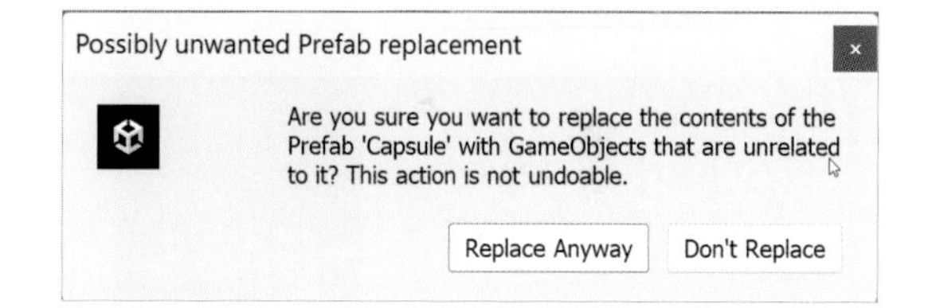

03 기존 씬에 있던 캡슐 프리팹 인스턴스들이 즉시 빨간색 큐브 오브젝트로 대체되는 것을 확인할 수 있습니다.

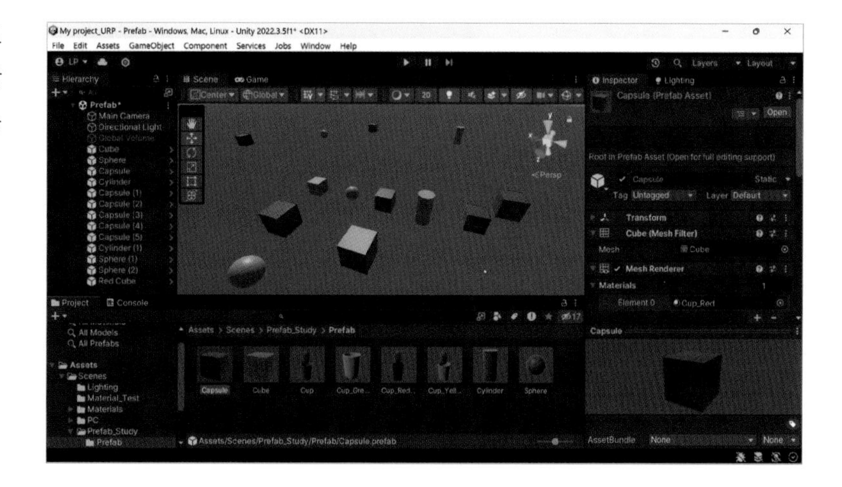

7-11 프리팹 인스턴스 언패킹

프리팹 인스턴스 언패킹(Prefab Instance Unpacking)은 유니티에서 프리팹으로부터 생성된 인스턴스를 해당 인스턴스의 복제가 아닌 독립된 개별 오브젝트로 변환하는 과정을 말합니다. 이는 기존의 프리팹과의 연결을 끊고 인스턴스를 더 이상 프리팹에 의존하지 않는 독립적인 오브젝트로 만드는 것을 의미합니다. 즉, 이 작업은 프리팹을 생성(패킹)하는 작업의 정반대입니다. 단, 프리팹 에셋을 삭제하지 않으며 프리팹 인스턴스에만 영향을 줍니다.

프리팹 인스턴스 언패킹은 다음과 같은 상황에서 유용하게 사용됩니다.

- **개별 오브젝트로 독립화**: 프리팹으로부터 생성된 인스턴스들 중 일부 오브젝트를 개별적인 오브젝트로 만들고 싶을 때 사용합니다. 이를 통해 기존의 프리팹과의 연결을 끊고, 각각의 인스턴스를 독립적으로 수정하거나 관리할 수 있습니다.
- **인스턴스에 대한 개별적인 수정**: 프리팹으로부터 생성된 인스턴스들 중 일부 오브젝트를 개별적으로 수정하고자 할 때 사용됩니다. 인스턴스 언패킹 후에는 해당 오브젝트를 기존의 프리팹과 상관없이 자유롭게 수정할 수 있습니다.

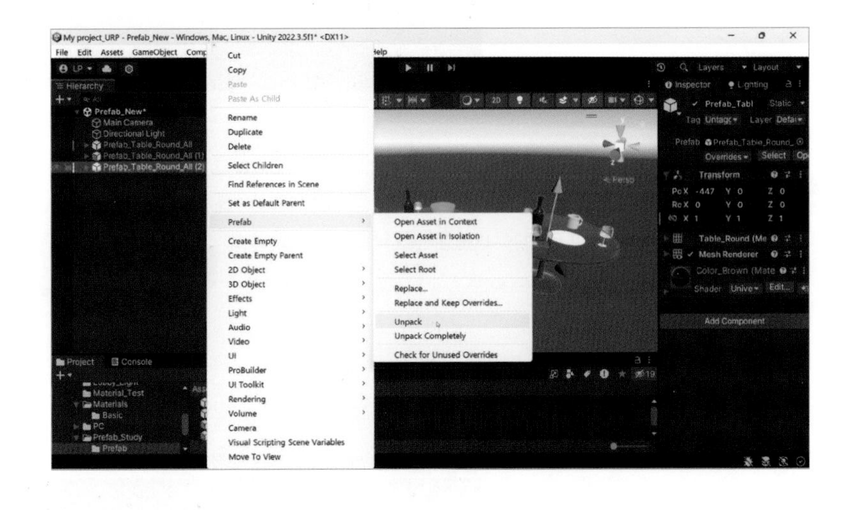

사용 방법은 선택한 인스턴스를 씬 뷰에서 우클릭 한 후, "Unpack" 또는 "Unpack Completely" 옵션을 선택합니다. 선택한 인스턴스가 프리팹으로부터 분리되어 독립적인 게임 오브젝트가 됩니다. 이후 해당 오브젝트를 자유롭게 수정하거나 프리팹과의 연결을 끊어 사용할 수 있습니다.

한 가지 실제 프리팹 생성할 때의 유용한 팁을 알려드리자면 위의 예제에서는 임포트된 오브젝트 상태 그대로 식탁 아래에 다른 프랍들을 배치하면서 부모 자식 관계로 구성한 후 프리팹으로 만들었지만 Empty Object를 하나 만들어서 그 아래에 모든 임포트 된 오브젝트를 묶어서 프리팹으로 생성할 것을 권장합니다. 이렇게 하는 방법이 오리지날 임포트 오브젝트는 유지하면서 다양한 조합의 베리언트를 더 쉽게 만들고 수정 관리할 수 있는 방법입니다.

예를 들면 다음 이미지처럼 식탁과 모든 프랍들이 전부 빈 게임 오브젝트의 같은 레벨의 자식 구성 요소가 되기 때문에 나중에 어떠한 오브젝트를 추가하거나 삭제할 때 편집이 훨씬 용이해집니다.

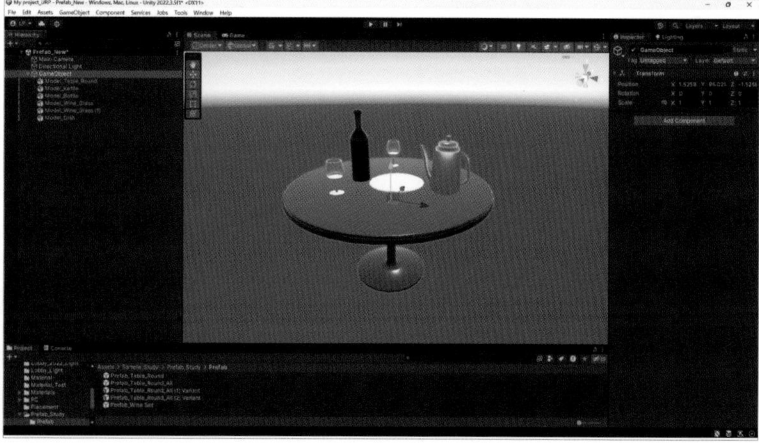

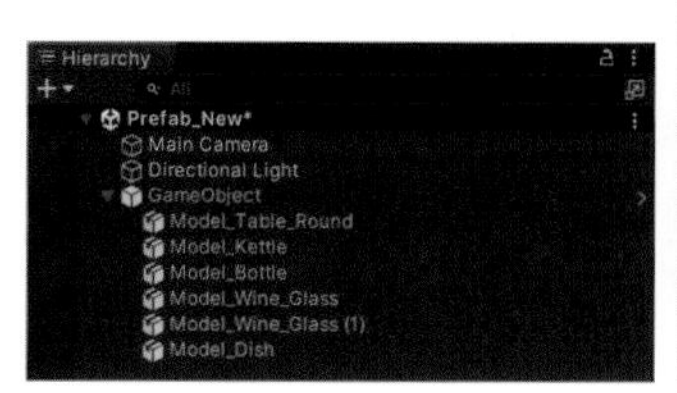

만약 여기에서 네모난 식탁으로 바꾼다든지 베리언트를 만들고자 하면 간단하게 편집 모드에서 원하는 식탁으로 교체하면 됩니다.

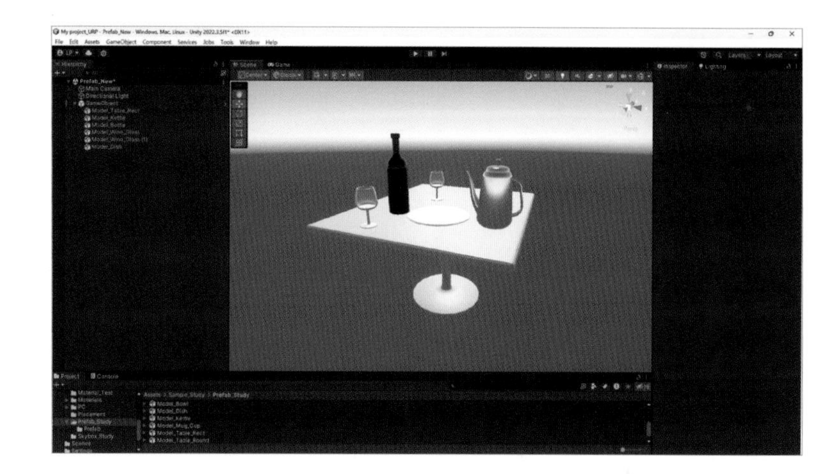

Unity

PART.

06

카메라와 조명

1. 렌더 파이프라인(Render Pipeline)
2. 유니티의 카메라
3. 카메라의 종류와 컴포넌트
4. 씬 뷰와 게임 뷰 카메라 일치화
5. 조명(Lighting)
6. 조명(Lighting)과 카메라
7. 유니티에서 활용할 수 있는 기본 조명
8. 라이팅 창(Lighting Window)
9. 씬 뷰의 Shading Mode 종류
10. 렌더링의 종류(Rendering)
11. Baked Lighting 실습
12. Baked Global Illumination 드로우 모드 종류와 특징
13. Mixed Lighting 실습
14. 리얼타임 라이팅(Real-Time Lighting)과 베이크 라이팅(Baked Lighting) 비교
15. 광원 탐색기 창(The Light Explorer Window)
16. 라이트 프로브(Light Probe)
17. 반사 프로브(Reflection Probe)

렌더 파이프라인 (Render Pipeline)

유니티에서 렌더 파이프라인(Render Pipeline)은 게임 또는 애플리케이션에서 그래픽스를 렌더링하는 과정을 관리하는 시스템입니다. 렌더 파이프라인은 3D 모델, 텍스처, 조명, 효과 등을 결합하여 최종적으로 화면에 그래픽스를 표시하는 역할을 수행합니다.

유니티는 기본적으로 세 가지 주요 렌더 파이프라인을 제공합니다.

첫 번째로는 “빌트인 렌더 파이프라인(Built-in Render Pipeline)"이 있으며, 이는 다양한 플랫폼과 하드웨어에서 동작할 수 있는 유니티의 기본 렌더 파이프라인입니다. 범용으로 사용되는 렌더 파이프라인이므로 커스터마이즈 옵션이 제한적입니다.

두 번째로는 "유니버설 렌더 파이프라인(Universal Render Pipeline: URP)”이 있으며, 이는 쉽고 빠르게 커스터마이즈할 수 있는 스크립터블 렌더 파이프리인으로, 광범위한 플랫폼에서 최적화뒨 그래픽스를 구현하도록 지원합니다.

세 번째는 “고해상도 렌더 파이프라인(High Definition Render Pipeline: HDRP)”은 스크립터블 렌더 파이프라인으로, 고사양 플랫폼을 위한 최신 고해상도 그래픽스를 구현하도록 지원합니다.

렌더 파이프라인은 여러 단계로 구성되어 있습니다. 예를 들어, 주요 단계에는 렌더링 설정, 카메라 설정, 조명 설정, 그리기 호출 등이 있습니다. 각 단계는 그래픽스 처리를 위한 특정 기능을 수행하며, 이러한 단계는 연속적으로 실행되어 최종적인 화면을 구성합니다.

렌더 파이프라인은 개발자가 렌더링 프로세스를 커스터마이즈하고 최적화하는 데 유용한 기능을 제공합니다. 또한, 다양한 효과 및 쉐이더를 적용하여 그래픽스의 시각적인 품질을 향상시킬 수 있습니다. 개발자는 프로젝트 요구 사항에 맞게 알맞은 렌더 파이프라인을 선택하고 구성하여 최적의 결과물을 얻을 수 있습니다.

1-1 Built-in 렌더 파이프라인

Built-in 렌더링 파이프라인은 유니티 3D 엔진의 기본 렌더링 시스템입니다. 이는 가장 기본적인 렌더링 방식으로서, 유니티의 초기 버전부터 사용되었습니다. Built-in 작동 방식은 다음과 같습니다:

- **Fixed Function Pipeline**: Built-in 렌더링 파이프라인은 고정 기능 파이프라인을 사용합니다. 이는 미리 정의된 단계들로 구성되어 있으며, 개발자는 이러한 단계들을 직접 수정하거나 변경할 수 없습니다. 이 파이프라인은 렌더링 단계, 조명, 그림자, 텍스처 매핑 등을 내장된 방식으로 처리합니다.
- **상대적으로 낮은 그래픽 요구사항**: Built-in 렌더링 파이프라인은 상대적으로 낮은 그래픽 요구사항을 가지고 있어 다양한 플랫폼에서 동작할 수 있습니다. 이는 낮은 사양의 하드웨어에서도 작동 가능하며, 이에 따라 게임의 성능을 개선할 수 있습니다.
- **Shader Language**: Built-in 렌더링 파이프라인은 Shader Language를 사용하여 쉐이더를 작성합니다. 개발자는 쉐이더를 사용하여 재질의 렌더링 동작을 정의하고 커스터마이즈할 수 있습니다. 하지만 Shader Language는 상대적으로 복잡하고 배우기 어려울 수 있습니다.
- **제한된 그래픽 기능**: Built-in 렌더링 파이프라인은 최신의 그래픽 기능을 제한적으로 지원합니다. 고급 렌더링 기법이나 시각 효과를 구현하기 어렵거나 제한적으로 지원될 수 있습니다. 따라서 상대적으로 간단한 그래픽 요구사항을 가진 프로젝트에 적합합니다.

Built-in 렌더링 파이프라인은 유니티의 초기 버전부터 사용되어 왔고, 낮은 사양의 하드웨어에서도 동작할 수 있는 간단하고 가벼운 렌더링 시스템입니다. 그러나 최신의 그래픽 효과와 고급 기능을 원하는 프로젝트에는 다른 렌더링 파이프라인을 고려하는 것이 좋습니다.

1-2 URP(Universal Render Pipeline)

URP(Universal Render Pipeline)는 유니티 3D 엔진의 가벼운 렌더링 파이프라인입니다. URP는 다양한 플랫폼과 다양한 그래픽 요구사항을 가진 프로젝트에 적합하도록 설계되었습니다. URP의 작동 방식은 다음과 같습니다:

- **SRP(Scriptable Render Pipeline)**: URP는 SRP(Scriptable Render Pipeline) 아키텍처를 기반으로 합니다. SRP는 렌더링 파이프라인을 스크립트로 커스터마이즈할 수 있게 해줍니다. 이를 통해 개발자는 렌더링 파이프라인의 다양한 단계에 대한 제어를 얻을 수 있습니다.
- **렌더링 기능**: URP는 다양한 렌더링 기능을 제공합니다. PBR(Physically Based Rendering)을 지원하여 현실적인 재질을 만들 수 있고, 스크린 스페이스 레플렉션(SSR), 그로스와 밸리범핑(Growth and Valleys Bump) 등의 기술

을 사용하여 시각적 품질을 향상시킬 수 있습니다.

- **쉐이더 그래프**: URP는 쉐이더 그래프를 사용하여 쉐이더를 시각적으로 만들 수 있는 도구를 제공합니다. 쉐이더 그래프를 사용하면 복잡한 쉐이더를 작성하지 않고도 다양한 시각적 효과를 만들 수 있습니다. 이를 통해 개발자는 렌더링 효과를 쉽게 커스터마이즈할 수 있습니다.
- **VFX 그래프**: URP는 VFX 그래프를 사용하여 파티클 시스템과 비주얼 이펙트를 만들 수 있는 도구를 제공합니다. VFX 그래프는 시각적인 방식으로 파티클 시스템을 디자인하고 조작할 수 있게 해줍니다. 이를 통해 다양한 비주얼 이펙트를 손쉽게 생성할 수 있습니다.
- **스크립팅 커스터마이즈**: URP는 C# 스크립트를 사용하여 렌더링 파이프라인을 커스터마이즈 할 수 있습니다. 개발자는 렌더링 단계, 라이팅, 그림자, 후처리 등을 스크립트로 조작하고 수정할 수 있습니다. 이를 통해 개발자는 자신의 프로젝트에 맞는 독특한 렌더링 효과나 기능을 구현할 수 있습니다.
- **다중 패스 렌더링**: URP는 다중 패스 렌더링을 지원하여 보다 복잡한 시각 효과를 구현할 수 있습니다. 개발자는 여러 개의 패스를 정의하고 각각의 패스에서 다른 머티리얼, 쉐이더, 라이팅 설정 등을 사용할 수 있습니다. 이를 통해 투명도, 반사, 그림자 등의 다양한 시각 효과를 구현할 수 있습니다.
- **성능 최적화**: URP는 가벼운 렌더링 파이프라인이기 때문에 성능 최적화에 중점을 둡니다. URP는 배치 처리, GPU 인스턴싱, 동적 해상도 조정 등의 기능을 제공하여 렌더링 성능을 향상시킵니다. 또한 개발자는 씬의 복잡도나 렌더링 요구사항에 따라 그래픽 퀄리티와 성능 사이의 균형을 조절할 수 있습니다.

하지만 URP에도 몇 가지 제한 사항이 있습니다. URP는 고급 렌더링 효과나 그래픽 기능을 제한적으로 지원하며, HDRP와 비교했을 때 시각적 품질이 상대적으로 낮을 수 있습니다. 따라서 프로젝트의 요구사항과 목표에 따라 URP의 제한 사항을 고려하여 적절한 선택을 해야 합니다.

1-3 HDRP(High Definition Render Pipeline)

HDRP(High Definition Render Pipeline)는 유니티 3D 엔진의 고급 렌더링 파이프라인입니다. HDRP는 현실적인 시각 품질과 고급 그래픽 기능을 제공하기 위해 설계되었습니다. HDRP의 작동 방식은 다음과 같습니다:

- **SRP(Scriptable Render Pipeline)**: HDRP는 SRP(Scriptable Render Pipeline) 아키텍처를 기반으로 합니다. SRP는 렌더링 파이프라인을 스크립트로 커스터마이즈 할 수 있게 해줍니다. 개발자는 렌더링 파이프라인의 다양한 단계에 대한 제어를 얻을 수 있으며, 새로운 기능을 추가하거나 존재하는 기능을 수정할 수 있습니다.
- **PBR(Physically Based Rendering)**: HDRP는 PBR(Physically Based Rendering)을 기반으로 현실적인 재질 표현을 지원합니다. PBR은 물리적인 광원과 재질 속성을 기반으로 빛의 반사, 굴절, 음영 등을 실제와 유사하게 시

뮬레이션합니다. 이를 통해 더욱 현실적인 시각적인 효과를 얻을 수 있습니다.

- **고급 그래픽 기능**: HDRP는 다양한 고급 그래픽 기능을 제공합니다. 이에는 스크린 스페이스 레플렉션(SSR), 볼륨 라이팅(Volume Lighting), 실시간 글로벌 일루미네이션(Real-Time Global Illumination), 그림자 등이 포함됩니다. 이러한 기능들은 시각적인 품질을 향상시키고 현실적인 환경을 구현하는 데 도움을 줍니다.
- **프로파일링과 최적화**: HDRP는 프로파일링과 최적화를 위한 다양한 도구와 기능을 제공합니다. 개발자는 프로파일링 도구를 사용하여 렌더링 성능을 분석하고 병목 현상을 찾을 수 있습니다. 또한 HDRP는 GPU 인스턴싱, 배치 처리, 동적 해상도 조정 등의 기능을 제공하여 렌더링 성능을 향상시킵니다.

HDRP는 유니티 3D 엔진의 다른 파이프라인에 비해 더 많은 기능과 자유도를 제공하지만, 그만큼 사용자는 더 많은 설정과 조정이 필요할 수 있습니다. 또한, HDRP를 사용하기 위해서는 일정한 쉐이더와 머티리얼 작성 능력이 필요할 수 있습니다.

따라서, HDRP를 사용하려는 경우에는 높은 그래픽 품질과 현실적인 시각 효과를 원하는 프로젝트에 적합하며, 높은 사양의 하드웨어와 쉐이더 작성 능력을 가진 개발자의 참여가 필요합니다.

요약하자면, Built-in은 가벼우며 사용하기 쉽지만 그래픽 퀄리티와 렌더링 성능이 제한적입니다. URP는 가볍고 다양한 플랫폼에서 사용할 수 있으며, 그래픽 퀄리티와 성능 사이의 균형을 잘 맞춘 파이프라인입니다. HDRP는 고급 시각 퀄리티와 렌더링 기능을 제공하지만 고사양 하드웨어와 높은 성능을 요구합니다.

따라서, 프로젝트의 요구사항과 목표에 따라서 선택해야 합니다. 만약 저사양 장치에서 실행되는 모바일 게임을 개발한다면 URP가 적합할 수 있습니다. 반면에 현실적인 시각 효과와 고급 렌더링이 필요한 고사양 PC나 콘솔 게임을 개발한다면 HDRP가 적합할 수 있습니다. Built-in은 간단한 프로젝트나 빠른 프로토타이핑에 적합한 선택일 수 있습니다.

각각의 렌더 파이프라인은 장단점을 가지고 있으므로, 프로젝트의 요구사항, 플랫폼, 그래픽 퀄리티, 성능 등을 고려하여 적절한 렌더 파이프라인을 선택하는 것이 중요합니다.

CHAPTER 02

유니티의 카메라

2-1 카메라 개념 이해

카메라는 유니티에서 특정 시점에서 장면을 캡처하고 렌더링하는 데 사용되는 기본 구성 요소입니다. 플레이어가 게임 세계를 보는 창 역할을 합니다. 카메라의 속성과 설정은 장면이 화면에 어떻게 표시되는지를 결정합니다.

▪ 카메라의 가시 영역 정의

카메라의 가시 영역은 카메라의 트랜스폼과 컴포넌트에 의해 정의됩니다. 트랜스폼 포지션은 시점을 정의하고, 전방(Z) 축은 뷰 방향을 정의하고, 위쪽(Y) 축은 화면의 상단 부분을 정의합니다. Camera 컴포넌트 설정은 뷰 안에 들어가는 영역의 크기와 형태를 정의합니다. 파라미터를 설정하면 카메라가 현재 화면에서 "보는" 것을 디스플레이합니다.

유니티에서 카메라에 대해 이해해야 할 몇 가지 중요한 포인트가 있습니다.

- **종류**:
  - **원근 카메라(Perspective Camera)**: 사람의 시각을 모방하여 깊이와 거리를 표현하는 카메라입니다. 대부분의 3D 게임과 애플리케이션에서 사용됩니다.
  - **직교 카메라(Orthographic Camera)**: 원근감 없이 장면을 렌더링하며, 물체가 카메라로부터의 거리에 관계없이 동일한 크기로 표시됩니다. 2D 게임이나 특정 시각적 효과에 주로 사용됩니다.

- 속성
    - **시야각(Field of View, FOV)**: 시야각은 카메라로 보이는 장면의 범위를 결정합니다. 시야각이 넓을수록 장면의 많은 부분이 보이고, 좁을수록 작은 영역에 초점이 맞춰집니다.

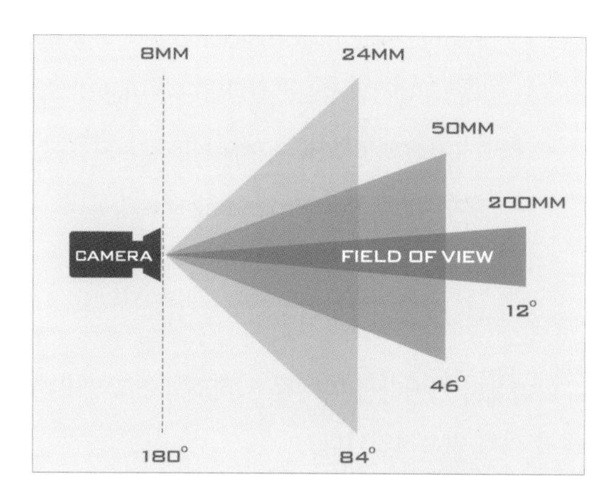

    - **클리핑 평면(Clipping Planes)**: 가까운 클리핑 평면과 먼 클리핑 평면은 렌더링되는 오브젝트의 범위를 정의합니다. 가까운 클리핑 평면(the near clip plane)보다 가까운 물체나 먼 클리핑 평면(the far clip plane)보다 먼 물체는 카메라에 렌더링되지 않습니다.

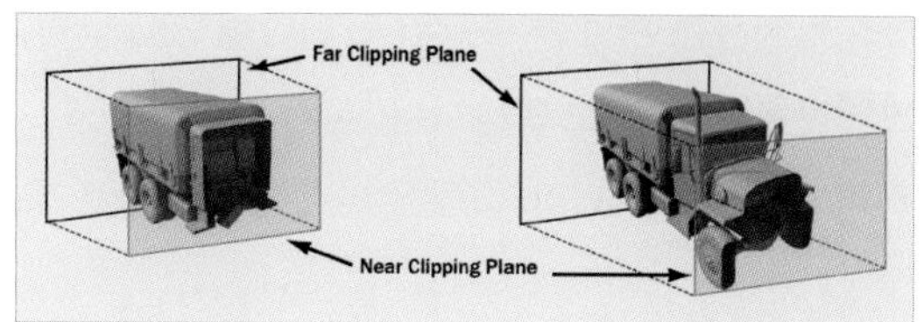

■ **배경 설정(Clear Flags)**

배경에 표시될 내용을 설정하는 플래그로, 단색, 스카이박스 또는 아무것도 표시하지 않는 등 다양한 옵션을 선택할 수 있습니다.

- **이동과 제어**:
    - **Transform 컴포넌트**: 카메라도 다른 게임 오브젝트와 마찬가지로 위치, 회전, 크기를 결정하는 Transform 컴포넌트를 가지고 있습니다.
    - **카메라 제어**: 스크립트를 사용하거나 입력 방식을 통해 카메라의 위치, 회전 등을 게임 중에 변경할 수 있습니다. 이를 통해 카메라를 동적으로 움직이거나 대상 오브젝트를 추적하는 등의 제어가 가능합니다.
- **다중 카메라(Multiple Cameras)**:
    - **다중 카메라 설정**: 유니티는 한 장면에 여러 개의 카메라를 지원하여 다른 시점이나 분할 화면 기능(Split-screen multiplayer)을 구현할 수 있습니다. 각 카메라는 자체적인 설정을 가지고 특정 화면 영역에 렌더링할 수 있습니다.

      기본적으로 카메라는 전체 씬을 커버하도록 뷰를 렌더링하기 때문에 한 번에 하나의 카메라 뷰(depth 프라퍼티 값이 가장 높은 카메라가 보이는 카메라)만 보입니다. 씬에서 다른 뷰를 주기 위해 별도로 작성된 스크립트를 통해서 한 카메라를 비활성화하며, 다른 카메라를 활성화해 한 카메라를 "컷"하고 다른 카메라로 옮겨가는 등의 방식을 사용할 수 있습니다.
  - **카메라 스택(Camera Stacking)**: 카메라를 특정한 순서로 쌓을 수 있으며, 최종 렌더링된 이미지는 스택 내의 모든 카메라의 합성된 결과입니다. 이는 UI 요소의 오버레이, 후처리 효과, 복잡한 렌더링 설정에 유용합니다.
- **카메라 효과와 후처리(Camera Effects and Post-Processing)**:
  - **후처리 스택(Post-Processing Stack)**: 유니티는 카메라의 출력에 다양한 시각적 효과를 적용할 수 있는 후처리 스택을 제공합니다. 이 효과에는 색상 조정, 모션 블러, 피사계 심도(Depth of field) 등이 포함되며, 장면의 전반적인 시각적 품질을 향상시킵니다.

유니티에서 카메라를 이해하고 효과적으로 활용하는 것은 시각적으로 매력적이고 몰입도 있는 경험을 만들기 위해 필수적입니다.

유니티에서는 다양한 종류의 카메라를 제공하며, 또한 게임 오브젝트에 Camera 컴포넌트를 추가하여 카메라를 만들 수도 있습니다. 각각 다른 용도와 기능을 가지고 있는데 앞으로 기본 메인 카메라를 분석하며 유니티 카메라에 대해서 자세하게 알아보겠습니다.

CHAPTER 03

카메라 종류와 컴포넌트

Built-in, URP, HDRP인가에 따라 각 카메라 속성의 이름이나 배치가 상이하지만 각각의 용도나 제어는 유사한 항목들입니다. 여기서는 URP 기준으로 카메라 속성들을 살펴보겠습니다.

3-1 메인 카메라 컴포넌트(URP)

유니티에서의 메인 카메라는 게임 세계를 렌더링하는 주요 시점을 나타내는 특별한 유형의 카메라입니다. 이는 플레이어가 게임 환경을 관찰하는 창구 역할을 합니다.

- **기본 카메라**: 유니티에서 새로운 씬을 생성하면 기본적으로 메인 카메라가 자동으로 추가됩니다. 이 카메라는 씬의 원점(0, 0, 0)에 위치하며 음의 Z축 방향을 향합니다.
- **씬 렌더링**: 메인 카메라는 자신의 시점에서 씬을 렌더링하는 역할을 담당합니다. 이는 카메라의 시야 내의 오브젝트와 그 외관을 포착하고 화면에 표시될 이미지를 생성합니다. 이것이 게임 뷰에서 보게 되는 이미지입니다. 즉, 씬(Scene) 뷰에서 메인 카메라를 움직이지 않는 한 게임 뷰 화면은 고정되어 있습니다. 하지만, 상상가능한 모든 종류의 효과를 얻기 위해 카메라는 커스터마이즈 하거나 스크립팅할 수 있으며 계층 관계를 만들 수도 있습니다.

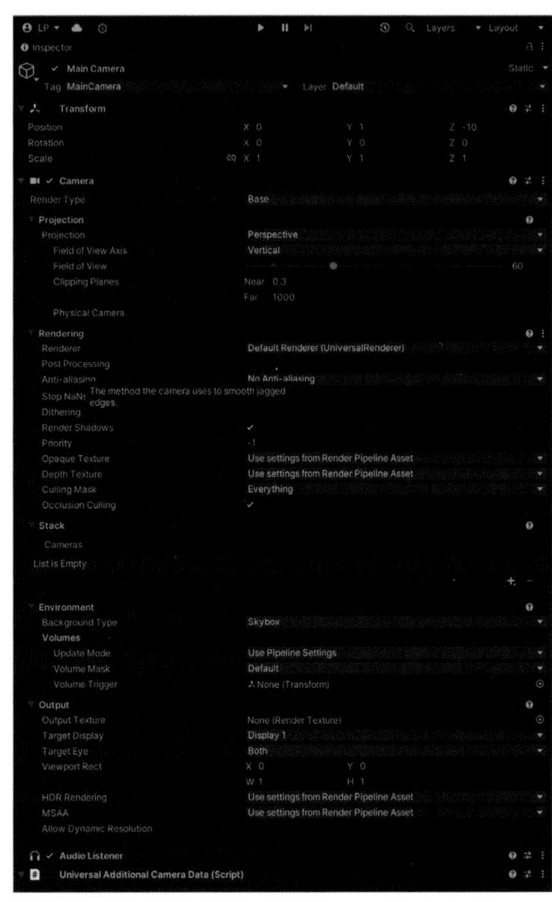

▲ URP 기준 메인 카메라 컴포넌트

퍼즐 게임의 경우 퍼즐 전체 뷰에 카메라를 정적으로 설정할 수 있습니다. FPS 슈팅 게임의 경우 플레이어 캐릭터에 대해 카메라를 부모로 설정하여 캐릭터의 눈높이에 배치하면 됩니다. 레이싱 게임의 경우, 카메라가 플레이어 자동차의 뒤를 따라오도록 할 수도 있습니다.

- **카메라 설정**: 유니티는 메인 카메라의 동작과 속성을 제어하기 위한 다양한 설정을 제공합니다.

3-2 Transform 컴포넌트

카메라도 다른 게임 오브젝트와 마찬가지로 위치, 회전, 크기를 결정하는 Transform 컴포넌트를 가지고 있습니다.

■ 렌더 타입(Render Type)

- **베이스 카메라**

베이스 카메라(Base Camera)는 화면이나 렌더 텍스처(Render Texture)와 같은 렌더 타겟에 렌더링하는 일반적인 목적의 카메라입니다.
URP에서 무언가를 렌더링하려면 적어도 하나의 베이스 카메라가 씬에 있어야 합니다.
씬에는 여러 개의 베이스 카메라가 있을 수 있습니다. 베이스 카메라를 개별적으로 사용하거나 카메라 스택에 사용할 수 있습니다.
씬에 활성화된 베이스 카메라가 있는 경우, Scene 뷰의 카메라 기즈모 옆에 이 아이콘이 표시됩니다.

- **오버레이 카메라**

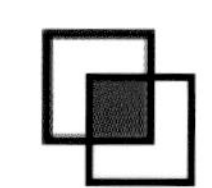

오버레이 카메라(Overlay Camera)는 다른 카메라의 출력 위에 렌더링하는 카메라입니다.
베이스 카메라의 출력물과 하나 이상의 오버레이 카메라의 출력물을 결합할 수 있습니다. 이를 카메라 스택(Camera stacking)이라고 합니다.
오버레이 카메라를 사용하여 2D UI 안에 3D 오브젝트 또는 차량의 조종석과 같은 효과를 생성할 수 있습니다.
오버레이 카메라를 사용하려면 카메라 스택(Camera Stacking) 시스템을 통해 하나 이상의 베이스 카메라와 함께 사용해야 합니다. 오버레이 카메라를 개별적으로 사용할 수는 없습니다. 카메라 스택에 속하지 않은 오버레이 카메라는 렌더링 루프의 단계를 수행하지 않으며 "고아 카메라(orphan Camera)"라고 알려져 있습니다.
씬에 활성화된 오버레이 카메라가 있는 경우 Scene 뷰의 카메라 기즈모 옆에 이 아이콘이 표시됩니다.

3-3 프로젝션(Projection) 컴포넌트

■ 프로젝션(Projection)

카메라의 원근 시뮬레이션 성능을 토글합니다.

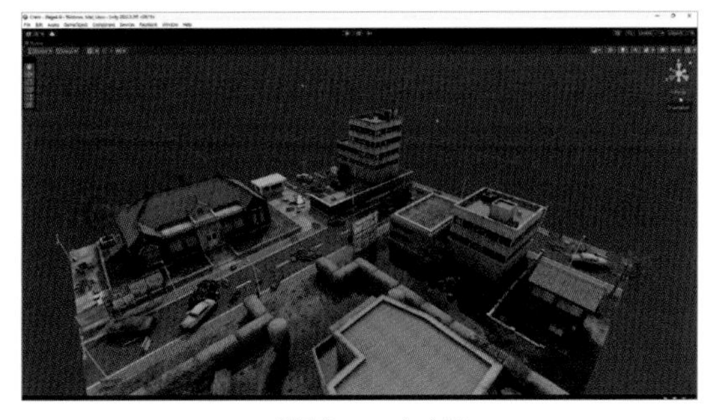

▲원근(Perspective) 뷰

▲직교(Orthographic) 뷰

- **원근(Perspective)**: 카메라가 원근감을 그대로 적용하여 오브젝트를 렌더링합니다.
- **직교(Orthographic)**: 카메라가 원근감 없이 오브젝트를 균일하게 렌더링합니다. 혹은 아이소메트릭(Isometric)으로도 부릅니다

그리고 씬(Scene) 뷰의 씬 기즈모(Scene Gizmo)로도 원근(Perspective) 뷰를 껐다 켤 수 있습니다.

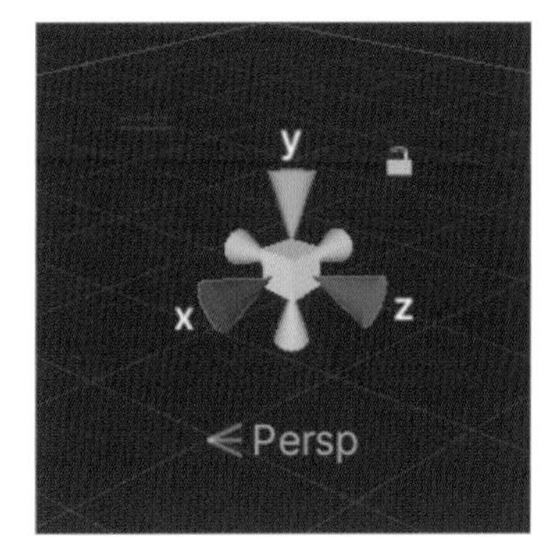

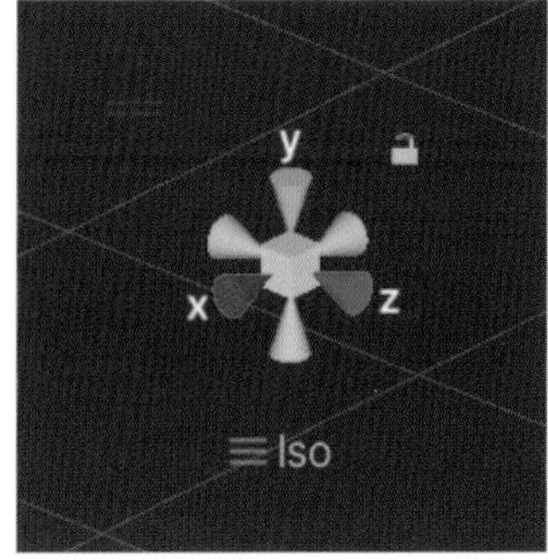

씬 기즈모의 중앙에 있는 큐브나 아래에 있는 텍스트를 클릭하면 씬(Scene) 뷰의 투사 모드가 원근(Perspective) 뷰와 직교(Orthographic) 뷰 간에 전환됩니다.

직교 뷰는 원근이 없으며, X: 빨간색, Y: 녹색, Z: 파란색의 원뿔형 축 암 중 하나를 클릭하여 전면도, 평면도 또는 측면도를 얻는 데 유용합니다.

■ 클립핑 평면(clip planes)

클립핑 평면(clip planes)은 카메라 시야에 포함되는 특정 영역을 정의하는 평면입니다. 이 영역 내의 오브젝트만이 렌더링 되며, 카메라 시야에 포함되지 않은 오브젝트는 렌더링 되지 않습니다. 클립 평면은 카메라의 가시성과 렌더링 성능을 제어하는 데 사용됩니다.

클립 평면은 보통 두 개의 평면으로 구성됩니다.

- **Near 평면**: Near 평면은 카메라에서 가장 가까운 렌더링 영역을 정의합니다. 이 평면 이전에 있는 오브젝트들은 렌더링 되지 않습니다. Near 평면은 화면에 가까운 위치에 위치하며, 일반적으로 0.3m ~ 1m 사이의 거리로 설정됩니다.
- **Far 평면**: Far 평면은 카메라에서 가장 먼 렌더링 영역을 정의합니다. 이 평면 이후에 있는 오브젝트들은 렌더링 되지 않습니다. Far 평면은 화면으로부터 멀리 떨어진 위치에 위치하며, 렌더링 되어야 할 오브젝트들의 최대 거리에 따라 조정됩니다.

클립 평면은 가시성과 렌더링 성능을 최적화하기 위해 사용됩니다. 가까운 평면은 너무 가까이 있는 오브젝트들이 화면을 가리지 않도록 하고, 먼 평면은 너무 멀리 있는 오브젝트들을 렌더링하지 않아 처리 부하를 줄입니다. 이를 통해 게임의 성능을 향상시키고 불필요한 렌더링 작업을 최소화할 수 있습니다.

유니티에서 클립 평면은 카메라 컴포넌트의 속성으로 설정됩니다. Near 평면과 Far 평면은 사용자가 원하는 값을 설정하여 조정할 수 있습니다. 주의할 점은 Near 평면과 Far 평면을 너무 가깝거나 멀리 설정하면 가시성 문세나 Z-페어링 눈제가 발생할 수 있으므로 적절한 값을 선택해야 합니다.

■ 물리적 카메라 사용(Physical camera)

이 체크박스를 선택하면 이 카메라에 대한 Physical Camera 프라퍼티가 활성화됩니다. 카메라 컴포넌트가 실제 세계의 카메라 속성과 동작을 더 정확하게 시뮬레이션할 수 있도록 합니다.

따라서 Physical Camera 기능은 실제 카메라의 특성을 모방하는 다양한 매개변수와 설정을 포함하고 있습니다.

- **초점 거리**: 가상 카메라의 초점 거리를 지정할 수 있으며, 시야각과 원근 왜곡에 영향을 줍니다.
- **조리개**: 조리개 크기를 설정하여 초점 깊이를 제어하고 보케 효과를 모방하여 더 현실적이고 시네마틱한 모습을 만들어냅니다.
- **센서 크기**: Physical Camera는 센서 크기를 정의할 수 있도록 해줍니다. 이는 전반적인 이미지 구성과 원근 왜곡에 영향을 줍니다.
- **ISO 및 셔터 스피드**: 이러한 설정은 실제 카메라의 속성을 모방하여 카메라의 빛 감도와 노출 시간을 조정할 수 있게 해줍니다.

Physical Camera 기능을 사용함으로써 개발자는 Unity 프로젝트에서 더 정확하고 물리적으로 타당한 카메라 효과와 동작을 구현할 수 있습니다. 이는 카메라 속성에 대한 더 큰 제어를 제공하여 더 현실적인 렌더링과 시각적인 스토리텔링을 가능하게 합니다.

3-4 Rendering 컴포넌트

■ Post Processing

씬(Scene) 뷰에서는 포스트 프로세싱 효과를 바로 볼 수 있지만 게임 뷰(메인 카메라인 경우)에서는 이 옵션을 켜줘야 그 효과를 확인할 수 있습니다.

■ Anti-aliasing

드롭다운을 사용하여 이 카메라가 포스트 프로세싱 안티앨리어싱에 사용하는 방식을 선택합니다. 카메라는 여전히 하드웨어 기능인 멀티샘플링 안티앨리어싱(MSAA)을 포스트 프로세싱 안티앨리어싱과 동시에 사용할 수 있습니다.

- **None**: 이 카메라가 MSAA를 처리하지만, 포스트 프로세싱 안티앨리어싱은 처리하지 않습니다.
- **Fast Approximate Anti-aliasing(FXAA)**: 픽셀 수준에서 가장자리를 부드럽게 만듭니다. URP에서 리소스를 가장 적게 소모하는 안티앨리어싱 기술입니다.
- **Subpixel Morphological Anti-aliasing(SMAA)**: 이미지의 경계에서 패턴을 찾은 후 이 패턴에 따라 해당 경계의 픽셀을 블렌딩합니다.

■ Stop NaNs

이 체크박스를 활성화하면 이 카메라가 NaN(Not a Number)인 값을 검은색 픽셀로 교체합니다. 이렇게 하면 특정 효과가 깨지는 것을 막을 수 있지만, 리소스 소모가 큽니다.

"NAN"은 "Not a Number"을 나타내는 특별한 부동 소수점 값입니다. 이 값은 수학적 연산의 정의되지 않거나 표현할 수 없는 결과를 나타냅니다. NAN은 Unity에서 부동 소수점 수와 관련된 잘못된 계산 또는 연산이 발생할 때 발생할 수 있습니다.

NAN이 Unity에서 발생하는 이유는 다음과 같습니다.

- **0으로 나누기**: 0으로 나누는 연산은 NAN을 결과로 생성할 수 있습니다. 예를 들어, 스크립트나 쉐이더에서 숫자를 0으로 나누면 NAN 결과가 생성됩니다.
- **잘못된 계산**: 음수의 제곱근을 취하거나 0의 로그를 취하는 등 일부 수학 연산은 NAN을 생성할 수 있습니다. 이러한 연산은 정의되지 않거나 나타낼 수 없는 것으로 NAN이 출력됩니다.

- **잘못된 데이터 입력**: 잘못된 또는 초기화되지 않은 값을 계산에 전달하면 NAN이 발생할 수 있습니다. 예를 들어, 초기화되지 않은 변수로 계산을 수행하거나 함수에 잘못된 데이터를 전달하면 NAN이 결과로 나타날 수 있습니다.
- **외부 라이브러리 또는 플러그인과의 상호작용**: Unity에서 외부 라이브러리나 플러그인을 사용할 때 부동 소수점 수와 관련된 계산을 수행하는 경우 입력 또는 출력 데이터가 제대로 처리되지 않으면 NAN이 발생할 수 있습니다.

NAN이 발생하면 이후의 계산에 전파되어 스크립트, 쉐이더 또는 물리 시뮬레이션의 동작에 영향을 줄 수 있습니다. NAN의 원인을 식별하고 기본 문제를 해결하는 것이 중요합니다. 이는 입력 데이터의 유효성을 검사하거나 0으로 나누기 경우를 처리하고 잘못된 계산을 확인하거나 변수를 올바르게 초기화하는 등을 포함할 수 있습니다.

■ Dithering

Dithering(디더링)은 적은 색상 또는 낮은 비트 수의 텍스처나 이미지를 사용하여 시각적으로 자연스러운 그라데이션 효과를 생성하는 기술입니다. 이는 색상이나 흑백 영역에서 부드러운 색조 전환을 만들어 내는 데 사용됩니다.

디더링은 다음과 같은 원리로 작동합니다. 낮은 비트 수의 텍스처나 이미지에서는 부드러운 그라데이션을 표현하기 어렵습니다. 대신, 디더링은 픽셀에 임의의 노이즈 패턴이나 패턴화된 텍스처를 적용하여 시각적으로 그라데이션을 흉내내는 방법입니다. 이렇게 함으로써, 더 많은 색상을 사용하는 것처럼 보이는 효과를 만들어낼 수 있습니다.

유니티에서 디더링은 다양한 영역에서 사용될 수 있습니다. 예를 들어, 게임 그래픽에서 텍스처 압축이나 색상 조정과 같은 제약 사항으로 인해 품질이 저하될 수 있습니다. 이때 디더링을 사용하면 텍스처나 이미지의 시각적인 품질을 향상시키고 부드러운 그라데이션 효과를 보다 자연스럽게 표현할 수 있습니다.

■ Priority

카메라의 "Priority" 속성은 여러 개의 카메라가 있는 경우 해당 카메라들이 렌더링되는 순서를 결정합니다. Priority 값이 가장 높은 카메라가 가장 먼저 렌더링되고, 그 다음 Priority 값이 낮은 카메라들이 순차적으로 렌더링됩니다. 렌더링 순서는 장면 내의 오브젝트의 가시성과 겹침에 영향을 줍니다.

카메라 Priority에 대해 이해해야 할 주요 사항은 다음과 같습니다.

- **렌더링 순서**: Priority 값이 높은 카메라가 Priority 값이 낮은 카메라보다 먼저 렌더링됩니다. 따라서 Priority 값이 가장 높은 카메라의 뷰가 먼저 렌더링되며, 이후의 카메라들은 해당 카메라의 출력을 배경으로 사용합니다.
- **겹치는 뷰**: 장면 내에 겹치는 뷰를 가진 여러 카메라가 있는 경우, Priority 값이 가장 높은 카메라가 낮은 Priority 값을 갖는 다른 카메라 위에 자신의 뷰를 렌더링합니다. 이는 UI 오버레이를 생성하거나 메인 카메라 뷰 위에 효과를 표시하는 데 유용합니다.

- **레이어와 가리기 제거**: 카메라 Priority는 오브젝트의 레이어 배치와 가리기 제거의 동작에도 영향을 줄 수 있습니다. Priority 값이 높은 카메라에서 볼 수 있는 오브젝트는 가리기 제거 계산에 고려되며, Priority 값이 낮은 카메라에서만 볼 수 있는 오브젝트는 제외될 수 있습니다. 이는 장면의 렌더링 성능과 최적화에 영향을 줄 수 있습니다.
- **동적 카메라**: 장면에서 동적으로 변경되는 카메라가 있는 경우, 해당 카메라들의 Priority 값을 조정하여 렌더링되는 순서를 제어할 수 있습니다. 이는 게임 플레이 중에 동적인 카메라 전환 또는 다른 시점의 카메라로의 전환을 구현하는 데 유용합니다.

중요한 점은 카메라의 Priority 값만으로 모든 오브젝트의 최종 렌더링 순서가 결정되는 것은 아니라는 것입니다. 개별 오브젝트의 렌더 큐와 정렬 레이어도 해당 카메라의 뷰 내에서 가시성과 렌더링 순서에 영향을 줄 수 있습니다.

■ Opaque Texture

카메라가 렌더링된 뷰의 복사본인 CameraOpaqueTexture를 생성할지 여부를 제어합니다.

- **On**: 카메라가 CameraOpaqueTexture를 생성합니다.
- **Off**: 카메라가 CameraOpaqueTexture를 생성하지 않습니다.
- **Use Pipeline Settings**: 이 설정의 값은 렌더 파이프라인 에셋에서 결정됩니다.

Opaque Texture는 카메라 컴포넌트 내에서 사용되는 중간 렌더 타겟을 가리킵니다. 이는 불투명 오브젝트에 대한 정보를 저장하는 버퍼 역할을 합니다.

프레임을 렌더링할 때, 카메라 컴포넌트는 자신의 시점에서 장면을 캡처하고 처리합니다. 이 과정에서 카메라는 Opaque Texture 또는 G-버퍼라고도 하는 중간 텍스처를 생성합니다. 이 텍스처는 불투명 오브젝트의 각 픽셀 또는 프래그먼트에 대한 다양한 데이터를 저장합니다. 이 데이터는 다음과 같은 정보를 포함합니다.

- **색상**: Opaque Texture는 장면의 불투명 오브젝트의 색상 정보를 저장합니다. 기본 색상뿐만 아니라 반사 또는 발광과 같은 추가 속성도 포함될 수 있습니다.
- **깊이**: Opaque Texture의 깊이 채널은 각 픽셀 또는 프래그먼트가 카메라로부터의 거리를 저장합니다. 이 정보는 피사계 심도(깊이 효과)나 안개와 같은 심도에 기반한 효과에 중요합니다.
- **법선(Normal)**: Opaque Texture는 불투명 오브젝트의 표면 법선 정보도 저장합니다. 법선은 각 픽셀에서 표면이 향하는 방향을 나타내며 조명 계산에 사용됩니다.

Opaque Texture는 주로 Deferred shading 또는 후처리 효과와 같은 고급 렌더링 기술에 활용됩니다. Deferred shading에서 Opaque Texture는 불투명 오브젝트마다 조명 계산을 별도로 누적하기 위해 사용되어 조명 계산의 효율성과 유연성을 향상시킵니다. 환경 효과(ambient occlusion)나 스크린 스페이스

리플렉션(screen-space reflections)과 같은 후처리 효과에서도 Opaque Texture를 활용하여 최종 이미지의 시각적 품질을 향상시키는 데 필요한 데이터에 접근할 수 있습니다.

■ Depth Texture

카메라가 렌더링된 뎁스 값의 복사본인 CameraDepthTexture를 생성할지 여부를 제어합니다.

- **On**: 카메라가 CameraDepthTexture를 생성합니다.
- **Off**: 카메라가 CameraDepthTexture를 생성하지 않습니다.
- **Use Pipeline Settings**: 이 설정의 값은 렌더 파이프라인 에셋에서 결정됩니다.

Depth Texture은 카메라의 시점에서 깊이 정보를 저장하는 렌더 타겟을 가리킵니다. 이는 렌더링 과정에서 카메라 컴포넌트에 의해 생성되는 추가적인 텍스처로, 오브젝트들과 카메라 사이의 거리를 캡처합니다.

Depth Texture는 카메라의 시점에서 볼 수 있는 각 픽셀 또는 프래그먼트의 깊이 값을 포함합니다. 이는 오브젝트들이 카메라의 가까운 클리핑 평면에서 먼 클리핑 평면까지의 거리를 나타냅니다. 깊이 값은 일반적으로 0부터 1까지의 정규화된 값으로 저장되며, 0은 가까운 클리핑 평면을, 1은 먼 클리핑 평면을 나타냅니다.

Depth Texture는 Unity에서 다양한 용도로 사용될 수 있습니다.

- **깊이 기반 효과**: Depth Texture는 깊이 기반의 효과에 중요한 역할을 합니다. 예를 들어, 피사계 심도(depth of field)와 같은 효과는 깊이 정보를 활용하여 초섬 시점으로부터의 거리에 따라 오브젝트들을 흐리게 만듭니다.
- **후처리 효과**: Depth Texture는 후처리 효과인 스크린 스페이스 앰비언트 오클루전(SSAO)과 같은 효과에서 자주 사용됩니다. 이 효과는 깊이 비교를 통해 오브젝트들의 근접성에 따라 영역을 어둡게 만들어 주변 간접 조명 효과를 시뮬레이션합니다.

■ Culling Mask

해당 카메라 시점에서 렌더링되고 보이는 레이어를 결정합니다. 이는 렌더링 대상으로 포함되거나 제외되는 장면의 오브젝트와 요소를 제어합니다.

Culling Mask는 비트 마스크로 표현되며, 각 비트는 장면의 특정 레이어와 대응됩니다. 비트를 활성화 또는 비활성화하여 각 레이어의 오브젝트를 보이게 하거나 렌더링에서 제외할 수 있습니다. Culling Mask에 포함된 레이어는 카메라에 의해 렌더링되며, 제외된 레이어는 렌더링되지 않습니다.

카메라 컴포넌트의 Culling Mask에 대한 주요 사항은 다음과 같습니다.

- **레이어 선택**: Culling Mask를 사용하여 렌더링할 레이어를 선택적으로 포함하거나 제외할 수 있습니다. 비트마스크를 설정함으로써 어떤 레이어가 보이고 렌더링에 참여할지 선택할 수 있습니다.

- **성능 최적화**: Culling Mask는 Unity에서 성능을 최적화하는 중요한 도구입니다. 불필요한 레이어를 렌더링에서 제외함으로써 처리해야 할 오브젝트 수를 줄이고 전체적인 렌더링 성능을 향상시킬 수 있습니다.
- **레이어링과 가리기 제거**: Culling Mask는 가리기 제거에도 영향을 미칩니다. 가리기 제거는 카메라에서 보이지 않는 오브젝트를 제외하는 기술입니다. Culling Mask에서 제외된 레이어의 오브젝트는 가리기 제거 계산에 고려되지 않습니다.
- **카메라와 다중 레이어**: 여러 개의 카메라가 있는 장면에서 각 카메라는 고유한 Culling Mask를 가질 수 있습니다. 이를 통해 각 카메라가 어떤 레이어를 보이고 렌더링할지 독립적으로 제어할 수 있습니다.

Culling Mask 속성은 카메라 컴포넌트의 Inspector 창에서 액세스하고 수정할 수 있습니다. 비트마스크를 조정함으로써 장면의 오브젝트의 가시성과 렌더링을 정밀하게 조정할 수 있습니다.

■ 오클루전 컬링

오클루전 컬링(Occlusion Culling)은 게임 개발에서 사용되는 기술로, 화면에 표시될 요소들 중에서 가려져 보이지 않는 요소들을 식별하여 처리하는 과정을 말합니다. 이를 통해 불필요한 계산과 렌더링을 줄여 게임의 성능을 향상시킬 수 있습니다.

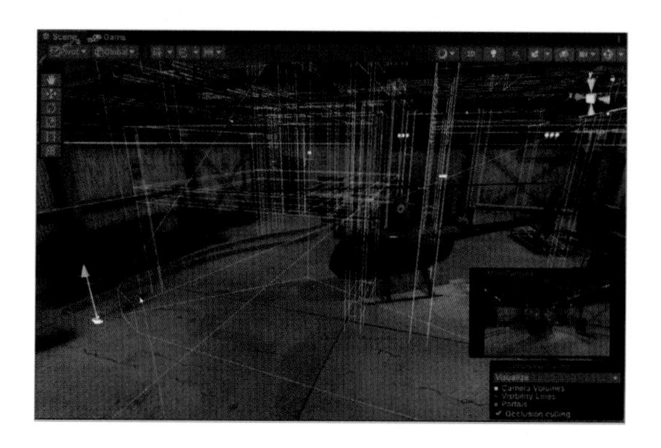

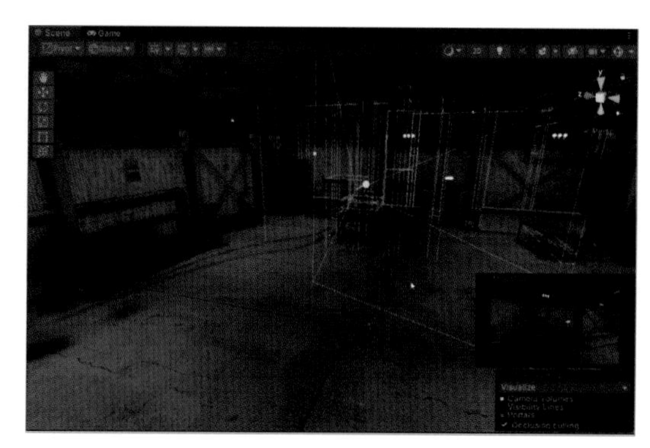

유니티에서 오클루전 컬링은 다음과 같은 단계로 이루어집니다.

- **시야 볼륨 생성**: 카메라의 시야 범위를 기반으로 시야 볼륨(Frustum)을 생성합니다. 시야 볼륨은 화면에 표시될 요소들이 위치하는 공간 영역을 나타냅니다.
- **가시성 계산**: 시야 볼륨 안에 있는 모든 요소들에 대해 가시성을 계산합니다. 이 과정에서 각 요소가 다른 요소들에 의해 가려지는지 확인합니다.
- **오클루전 정보 생성**: 가시성 계산을 통해 얻은 정보를 바탕으로, 각 요소의 오클루전 상태를 결정합니다. 가려져 보이지 않는 요소들은 오클루딩 상태로 표시됩니다.
- **불필요한 계산 및 렌더링 제거**: 오클루딩 상태인 요소들은 불필요한 계산과 렌더링을 제거하여 성능을 개선합니다. 이를 통해 화면에 표시되지 않는 요소들에 대한 처리를 최소화할 수 있습니다.

3-5 Stack 컴포넌트

카메라 스택을 사용하면 여러 카메라의 결과를 서로 합성할 수 있습니다. 카메라 스택은 베이스 카메라와 여러 추가 오버레이 카메라로 구성됩니다. 스택 프라퍼티를 사용하여 오버레이 카메라를 스택에 추가하면 스택에 정의된 순서대로 렌더링됩니다.

■ **Overlay Camera**

01 새 카메라를 하나 생성한 후 이름을 Camera_Overlay_Stack으로 바꿉니다. 그리고 인스펙터 창에서 Render type 필드의 기본값 Base에서 Overlay로 변경합니다.

02 그런 후 메인 카메라 인스펙터 창의 Stack 필드에 '+' 아이콘을 누르면 Overlay 가능한 카메라 리스트에 새로 생성한 Camera_Overlay_Stack이 나타남을 볼 수 있습니다.

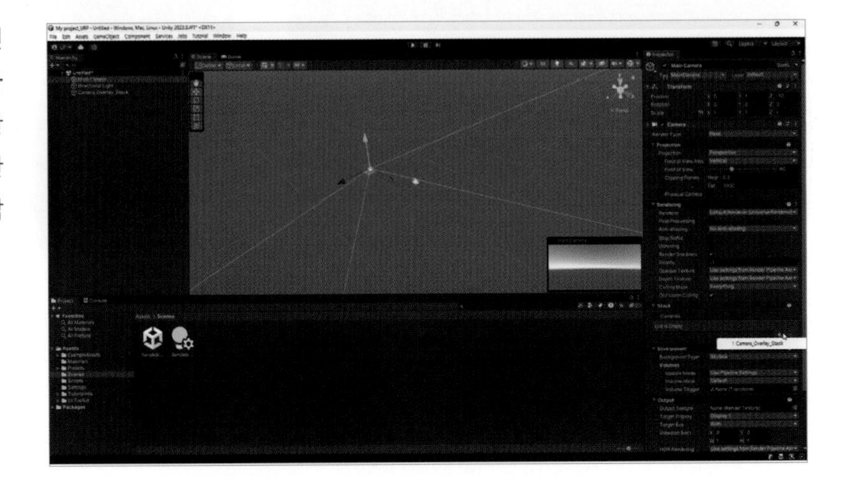

3-6 Environment 컴포넌트

■ **Background type**

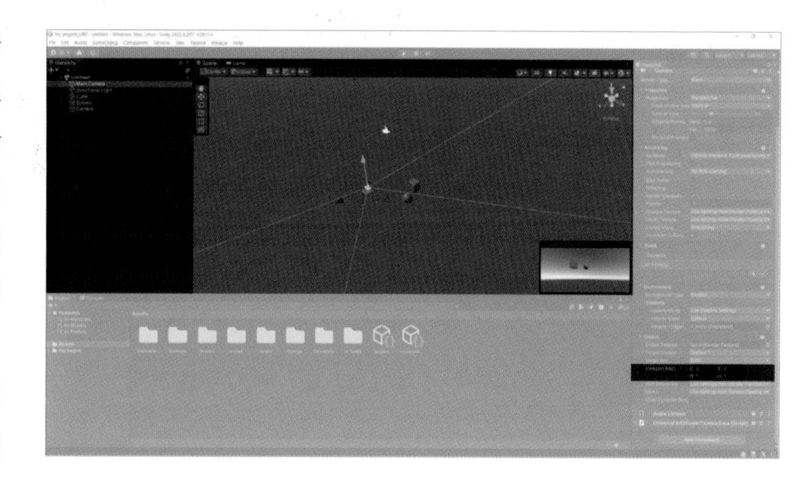

- **Skybox**: 이 옵션은 하늘 또는 먼 환경을 가상으로 생성하기 위해 스카이박스를 배경으로 렌더링합니다. 스카이박스는 씬 전체를 둘러싸는 텍스처가 적용된 큐브입니다.
- **Solid Color**: 이 옵션을 선택하면 배경으로 특정한 색상을 선택하여 화면을 채울 수 있습니다. 일관된 배경색을 원하는 경우 유용합니다.
- **Uninitialized**: 컬러 버퍼를 초기화하지 않습니다. 카메라 또는 카메라 스택이 컬러 버퍼의 모든 픽셀에 그려서 디스플레이에 공백이 없는 경우에만 이 옵션을 선택합니다.

■ **Volumes**

- **Volume Mask**: 드롭다운을 사용하여 어느 볼륨이 이 카메라에 영향을 줄지 정의하는 레이어 마스크를 설정합니다.
- **Volume trigger**: 카메라가 장면 내의 볼륨 트리거에 반응할 수 있는 기능을 의미합니다. 이 볼륨 트리거는 장면 내에서 특정 영역 또는 존을 정의하며, 이 영역은 카메라의 속성이나 동작에 영향을 줄 수 있습니다. 카메라가 볼륨 트리거에 진입하거나 이탈할 때 특정 동작을 트리거하거나 설정을 수정할 수 있습니다. 이러한 동작에는 카메라의 시야각 변경, 후처리 효과 조정, 카메라의 위치나 회전 수정, 특정 카메라 동작 활성화 등이 포함될 수 있습니다.

01 새로 카메라를 하나 생성해서 다음 그림과 같이 화면을 아래로 기울여서 오브젝트를 바라보게 배치했습니다. 그리고 Viewport Rect 값을 기본값 X: 0.5, Y: 0.5, W: 0.5, H: 0.5로 조정했습니다.

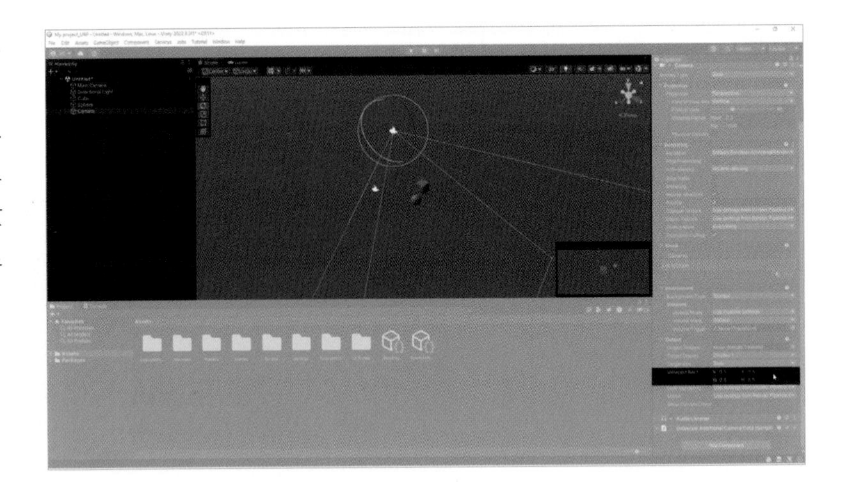

02 게임 뷰로 전환해보면 다음과 같이 새로운 카메라 뷰가 우측 상단에 위치하며 화면 분할 스크린으로 디스플레이 되는 것을 볼 수 있습니다.

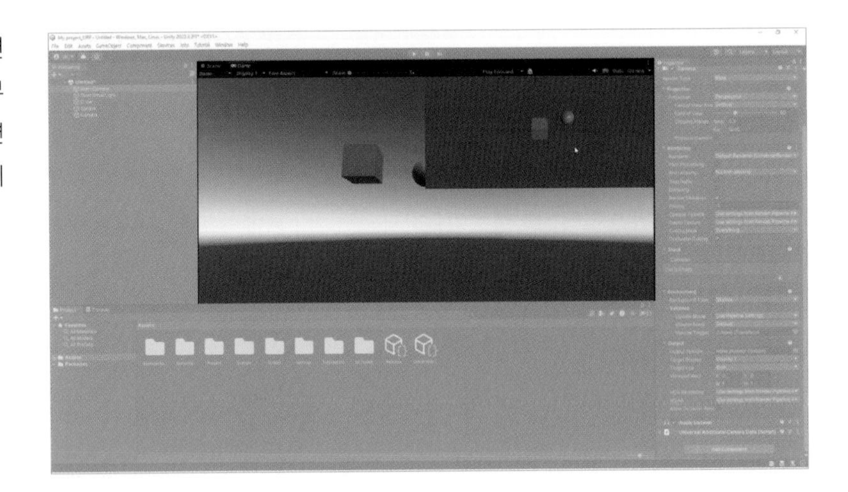

3-7 Output 컴포넌트

■ HDR Rendering

이 카메라에 대해 HDR 렌더링을 활성화합니다.

■ MSAA

이 카메라에 대해 멀티샘플링 안티앨리어싱을 활성화합니다.

■ 다이내믹 해상도(Allow Dynamic Resolution)

다이내믹 해상도(dynamic resolution)는 게임 실행 중에 자동으로 해상도를 조절하여 성능과 품질 사이의 균형을 유지하는 기능입니다. 이 기능을 사용하면 게임이 하드웨어의 성능에 따라 동적으로 해상도를 조정하여 부하를 줄이고 플레이어에게 더 부드러운 경험을 제공할 수 있습니다.

다이내믹 해상도는 다음과 같은 원리로 작동합니다.

- **프레임 속도 모니터링**: 게임 실행 중에 유니티는 프레임 속도를 모니터링합니다. 프레임 속도는 게임이 초당 렌더링하는 화면의 프레임 수를 나타냅니다.
- **성능 분석**: 유니티는 프레임 속도를 분석하여 현재의 하드웨어 성능을 평가합니다. 이를 통해 게임이 얼마나 부드럽게 실행되고 있는지를 파악합니다.
- **해상도 조정**: 성능 분석 결과에 따라 유니티는 다이내믹 해상도를 조정합니다. 프레임 속도가 낮을 경우 해상도를 낮추어 그래픽 처리 부하를 줄이고, 프레임 속도가 높을 경우 해상도를 높여 그래픽 품질을 향상시킵니다.
- **해상도 변환**: 유니티는 계산된 적절한 해상도를 적용하여 게임을 렌더링합니다. 이는 화면 크기나 플레이어의 시야에 따라 동적으로 조정됩니다.

3-8 메인 카메라 컴포넌트(Built-in 렌더 파이프라인)

URP에서의 메인 카메라 컴포넌트과 다른 명칭으로 불리는 주요 속성 부분만 추가 설명하겠습니다.

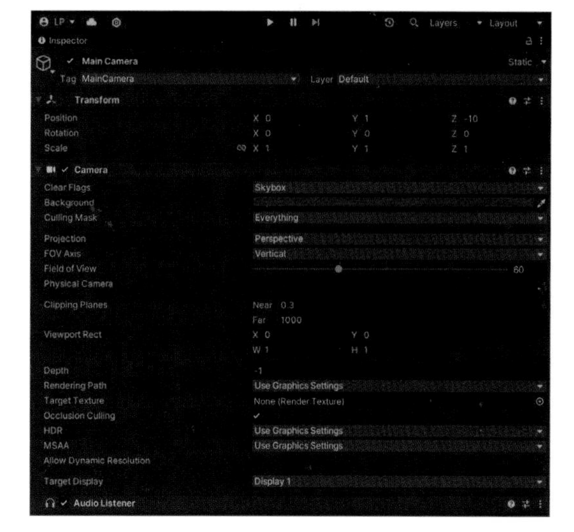

■ 배경 설정(Clear Flags)

유니티에서 카메라의 "Clear Flags" 속성은 해당 카메라가 씬을 렌더링하기 전에 화면을 어떻게 초기화할지를 결정합니다. 이 속성은 씬에서 어떤 오브젝트로도 커버되지 않은 화면의 영역에 어떤 내용을 표시할지를 지정합니다.

각 카메라가 뷰를 렌더링할 때 색상(Color)과 뎁스(Depth) 정보를 저장하는데 드로우 되지 않은 화면 공간은 공백이 되며, 스카이박스를 디폴트로 보여줍니다.

다음은 "Clear Flags" 속성에 대한 다양한 옵션입니다.

- **Skybox**: 이 옵션은 하늘 또는 먼 환경을 가상으로 생성하기 위해 스카이박스를 배경으로 렌더링합니다. 스카이박스는 씬 전체를 둘러싸는 텍스처가 적용된 큐브입니다.
- **Solid Color**: 이 옵션을 선택하면 배경으로 특정한 색상을 선택하여 화면을 채울 수 있습니다. 일관된 배경색을 원하는 경우 유용합니다.

- **Depth Only**: 이 옵션은 화면을 중립적인 깊이 값으로 초기화하여 배경이 비어 보이도록 합니다. 씬에 있는 오브젝트만이 보이며 배경은 투명하게 됩니다.
- **Don't Clear**: 이 옵션은 이전 프레임의 내용을 그대로 유지하면서 초기화하지 않습니다. 연속된 프레임이 이전 프레임과 혼합되는 효과를 만들 때 유용합니다.
- **Don't Clear with Skybox**: 이 옵션은 이전 프레임의 내용을 스카이박스와 함께 혼합하여 초기화하지 않습니다. 씬과 스카이박스가 혼합되는 효과를 만들 때 유용합니다.

"Clear Flags" 옵션의 선택은 원하는 시각적 효과와 씬의 요구 사항에 따라 달라집니다. 이를 통해 렌더링된 이미지의 배경이 어떻게 나타나는지를 제어할 수 있으며 게임의 전반적인 분위기와 미적 요소에 큰 영향을 줄 수 있습니다.

Clear Flags	화면의 어떤 부분을 클리어할지 여부를 결정합니다. 여러 개의 카메라를 사용하여 서로 다른 게임 요소를 드로우 할 때 유용합니다.
Background	뷰의 모든 요소가 그려지고 스카이 박스가 없을 경우 여백 화면에 적용될 색상입니다.
Culling Mask	카메라가 렌더링할 오브젝트의 레이어를 포함하거나 제외합니다. 오브젝트의 레이어를 인스펙터에 할당해야 합니다.
Projection	카메라의 원근 시뮬레이션 성능을 토글합니다. • **원근**(Perspective): 카메라가 원근감을 그대로 적용하여 오브젝트를 렌더링합니다. • **직교**(Orthographic): 카메라가 원근감 없이 오브젝트를 균일하게 렌더링합니다.
FOV Axis(Perspective를 선택한 경우)	시야각(FOV) 축입니다. • Horizontal: 카메라가 수평 시야각(FOV) 축을 사용합니다. • Vertical: 카메라가 수직 시야각(FOV) 축을 사용합니다.
Field of view(Perspective를 선택한 경우)	FOV Axis 드롭다운에 지정된 축을 따라 측정된 카메라의 시야각입니다.
Physical Camera	이 박스를 선택하면 이 카메라에 대한 Physical Camera 프라퍼티가 활성화됩니다.
Clipping Planes	렌더링을 시작 및 중지하기 위한 카메라로부터의 거리입니다. • Near: 드로잉이 수행될 카메라에 상대적으로 가장 가까운 포인트를 나타냅니다. • Far: 드로잉이 수행될 카메라에 상대적으로 가장 먼 포인트를 나타냅니다.
Viewport Rect	카메라 뷰가 드로우될 화면의 위치를 나타내는 네 개의 값을 의미합니다. 뷰포트 좌표로 측정됩니다(0-1 사이의 값) 프라퍼티의 값을 조정하여 화면의 카메라 뷰의 크기를 조절하거나 위치를 이동할 수 있습니다. • X/Y: 카메라 뷰가 드로우 될 수평/수직 포지션 시작점입니다. • W(Width)/H(Height): 화면상 카메라의 출력 너비/출력 높이
Depth	드로우 순서의 카메라 포지션을 의미합니다. 여러 개의 카메라를 생성하여 각각의 카메라에 서로 다른 Depth를 할당할 수 있습니다. 카메라는 낮은 Depth에서 높은 Depth 순으로 드로우 됩니다. 즉, Depth가 2인 카메라는 Depth가 1인 카메라의 위에 덮어쓰듯 드로우 됩니다.

Rendering Path	카메라가 사용할 렌더링 메서드를 정의하는 옵션입니다. 프로젝트에서 사용하는 렌더링 경로는 Project Settings의 Player 설정에서 선택됩니다. • Use Player Settings: 카메라는 플레이어 설정에서 설정한 렌더링 경로를 사용합니다. • Vertex Lit: 카메라가 렌더링한 모든 오브젝트는 버텍스-릿 오브젝트로 렌더링됩니다. • Forward: 모든 오브젝트가 머티리얼당 하나의 패스를 통해 렌더링됩니다.
Target Texture	카메라 뷰의 출력을 담을 Render Texture에 대한 레퍼런스입니다. 이를 통해 스포츠 경기장의 비디오 모니터, 감시 카메라, 반사 등을 만드는 것이 용이해집니다.
Occlusion Culling	오클루전 컬링을 활성화합니다. 오클루전 컬링을 사용하면 다른 오브젝트(예: 벽)에 의해 가려진 오브젝트가 렌더링되지 않습니다.
HDR	HDR 렌더링을 활성화합니다.
MSAA	MSAA(multi-sample anti-aliasing)를 활성화합니다.
Allow Dynamic Resolution	다이내믹 해상도 렌더링을 활성화합니다.
Target Display	어떤 외부 장치를 렌더할 것인지 정의합니다. 값은 1~8 사이의 값

이상 메인 카메라의 각 컴포넌트에 대해서 알아보며 카메라가 어떤 특성을 가지고 어떤 뷰를 제공해줄 수 있는지 살펴보았습니다.

씬 뷰와 게임 뷰 카메라 일치화

만약 실수로 메인 카메라를 지운다면 큰 일이 벌어질까요? 물론 각종 레이어 설정이나 카메라 스택 설정이 되어 있는 상황에서 이런 일이 발생한다면 난처한 경험을 할 수 있지만 일반적으로 에디팅이나 레벨 빌드 작업 중에 디폴트 메인 카메라에 문제가 생기더라도 새로 카메라를 생성하면 됩니다.

01 다음 이미지처럼 씬에 카메라가 없는 상태라 게임 뷰에 아무것도 디스플레이 렌더를 못하고 있는 상황입니다.

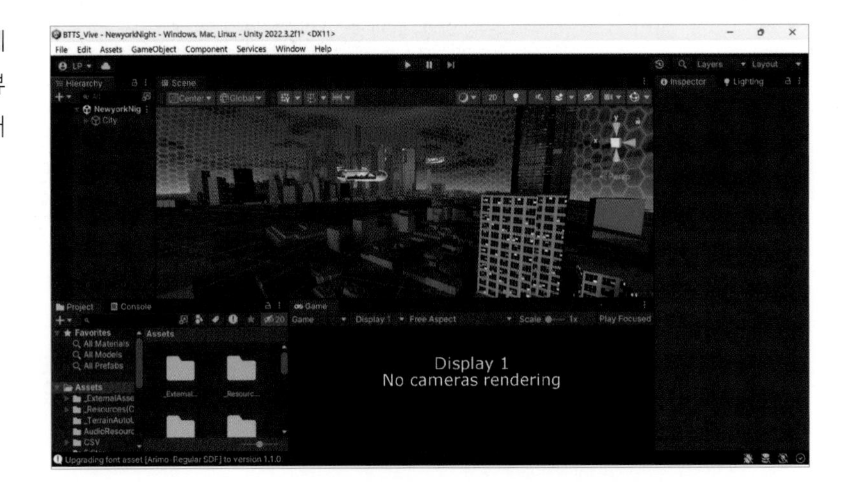

02 이때는 간단하게 계층 창에서 우클릭해서 새로 카메라를 생성시켜주면 됩니다.

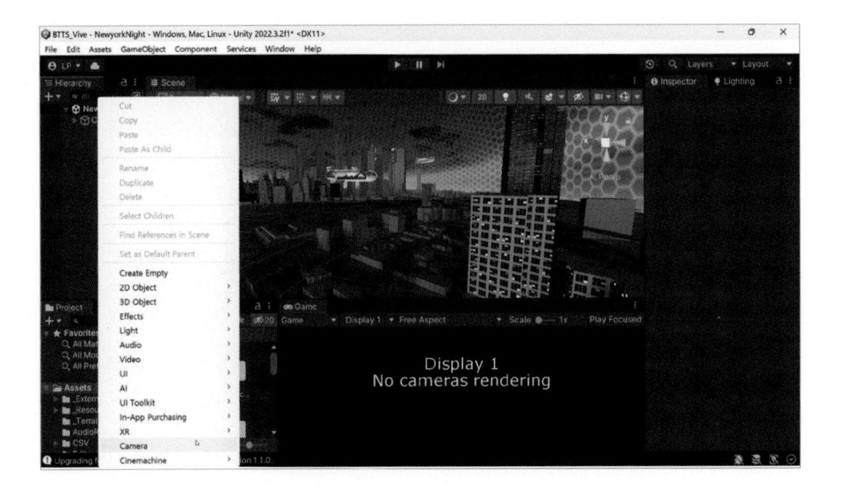

03 이렇게 생성된 일반적인 카메라가 게임 뷰를 렌더 해주는 기본 카메라가 되는 것을 확인할 수 있습니다.

04 다음 이미지에서 전체 씬 중에서 도시의 일부 먼 부분이 잘려서 렌더가 안되는 모습을 볼 수 있습니다. 이 때는 카메라의 Far Clipping Planes 값을 올려줌으로써 문제를 해결할 수 있습니다.

05 더 큰 Far Clipping Planes 값을 사용하여 잘려서 보이지 않던 도시의 먼 부분들도 렌더를 할 수 있습니다.

유니티에서는 씬 뷰를 디스플레이하는 씬 카메라와 게임 뷰를 디스플레이하는 카메라가 별개의 카메라입니다. 즉 씬 뷰에서 보는 뷰 구도와 게임 뷰에서 보는 구도가 서로 다릅니다. 게다가 게임 뷰 디스플레이 카메라는 작은 창을 통해 직접 보면서 이동, 회전 툴 등을 이용하여 카메라 구도를 잡아야 하기 때문에 사용하기 불편합니다. 이 때 씬 뷰 카메라에서 쉽게 구도를 잡은 후 그 구도 그대로 게임 뷰 카메라에 적용하면 훨씬 효율적인 작업이 가능할 것입니다. 이럴 경우에 아주 유용한 기능이 바로 카메라 일치화 기능입니다.

01 카메라를 선택하고 Game Object > Align With View를 선택합니다.

02 다음 이미지처럼 즉시 씬 뷰와 게임 뷰 구도가 같아지는 것을 확인할 수 있습니다.

조명(Lighting)

5-1 유니티의 다양한 조명

유니티에서 조명은 게임의 시각적인 효과와 분위기를 조절하는 데 중요한 역할을 합니다. 조명은 게임 세계에서 빛을 생성하고, 물체에 그림자를 만들며, 재질의 반사와 굴절을 조절하여 현실적인 조명 효과를 구현하는 데 사용됩니다.

유니티에서는 다양한 종류의 조명을 지원하며, 주요 조명 유형은 다음과 같습니다:

- **Directional Light(직사광)**: 직사광은 무한히 멀리 있는 광원으로 모든 방향에서 평행한 광선을 방출합니다. 태양을 모방한 조명으로, 주로 주간 장면의 햇빛을 표현하는 데 사용됩니다.

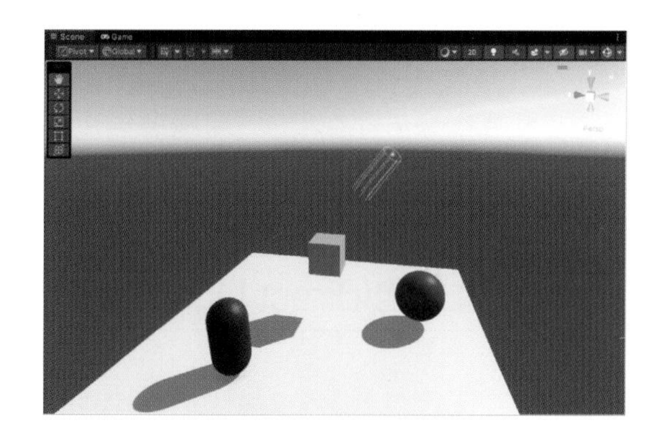

- **Point Light(점광)**: 점광은 한 점에서 모든 방향으로 동일하게 방출되는 광원입니다. 조명의 위치를 중심으로 모든 방향으로 광선이 퍼져 나갑니다. 주로 등불이나 전구와 같이 근처의 물체들을 주변 밝기로 밝히는 데 사용됩니다.

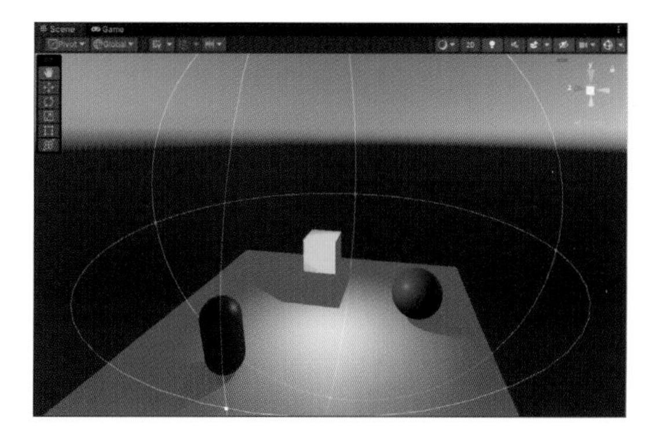

- **Spot Light(스포트라이트)**: 스포트라이트는 특정 지점에서 일직선으로 방출되는 빛으로, 특정 각도와 범위를 가지며 원뿔 모양으로 퍼져 나갑니다. 주로 탐색적인 조명이나 특정 오브젝트에 강조 효과를 주는 데 사용됩니다.

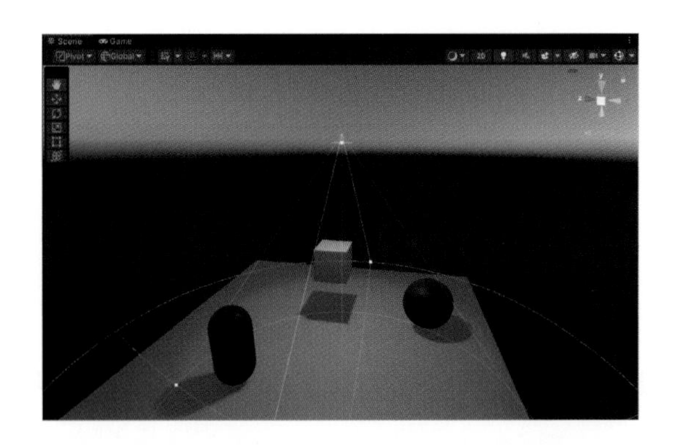

- **Area Light(면광)**: 면광은 평면 또는 형상을 가지며 빛을 발산하는 조명입니다. 주로 창문이나 TV 화면과 같이 평면에 의해 조명되는 데 사용됩니다.

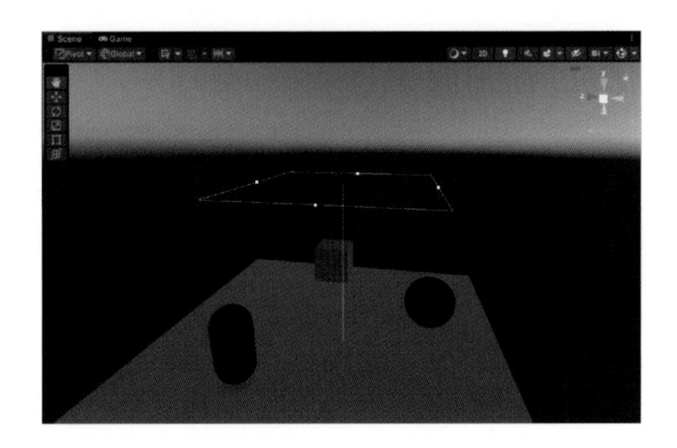

이 외에도 유니티는 다양한 조명 유형을 지원하며, 조명의 위치, 색상, 강도 등을 조정할 수 있습니다. 또한 그림자 효과, 조명의 감쇠, 조명의 영향 범위 등을 설정하여 원하는 시각적 효과를 달성할 수 있습니다.

5-2 직접 조명(Direct Lighting)과 간접 조명(Indirect Lighting)

Unity의 조명은 현실 세계에서 빛이 동작하는 방식을 근사화합니다. Unity는 광원의 동작에 대한 세밀한 모델을 사용하여 더욱 사실적인 결과를 구현하거나, 단순화된 모델을 사용하여 더욱 세련된 결과를 구현합니다.

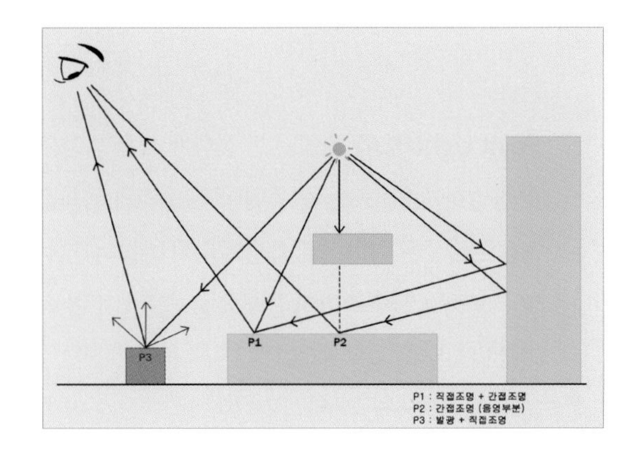

유니티에서 직접 조명(Direct Lighting)과 간접 조명(Indirect Lighting)은 조명의 효과를 다르게 구현하는 두 가지 주요한 개념입니다.

- **직접 조명**: 직접 조명은 조명 소스에서 직접 발생하는 빛에 의해 물체가 조명되는 것을 의미합니다. 직접 조명은 조명 소스에서 나온 빛이 물체에 도달하여 반사되거나 투과되는 과정을 표현합니다. 이는 주로 조명 소스에서 발생한 빛이 물체에 직접적으로 영향을 미치는 경우에 사용됩니다. 직접 조명은 물체에 명확한 그림자를 생성하고,

물체의 표면에 따라 반사되는 빛의 색상, 밝기 등을 제어하여 시각적인 효과를 조정할 수 있습니다.

- **간접 조명**: 간접 조명은 직접 조명에 의해 조명된 물체에서 발생하는 간접적인 빛을 표현합니다. 간접 조명은 물체들 사이의 교차 반사, 표면 투과, 환경 조명 등을 고려하여 빛이 장면 안에서 여러 번 반사되고 퍼지는 과정을 모델링합니다. 이는 주로 장면의 전반적인 조명과 그림자를 부드럽게 만들어주며, 장면 안의 모든 물체에 영향을 미칩니다. 간접 조명은 전역 조명(GI, Global Illumination) 기법을 사용하여 구현됩니다. 유니티에서는 Enlighten, Progressive Lightmapper, Realtime Global Illumination 등의 GI 기법을 제공하여 간접 조명을 구현할 수 있습니다.

직접 조명과 간접 조명을 적절히 조합하면 보다 현실적이고 입체적인 조명 효과를 구현할 수 있습니다. 직접 조명은 물체의 명암과 그림자를 강조하고, 간접 조명은 장면의 조명 전체적인 일관성과 환경적인 조명을 보완하여 보다 자연스러운 시각적 효과를 제공합니다. 게임의 분위기와 시각적인 퀄리티에 따라 적절한 조명 기법을 선택하고 조명 설정을 조정하여 원하는 결과를 얻을 수 있습니다.

5-3 실시간 조명(Real-time Lighting)과 베이크 된 조명(Baked Lighting)

유니티에서는 실시간 조명(Real-time Lighting)과 베이크된 조명(Baked Lighting)이라는 두 가지 주요한 조명 기법을 사용할 수 있습니다. 이 두 기법은 조명의 계산과 적용 방식에서 차이가 있습니다.

- **실시간 조명**: 실시간 조명은 게임 실행 중에 실시간으로 조명을 계산하고 적용하는 기법입니다. 이는 조명 소스의 위치, 방향, 색상 등을 기반으로 조명의 계산을 수행하며, 물체에 대한 그림자, 반사, 굴절 등의 실시간 계산을 통해 시각적인 효과를 생성합니다. 실시간 조명은 게임 세계가 동적으로 변하는 경우에 유용하며, 조명이나 물체의 위치, 방향 등이 자주 변경되는 상황에서 적합합니다. 그러나 실시간 조명은 계산에 많은 리소스를 소모하므로 성능에 영향을 미칠 수 있습니다.
- **베이크 된 조명**: 베이크 된 조명은 조명의 계산과 미리 계산된 조명 데이터를 사용하여 조명을 적용하는 기법입니다. 베이크 된 조명은 사전에 조명 정보를 계산하여 조명맵(Lightmap)이나 광원맵(Light Probe)과 같은 텍스처로 저장한 후, 게임 실행 중에 이를 불러와 물체에 적용합니다. 이렇게 미리 계산된 조명 정보를 사용하므로, 게임 실행 중에 실시간 조명 계산이 필요하지 않아 성능이 향상됩니다. 그러나 베이크 된 조명은 정적인(Static) 물체 또는 장면에 적용되며, 물체나 조명의 위치, 방향 등을 변경할 경우 다시 베이크 해야 합니다. 따라서, 베이크 된 조명은 정적이고 변경되지 않는 장면에 적합합니다.

실시간 조명과 베이크 된 조명은 각각의 장단점과 적용 가능한 상황이 다르므로, 개발자는 게임의 요구 사항과 성능 상황을 고려하여 적절한 조명 기법을 선택해야 합니다. 일반적으로 동적이고 변화하는 장면이나 캐릭터에는 실시간 조명이, 정적이고 변경이 적은 장면이나 배경에는 베이크 된 조명이 적합합니다.

5-4 전역 조명(Global Illumination)

유니티에서 전역 조명(Global Illumination)은 조명이 장면 전체에 영향을 미치는 조명 기법을 의미합니다. 전역 조명은 조명이 한 개체에서 다른 개체로 전파되고 반사되며, 장면 안의 모든 물체에 영향을 미치는 조명 효과를 구현하는 데 사용됩니다. 이는 장면의 조명과 그림자를 자연스럽게 만들고, 간접 조명 효과를 포함하여 보다 현실적인 시각적 품질을 제공합니다.

▲ http://graphics.stanford.edu/~henrik/images/global.html

유니티에서 전역 조명은 다양한 기법을 통해 구현됩니다.

- **Progressive Lightmapper**: Progressive Lightmapper(CPU 또는 GPU)는 유니티의 신규 전역 조명 시스템 중 하나입니다. 이 시스템은 실시간 조명과 베이크된 조명을 혼합한(Mixed) 방식으로 작동합니다. 장면의 정적인 물체에 대해 미리 계산된 조명 정보를 사용하면서, 동적인 물체에 대해서는 실시간 조명을 적용하여 조명의 변화를 반영할 수 있습니다.
- **인라이튼(Enlighten)**: 인라이튼은 유니티의 기본적인 전역 조명 시스템입니다. 인라이튼은 미리 계산된 조명 정보를 사용하여 간접 조명을 구현합니다. 장면의 조명 정보를 미리 계산하여 라이트맵(Lightmap)이나 리플렉션 프로브(Reflection Probe)에 저장한 후, 게임 실행 중에 이를 불러와 조명을 적용합니다. 그러나 인라이튼 베이크된 전역 조명은 사용이 중단되었으며 기본적으로 사용자 인터페이스에서 보이지 않습니다.
- **Realtime Global Illumination(Realtime GI)**: Realtime GI는 인라이튼(Enlighten)을 통해 유니티에서 제공되는 실시간 전역 조명 시스템입니다. Realtime GI는 실시간 조명과 간접 조명을 조합하여 조명의 변화에 실시간으로 대응할 수 있는 기능을 제공합니다. 물체의 위치, 조명의 위치, 빛의 강도 등이 동적으로 변할 때 실시간으로 조명을 계산하여 적용합니다.

전역 조명은 조명이 장면 전체에 영향을 미치는 효과를 구현하기 위해 사용되며, 조명의 반사, 굴절, 그림자 등을 고려하여 자연스러운 시각적 효과를 제공하고 게임의 분위기와 시각적인 퀄리티를 크게 향상시키는 데 기여합니다. 그러나 전역 조명은 계산 비용이 많이 소요되므로, 성능 측면에서 고려해야 합니다.

그리고 모든 유니티 렌더 파이프라인은 공통의 조명 기능을 공유하지만, 각 렌더 파이프라인 사이에는 중요한 차이점도 있습니다.

예를 들어서 다음의 부문에서 유니버설 렌더 파이프라인(URP)은 유니티의 공통 조명 기능과 다릅니다.

Light 컴포넌트 인스펙터가 일부 URP 전용 컨트롤을 표시합니다. Universal Additional Light Data 컴포넌트를 통해 Unity가 URP 전용 광원 데이터를 저장합니다. 인라이튼을 사용하는 실시간 전역 조명은 URP에서 더 이상 지원되지 않습니다.

5-5 광원(Light 혹은 Light Source) 프라퍼티 설정

앞서 언급한 4가지 광원(light)인 Directional, Point Light, Spot Light, Area Light는 프로젝트에서 사용하는 렌더 파이프라인에 따라 광원 인스펙터에 다른 프라퍼티를 표시합니다.

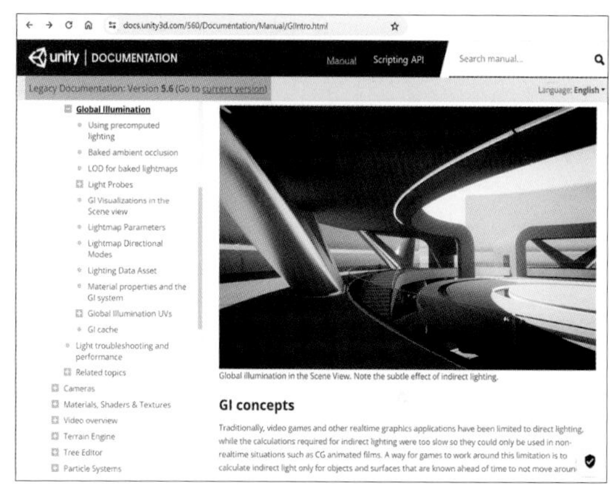

▲ http://docs.unity3d.com/560/Documentation/Manual/GIIntro.html

앞서 언급한 4가지 광원(light)인 Directional, Point Light, Spot Light, Area Light는 프로젝트에서 사용하는 렌더 파이프라인에 따라 광원 인스펙터에 다른 프라퍼티를 표시합니다. 프로젝트가 유니티 기본의 빌트인 렌더 파이프라인을 사용하는 경우 유니티는 다음 프라퍼티를 표시합니다.

■ 광원 설정

프로퍼티	기능
Type	현재 광원의 타입입니다. 가능한 타입은 Directional, Point, Spot, Area(사각형 광원 또는 디스크 광원)입니다.
Range	오브젝트의 중앙에서 방사되는 광원이 얼마나 멀리까지 나아가는지 설정합니다.(Point 및 Spot 광원에만 해당)
Spot Angle	스폿 광원의 원점에서 원뿔 모양의 광원 각도를 도 단위로 설정합니다.(Spot 광원에만 해당)
Color	컬러 피커를 사용하여 자체 광원의 컬러를 설정합니다.
Mode	광원 모드를 지정합니다. 가능한 모드는 Realtime, Mixed, Baked입니다.
Intensity	광원의 밝기를 설정합니다. Directional 광원의 기본값은 0.5입니다. Point, Spot, Area(사각형 또는 디스크) 광원의 기본값은 1입니다.
Indirect Multiplier	이 값을 사용하여 간접광의 강도를 다양하게 설정할 수 있습니다. Indirect Multiplier를 1보다 낮은 값으로 설정하면 반사광이 반사될 때마다 점점 어두워집니다. 1보다 높은 값으로 설정하면 반사될 때마다 빛이 더 밝아집니다.

■ 쉐도우(Shadow)

프로퍼티	기능
Shadow Type	이 광원이 하드 쉐도우를 드리우는지, 소프트 쉐도우를 드리우는지, 아니면 그림자를 전혀 드리우지 않는지 결정합니다. Hard Shadows를 사용하면 가장자리가 날카로운 그림자가 생성됩니다. 하드 쉐도우는 Soft Shadows에 비해 사실적이지 않지만 처리가 적고 다양한 용도에서 사용할 수 있습니다. 또한 소프트 쉐도우를 사용하면 쉐도우 맵에서 픽셀화된 거친 앨리어싱 효과가 감소합니다.
Baked Shadow Angle	Mode를 Baked 또는 Mixed로 설정하고, Type을 Directional로 설정하고, Shadow Type을 Soft Shadows로 설정하면 이 프라퍼티는 그림자의 가장자리를 인위적으로 부드럽게 하는 효과를 추가하여 그림자를 더 자연스럽게 표현합니다.
Baked Shadow Radius	Mode를 Baked 또는 Mixed로 설정하고, Type을 Point 또는 Spot으로 설정하고, Shadow Type을 Soft Shadows로 설정하면 이 프라퍼티는 그림자의 가장자리를 인위적으로 부드럽게 하는 효과를 추가하여 그림자를 더 자연스럽게 표현합니다.
Realtime Shadows	Mode를 Realtime 또는 Mixed로 설정하고, Shadow Type을 Hard Shadows 또는 Soft Shadows로 설정했을 때 사용할 수 있습니다.
Strength	슬라이더를 사용하여 광원이 드리우는 그림자의 어두운 정도를 설정합니다. 0과 1 사이의 값으로 나타냅니다. 기본값은 1입니다.
Resolution	쉐도우맵 렌더링 해상도를 설정합니다. 해상도가 높을수록 그림자가 더 정확해지지만 GPU 시간과 메모리를 더 많이 사용합니다.
Bias	슬라이더를 사용하여 그림자가 빛으로부터 멀리 밀려나가는 거리를 제어합니다. 이 값은 0부터 2 사이의 값으로 정의됩니다. 이 값은 기본적으로 0.05로 설정됩니다.
Normal Bias	슬라이더를 사용하여 그림자를 드리우는 표면이 표면 노멀을 따라 축소되는 거리를 설정합니다. 0과 3 사이의 값으로 설정합니다. 자체 그림자가 잘못 만들어지는 결함을 방지하는 데 유용합니다. 기본값은 0.4입니다.
Near Plane	슬라이더를 사용하여 그림자를 렌더링할 때의 전방 절단면(near clip plane) 값을 설정합니다. 0.1과 10 사이의 값으로 설정합니다. 이 값은 광원의 Range 프라퍼티의 0.1 단위 또는 1% 중 더 낮은 값으로 고정됩니다. 기본값은 0.2입니다.

■ 추가 설정

프로퍼티	기능
Cookie	그림자가 주어진 텍스처 마스크를 통해 투사되도록 지정합니다.(윤곽을 만들거나 광원에 패턴을 만들기 위해)
Draw Halo	체크박스를 선택하면 지름이 Range 값과 같은 광원의 구형 헤일로를 그릴 수 있습니다. 혹은 Halo 컴포넌트를 사용할 수도 있습니다. Halo 컴포넌트는 Light 컴포넌트의 헤일로와 함께 추가로 그려지고, Halo 컴포넌트의 Size 파라미터에 따라 헤일로의 지름이 아닌 반지름이 결정됩니다.
Flare	광원의 위치에 렌더링할 플레어를 설정하려면 이 필드에서 플레어의 소스로 사용할 에셋을 선택합니다.
Render Mode	선택된 광원의 렌더링 우선 순위를 설정합니다. 조명 정확도 및 성능에 영향을 미칠 수 있습니다. • **Auto**: 인접한 광원의 밝기와 현재 품질 설정에 따라 런타임 시점의 렌더링 방법이 결정됩니다. • **Important**: 광원을 항상 픽셀당 품질(per-pixel quality)로 렌더링합니다. • **Not Important**: 광원이 항상 더 빠른 버텍스/오브젝트 광원 모드로 렌더링됩니다.
Culling Mask	선별적으로 사용하여 오브젝트 그룹을 광원의 영향에서 제외할 수 있습니다.

5-6 쿠키(Cookie)란?

유니티에서의 Cookie 변수는 조명 효과를 구현하는 데 사용되는 기술적인 요소입니다. 조명 쿠키(Light Cookie)라고도 불리며, 조명의 광선이 통과하는 시스템을 통해 특정 패턴이나 이미지를 투영하여 원하는 시각적 효과를 만들어냅니다. 예를 들어, 창문을 통한 햇빛의 패턴, 가로등에서 나오는 특정 모양의 그림자 등을 조명 쿠키를 통해 구현할 수 있습니다. 이를 통해 게임의 시각적인 퀄리티와 독특한 분위기를 조성할 수 있습니다.

유니티에서는 조명 쿠키를 사용하기 위해 다음과 같은 단계를 거칩니다.

- **쿠키 텍스처 생성**: 원하는 패턴이나 이미지를 포함하는 텍스처를 생성합니다. 이 텍스처는 조명 쿠키로 사용될 것입니다.
- **조명 쿠키 설정**: 조명 소스의 쿠키 속성을 설정하여 쿠키 텍스처를 할당합니다. 이를 통해 해당 조명의 광선에 쿠키 효과가 적용됩니다.
- **투영 및 효과 확인**: 게임 실행 중에 쿠키 효과가 적용된 조명을 확인합니다. 조명의 투영된 그림자 또는 투영된 이미지를 통해 시각적인 변화를 확인할 수 있습니다.

5-7 발광(Emissive) 머티리얼(materials)

발광 머티리얼(Emissive materials)은 면 광원처럼 전체 표면 영역에서 빛을 발산합니다. 면 광원(Area Light)은 인라이튼 실시간 전역 조명에서 지원되지 않지만, 발광 머리티얼을 사용하여 유사한 부드러운 조명 효과를 실시간으로 구현할 수 있습니다.

유니티에서 Emissive 재질을 생성하려면 다음 단계를 따릅니다.

- **재질 생성**: 유니티의 머티리얼을 생성하고 Emissive 속성을 설정합니다. Emission의 기본 설정 값은 0입니다. 이 설정에서는 할당된 오브젝트에서 광원이 발산되지 않습니다.
- **Emission 컬러 설정**: Emissive 재질의 발광 효과를 담당하는 Emission 컬러를 설정합니다. 이 컬러는 물체가 발광할 색상을 나타냅니다.
- **Intensity(강도) 설정**: 발광 효과의 강도를 조절하는 Intensity 값을 설정합니다. 이 값을 높일수록 발광 효과가 강해지고, 낮출수록 효과가 약해집니다. 발광 머티리얼의 범위 값은 없지만, 방사된 광원은 다른 머티리얼과 마찬가지로 기하급수적(quadratic rate)으로 약해집니다. 방사된 광원은 인스펙터에서 'Static' 또는 'Lightmap Static'으

로 표시된 오브젝트만 비춥니다. 하지만 이미션이 0보다 큰 머티리얼은 씬 조명에 기여하지 않는 경우에도 화면에서 계속 밝게 글로우하는 것처럼 보입니다. 이런 자체 발광 머티리얼은 네온이나 기타 가시광선 광원 같은 효과를 만드는 유용한 방법입니다.

- **Emission Map 사용**: Emissive 재질에는 Emission Map을 사용하여 텍스처에 따라 발광 효과를 적용할 수도 있습니다. 이를 통해 텍스처의 일부 또는 전체에 발광 효과를 적용할 수 있습니다.

Emissive 재질을 사용하면 게임에서 독특하고 화려한 빛 효과를 구현할 수 있습니다. 예를 들어, 마법 효과와 같은 물체의 발광 효과를 만들 수 있습니다. 발광 머티리얼은 씬의 정적 지오메트리에 직접 영향을 미칩니다. 그러나 캐릭터처럼 동적인 지오메트리가 필요한 경우 발광 머리티얼에서 나오는 광원을 받으려면 라이트 프로브를 사용해야 합니다.

5-8 주변광(Environment 혹은 Ambient light)

유니티에서 Environment Light(주변 조명 또는 디퓨즈 환경광)은 게임 세계의 전반적인 조명 환경을 설정하는 데 사용되는 요소입니다. Environment Light는 장면 전체에 일관된 조명 효과를 적용하여 오브젝트에 일정한 주변 광원을 제공합니다. 이는 물체가 상대적으로 어두워지지 않고 일정한 명암비를 유지하도록 합니다. 주변광은 선택된 아트 스타일에 따라 혹은 개별 광원을 조정하지 않고 씬의 전체적인 밝기를 높여야 하는 경우에도 유용할 수 있습니다.

유니티에서 Environment Light를 설정하려면 다음 단계를 따릅니다.

- **Lighting 탭으로 이동**: 유니티의 조명 설정을 위해 Scene 창에서 상단 메뉴에서 Window > Rendering > Lighting을 선택하여 Lighting 탭을 엽니다.
- **Environment Light Source 설정**: Lighting 탭에서 Environment 섹션으로 이동하고 Environment Lighting 옵션을 찾습니다. 이 옵션을 통해 주변 조명의 소스를 선택할 수 있습니다.
- **Skybox**: 하늘박스(Skybox)를 사용하여 주변 조명을 생성합니다. 하늘박스는 장면 주변을 표현하는 360도의 이미지로 조명 효과를 만듭니다.
- **Gradient**: 그라디언트를 사용하여 주변 조명의 색상을 정의합니다. 그라디언트는 시작과 끝 색상 사이를 부드럽게 변화하는 색상 효과를 제공합니다.
- **Color**: 컬러값을 사용하여 주변 조명을 생성합니다.

주변 조명은 장면의 분위기와 시각적인 품질을 결정하는 데 중요한 역할을 합니다. 적절한 주변 조명 설정은 게임의 분위기를 설정하고 오브젝트들 사이의 일관성 있는 조명 효과를 제공하여 시각적인 품질을 향상시킵니다.

조명(Lighting)과 카메라

CHAPTER 06

6-1 HDR과 LDR

HDR은 "High Dynamic Range"의 약어로, 높은 동적 범위를 가지는 이미지를 나타냅니다. LDR은 "Low Dynamic Range"의 약어로, 낮은 동적 범위를 가지는 이미지를 나타냅니다. 이 둘은 주로 이미지와 비디오에서 밝기와 색상 표현의 차이를 나타내는 데 사용됩니다.

▲ https://vfxdoc.readthedocs.io/en/latest/shaders/color/]

■ 동적 범위

동적 범위는 이미지나 비디오에서 가장 어두운 부분부터 가장 밝은 부분까지의 픽셀 강도 범위를 의미합니다. HDR은 넓은 동적 범위를 가지며, 매우 어두운 부분과 아주 밝은 부분까지 세밀한 픽셀 값 차이를 나타낼 수 있습니다. 반면 LDR은 좁은 동적 범위를 가지며, 상대적으로 밝은 부분과 어두운 부분의 픽셀 값 차이가 적습니다.

■ 색상 표현

HDR은 더 넓은 색상 범위를 제공하여 색상의 풍부성과 섬세한 차이를 나타낼 수 있습니다. 즉, HDR은 더 다양하고 생동감 있는 색상을 표현할 수 있습니다. LDR은 색상 범위가 제한적이기 때문에 더 제한된 색상 표현을 가지게 됩니다.

■ 명암비

HDR은 높은 명암비를 가지므로 어두운 영역과 밝은 영역 사이의 명암 차이를 더욱 세밀하게 표현할 수 있습니다. 이는 더욱 현실적이고 입체적인 시각 효과를 제공합니다. LDR은 명암비가 낮기 때문에 상대적으로 평면적이고 단조로운 시각 효과를 가지게 됩니다.

■ 표현력

HDR은 다양한 조명 상황에서 더욱 정확한 표현력을 제공합니다. 밝은 빛이나 햇빛, 빛의 반사 등과 같이 매우 밝거나 어두운 상황에서도 세부적인 정보를 유지할 수 있습니다. LDR은 밝은 영역에서 하이라이트가 손실되거나 어두운 영역에서 그림자가 잘 보이지 않는 등의 제한이 있을 수 있습니다.

HDR은 주로 고급 비디오 게임, 가상 현실(VR), 영화 제작 등에서 사용되며, 풍부한 시각적 경험과 현실적인 시각 효과를 위해 필요합니다. 반면에 LDR은 일반적인 화면 표시, 웹 컨텐츠, 모바일 게임 등에서 주로 사용됩니다.

HDR과 LDR의 선택은 프로젝트의 목적과 목표, 대상 플랫폼의 지원 등을 고려해야 합니다. HDR은 더 높은 품질과 시각적 효과를 추구하는 경우에 적합하며, LDR은 퍼포먼스와 하드웨어 제약이 있는 경우에 유리합니다.

유니티에서는 HDR과 LDR을 모두 지원하며, 개발자는 프로젝트 요구 사항과 목표에 따라 적절한 옵션을 선택할 수 있으며 이를 통해 최적의 시각 품질과 성능을 동시에 달성할 수 있습니다.

다음은 HDR과 LDR에 대한 설명을 포함하는 유용한 웹 사이트 목록입니다:

- **유니티 Learn**: 유니티의 공식 학습 플랫폼인 유니티 Learn에는 HDR과 LDR에 대한 설명과 예제가 포함되어 있습니다. 다음 링크에서 관련 자료를 찾을 수 있습니다: https://learn.unity.com/
- **유니티 Documentation**: 유니티의 공식 문서에는 HDR과 LDR에 대한 상세한 설명과 사용 방법, 차이점 등이 포함되어 있습니다. 다음 링크에서 자세한 정보를 얻을 수 있습니다: https://docs.unity3d.com/
- **YouTube**: 유니티에 대한 튜토리얼 및 강의를 제공하는 YouTube 채널 들에서도 HDR과 LDR에 대한 설명을 찾을 수 있습니다. 유니티 Learn, Brackeys, Code Monkey 등의 채널을 검색하여 관련 동영상을 찾아보세요.

6-2 HDR의 특징

HDR 이미지를 표현하기 위한 데이터 구조는 주로 부동 소수점 데이터 타입을 사용합니다. 부동 소수점은 소수점 이하의 값을 포함하는 실수를 나타내는 데이터 타입으로, HDR 이미지의 넓은 동적 범위와 다양한 색상을 표현하기에 적합합니다. 유니티 3D 엔진에서는 다양한 부동 소수점 데이터 타입을 지원하며, 이들을 조합하여 HDR 이미지를 효과적으로 표현할 수 있습니다.

▲ https://polyhaven.com/a/wide_street_01

일반적으로 HDR 이미지를 표현하기 위해 사용되는 부동 소수점 데이터 타입은 다음과 같습니다.

- **Half-float(16-bit)**

Half-float는 16비트를 사용하여 소수점 이하의 값을 표현하는 데이터 타입입니다. 이는 메모리 공간을 절약하면서도 HDR 이미지의 동적 범위를 충분히 표현할 수 있는 장점이 있습니다. Half-float는 중간 품질의 HDR 이미지에 적합하며, 일반적으로 굽기 맵, 환경 맵 등에 사용됩니다.

- **Float(32-bit)**

Float은 32비트를 사용하여 소수점 이하의 값을 표현하는 데이터 타입입니다. 이는 더 큰 동적 범위와 더 정밀한 색상 표현을 가능하게 합니다. Float은 보다 고급 퀄리티의 HDR 이미지에 적합하며, 조명 정보, 쉐이더 계산 등에 사용됩니다.

- **Double(64-bit)**

Double은 64비트를 사용하여 소수점 이하의 값을 표현하는 데이터 타입입니다. Double은 가장 높은 정밀도를 가지며, 매우 넓은 동적 범위와 섬세한 색상 표현을 제공합니다. 하지만 메모리 공간을 많이 차지하고, 연산에 더 많은 비용이 들기 때문에 일반적으로 HDR 이미지 표현에는 사용되지 않습니다.

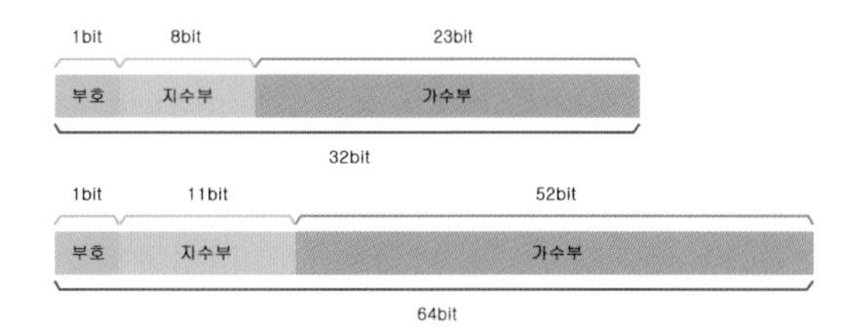

HDR 이미지의 숫자 값은 흰색(가장 밝은 값)을 1.0으로 기준으로 하며, 그보다 어두운 값은 0.0 미만의 음수, 더 밝은 값은 1.0보다 큰 양수로 표현됩니다. 이렇게 숫자 값은 픽셀의 밝기와 색상 정보를 나타냅니다. 부동 소수점 데이터 타입을 사용하여 HDR 이미지를 표현하면 더 넓은 동적 범위와 다양한 색상을 효과적으로 표현할 수 있어서, 더욱 현실적이고 생생한 이미지를 구현할 수 있습니다.

예를 들어, RGB 컬러 스페이스에서 각각의 컬러 채널은 0부터 1까지의 범위를 갖습니다. 흰색은 (1, 1, 1)로 표현되며, 이는 가장 밝은 값입니다. 반면에 검은색은 (0, 0, 0)으로 표현되며, 이는 가장 어두운 값입니다. 이러한 숫자 값은 픽셀의 색상 정보를 나타내며, HDR 이미지에서는 이러한 값들이 부동 소수점 형태로 표현됩니다.

HDR 이미지의 숫자 값은 더 많은 정보를 담을 수 있기 때문에, 예를 들어 햇빛이 강한 곳과 그림자가 있는 곳의 명암 차이를 더 세밀하게 표현할 수 있습니다. 또한 HDR 이미지는 색상 정보의 다양성을 높여 현실적인 조명과 그림자, 광택, 반사 등의 시각적인 효과를 더욱 풍부하게 표현할 수 있습니다.

6-3 유니티에서 HDR 이미지 활용

유니티는 HDR 이미지를 광원으로 사용하여 주로 이미지 기반 조명(Image-Based Lighting, IBL) 기술을 통해 구현되고 이를 통해 현실적인 조명과 그림자 효과를 생성할 수 있습니다.

■ 일반적인 HDR 이미지의 환경 맵 사용

HDR 이미지는 주로 환경 맵으로 사용됩니다. 환경 맵은 주변 환경의 조명 정보를 담고 있는 이미지로, 주로 구체적인 형태의 구 또는 큐브 맵으로 표현됩니다. HDR 환경 맵은 다양한 조명 정보를 포함하여 햇빛, 스카이라이트, 간접 조명 등을 효과적으로 표현할 수 있습니다.

■ 스카이박스(Skybox) 또는 스카이돔(Skydome)맵에 적용

HDR 환경 맵은 주로 스카이박스 또는 스카이돔맵에 적용됩니다. 스카이박스는 카메라 주변을 둘러싼 큐브 형태의 맵으로 큐브의 각 면에는 하늘을 나타내는 이미지가 입혀져 있습니다. 이를 통해 전체 장면을 포괄하는 무결점 배경을 만들어내고, 광활한 야외 환경의 착시를 제공합니다. 스카이박스는 게임이나 가상 환경에 정적인 파노라마 배경을 제공하는 데 자주 사용됩니다.

스카이돔맵은 장면을 둘러싸고 있는 큰 구 형태의 메시로, 하늘을 나타내는 이미지로 텍스처가 입혀져 있습니다. 이 기법은 실제적이고 몰입감 있는 하늘 표현을 제공하여 장면 위에 광활한 공간이 있는 듯한 착시를 만들어냅니다. 이러한 맵에 HDR 환경 맵을 적용함으로써, 주변 조명과 배경의 현실적인 효과를 구현할 수 있습니다.

■ **반사와 광택 효과에 적용**

HDR 이미지는 물체의 반사와 광택 효과를 구현하는 데에도 사용됩니다. 물체의 표면 속성에 따라 HDR 이미지에서 반사된 조명 정보를 이용하여 물체의 외관을 보다 현실적으로 표현할 수 있습니다. 예를 들어, 금속 재질의 물체는 주변 환경의 HDR 이미지에 따라 반사되는 광원을 통해 광택과 반사 효과를 재현할 수 있습니다.

6-4 스카이박스(Skybox)

유니티에서 스카이박스(Skybox)는 주변 환경의 배경을 표현하는 데 사용되는 큐브 맵(Cube Map) 형태의 텍스처입니다. 빌트인 렌더 파이프라인과 유니버설 렌더 파이프라인(URP)은 둘 다 스카이박스를 사용하여 하늘을 렌더링합니다. 이러한 스카이박스는 스카이박스 쉐이더를 사용하는 머티리얼이므로 유니티에서 기본 제공하는 디폴트 스카이박스의 사용 외에 언제든지 새로운 스카이박스 머티리얼을 생성하여 사용할 수 있습니다. 참고로 고해상도 렌더 파이프라인(HDRP)에서는 스카이박스를 지원하지 않고 Volume framework을 사용합니다.

01 다음은 일반적인 디폴트 스카이박스가 적용되어 있는 기본 씬으로 Lighting 창의 Environment 탭을 선택해서 제어할 수 있습니다.

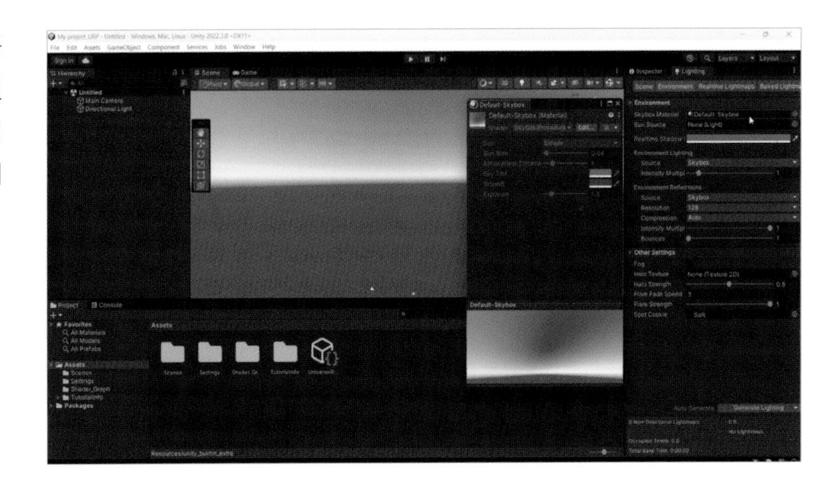

02 만약 커스텀 스카이박스를 생성하여 사용하기를 원한다면 간단하게 New Material을 생성하여 쉐이더를 skybox로 선택하면 됩니다.

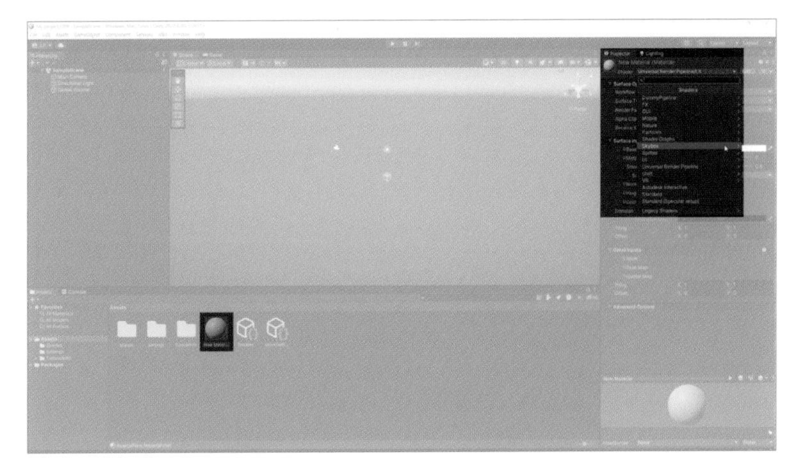

03 스카이박스 쉐이더 타입은 4가지가 있는데 각각 적용하고자 하는 텍스처(HDR 이미지)의 형태에 따라서 선택하면 됩니다.

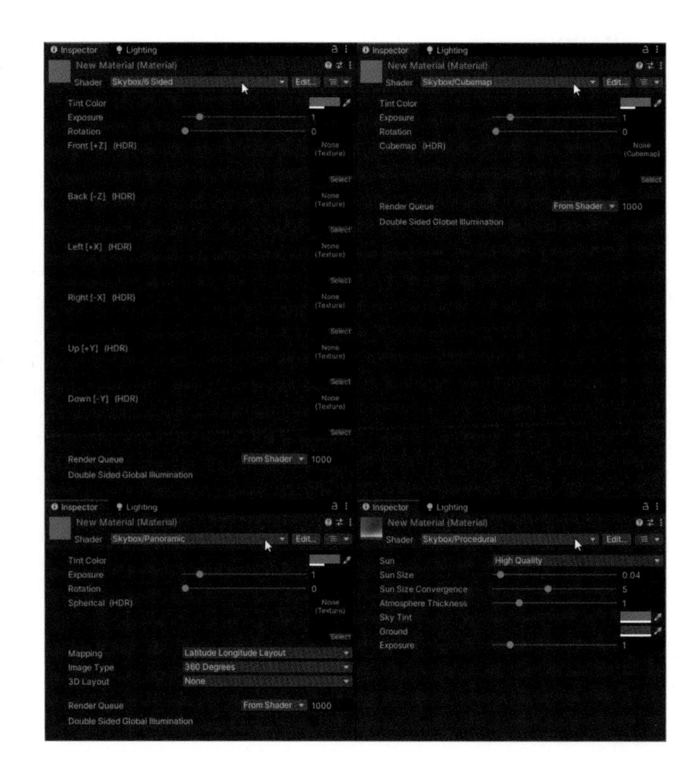

6-5 6면(6 Sided) 스카이박스

스카이박스 쉐이더는 6개의 개별 텍스처에서 스카이박스를 생성합니다. 각 텍스처는 특정 월드 축의 하늘 뷰를 나타냅니다. 큐브 안에 있는 씬이 놓여 있다고 생각하면 각 텍스처는 큐브의 내부 면 중 하나를 나타내며, 여섯 개의 모든 면이 결합하여 하나의 완벽한 환경을 만듭니다.

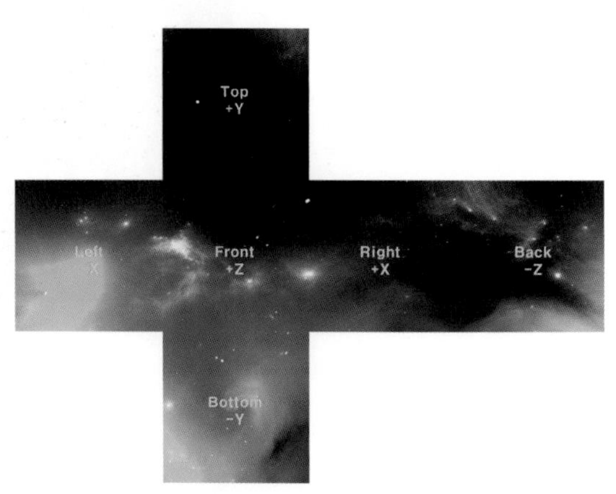

▲ 6면 스카이박스 텍스처 구조

6면 스카이박스를 생성하려면 결합 시 다음과 같은 그물망 모양 레이아웃에 매핑되는 여섯 개의 개별 텍스처가 필요하며 최고의 주변광을 생성하기 위해서 HDR(High Dynamic Range) 이미지를 사용해야 합니다.

- **Tint Color**: 스카이박스에 적용할 컬러입니다. 기본 텍스처 파일을 변경하지 않고 결과값을 변경할 수 있도록 텍스처에 이 컬러를 추가합니다.
- **Exposure**: 스카이박스의 노출을 조정합니다. 이를 통해 스카이박스 텍스처에서 색조 값을 수정할 수 있습니다. 값이 클수록 노출이 증가하여 더 밝게 보이는 스카이박스를 생성하고, 값이 작을수록 노출이 감소하여 더 어둡게 보이는 스카이박스를 생성합니다.
- **Rotation**: y축을 중심으로 하는 스카이박스의 회전 방향을 변경하며, 스카이박스의 특정 섹션(예를 들면 태양)을 씬의 특정 부분 뒤에 배치하려는 경우에 유용합니다.
- **Front [+Z] (HDR)**: 월드의 양의 z축 방향으로 스카이박스의 면을 나타내는 텍스처입니다. 기본 카메라의 앞입니다.
- **Back [-Z] (HDR)**: 월드의 음의 z축 방향으로 스카이박스의 면을 나타내는 텍스처입니다. 기본 카메라의 뒤입니다.
- **Left [+X] (HDR)**: 월드의 양의 x축 방향으로 스카이박스의 면을 나타내는 텍스처입니다 기본 카메라의 왼쪽입니다.
- **Right [-X] (HDR)**: 월드의 음의 x축 방향으로 스카이박스의 면을 나타내는 텍스처입니다. 기본 카메라의 오른쪽입니다.
- **Up [+Y] (HDR)**: 월드의 양의 y축 방향으로 스카이박스의 면을 나타내는 텍스처입니다. 기본 카메라의 위입니다.
- **Down [-Y] (HDR)**: 월드의 음의 y축 방향으로 스카이박스의 면을 나타내는 텍스처입니다. 기본 카메라의 아래입니다.
- **Render Queue**: 유니티가 게임 오브젝트를 그리는 순서를 결정합니다.
- **Double Sided Global Illumination**: 라이트매퍼가 전역 조명(Global Illumination)을 계산할 때 지오메트리의 양면을 고려할지 여부를 지정합니다.

6-6 큐브맵(Cubemap) 스카이박스

이 쉐이더는 단일 큐브맵 에셋에서 스카이박스를 생성합니다. 큐브맵(Cubemap) 은 환경에 대한 반사를 나타내는 여섯 개의 사각형 텍스처 컬렉션입니다. 여섯 개의 사각형은 오브젝트를 둘러싸는 가상 큐브면을 형성합니다. 각각의 면은 월드 축의 방향을 따른 뷰를 나타냅니다.

6면 스카이박스 텍스처도 큐브맵의 일종이지만 각 면의 텍스처가 분리되어 있어서 각각의 면에 적용하는데 반해서 큐브맵의 경우에는 이러한 각 면들이 하나의 텍스처로 통합되어 있습니다. 그 형식은 다양하지만 주로 360도 파노라마 형태나 십자가 형태로 교차하는 구조의 큐브맵이 사용됩니다.

- **Tint Color**: 스카이박스에 적용할 컬러입니다.
- **Exposure**: 스카이박스의 노출을 조정합니다.
- **Rotation**: y축을 중심으로 하는 스카이박스의 회전입니다.
- **Cubemap (HDR)**: 하늘을 표현하기 위해 사용하는 큐브맵 에셋입니다.
- **Render Queue**: Unity가 게임 오브젝트를 그리는 순서를 결정합니다.
- **Double Sided Global Illumination**: 라이트매퍼가 전역 조명을 계산할 때 지오메트리의 양면을 고려할지 여부를 지정합니다.

일반적으로 사용되는 큐브맵 레이아웃 몇 가지가 지원되고, 대부분의 경우 Unity에서 자동으로 인식됩니다.

6-7 파노라마 스카이박스

스카이박스를 생성하기 위해 파노라마 쉐이더는 단일 텍스처를 씬 주위에 구체 모양으로 감쌉니다. 파노라마 스카이박스를 생성하려면 다음과 같이 위도-경도(원통형) 매핑을 사용하는 단일 2D 텍스처가 있어야 합니다.

▲ https://polyhaven.com/a/poly_haven_studio]

이 때 주의해야 할 점은 임포트하는 텍스처가 2D로 설정된다는 점이 큐브로 설정되는 큐브맵과 다른 점입니다.

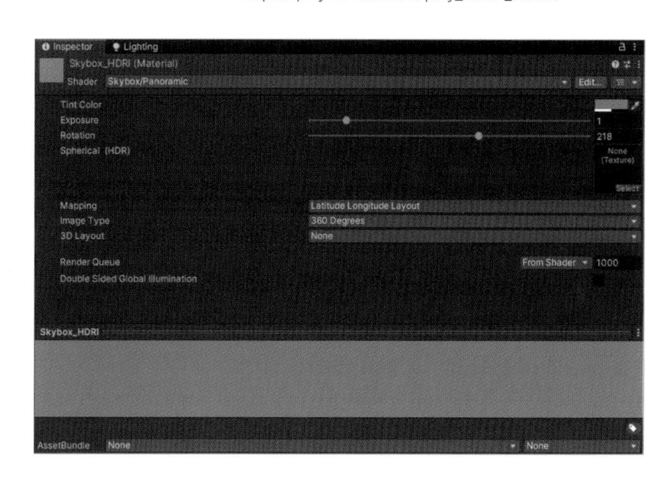

- **Tint Color**: 스카이박스에 적용할 컬러입니다.
- **Exposure**: 노출을 조정합니다.
- **Rotation**: y축을 중심으로 하는 회전입니다.
- **Spherical(HDR)**: 씬 주위를 구체 모양으로 감싸는 텍스처입니다.

- **Mapping**: 스카이박스 생성 시 텍스처를 투사하기 위해 사용하는 방법을 지정합니다.
  - **6 Frames Layout**: 그물망 형식을 사용합니다.
  - **Latitude Longitude Layout**: 원통형 감싸기 방식을 사용합니다.
- **Image Type**: 스카이박스를 투사하는 y축 주위의 각도를 지정합니다.
  - **180**: 양의 z축 방향에 피크가 있는 반구 모양으로 Spherical 텍스처를 그립니다.
  - **Mirror on Back**: 머티리얼이 스카이박스 뒷면의 Spherical 텍스처를 검은색으로 그리지 않고 복제할지 여부를 지정합니다.

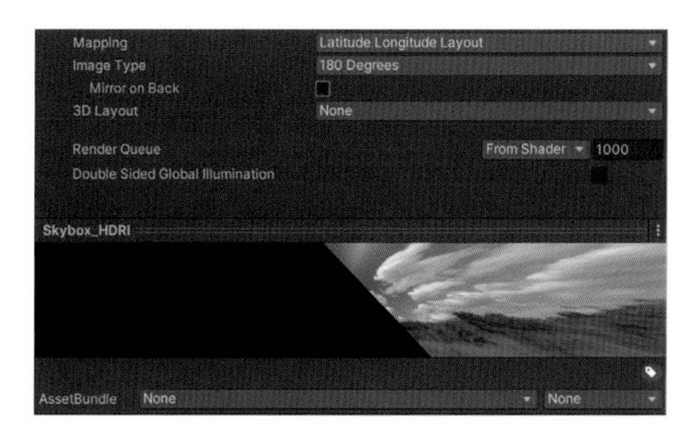

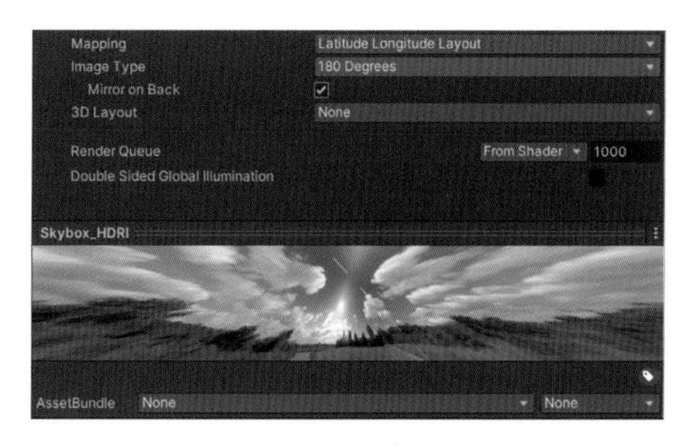

- **360**: 전체 씬 주위를 감싸는 완전한 구체 모양으로 텍스처를 그립니다. 참고로 파노라믹 2D 이미지의 종횡비는 360도의 경우 정확히 2:1이고 180도의 경우 정확히 1:1이어야 합니다.

- **3D Layout: Side by Side, Over Under, None(기본값)**: 원래 가상 현실 지원(XR)을 활성화할 수 있는 3D 파노라마 비디오 세팅에서 사용되었는데 특히 소스 비디오에 스테레오 콘텐츠가 있는 경우에 유용합니다.
  VR 콘텐츠처럼 비디오가 왼쪽에 왼쪽 눈 콘텐츠를, 오른쪽에 오른쪽 눈 콘텐츠를 포함하고 있다면 Side by Side 설정을 사용합니다. 왼쪽 및 오른쪽 콘텐츠가 비디오에서 위 아래에 표시되는 경우 Over Under를 선택합니다.
  - **Render Queue**: Unity가 게임 오브젝트를 그리는 순서를 결정합니다.
  - **Double Sided Global Illumination**: 라이트매퍼가 전역 조명을 계산할 때 지오메트리의 양면을 고려할지 여부를 지정합니다.

6-8 프로시듀럴(Procedural) 스카이박스

프로시듀럴 스카이박스 쉐이더는 입력 텍스처를 필요로 하지 않으며, 대신에 머티리얼 인스펙터에 설정된 프라퍼티에서 스카이박스를 생성합니다.

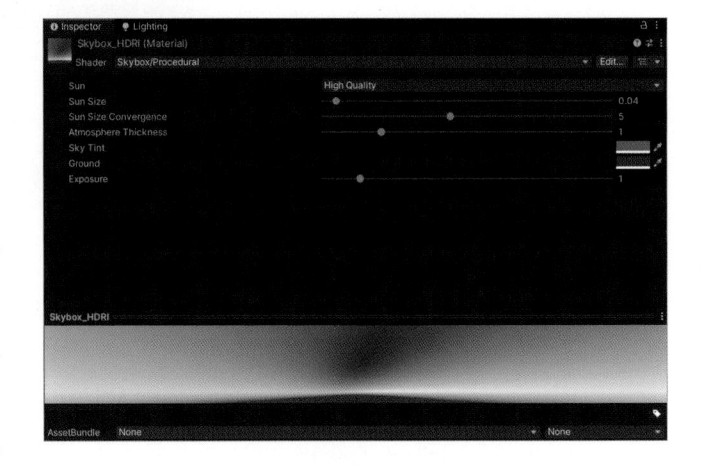

- **Sun**: Unity가 스카이박스에 태양면을 생성할 때 사용하는 방식입니다.
  - **None**: 스카이박스에서 태양면을 비활성화합니다.
  - **Simple**: 스카이박스에 단순한 태양면을 그립니다.
  - **High Quality**: Simple 태양면과 유사하지만, Sun Size Convergence를 사용하여 태양면의 형상을 추가로 커스터마이즈할 수 있습니다.
- **Sun Size**: 태양면의 크기를 조절합니다. 값이 클수록 태양면이 더 크게 보입니다.
- **Sun Size Convergence**: 태양의 크기 수렴입니다. 값이 작을수록 태양면이 더 크게 보입니다. Sun을 High Quality로 설정한 경우에만 나타납니다.
- **Atmosphere Thickness**: 대기의 밀도입니다. 대기의 밀도가 높을수록 더 많은 광원을 흡수합니다.
- **Sky Tint**: 하늘에 적용할 컬러입니다.
- **Ground**: 지면의 컬러입니다.
- **Exposure**: 하늘의 노출을 조정합니다.

6-9 텍스처에서 큐브맵(Cubemap)을 생성하는 방법

큐브맵을 생성하는 가장 빠른 방법은 특별히 레이아웃된 텍스처를 임포트하는 것입니다. 프로젝트(Project) 창에서 임포트된 Texture를 선택하고 인스펙터 창에서 Import Settings를 확인합니다.

Import Settings에서 Texture Type을 Default, Normal Map 또는 Single Channel 로 설정하고 Texture Shape을 Cube로 설정합니다. 그러면 텍스처가 자동으로 큐브맵으로 설정됩니다.

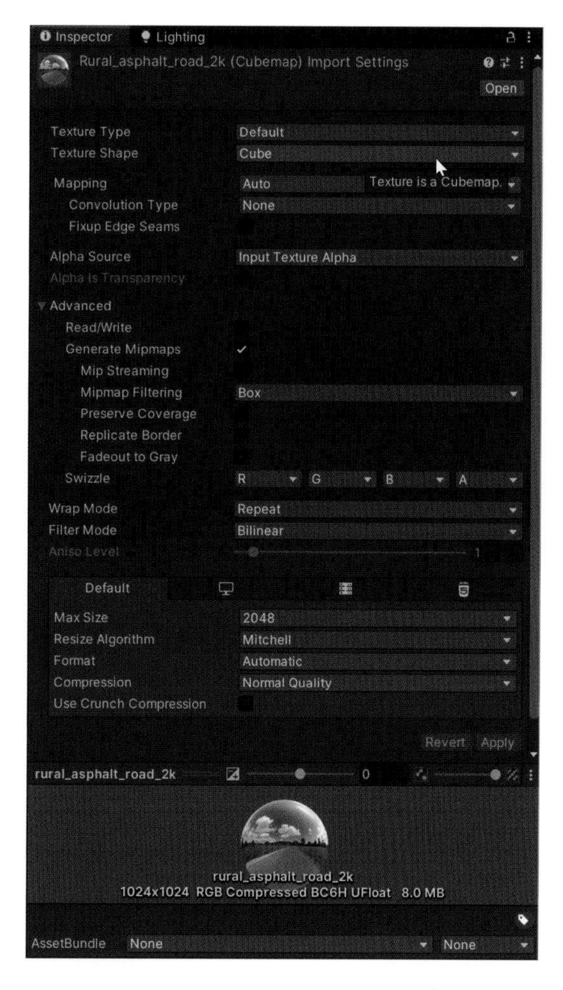

참고로 360 파노라마 이미지를 그대로 사용해도 되지만 Cube map의 형태로 바꿔서 이용해야 할 경우나 일반 JPG 이미지를 HDR이미지로 변환해서 적용하고 싶으면 다음과 같은 사이트를 이용할 수도 있습니다.

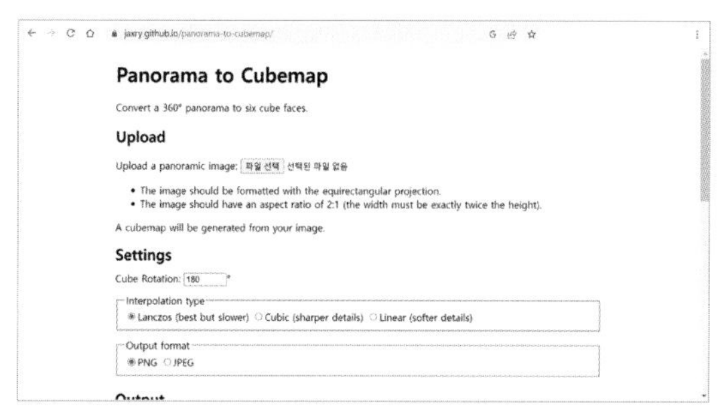

▲ [https://jaxry.github.io/panorama-to-cubemap/]

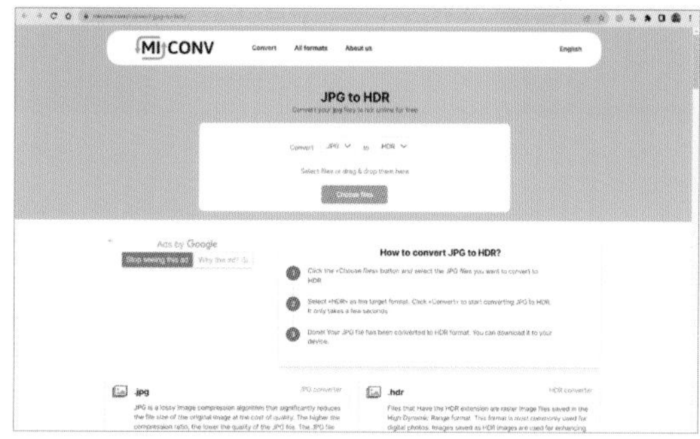

▲ https://miconv.com/convert-jpg-to-hdr/

6-10 커스텀 스카이박스 실습

유니티에서 제공하는 디폴트 스카이 박스 외에 커스텀 HDR 이미지를 이용한 스카이 박스를 만들어서 적용해보도록 하겠습니다.

01 먼저 Poly Haven등과 같은 HDR 라이브러리 사이트에서 적당한 HDR 스카이 큐브맵을 다운로드합니다. 원하는 사이즈를 선택하고 HDR포맷으로 다운로드 합니다.

▲ [https://polyhaven.com/a/rural_asphalt_road

02 새 씬에서 기본 도형을 생성해서 아래처럼 배치했습니다. 기본 스카이박스가 적용되어 있습니다.

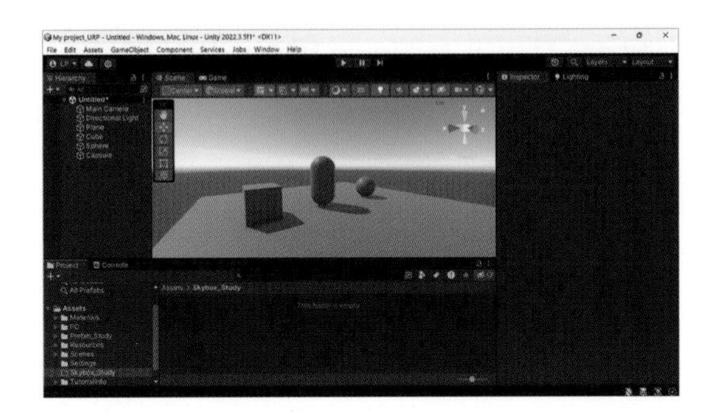

03 프로젝트 창에서 우클릭해서 새 머티리얼을 생성합니다.

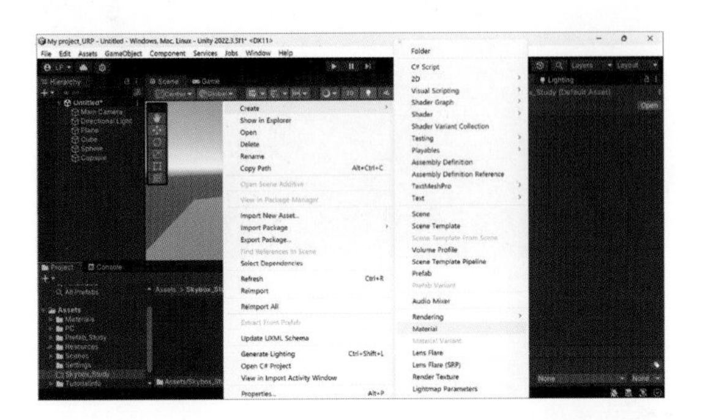

04 머티리얼 이름을 Skybox_HDRI로 바꾸고 쉐이더를 Skybox > Cubemap으로 재설정했습니다.

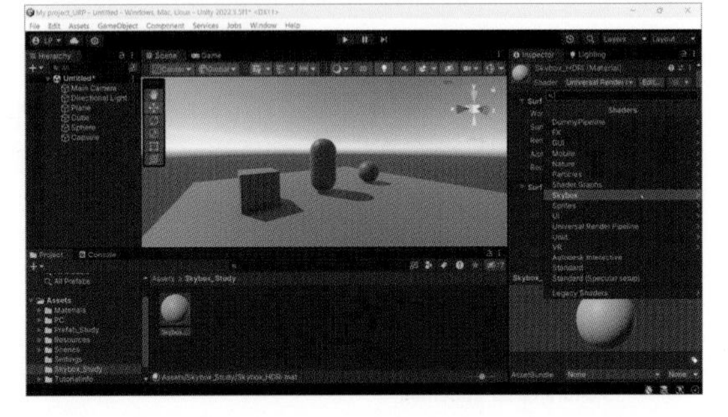

05 쉐이더를 변경한 후 머티리얼의 인스펙터 창을 확인하면 다음 이미지처럼 Cubemap을 적용할 슬롯이 생겼습니다.

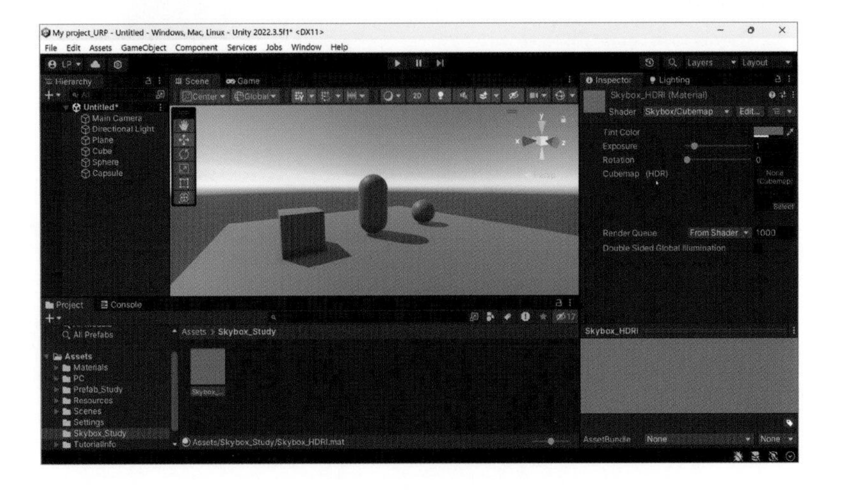

06 이 슬롯에 HDR 이미지를 적용시켜 주기 위해서 텍스처 이미지를 프로젝트로 불러올 것입니다. 다운로드된 이미지를 직접 드래그 앤 드롭으로 프로젝트 창으로 불러올 수도 있고 프로젝트 창에서 우클릭을 해서 Import New Asset… 메뉴를 선택해도 됩니다.

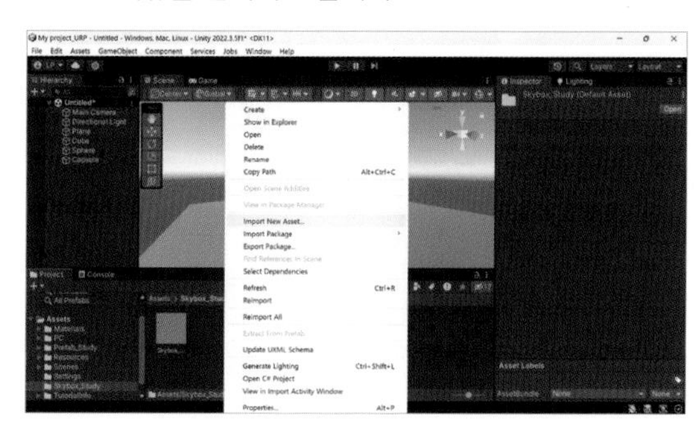

07 HDR 이미지를 다운받은 폴더를 열어서 파일을 불러옵니다.

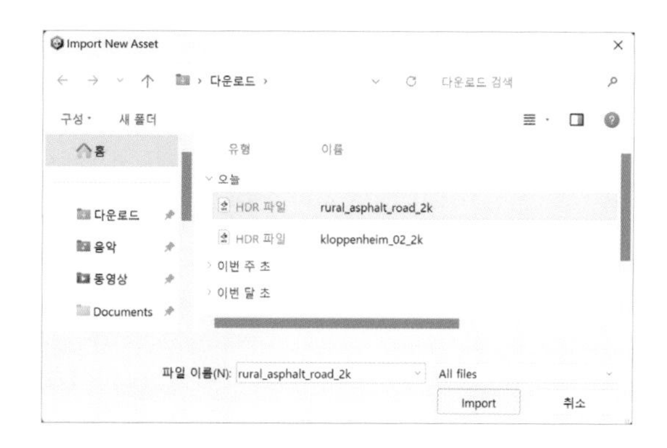

08 불러온 이미지는 먼저 Texture Shape을 Cube(큐브맵)로 지정해주어야 합니다.

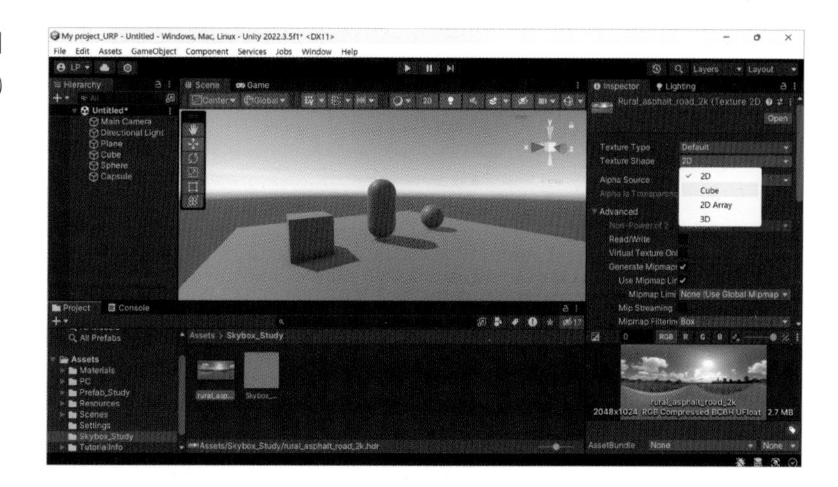

09 구 모양으로 바뀐 HDR 이미지를 선택하고 드래그 앤 드롭으로 Cubemap 슬롯에 적용을 시킵니다.

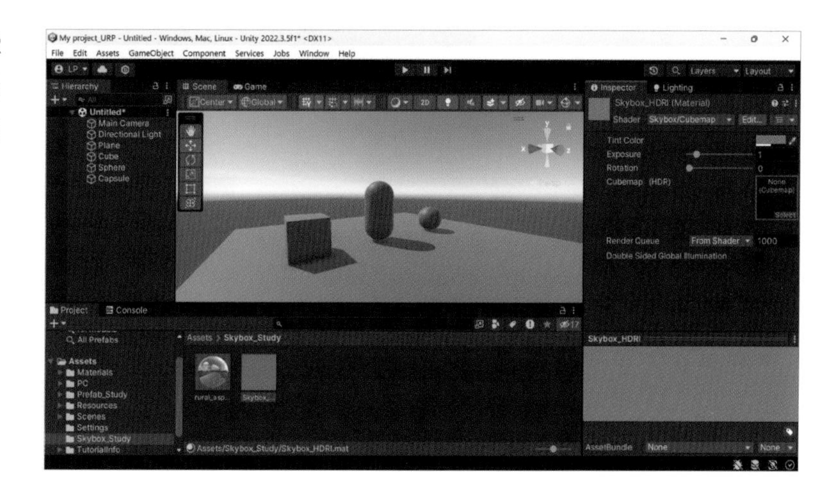

10 다음 이미지처럼 텍스처가 적용된 머티리얼을 확인할 수 있고 Lighting 창의 Environment 탭을 선택하여 Skybox Material 슬롯에 새로 만든 Skybox_HDRI를 적용시켜줍니다.

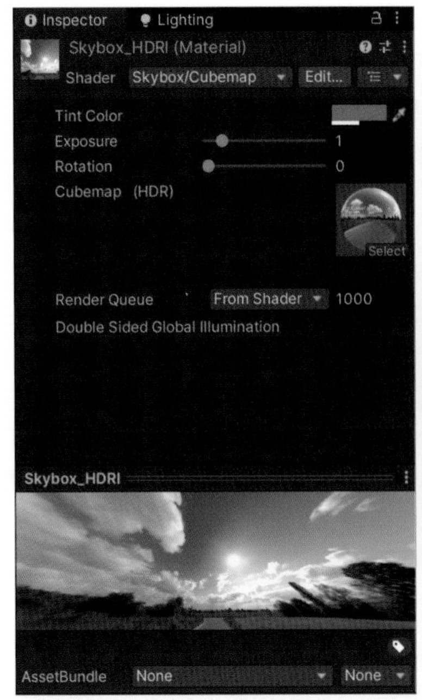

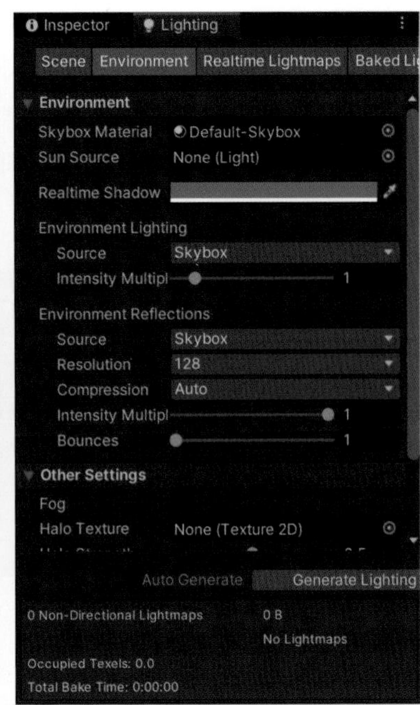

11 머티리얼을 선택하고 드래그 앤 드롭 방식으로 적용시켰습니다. 혹은 박스를 클릭해서 드랍다운 리스트 중에서 선택을 해도 됩니다.

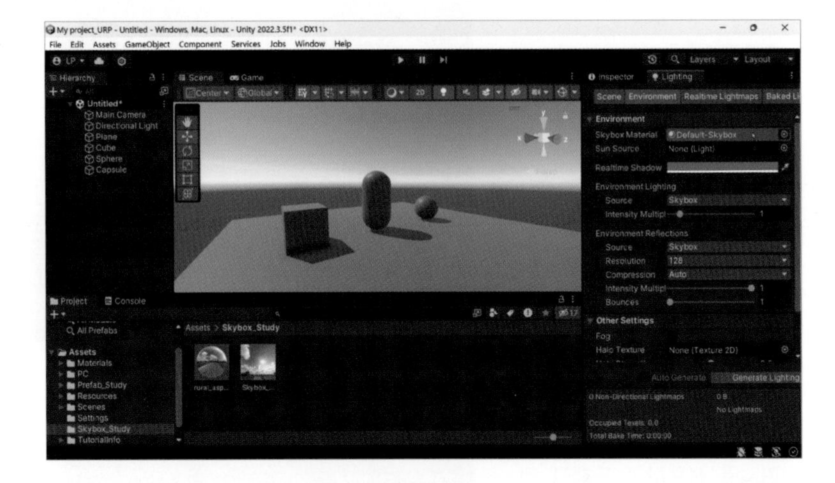

12 다음 이미지처럼 Default Skybox에서 커스텀 스카이박스로 변경된 것을 확인할 수 있습니다.

13 스카이 박스 머티리얼의 인스펙터 창을 열어서 회전 속성을 조절해 보면 하늘이 회전하는 것을 볼 수 있습니다.

14 하지만 이때 중요한 사실은 HDR 이미지에 있는 태양 같은 메인 라이팅 소스가 그림자 생성에는 관여하지 않는다는 사실입니다.

다음 이미지처럼 하늘에 태양이 정면에 있기 때문에 자연스런 상태라면 이미지 아래쪽 방향으로 그림자가 생겨야 하지만 옆으로 그림자가 드리워진 걸 관찰할 수 있습니다. 이는 그림자가 HDR 이미지가 아니라 메인 라이트인 Directional Light에 의해서 생기기 때문입니다.

계층(Hierarchy) 창에서 Directional Light를 선택하고 이리저리 회전시켜보면 이 방향에 따라서 그림자가 변하는 것을 보게됩니다. 이처럼 일반적인 스카이박스가 자연스러운 라이팅 결과를 생성하긴 하지만 메인 그림자(Cast shadow)는 씬 속의 라이트에 의해서 결정됩니다.

15 그렇다면 모든 스카이박스는 정확하게 그림자를 생성할 수 없는걸까요? 아닙니다. Procedural Skybox를 이용하면 메인 라이트와 연계하여 라이팅 방향에 맞게 그림자를 생성하게 모사할 수는 있습니다.

먼저 새 머티리얼을 하나 만들고 쉐이더를 Skybox > Procedural로 변경합니다.

16 라이팅 창의 Environment 탭에서 스카이박스 머티리얼을 새로 만든 Skybox_Procedural으로 적용시킵니다. 아래 이미지에서 적용된 스카이박스를 확인할 수 있습니다.

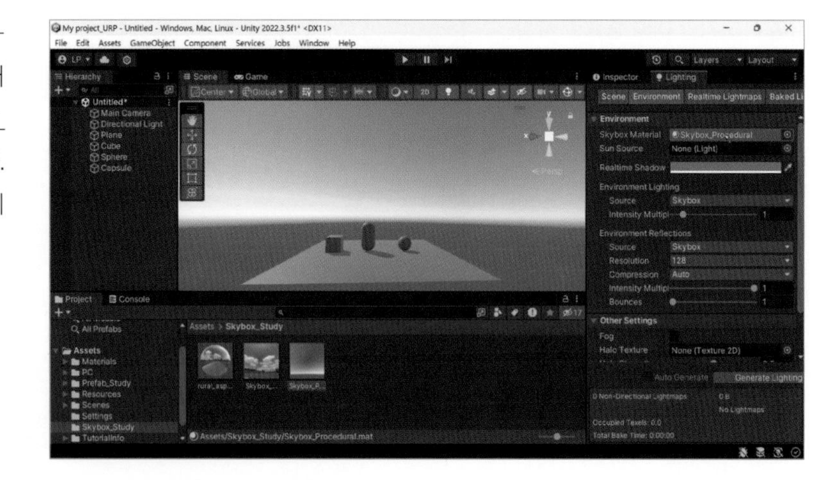

17 스카이박스 인스펙터 창에서 Sun Size 등 속성을 변화시킬 수 있지만 여기에는 스카이박스를 회전시켜서 태양의 방향을 변경시켜주는 속성은 보이지 않습니다.

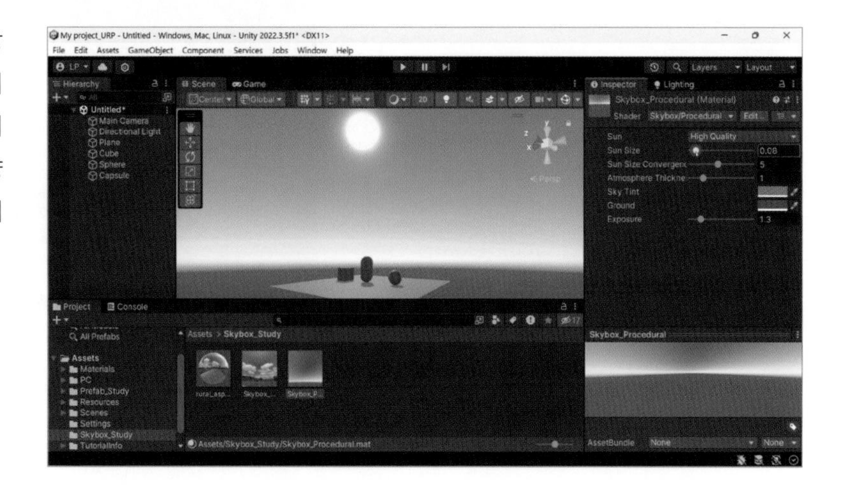

18 다음 이미지에서 보듯이 프로시듀럴 스카이 박스는 씬에 있는 기본 Directional Light를 스카이박스의 태양으로 간주해서 처리합니다. 따라서 메인 라이트를 선택해서 회전을 시켜보면 스카이 박스의 태양이 그에 맞춰서 변경되는 것을 확인할 수 있습니다.

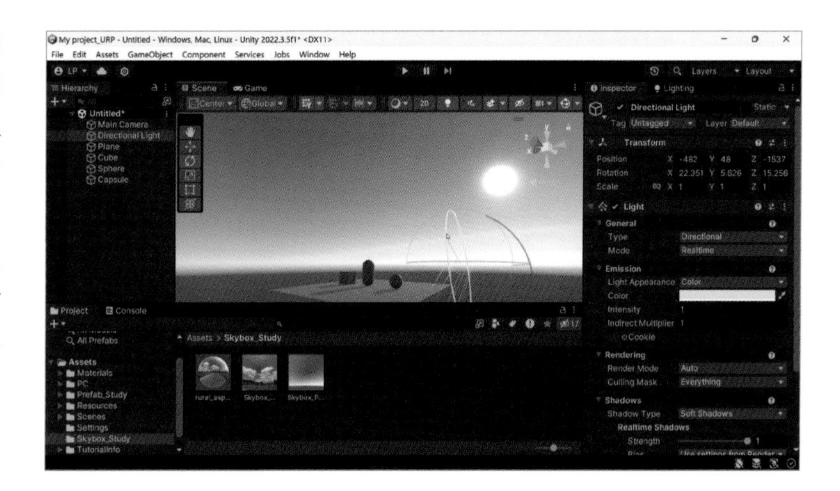

19 이를 이용하여 태양의 고도, 방향을 컨트롤 할 수 있습니다.

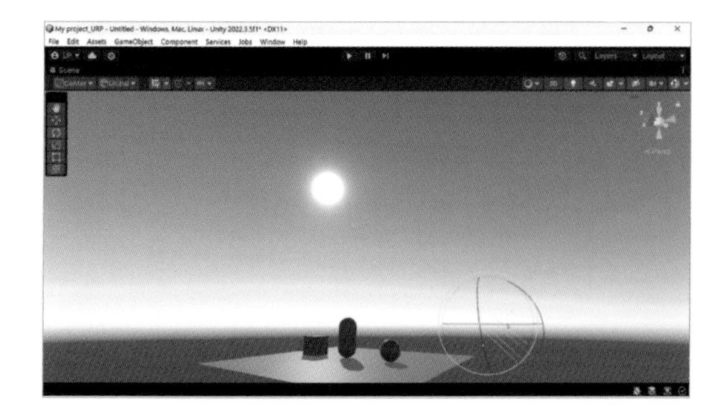

20 태양의 방향에 따라서 그림자가 변경되는 것을 확인할 수 있습니다.

유니티에서 활용할 수 있는 기본 조명

영화, 산업 디자인, 게임 개발 등 다양한 분야에서 조명은 시각적인 효과와 분위기를 조성하는 데 중요한 역할을 합니다. 이러한 분야에서 자주 사용되는 조명 기법 몇 가지를 소개해보겠습니다.

■ **3 Point Lighting**: 3 point lighting은 영화, 산업 디자인, 게임 개발 분야에서 가장 일반적으로 사용되는 조명 기법 중 하나입니다. 이 기법은 Key Light, Fill Light 및 Back Light라는 세 개의 광원을 사용하여 씬을 조명합니다.

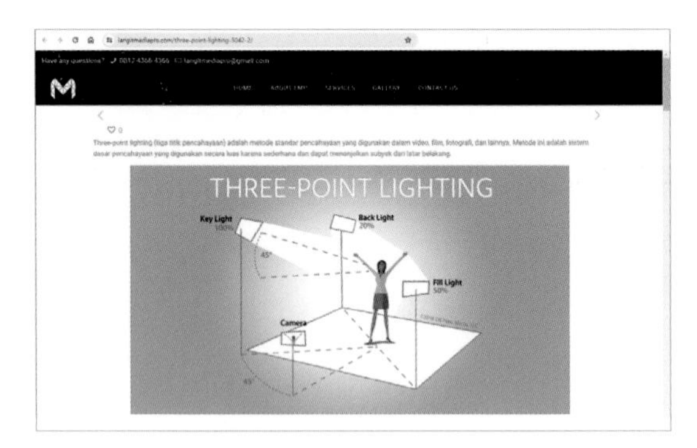

▲ https://www.langitmediapro.com/three-point-lighting-5042-2/

- **Key Light**: Key Light는 주 조명으로, 가장 강한 광원으로 설정됩니다. 일반적으로 높은 위치에서 씬의 중요한 요소를 강조하는 역할을 합니다. 이 광원은 주로 따뜻한 색상과 강한 조도로 설정되며, 씬의 주요 요소를 강조하여 시선을 이끌어 줍니다.
- **Fill Light**: Fill Light는 보조 조명으로, Key Light의 그림자를 부드럽게 조명하여 명암을 완화시킵니다. Key Light와 반대쪽에서 설정되며, 주 조명의 강도보다 약하고 색상도 조금 더 차가워야 합니다. Fill Light는 씬 전반에 균일한 조명을 제공하여 디테일을 강조하고 피사체의 형태를 더욱 명확하게 보여줍니다.
- **Back Light**: Back Light는 주로 피사체의 주변 윤곽을 부각시키는 역할을 합니다. 씬의 뒷쪽이나 피사체의 머리 뒤에서 설정되며, 피사체를 배경과 구분짓는 역할을 수행합니다. Back Light는 일반적으로 Key Light보다 약하게 설정되며, 밝은 테두리를 형성하여 피사체를 독립적으로 돋보이게 합니다.
- **Ambient Lighting**: Ambient Lighting은 주변 조명으로, 주로 전체 씬을 균일하게 밝히는 역할을 합니다. 이 기법은 씬 전반에 일정한 조명을 제공하여 디테일을 강조하지 않고 전체적인 분위기를 조성하는 데 사용됩니다. Ambient Lighting은 주로 주변 조명이 필요한 실내 씬이나 야외 씬에서 활용됩니다.

- **Spotlight**: Spotlight는 특정 오브젝트나 지역을 강조하기 위해 사용되는 강한 광원입니다. 이 기법은 특정 요소를 중심으로 조명을 집중시켜 시선을 이끌거나 주목을 받도록 하는 데 사용됩니다. Spotlight는 플레이어 캐릭터, 중요한 오브젝트, 장면의 핵심 부분 등을 강조하는 데 적합합니다.

- **Global Illumination**: Global Illumination은 조명의 반사, 간접 조명, 그림자 등을 고려하여 현실적인 조명 효과를 구현하는 기법입니다. 이 기법은 광원의 반사와 재질의 특성에 따라 빛이 퍼지고 투과하는 과정을 계산하여 더욱 현실적인 조명 결과를 얻을 수 있습니다. Global Illumination은 주로 실시간 렌더링을 위한 기술로 사용되며, 게임 개발 분야에서 많이 활용됩니다.

이 외에도 다양한 조명 기법이 존재하며, 분야와 목적에 따라 적합한 기법을 선택하면 됩니다. 예를 들어, 영화 촬영에서는 다양한 조명 기법을 사용하여 특정 장면의 분위기를 조성하고, 중요한 요소를 강조합니다. 산업 디자인 분야에서는 제품의 형태와 표면을 잘 드러내기 위해 조명을 조절하여 디자인의 세부 사항을 부각시킵니다. 게임 개발에서는 실시간 렌더링을 통해 현실적이고 인상적인 조명 효과를 구현하여 플레이어에게 몰입감을 제공합니다.

조명 기법의 선택은 목표와 의도에 따라 달라집니다. 어떤 효과를 얻고자 하는지, 어떤 분위기를 조성하고자 하는지에 따라 적합한 조명 기법을 선택할 수 있습니다. 또한 조명 기법은 조명 위치, 강도, 색상, 그림자 등을 조절하여 세부적인 효과를 조정할 수 있습니다.

최종적으로, 조명 기법의 선택과 조정은 예술적인 감각과 시각적 판단력을 필요로 하므로 지속적인 연습과 실험이 필요합니다.

라이팅 창(Lighting Window)

라이팅 창(메뉴: Window 〉 Rendering 〉 Lighting)은 유니티 조명 기능의 메인 컨트롤 섹션입니다. 라이팅 창을 사용하여 씬의 조명 관련 설정을 조정하고, 미리 계산된 조명 데이터를 품질, 베이크 시간, 스토리지 공간에 대해 최적화할 수 있습니다. 아마도 아티스트가 라이팅 세팅 관련해서 제일 많이 다루어야 할 창이기도 합니다.

라이팅 창에는 다음과 같은 요소가 들어 있습니다.

- **Scene 탭**
- **Environment 탭**
- **Realtime Lightmaps 탭**
- **Baked Lightmaps 탭**
- **Auto Generate**: Auto Generate가 활성화되면, 유니티는 씬을 수정할 때 자동으로 조명 데이터를 미리 계산합니다. 하지만 매번 갱신되는 조명 계산으로 인해서 효율적인 작업을 못할 수 있기 때문에 비활성화해서 조명 Bake를 수동으로 하는 편이 좋습니다.
- **Generate Lighting**: 열려 있는 모든 씬에 대한 조명 데이터를 미리 계산하려면 Generate Lighting 버튼을 클릭합니다. 이 데이터에는 Baked Global Illumination 시스템을 위한 라이트맵, Enlighten 실시간 Global Illumination 시스템을 위한 라이트맵, Light Probes 및 Reflection Probes가 포함됩니다.
  드롭다운 메뉴를 클릭한 다음 Bake Reflection Probes를 클릭하여 열려 있는 모든 씬에 대해 Reflection Probes만 베이크할 수 있습니다.
  그리고 드롭다운 메뉴를 클릭한 다음 Clear Baked Data를 클릭하여 열려 있는 모든 씬에서 미리 계산된 모든 조명 데이터를 지울 수도 있습니다.

8-1 Scene 탭

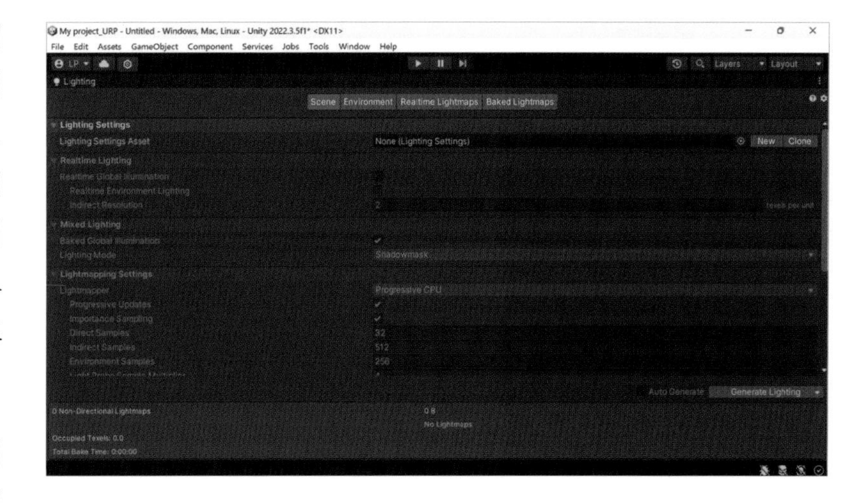

Scene 탭은 활성 씬에 할당된 조명 설정 에셋에 대한 정보를 표시합니다. 활성 씬에 조명 설정 에셋이 할당되지 않으면 기본 LightingSettings 오브젝트에 대한 정보를 표시합니다.

조명 설정 에셋은 베이크된 전역 조명(Global Illumination)과 인라이트(Enlighten) 실시간 전역 조명 시스템에 대한 데이터를 저장하는 LightingSettings 클래스에 저장된 인스턴스를 나타냅니다.

유니티는 이 시스템(베이크, 리얼타임) 중 하나 또는 둘 모두를 사용하는 씬에 대해 조명 데이터를 사전 계산할 때 이 데이터를 사용합니다.

Scene 탭은 다음의 섹션으로 구성됩니다.

■ 조명 설정(Lighting Settings)

현재 씬에 할당된 조명 설정 에셋 또는 LightingSettings 오브젝트의 프라퍼티를 편집할 수 있습니다.

■ 조명 설정 에셋 컨트롤

Lighting settings - Realtime Lighting, Mixed Lighting and Lightmapping settings 워크플로를 설정할 수 있습니다.

8-2 Scene 탭 프라퍼티

■ Realtime Lighting 프라퍼티

- **Realtime Global Illumination**: 인라이튼(Enlighten)을 사용하여 미리 계산된 실시간 GI를 제공합니다. 낮은 해상도의 라이트맵을 통해 정적인 지오메트리(Static geometry)에 대한 디퓨즈 실시간 GI를 제공하며, 라이트 프로브를 통해 동적인 지오메트리(Dynamic geometry)에 대한 실시간 GI를 제공합니다.
- **Realtime Environment Lighting**: 인라이튼 실시간 전역 조명 시스템을 사용하여 주변광을 실시간으로 계산하고 업데이트하려면 이 프라퍼티를 활성화합니다. 이 프라퍼티는 씬에서 인라이튼 실시간 전역 조명 및 베이크된 전역 조명이 모두 활성화된 경우에만 사용할 수 있습니다.
- **Indirect Resolution**: 간접 조명으로 조명되는 개체에 대해 단위당 사용되는 텍셀(Texel) 해상도를 설정합니다.

■ Mixed Lighting 프라퍼티

- **Baked Global Illumination**: 믹스(Mixed) 및 베이크(Baked) 된 조명이 Baked GI를 사용할지 여부를 제어합니다. 이 설정을 활성화하면 유니티는 이 조명 설정 에셋을 사용하는 씬에 대해 베이크된 전역 조명 시스템을 활성화합니다.
- **Lighting Mode**: 씬 내 모든 혼합 광원에 사용할 조명 모드를 지정합니다. 그리고 이런 조명 모드를 변경하면 이 조명 설정 에셋을 사용하는 씬의 조명 데이터를 다시 베이크해야 합니다.
  - **Shadowmask**: 모든 혼합된 조명에 대해 Shadowmask 조명 모드를 사용합니다. Shadowmask 조명 모드에서 혼합된 조명은 실시간 직접 조명을 제공하며 간접 조명은 라이트맵과 프로브에 베이크됩니다. 이 모드는 실시간과 베이크된 그림자를 조합합니다.
    Shadowmask 조명 모드는 모든 조명 모드 중에서 최고 품질의 그림자를 제공하지만 더 높은 성능과 메모리 요구 사항이 따릅니다. 하이엔드 또는 미드레인지 하드웨어에서 오픈 월드와 같이 멀리 떨어진 게임 오브젝트가 보이는 사실적인 장면을 렌더링하는 데 매우 적합합니다.
  - **Subtractive**: 모든 혼합된 조명에 대해 서브트랙티브(Subtractive) 조명 모드를 사용합니다. 이 조명 모드에서 정적인 개체에 대해 베이크된 직접 조명과 간접 조명을 제공합니다. 동적인 개체는 실시간 직접 조명을 받고, 디렉셔널(Directional) 조명을 사용하여 그림자를 투영합니다.
  - **Baked Indirect**: 모든 혼합된 조명에 대해 베이크된 간접 조명 모드를 사용합니다. 이 때 유니티는 간접 조명을 라이트맵과 라이트 프로브에 베이크합니다.

8-3 조명 설정 에셋 컨트롤 생성 방법

유니티에서 조명 설정 에셋을 생성하는 방법에는 두 가지가 있습니다.

■ 프로젝트 뷰에서 조명 설정 에셋을 생성하는 방법

프로젝트 뷰에서 추가(+) 버튼을 클릭하거나, 우클릭으로 컨텍스트 메뉴를 열고 Create로 이동합니다. Lighting Settings를 클릭하면 프로젝트 뷰에 새로운 조명 설정 에셋을 생성합니다.

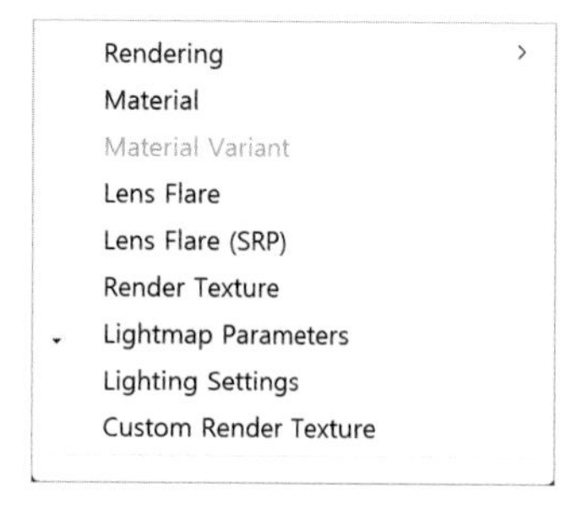

■ 라이팅 창에서 조명 설정 에셋을 생성하고 자동으로 할당하는 방법

라이팅 창(메뉴: Window 〉 Rendering 〉 Lighting)을 엽니다. Scene 탭을 선택합니다. New Lighting Asset을 클릭합니다. 유니티가 프로젝트 뷰에 새로운 조명 설정 에셋을 생성한 후 활성 씬에 즉시 할당합니다.

8-4 라이트매핑 설정(Lightmapping Settings)

■ Lightmapper

라이트매퍼에 대해서는 뒤에 다시 자세하게 다루도록 하겠습니다.

- Progressive GPU(Preview)
- Progressive CPU

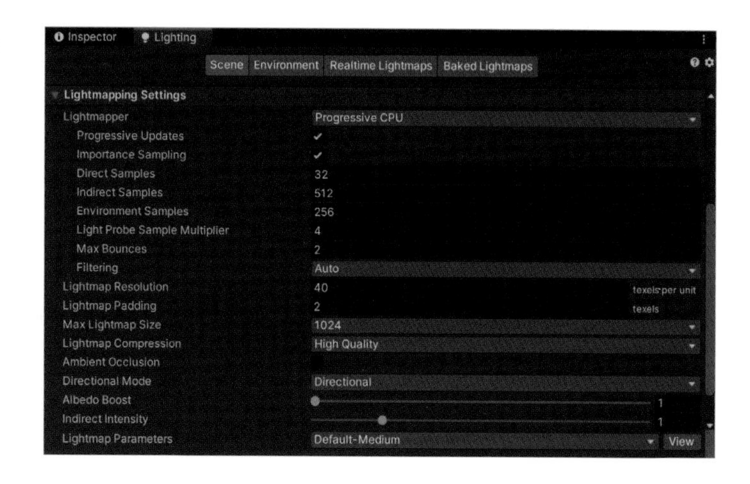

■ Lightmap Resolution

라이트맵에 사용할 단위당 텍셀(Texel) 수를 지정합니다. 이 값을 높게 설정하면 라이트맵 품질이 개선되지만 베이크 시간도 늘어납니다. 이 값을 두 배로 늘리면 라이트맵의 높이와 너비가 모두 2배가 되기 때문에 텍셀 수는 4배로 증가합니다.

■ **Lightmap Padding**

베이크된 라이트맵의 개별 셰이프 간 간격을 텍셀 단위로 결정합니다. 기본값은 2입니다. 간격이 클수록 각 라이트맵 영역끼리 겹쳐질 위험은 줄어들지만 전체 맵 사이즈가 고정되어 있을 때는 각각의 영역 크기가 줄어드는 결과가 나올 수도 있습니다.

■ **Max Lightmap Size**

개별로 포함된 게임 오브젝트 영역을 통합하는 전체 라이트맵 텍스처의 크기(픽셀 단위)를 지정합니다. 기본값은 1024입니다.

■ **Lightmap compression**

유니티가 라이트맵에 사용하는 압축 수준입니다.

- **None**: 라이트맵을 압축하지 않습니다.
- **Low Quality**: 보통 품질보다 메모리와 저장 공간을 덜 사용하지만 시각적 결함이 발생할 수도 있습니다.
- **Normal Quality**: 메모리 사용량과 화질 사이의 균형을 유지합니다.
- **High Quality**: 보통 품질보다 더 많은 메모리와 저장 공간이 필요하지만 더 나은 시각적 결과를 제공합니다.

■ **Ambient Occlusion**

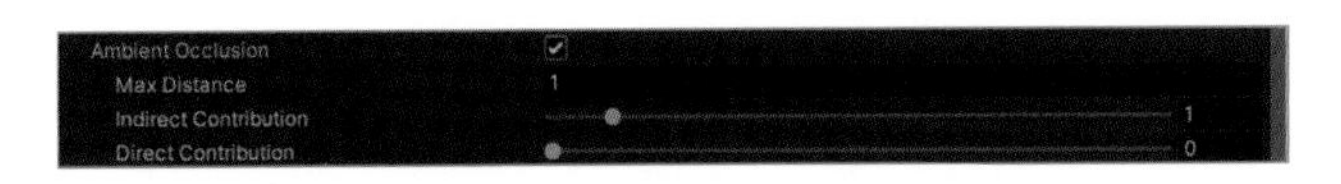

베이크된 앰비언트 오클루전에서 상대적인 표면 밝기를 제어할 수 있습니다. 앰비언트 오클루전이 활성화되면 최대 거리(Max Distance), 간접 조정(Indirect Contribution), 직접 조정(Direct Contribution)의 세 가지 설정이 노출됩니다. 세 가지 설정 모두 값이 높을수록 오클루전된 영역과 조명을 완전히 받은 영역 간의 콘트라스트가 더욱 증가합니다.

- **최대 거리(Max Distance)**: 오브젝트에 오클루전을 적용할지 결정하기 위해 조명 시스템에서 광선을 투사하는 거리를 지정합니다. 값이 높을수록 더 긴 광선이 생성되고 라이트맵에 그림자가 더 많이 추가되는 한편, 값이 낮을수록 오브젝트가 서로 매우 가까이에 있는 경우에만 그림자를 추가하는 더 짧은 광선이 생성됩니다. 값을 0으로 설정하면 최대 거리가 없는 무한하게 긴 광선이 투사됩니다. 기본값은 1입니다.
- **간접 조정(Indirect Contribution)**: 최종 라이트맵의 오브젝트에서 튕겨나고 방출되는 간접 주변광의 밝기를 스케일합니다. 0과 10 사이의 값으로 기본값은 1입니다. 값이 1보다 작으면 강도가 감소하고 값이 1보다 크면 증가합니다.
- **직접 조정(Direct Contribution)**: 직접광의 밝기를 스케일합니다. 0과 10사이의 값으로 기본값은 0입니다. 값이 높을수록 에디터가 직접 조명에 적용하는 콘트라스트가 증가합니다.

■ Directional Mode

오브젝트 표면의 각 포인트에서 가장 우세하게 비추는 광원의 특성에 관한 정보를 저장할 수 있는 라이트맵을 활성화합니다. 기본 모드는 Directional입니다.

- **Directional**: 유니티는 광원에서 비추는 우세한 방향을 저장하는 두 번째 라이트맵을 생성합니다. 이를 통해 디퓨즈 노멀 매핑된 머티리얼을 전역 조명 시스템과 연동할 수 있습니다. 쉐이더는 렌더링하는 동안 두 개의 라이트맵 텍스처를 샘플링합니다. 결과적으로 방향성(Directional) 모드는 추가 라이트맵 데이터를 위해 비방향성 모드보다 약 2배의 비디오 메모리를 필요로 합니다.
- **Non-directional**: 라이트맵에는 하나의 텍스처만 포함됩니다. 결과적으로 방향 라이트맵보다 비디오 메모리와 저장 공간이 적게 필요하며 쉐이더에서 더 빠르게 디코드할 수 있습니다만 이러한 최적화는 화질 저하를 가져옵니다.

■ Albedo Boost

유니티가 표면들 사이에서 바운스하는 광원의 양을 지정합니다. 이 값은 1에서 10 사이입니다. 이 값을 높게 설정할수록 간접광 계산을 위해 알비도 값을 흰색으로 밝게 합니다. 기본값은 1입니다.

■ Indirect Intensity

실시간 및 베이크된 라이트맵에 저장되는 간접광의 밝기를 결정합니다. 0과 5 사이의 값입니다. 값을 1보다 크게 설정하면 간접광의 강도가 증가하고, 값을 1보다 작게 설정하면 간접광의 강도가 감소합니다. 기본값은 1입니다.

■ Lightmap Parameters

베이크된 전역 조명과 관련된 설정 값을 저장합니다. 기본값은 Default-Medium이고 옵션은 Default-Medium, Default-HighResolution, Default-LowResolution 및 Default-VeryLowResolution입니다.

참고로 Enlighten Baked Global Illumination은 사용 중단 예정이며 기본적으로 사용자 인터페이스에서 더 이상 표시되지 않습니다.

8-5 프로그레시브 라이트매퍼(Progressive Lightmapper)란?

앞에서 이름으로만 소개했던 라이트매퍼(Lightmapper 혹은 Progressive Lightmapper) 설정에 대해서 자세하게 알아보겠습니다.

프로그레시브 라이트매퍼는 고속 경로 추적 기반 라이트매퍼 시스템으로, 프로그레시브 업데이트를 통해 베이크된 라이트맵과 라이트 프로브를 제공합니다.

프로그레시브 라이트매퍼는 짧은 준비 단계를 통해 지오메트리와 인스턴스 업데이트를 처리하고 G버퍼 및 차트 마스크를 생성합니다. 그런 다음 결과물을 즉시 생성한 후 점진적으로 다듬기 때문에 인터랙티브 조명 워크플로를 크게 개선할 수 있습니다. 또한 프로그레시브 라이트매퍼는 베이크하는 동안 예상 시간을 제공하기 때문에 베이크 시간을 쉽게 예측할 수 있습니다.

또한 프로그레시브 라이트매퍼는 각 개별 텍셀(texel)의 라이트맵 해상도 수준으로 전역 조명(GI)을 베이크할 수 있습니다. 또한 라이트맵 일부를 선택하여 베이크할 수 있으므로 더욱 빠르게 씬을 테스트하고 반복할 수 있습니다.

8-6 프로그레시브 CPU 라이트매퍼와 프로그레시브 GPU 라이트매퍼(프리뷰)

프로그레시브 CPU 라이트매퍼는 컴퓨터의 CPU와 시스템 RAM을 사용하는 프로그레시브 라이트매퍼용 백엔드입니다. 반면에 프로그레시브 GPU 라이트매퍼는 컴퓨터의 GPU와 VRAM을 사용하는 프로그레시브 라이트매퍼용 백엔드입니다.

참고로 Apple silicon 버전의 유니티는 CPU Progressive Lightmapper와 호환되지 않고 Progressive GPU Lightmapper만 호환됩니다.

■ 프로그레시브 라이트매퍼 사용방법

① Window 〉 Rendering 〉 Lighting으로 이동합니다.

② 씬 탭의 Lightmapping Settings로 이동합니다.

③ Lightmapper를 Progressive CPU(디폴트값) 또는 Progressive GPU(Preview)로 설정합니다.

- **Progressive Updates**: 이 설정을 활성화하면 프로그레시브 라이트매퍼가 씬(Scene) 뷰에서 현재 보이는 텍셀에 먼저 변경 내용을 적용한 후 화면 밖에 있는 텍셀에 변경 내용을 적용합니다.
- **Importance Sampling**: 이 설정을 활성화하면 환경 샘플링에 중요도 기반 멀티 샘플링을 사용할 수 있습니다. 이 경우 라이트맵을 생성할 때 수렴 속도가 빨라지지만, 특정 저주파수 환경에서 노이즈가 더 많이 발생할 수 있습니다.
- **Direct Samples**: 프로그레시브 라이트매퍼가 직접 조명 계산에 사용하는 샘플 수를 제어합니다. 이 값을 올리면 라이트맵 품질이 향상되지만 베이크 시간이 늘어납니다.

- **Indirect Samples**: 프로그레시브 라이트매퍼가 간접 조명 계산에 사용하는 샘플 수를 제어합니다.
- **Environment Samples**: 유니티가 광원을 직접 수집하기 위해 스카이박스를 향해 투사하는 총 환경 광선 수를 결정합니다. 값이 높을수록 결과가 더 부드러워지지만, 베이크 시간이 늘어납니다. HDR 스카이 박스가 있는 씬에서는 최종 라이트맵 또는 프로브의 노이즈를 줄이기 위해 더 많은 샘플이 필요한 경우가 많습니다.
- **Light Probe Sample Multiplier**: 라이트 프로브에 사용되는 샘플 수를 위 샘플 값의 곱하기로 제어합니다. 값이 높을수록 라이트 프로브의 품질이 향상되지만, 그만큼 베이크 시간이 증가합니다. 기본값은 4입니다.
- **Max Bounces**: 프로그레시브 라이트매퍼에서 간접 조명 계산에 포함시키고자 하는 최대 반사 횟수입니다. 기본값은 2이며 0~100 사이 범위입니다.
  10 이하의 값이 대부분의 씬에 적합합니다. 높은 값은 긴 베이크 시간을 초래할 수 있습니다. 실내 씬에는 더 높은 반사 횟수 값을 사용하고, 실외 씬 및 밝은 표면을 많이 포함한 씬에는 낮은 반사 횟수 값을 사용하는 것이 좋습니다.
- **Filtering**: 노이즈를 줄이기 위해 프로그레시브 라이트매퍼가 라이트맵에 포스트 프로세싱 효과를 적용하는 방식을 설정합니다.

  - **None**: 라이트맵에 필터나 노이즈 감소(Denoiser)를 사용하지 않습니다
  - **Auto**: 라이트맵의 후처리에 플랫폼 종속적인 프리셋(Platform-dependent preset)을 사용하도록 선택합니다.

    개발 컴퓨터가 OptiX(엔비디아 OptiX AI 가속 Denoiser)를 실행하기 위한 요구 사항을 충족하는 경우, Progressive Lightmapper는 모든 대상에 대해 1텍셀 반지름을 가진 가우시안 필터를 사용하여 디노이저를 사용합니다.
    개발 컴퓨터에서 OptiX를 실행할 수 없는 경우나 하드웨어에서 지원하지 않을 때에는OpenImageDenoise로 대체하면 됩니다.
- **Advanced**: 각 라이트맵 타겟의 유형에 대한 옵션을 수동으로 설정합니다. Direct, Indirect, Ambient Occlusion이 있습니다.
  - **Direct**: 광원에서 카메라로 직접 도달하는 모든 빛입니다.
  - **Indirect**: 광원에서 카메라로 간접적으로 도달하는 모든 빛입니다. 다른 게임 오브젝트에서 반사되는 광원에 가장 일반적으로 적용됩니다.
  - **Ambient Occlusion**: 조명 시스템이 계산하는 모든 주변광입니다.

■ 디노이저(Denoiser)

- **Optix**: NVIDIA Optix 디노이저는 AI 가속 디노이저로, 베이크된 라이트맵의 노이즈를 감소시킵니다. Maxwell 이

상 세대 아키텍처를 사용하는 NVIDIA GeForce, Quadro 또는 Tesla GPU와, 드라이버 버전 R495.89 이상이 필요합니다. Optix는 Windows에서만 지원됩니다.

- **RadeonPro**: RadeonPro 디노이저는 AI 가속 디노이저로, 베이크된 라이트맵의 노이즈를 감소시킵니다. 4GB 이상의 VRAM을 갖춘 OpenCL 호환 GPU가 필요합니다.
- **OpenImageDenoise**: Intel Open Image 디노이저는 AI 가속 디노이저로, 베이크된 라이트맵의 노이즈를 감소시킵니다.
- **None**: 디노이저를 사용하지 않습니다.

■ **필터(Filter)**

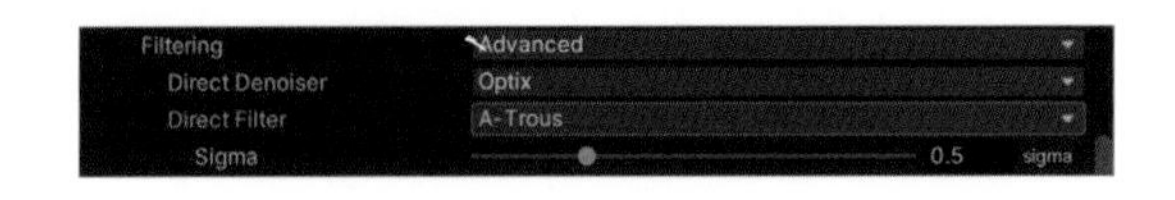

- **Gaussian**: 라이트맵 타겟에 가우스 필터를 사용합니다. 라이트맵을 흐릿하게 만들어 눈에 보이는 노이즈를 줄입니다.
- **A-Trous**: A-Trous 필터는 블러 정도를 최소화하고 라이트맵에 보이는 노이즈를 제거합니다.
- **None**: 라이트맵 타겟에 대한 모든 필터링을 비활성화합니다.
- **Radius**: 이 옵션은 Filter가 Gaussian으로 설정된 경우에만 사용할 수 있습니다. Radius 값을 높이면 블러 세기가 증가하고 노이즈가 감소하지만, 조명 디테일이 손실될 수 있습니다.
- **Sigma**: 이 옵션은 Filter가 A-Trous로 설정된 경우에만 사용할 수 있습니다. Sigma 값을 사용하여 보존할 디테일 양 또는 조명의 블러 정도를 조정합니다. Sigma 값을 높이면 역시 블러 세기가 증가하고 노이즈가 감소하지만, 조명 디테일이 손실될 수 있습니다.

■ **통계(Statistics)**

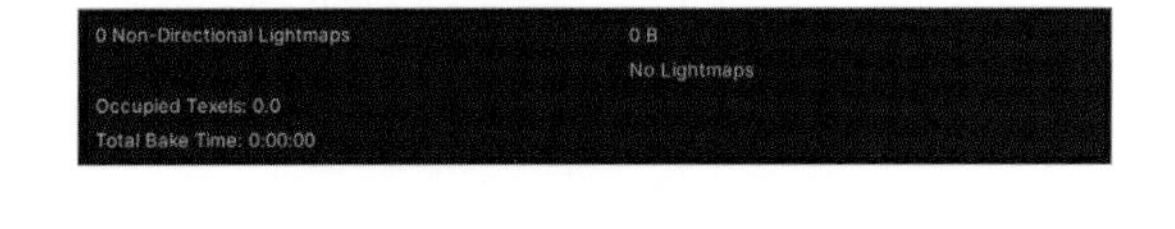

Auto Generate 및 Generate Lighting 버튼 밑에 있는 패널에는 다음과 같은 라이트매핑 통계가 표시됩니다.

- **Unity가 생성한 라이트맵 개수**
- **Memory Usage**: 현재 라이트매핑에 필요한 메모리 양입니다.
- **Occupied Texels**: 라이트맵 UV 공간에서 사용된 텍셀 수입니다.
- **Lightmaps in view**: 씬(Scene) 뷰에 있는 라이트맵 개수입니다.
- **Lightmaps not in view**: 씬(Scene) 뷰 밖에 있는 라이트맵 개수입니다.
- **Converged**: 이 라이트맵에 대한 계산이 완료된 상태입니다.
- **Not Converged**: 이 라이트맵에 대한 베이킹이 아직 진행 중입니다.
- **Bake Performance**: 초당 광선 수입니다.

프로그레시브 라이트매퍼는 베이크가 진행 중일 때 필요에 따라 베이크를 모니터링하거나 중지할 수 있는 옵션을 제공합니다.

■ **ETA(Estimated Time of Arrival)**

유니티가 라이트맵을 베이크하는 동안 표시되는 진행 표시줄은 "완료 예상 시간"(ETA로 표시)을 제공합니다. 이를 통해 베이크 시간을 훨씬 쉽게 예측하고, 현재 조명 설정에서 베이크 시간이 얼마나 걸리는지 빠르게 파악할 수 있습니다.

■ **강제 종료(Force Stop)**

수동 베이크를 진행하는 중 언제든지 Force Stop을 클릭하여 베이크 프로세스를 중지할 수 있습니다.

8-7 Environment 프라퍼티

Environment 탭에는 현재 씬의 환경 조명 효과와 관련된 설정이 들어 있습니다. 들어 있는 콘텐츠는 프로젝트가 사용하는 렌더 파이프라인에 따라 다릅니다. 여기에서는 빌트인 렌더 파이프라인과 유니버설 렌더 파이프라인 기준으로 설명하겠습니다.

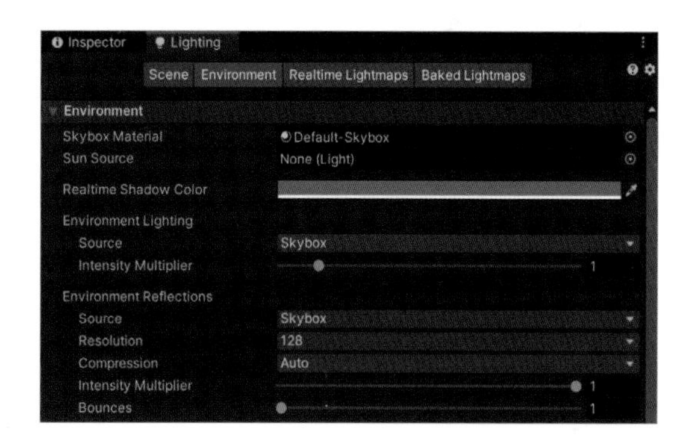

빌트인 렌더 파이프라인과 URP에서 Environment 탭은 Environoment와 Other settings 두 섹션으로 구성됩니다.

■ **환경(Environment)**

Environment 섹션에는 현재 씬의 환경 조명에 적용되는 조명 관련 설정과 컨트롤이 들어 있습니다

- **Skybox Material**: 스카이박스는 하늘이나 기타 먼 배경을 시뮬레이션하기 위해 씬의 다른 모든 요소 뒤에 나타나는 머티리얼입니다. 이 프라퍼티를 사용하여 씬에 사용할 스카이박스 머티리얼을 선택할 수 있습니다. 기본값은 빌트인 기본 스카이박스입니다.
- **Sun Source**: Skybox Material이 프로시듀럴 스카이박스(Procedural Skybox)인 경우 태양의 방향(또는 씬을 비추는 크고 먼 광원)을 나타내기 위해 이 설정을 사용하여 스카이박스와 Scene에 태양 위치와 강도의 효과를 시뮬레이션합니다. 혹은 계층 창에 있는 라이트를 드래그해서 적용할 수도 있습니다. None으로 설정하면 씬에서 가장 밝은 방향광이 태양을 나타내는 것으로 간주되며 기본값은 None입니다.

- **Realtime Shadow Color**: 실시간 그림자를 렌더링할 때 사용하는 컬러를 정의합니다.
- **Environment Lighting**
  - **Source**: 씬의 주변광에 대한 소스 컬러를 정의할 때 사용합니다. 기본값은 Skybox입니다.

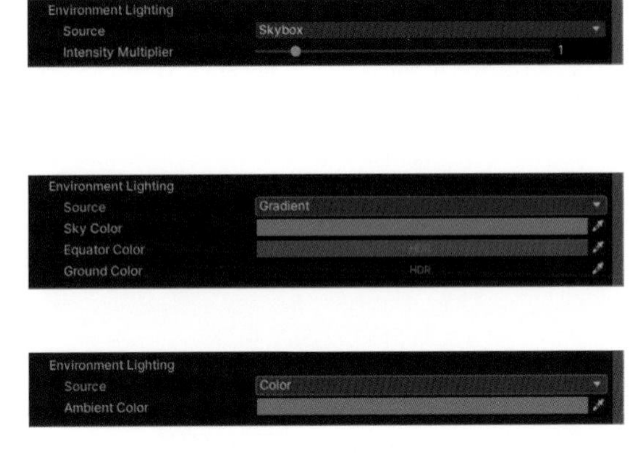

    - **Skybox**: Skybox Material에 설정된 스카이박스의 컬러를 사용하여 다른 각도에서 나오는 주변광을 판단합니다.
    - **Gradient**: 하늘, 지평선, 지면의 주변광에 사용할 컬러를 각각 다르게 설정하고 서로 부드럽게 블렌딩합니다.
    - **Color**: 모든 주변광에 플랫 컬러를 사용합니다.
    - **Intensity Multiplier**: 씬의 주변광 밝기를 설정하는 데 사용합니다. 0과 8 사이의 값으로 설정하며 기본값은 1입니다.
- **Environment Reflections**
  - **Source**: 이 설정을 사용하여 반사 효과에 스카이박스를 사용할지, 아니면 원하는 큐브맵을 사용할지 지정합니다. 기본값은 Skybox입니다.
    - **Skybox**: 스카이박스를 반사 소스로 사용하려는 경우 선택합니다.

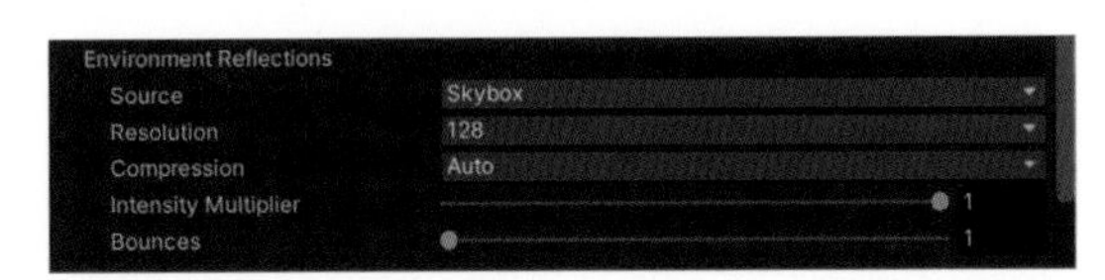

  - **Resolution**: 반사 목적으로 스카이박스의 해상도를 설정하려는 경우 선택합니다. 이 프라퍼티는 Source가 Skybox로 설정된 경우에만 표시됩니다.
    - **Custom**: 반사에 큐브맵 에셋 또는 큐브 타입의 렌더 텍스처를 사용하려는 경우 선택합니다.

  - **Cubemap**: 반사 목적으로 사용할 큐브맵을 지정합니다. 이 프라퍼티는 Source가 Cubemap으로 설정된 경우에만 표시됩니다.
  - **Compression**: 반사 텍스처의 압축 여부를 설정합니다. 기본값은 Auto입니다.
    - **Auto**: 압축 포맷이 적합하면 반사 텍스처를 압축합니다.
    - **Uncompressed**: 반사 텍스처를 압축하지 않고 메모리에 저장합니다.
    - **Compressed**: 텍스처를 압축합니다.
  - **Intensity Multiplier**: Skybox나 Cubemap이 얼마나 씬의 반사도에 영향을 미치는지를 제어합니다. 1값일

때 물리적으로 정확한 값을 도출합니다.

◦ **Bounces**: 한 오브젝트의 반사가 다른 오브젝트에 의해 반사될 때 반사 바운스가 일어납니다. 이 프라퍼티를 사용하여 반사 프로브가 오브젝트 간에 오고 가는 반사를 평가하는 횟수를 설정할 수 있습니다. 값을 1로 설정하면 유니티는 처음 반사만 고려합니다.

■ 기타 설정(Other Settings)

기타 설정 섹션에는 안개, 헤일로, 플레어 및 쿠키에 대한 설정이 들어 있습니다.

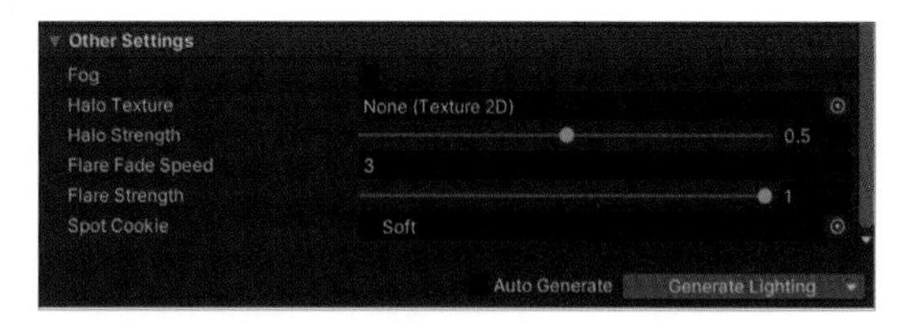

- **Fog**: 씬에서 안개를 활성화하거나 비활성화합니다.

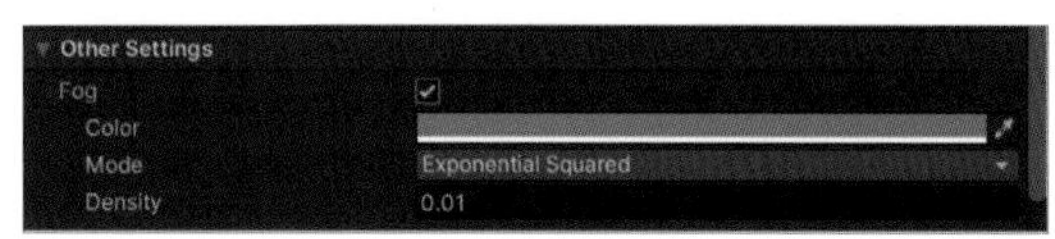

  ◦ **Color**: 컬러 피커를 사용하여 포그를 드로우하는 데 사용하는 컬러를 설정합니다.

  ◦ **Mode**: 카메라에서 떨어진 거리에 따라 안개가 쌓이는 방법을 정의합니다.

    · **Linear**: 안개 밀도가 거리에 따라 선형으로 증가합니다.

    · **지수형(Exponential)**: 안개 밀도가 거리에 따라 기하급수적으로 증가합니다.

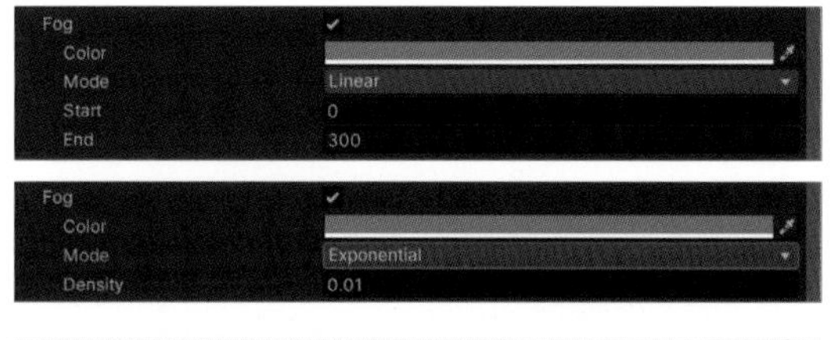

    · **지수 제곱형(Exponential Squared)**: 거리가 멀어질수록 포그 밀도가 더 빨리 증가합니다(기하급수적 + 제곱)

  ◦ **Start(시작)**: 카메라로부터 안개가 시작되는 거리를 설정합니다.

  ◦ **End(끝)**: 카메라로부터 안개가 씬의 게임 오브젝트를 완전히 가리는 거리를 설정합니다.

  ◦ **Density(밀도)**: 안개의 밀도를 조정하는 데 사용합니다.

- **Halo Texture**: 광원 주위에 후광을 그릴 때 사용할 텍스처를 설정합니다.

- **Halo Strength**: 광원을 둘러싼 후광의 가시성을 0과 1 사이의 값으로 정의합니다.

- **Flare Fade Speed**: 렌즈 플레어가 처음 나타난 후 뷰에서 페이드 아웃되는 시간(초)을 정의합니다. 기본값은 3입니다.

- **Flare Strength**: 광원의 렌즈 플레어가 보이는 정도를 0과 1 사이의 값으로 정의합니다.

- **Spot Cookie**: 스폿 광원에 사용할 쿠키 텍스처를 설정합니다.

CHAPTER 09

씬 뷰의 Shading Mode 종류

- **Shaded**: 현재 라이팅 셋업에 따른 조명상태로 기본 모드입니다.

- **Wireframe**: 지오메트리의 와이어 프레임을 디스플레이 해줍니다.

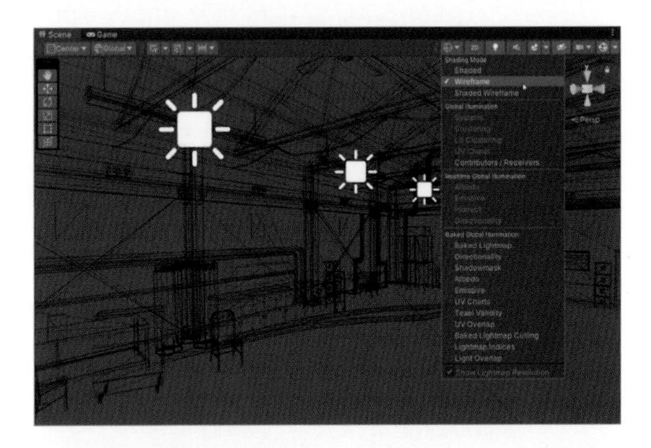

- **Shaded Wireframe**: 쉐이디드 모드 위에 와이어 프레임을 겹쳐서 디스플레이 해줍니다.

렌더링의 종류(Rendering)

CHAPTER 10

10-1 포워드 렌더링(Forward Rendering)

유니티에서의 포워드 렌더링(Forward Rendering)은 가장 일반적으로 사용되는 렌더링 기법 중 하나입니다. 포워드 렌더링은 각각의 개별적인 오브젝트에 대해 조명, 쉐이딩 및 그림자 계산을 수행하여 화면을 렌더링하는 방식입니다.

포워드 렌더링은 다음과 같은 단계로 작동합니다.

- **렌더링 세팅**: 각각의 개별적인 물체에 대한 머티리얼과 쉐이더를 설정합니다. 이 단계에서는 조명, 텍스처, 재질 등을 설정하여 물체의 외관을 결정합니다.
- **조명 계산**: 조명 소스로부터의 빛을 계산하고, 개별 물체의 표면에 반사되는 빛의 양을 결정합니다. 이 단계에서는 주변 조명, 점광, 스포트라이트 등의 조명을 고려하여 개별 물체에 적용합니다.
- **그림자 계산**: 물체가 그림자를 생성하는 경우, 그림자 맵(Shadow map)이나 그림자 프로젝터(Shadow projector)를 통해 그림자를 계산합니다. 이 단계에서는 물체의 위치와 조명의 위치를 고려하여 그림자를 생성합니다.
- **쉐이딩 계산**: 물체의 표면에 쉐이딩을 적용하여 광원과 빛의 반사를 고려한 픽셀의 색상을 계산합니다. 쉐이딩은 물체의 표면 속성과 조명에 따라 다양한 효과를 적용하여 시각적인 외관을 결정합니다.
- **화면에 렌더링**: 계산된 색상과 텍스처를 기반으로 화면에 물체를 렌더링합니다. 이 단계에서는 가시성 테스트, 투명도 처리 등을 수행하여 화면에 정확하고 일관된 물체를 표시합니다.

포워드 렌더링은 단순하고 직관적인 방식으로 작동하며, 다양한 플랫폼과 하드웨어에서 효율적으로 동작합니다. 그러나 대규모 라이팅, 간접 조명, 그림자 등의 복잡한 시각적 효과를 처리하기에는 제한적일 수 있습니다. 큰 규모의 장면이나 다수의 동적 물체를 처리하는 경우에는 다른 렌더링 기법을 고려해야 할 수 있습니다.

10-2 디퍼드 렌더링(Deferred Rendering)

유니티에서의 디퍼드 렌더링(Deferred Rendering)은 렌더링 기법 중 하나로, 복잡한 조명, 그림자, 효과 등을 처리하는 데 효율적인 방법을 제공합니다. 디퍼드 렌더링은 픽셀당 하나의 버퍼를 사용하여 렌더링을 수행하고, 이후에 추가적인 계산과 효과를 적용하는 방식으로 작동합니다.

디퍼드 렌더링은 다음과 같은 단계로 작동합니다.

- **기하 렌더링**: 개별 물체의 기하 정보를 버퍼에 렌더링합니다. 이 단계에서는 물체의 위치, 법선, 알비도(색상) 등의 정보를 기록합니다. 각 픽셀에 대해 한 개의 버퍼에 기하 정보를 저장하므로, 복잡한 기하학적 처리에도 상대적으로 적은 성능을 요구합니다.
- **조명 계산**: 조명 계산은 디퍼드 렌더링의 장점 중 하나입니다. 조명 소스와 기하 정보를 기반으로 조명 효과를 계산합니다. 디퍼드 렌더링은 전체 조명 계산을 수행하는 대신, 미리 계산된 기하 정보를 활용하여 픽셀당 한 번의 계산만 수행하면 됩니다. 이로써 복잡한 조명 효과를 효율적으로 처리할 수 있습니다.
- **추가 계산과 효과**: 기하 정보와 조명 계산이 완료된 후, 디퍼드 렌더링은 추가적인 계산과 효과를 적용합니다. 이 단계에서는 그림자, 반사, 광택 등의 효과를 계산하고, 쉐이더를 통해 최종적인 픽셀 색상을 결정합니다.
- **화면에 렌더링**: 계산된 픽셀 색상을 화면에 렌더링합니다. 이 단계에서는 가시성 테스트와 투명도 처리 등을 수행하여 화면에 정확하고 일관된 물체를 표시합니다.

디퍼드 렌더링은 조명, 그림자, 효과 등의 처리를 효율적으로 수행할 수 있는 장점이 있습니다. 대규모 장면, 다수의 조명 소스, 복잡한 조명 효과를 처리하는 데 효과적이며, 픽셀 당 계산이 적어 빠른 속도를 제공합니다. 그러나 투명도 처리나 간접 조명과 같은 일부 효과는 추가적인 처리가 필요할 수 있으며, 일부 하드웨어에서는 지원이 제한될 수 있습니다.

Baked Lighting 실습

예제 씬을 이용해서 실제 라이트맵을 베이크 해보도록 하겠습니다.

■ 씬 준비 및 라이트맵 베이킹

01 메뉴에서 Window > Rendering > Lighting 을 선택하여 Lighting 창을 엽니다. 라이트맵을 적용할 메시를 검토하여 라이트맵에 적합한 UV가 있는지 확인합니다. 메시 임포트 설정을 열고 Generate Lightmap UVs 설정을 활성화하면 가장 쉽게 확인할 수 있습니다.

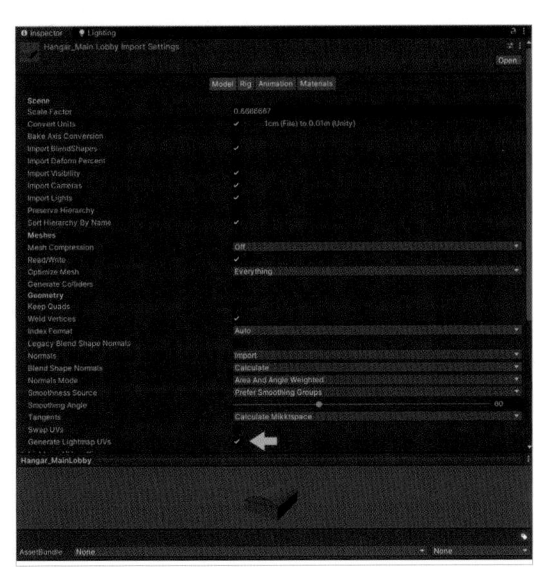

02 다음, 라이트맵 해상도를 설정하기 위해 라이트맵 설정(Lightmapping Settings) 섹션으로 이동하여 라이트맵 해상도(Lightmap Resolution) 값을 조정합니다.

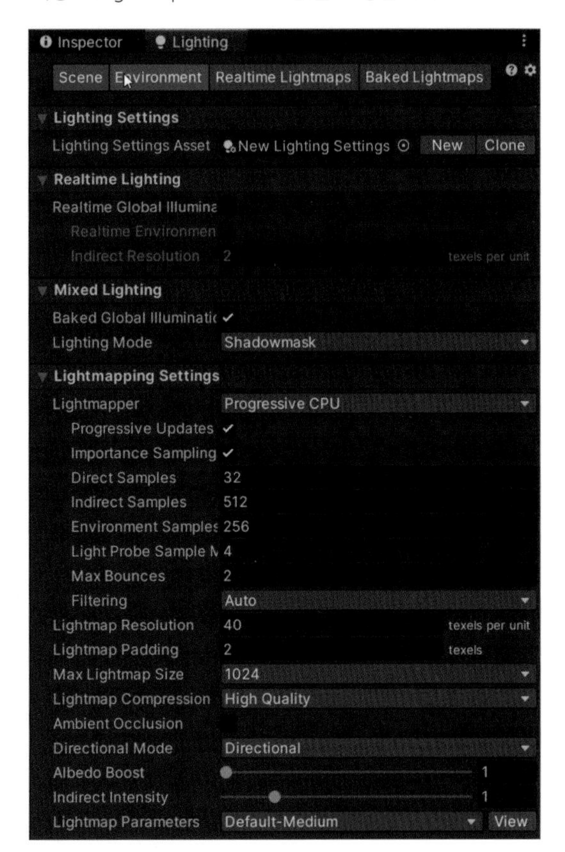

03 다음 이미지와 같은 예제 씬을 준비했습니다. 예제 씬은 헬기 격납고 내부 모습을 구성해 놓은 것으로 외부와는 단절되어 있고 메인 라이트 소스로 천장에 달려있는 형광등, 벽에 붙어있는 실내등이 주로 사용되고 있는 실내 씬입니다. 따라서 따로 햇빛으로 사용할 디렉셔널 라이트는 사용하지 않고 에이리어 라이트와 포인트 라이트 위주로 라이팅 세팅을 하였습니다. 전등 오브젝트에는 이미시브 머티리얼을 적용해서 발광하는 것처럼 보입니다.

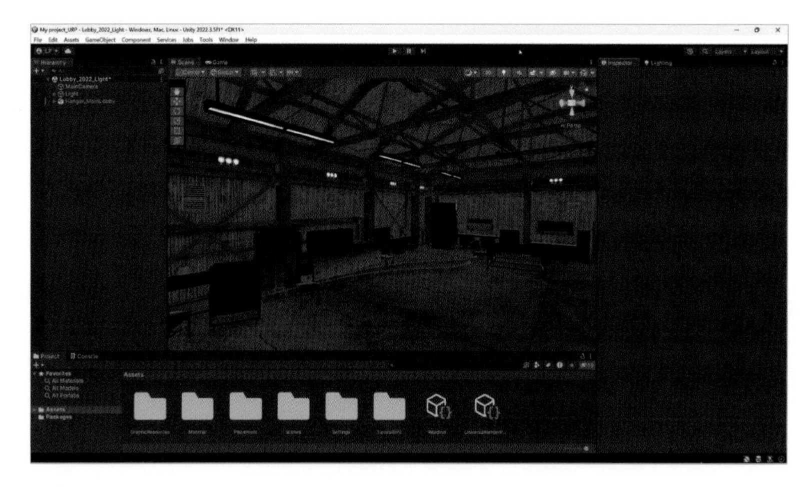

04 그리고 모든 게임 오브젝트를 정적(Static)으로 설정했습니다.

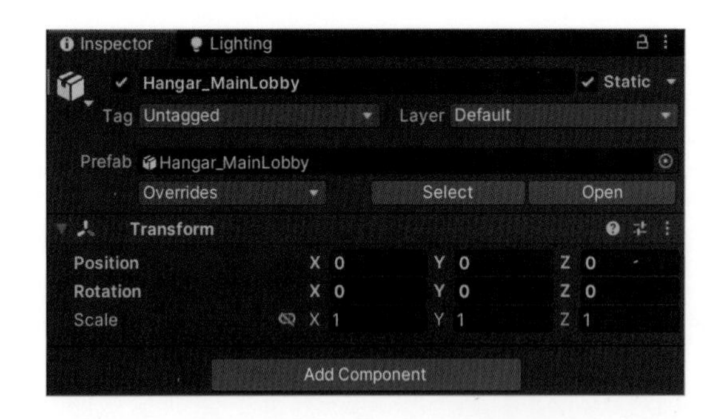

05 다음 이미지에는 라이팅 환경 설정입니다. 디폴트 스카이박스는 그대로 두고 Sun Source는 None으로 설정했습니다.

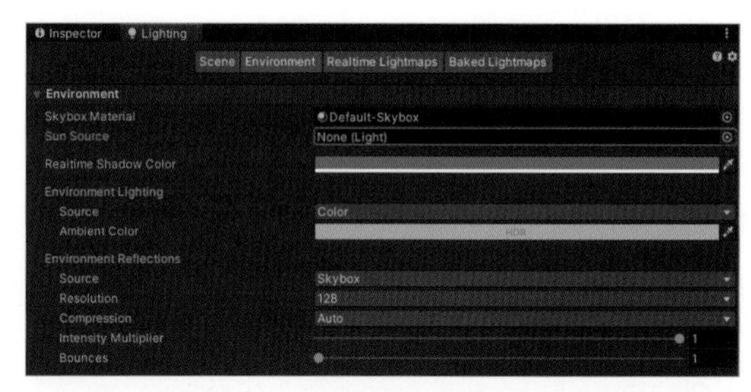

06 형광등 오브젝트 크기에 맞춰서 에이리어 라이트들을 배치했습니다. 벽에 달려있는 전등에는 포인트 라이트를 배치했습니다.

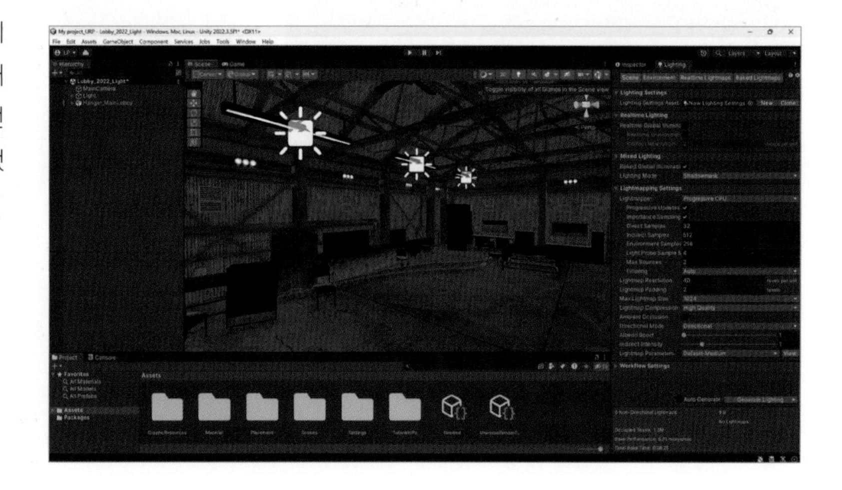

07 필요한 라이트를 배치했으면 라이팅 창에서 Generate Lighting 버튼을 눌러서 라이트매핑 작업을 수동으로 시작합니다. 아래 이미지는 라이트매핑이 완료된 씬 이미지입니다.

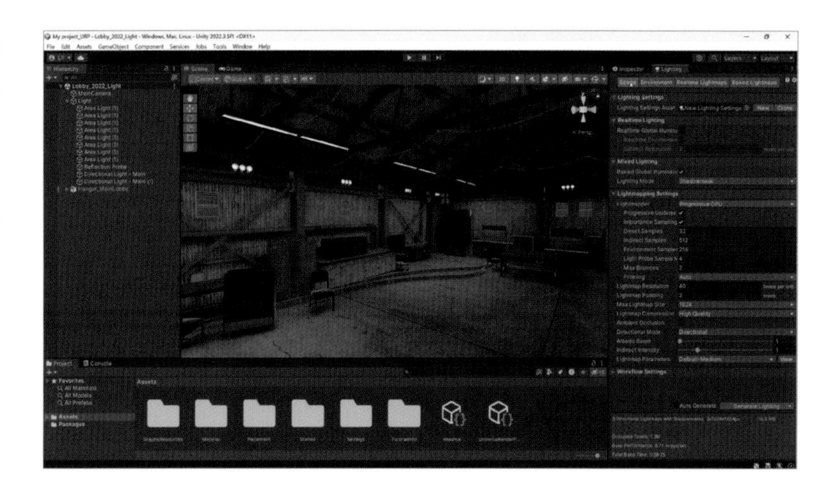

08 베이킹이 진행되는 동안 에디터 상태 표시줄의 오른쪽 하단에 진행 표시줄이 나타나며 라이트매핑이 완료되면 씬(Scene) 뷰와 게임 뷰가 자동으로 업데이트되며 Lighting 창의 Baked Lightmaps 탭으로 이동하여 결과가 적용된 라이트맵을 볼 수 있습니다.

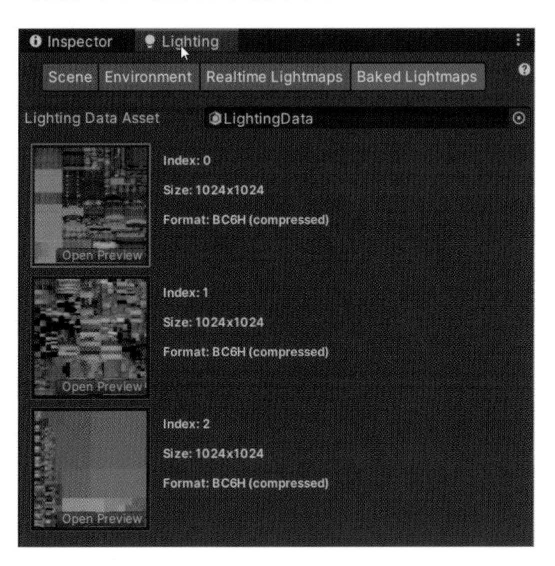

09 다음 이미지처럼 베이크 된 라이팅 상황에서 오브젝트를 하나 선택해서 이동시켜보면 베이크된 그림자가 오브젝트를 따라서 움직이는 것이 아니라 바닥면에 텍스처로 고정되어 있는 것을 볼 수 있습니다.

Baked Global Illumination 드로우 모드 종류와 특징

- **Baked Lightmap**: 씬 지오메트리에 베이크된 라이트맵을 적용해서 보여주는 모드이며 Lightmap Exposure 컨트롤을 사용하여 HDR 라이트맵을 더 효과적으로 평가할 수 있습니다.

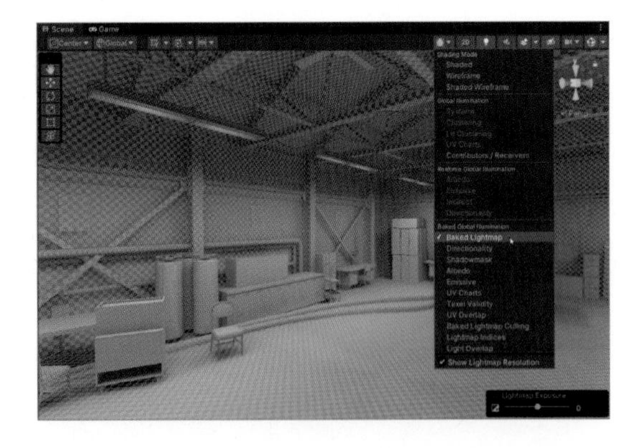

- **Directionality**: 이 모드는 가장 우세한 조명의 방향 벡터를 표시합니다.

- **Shadowmask**: 쉐도우마스크 텍스처의 가려짐 값(occlusion values)을 표시합니다.

- **Albedo**: 라이트매퍼가 Baked Global Illumination 결과를 계산하는 데 사용하는 알비도를 나타냅니다.

- **Emissive**: GI(Global Illumination) 계산 시 사용되는 발광(Emission)을 표시합니다.

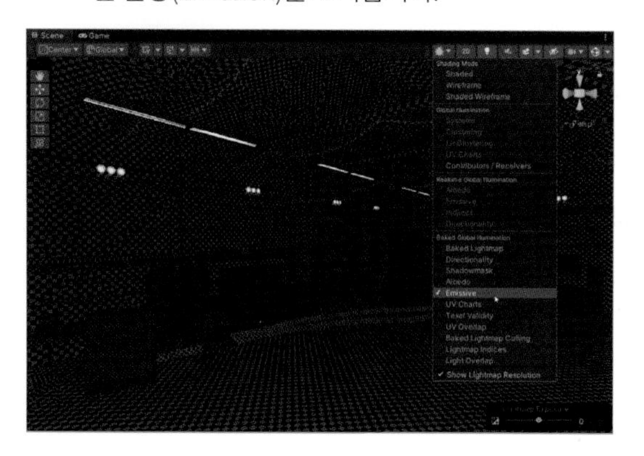

- **UV Charts**: 최적화된 UV 레이아웃을 나타냅니다. Precompute 프로세스 중 자동으로 생성됩니다.

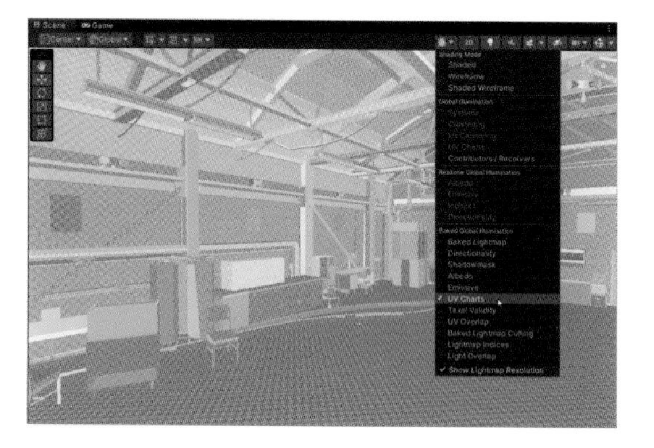

- **Texel Validity**: 대부분이 백페이스(backfaces)를 보는 텍셀이 무효로 표시된 것을 보여줍니다.

- **UV Overlap**: 만약 라이트맵 차트가 UV 공간에서 너무 가깝게 위치한다면, GPU가 라이트맵을 샘플링할 때 그 안의 픽셀 값이 서로 혼합될 수 있습니다. 이 모드를 통해 다른 차트 내의 텍셀과 너무 가까운 텍셀을 식별할 수 있습니다.

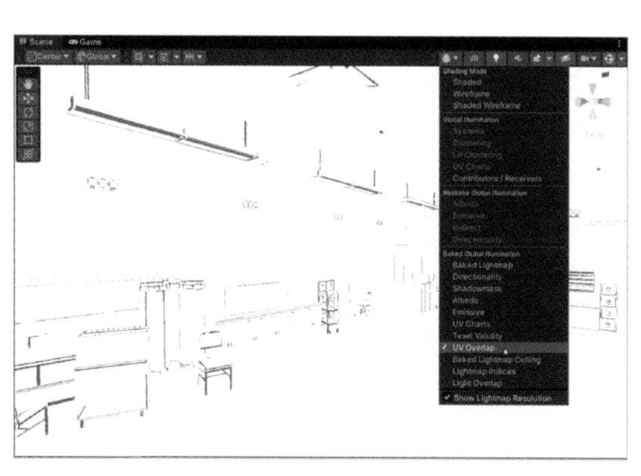

- **Baked Lightmap Culling**: 카메라의 시점을 기반으로 베이크된 라이트맵 텍스처의 일부를 선택적으로 렌더링하여 렌더링 오버헤드를 줄이고 런타임 성능을 향상시키는 성능 최적화 기술입니다.

- **Lightmap Indices**: 씬 내 객체와 특정 라이트맵을 연결하는 식별자로, 런타임 중 정적(static) 객체에 미리 계산된 조명을 적용하기 위해 사용됩니다.

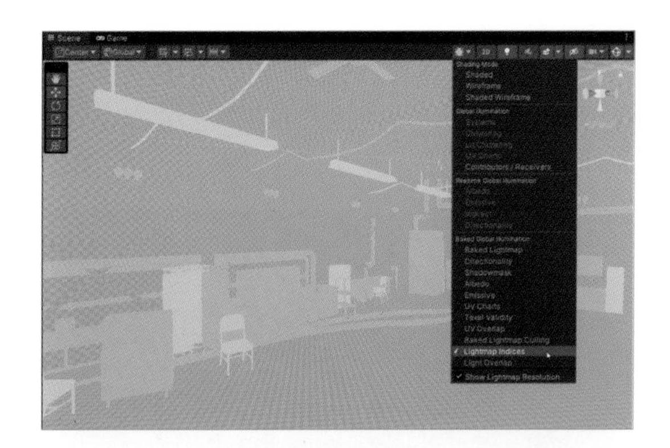

- **Light Overlap**: 이 모드를 사용하면 모든 정적 라이트가 그림자 마스크에 베이크되었는지 확인할 수 있습니다. 레벨의 특정 영역이 네 개 이상의 정적 라이트로 조명이 켜져 있다면, 초과하는 라이트는 빨간색으로 표시됩니다.

Mixed Lighting 실습

간단한 예제로 믹스드 라이팅에 대해서 알아보겠습니다.

01 라이트맵을 완료한 씬에 디렉셔널 라이트 하나를 추가하고 라이팅 모드를 mixed로 설정했습니다.

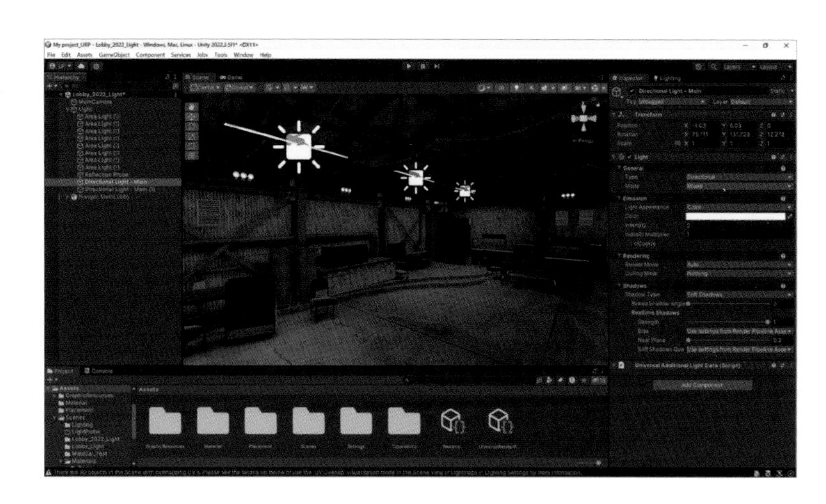

02 새 큐브 오브젝트를 하나 생성하고 머티리얼을 적용하여 씬에 배치했습니다. 이 때 이 큐브는 움직이는 동적인 오브젝트 역할을 할 것이므로 인스펙터 창에서 Static 옵션 선택을 꺼둡니다.

03 큐브를 선택하여 이동시켜보면 다른 정적인(Static) 오브젝트들과 다르게 그림자가 오브젝트를 따라 실시간으로 이동하는 것을 알 수 있습니다.

이처럼 유니티에서 믹스드 라이팅(Mixed Lighting)은 게임 개발자들이 실시간 라이팅과 베이크 라이팅을 혼합하여 사용하는 데 도움이 되는 중요한 라이팅 기술입니다. 이것은 다양한 장점을 제공하며 게임의 시각적 품질과 효율성을 향상시킵니다.

■ **특징 및 장점**

- **실시간 및 베이크드 라이팅 혼합**: 믹스드 라이팅은 게임의 일부 영역에서는 실시간 라이팅을 사용하고 다른 영역에서는 베이크 라이팅을 사용하는 방식으로 작동합니다. 이것은 게임 세계를 현실적으로 만들면서도 렌더링 효율성을 유지하는 데 도움이 됩니다.
- **동적 조명과 정적 조명의 결합**: 믹스드 라이팅은 게임 중에 동적(캐릭터나 NPC 등)으로 조명을 조절하면서도, 정적인 영역(배경)은 베이크된 라이트맵을 사용하여 렌더링 효율성을 확보합니다. 이는 게임 내에서 다양한 조명 상황을 지원하면서도 빠른 렌더링을 가능하게 합니다.
- **자연스러운 그림자**: 실시간 라이팅 영역에서는 물체의 움직임에 따라 실시간 그림자를 생성하므로 게임의 현실감을 향상시킵니다. 동적 물체의 그림자는 플레이어에게 더 생생한 게임 경험을 제공합니다.
- **렌더링 효율성**: 베이크된 라이팅은 전처리 계산(Precompute Process)을 통해 렌더링 프로세스를 최적화하므로 게임이 더 부드럽게 실행됩니다. 실시간 라이팅에 비해 하드웨어 요구 사항이 낮아지므로 다양한 플랫폼에서 게임을 실행할 수 있습니다.
- **변화 가능한 환경**: 게임 내에서 믹스드 라이팅을 사용하면 시간 변화, 날씨 변화, 플레이어 행동에 따른 조명 변화 등 다양한 환경 요소를 구현할 수 있습니다. 이는 게임의 재미와 다양성을 높입니다.

요약하면, 유니티의 믹스드 라이팅은 게임 개발자에게 실시간 라이팅과 베이크 라이팅의 장점을 혼합하여 제공하며, 게임의 시각적 품질과 효율성을 향상시킵니다. 이것은 게임 개발자들이 더 생생하고 현실적인 게임 환경을 만들면서도 하드웨어 성능을 효과적으로 활용할 수 있도록 도와줍니다.

리얼타임 라이팅(Real-Time Lighting)과 베이크 라이팅(Baked Lighting) 비교

■ 리얼타임 라이팅(Real-Time Lighting)의 특징

- **실시간 계산**: 리얼타임 라이팅은 실시간으로 조명 및 그림자를 계산하며, 게임이 실행 중에 빠르게 반응합니다. 이것은 빠르게 변하는 조명 상황을 지원하며, 플레이어의 움직임에 실시간으로 반응할 수 있습니다.
- **유연성**: 리얼타임 라이팅은 게임 내에서 동적 조명을 구현하는 데 매우 유용합니다. 시간 변화, 날씨 변화, 플레이어 행동에 따라 조명을 조절하고 그림자를 생성하는 데 사용됩니다.
- **실시간 그림자**: 실시간 라이팅은 물체의 움직임에 따라 실시간 그림자를 생성할 수 있으며, 이는 게임의 현실감을 높이는 데 중요합니다.
- **높은 하드웨어 요구 사항**: 리얼타임 라이팅은 높은 계산 요구 사항을 가질 수 있으며, 더 빠른 하드웨어가 필요할 수 있습니다.

■ 베이크 라이팅(Baked Lighting)의 특징

- **전처리 계산**: 베이크 라이팅은 미리 계산된 라이트맵을 사용합니다. 씬을 빌드하기 전에 조명 및 그림자 정보를 계산하고 텍스처로 저장합니다.
- **고정된 조명**: 베이크된 라이팅은 게임 실행 중에 조명이나 그림자를 동적으로 조절할 수 없습니다. 이는 시간 경과나 날씨 변화에 따른 조명 변화를 지원하지 않습니다.
- **렌더링 효율성**: 베이크 라이팅은 렌더링 프로세스를 최적화하고 게임 실행 중에 계산을 제거하므로 렌더링 효율성을 높입니다.
- **적은 하드웨어 요구 사항**: 베이크 라이팅은 일반적으로 하드웨어 요구 사항이 낮으며, 다양한 플랫폼에서 게임을 실행할 수 있습니다.

광원 탐색기 창(The Light Explorer Window)

Light Explorer 창을 사용하면 한 곳에서 광원 소스를 선택하고 편집할 수 있습니다. 메뉴에서 Light Explorer 창을 열려면 Window 〉 Rendering 〉 Light Explorer 로 이동합니다.

씬 내에 여러 개의 광원이 있을 때 한번에 프라퍼티를 보기도 쉽고 제어도 가능하기 때문에 편리한 툴입니다.

패널 위쪽에 있는 네 개의 탭을 사용하여 현재 씬의 광원, 2D 광원, 반사 프로브, 라이트 프로브, 정적 이미시브의 설정을 확인합니다.

검색 필드를 사용하여 각 테이블의 이름을 필터링할 수도 있고 작업할 광원을 선택할 수도 있습니다.

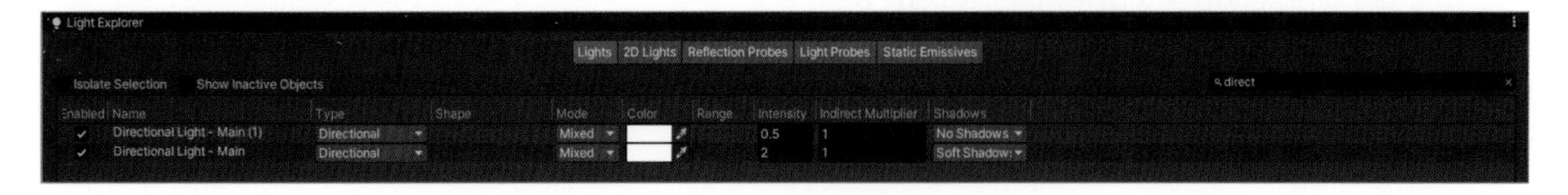

라이트 프로브(Light Probe)

CHAPTER 16

유니티에서의 라이트 프로브는 씬 전반에 걸쳐 샘플 형태로 조명 정보를 캡처하고 저장하는 데 사용됩니다. 이를 통해 간접 조명(반사된 빛)을 근사화하고 오브젝트가 주변으로부터 튕겨진 빛을 받을 수 있게 합니다. 유니티에서의 라이트 프로브의 특징을 살펴보면 다음과 같습니다:

■ **조명 근사화**

라이트 프로브는 씬의 다양한 지점에서 조명 정보를 샘플링하여 간접 조명을 근사화합니다. 특정 위치에서 조명의 색상과 강도를 캡처하여 오브젝트가 튕겨진 빛을 받고 더 현실적인 조명을 구현할 수 있습니다.

■ **구면 조화**

라이트 프로브는 조명 정보를 구면 조화(Spherical Harmonics)를 사용하여 저장합니다. 구면 조화는 조명 데이터의 수학적 표현 방식입니다. 구면 조화는 씬 전반에 걸친 조명 정보를 간결하고 효율적인 방식으로 저장합니다.

■ **베이크와 실시간**

라이트 프로브는 게임에서 실시간 라이팅과 베이크드 라이팅을 혼합하여 사용할 때 중요한 역할을 합니다. 이 경우, 라이트 프로브는 실시간 라이팅 영역과 베이크드 라이팅 영역의 경계 지점에서 조명 정보를 스무딩하고 전환하는 데 사용됩니다. 이렇게 하면 게임 세계의 시각적 일관성을 유지하면서도 렌더링 효율성을 높일 수 있습니다.

라이트 프로브는 베이크를 통해 사전 계산될 수도 있으며, 실시간으로 생성될 수도 있습니다. 베이크된 라이트 프로브는 조명이 변경되지 않는 정적인 씬에 적합하며, 정확하고 일관된 결과를 제공합니다. 실시간 라이트 프로브는 동적으로 생성되며, 씬의 변화나 움직이는 오브젝트에 대응할 수 있습니다.

■ **배치와 밀도**

라이트 프로브는 원하는 씬 영역을 커버하기 위해 전략적으로 배치되어야 합니다. 라이트 프로브의 밀도는 조명 근사화의 정확도에 영향을 미치며, 높은 밀도는 더 정밀한 결과를 제공합니다.

■ **프로브 블렌딩**

라이트 프로브는 함께 블렌딩하여 다른 조명 조건 간의 부드러운 전환을 구현할 수 있습니다. 블렌딩은 여러 라이트 프로브에 영향을 받는 영역에서 시각적으로 매끄러운 조명 연속성을 가능하게 합니다.

■ **성능 고려 사항**

라이트 프로브는 특히 실시간 계산에서 성능에 영향을 줄 수 있습니다. 라이트 프로브의 수와 밀도는 성능에 영향을 미치므로 원하는 시각적 품질을 위해 그 배치를 최적화하는 것이 중요합니다.

요약하자면 유니티에서의 라이트 프로브는 동적인 씬에서 더 현실적인 조명을 구현하기 위한 중요한 도구입니다. 간접 조명을 근사화하고 씬 전체에 걸친 조명 정보를 캡처함으로써 라이트 프로브는 오브젝트가 튕겨진 빛을 받고 보다 정확한 음영을 제공 가능하게 합니다. 베이크를 통해 사전 계산하거나 실시간으로 생성될 수 있으며, 라이트 프로브는 시각적으로 매력적인 조명 효과를 구현하는 데 기여합니다. 그러나 시각적 품질과 실시간 성능을 균형있게 고려하기 위해 라이트 프로브의 배치를 최적화하는 것이 중요합니다.

16-1 라이트 프로브 동작 방식

일반적으로 유니티에서 라이트 프로브의 동작 방식은 다음과 같습니다.

- **라이트 프로브 배치**: 라이트 프로브를 씬(Scene)에 배치해야 합니다. 라이트 프로브는 씬 내의 특정 지점에 위치하며, 물체들에게 조명 정보를 제공하는 역할을 수행합니다. 씬 내에 라이트 프로브를 원하는 위치에 배치하여야 합니다.
- **라이트 프로브 그룹 설정**: 라이트 프로브 그룹은 씬 내의 라이트 프로브들을 묶어서 관리하는데 사용됩니다. 라이트 프로브 그룹은 Reflection Probe와 비슷한 개념으로, 씬 내에 하나 이상의 라이트 프로브들을 그룹으로 묶을 수 있습니다.
- **라이트 프로브 캡처**: 게임 실행 중에 라이트 프로브는 자신이 위치한 지점의 주변 조명 정보를 캡처합니다. 이 캡처는 반사 프로브와 달리 정적인 방식으로 수행되며, 동적인 빛의 변화를 실시간으로 캡처합니다.

- **물체에 조명 정보 적용**: 라이트 프로브가 캡처한 주변 조명 정보는 씬에 있는 물체들의 머티리얼(Material)에 적용됩니다. 물체의 머티리얼은 라이트 프로브가 위치한 지점의 조명 정보를 받아와 물체의 조명을 적용하게 됩니다. 이를 통해 물체들이 주변 환경의 조명에 따라 적절하게 밝거나 어두워지도록 만들어 실감나고 현실적인 시각적인 효과를 제공합니다.

특히 정적(Static)인 배경 사이를 움직이는 오브젝트의 경우 라이트매핑은 정적(static) 오브젝트의 표면을 사실적인 반사광을 캡처한 "베이크된" 텍스처로 씬이 사실적으로 보이는데 큰 기여를 합니다만 이러한 라이트 매핑은 움직이지 않는 오브젝트에만 적용될 수 있습니다.

따라서 실시간 및 혼합 모드 광원이 움직이는 오브젝트에 라이트 프로브(Light Probes)를 사용하지 않으면 움직이는 오브젝트(예를 들어 캐릭터나 자동차 등 움직이는 오브젝트)는 정적인 환경에서 반사광을 받을 수 없습니다. 그러므로, 동적인 오브젝트가 게임 환경에서 공간을 통과하여 움직일 때, 그 오브젝트는 현재 포지션의 반사광의 근사값을 보여주기 위해 라이트 프로브에 저장된 정보를 사용하여 간접광을 표현할 수 있습니다.

16-2 라이트 프로브 실습

자 그러면 라이트 프로브가 어떻게 씬 조명에 실제로 활용되는지 간단한 예제를 보면서 설명해 보겠습니다.

01 다음 이미지처럼 씬에 간단한 바닥과 벽 그리고 구를 하나 생성하고 각각 다른 색상의 머티리얼을 적용시켰습니다. 파랑색, 빨강색 바닥이 구에 미치는 반사광의 효과가 어떻게 나타나는지 살펴볼 것이고 그림자 영역에서 어떻게 반응하는지 알아볼 것입니다.

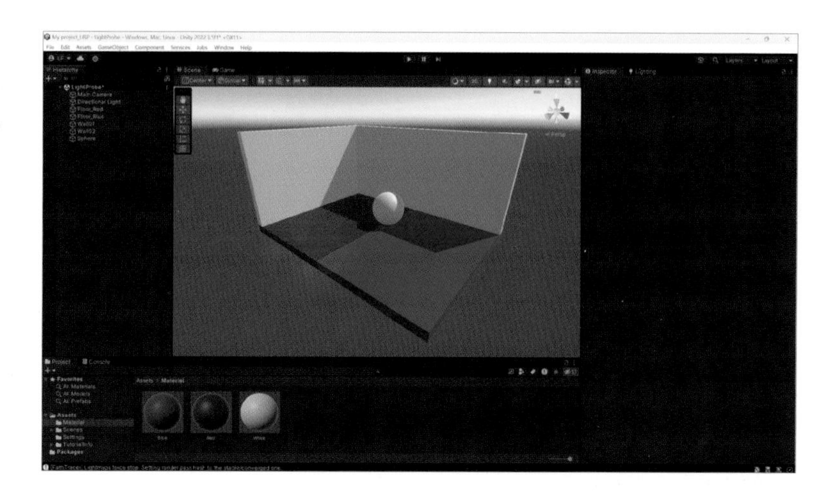

02 우선 동적인 오브젝트로 사용할 구의 경우 인스펙터 창에서 Static 옵션이 꺼져 있는지 확인합니다.

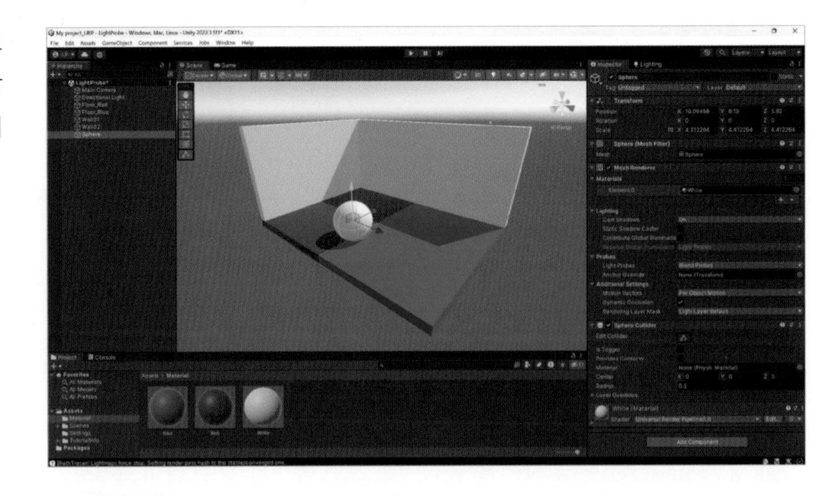

03 정적(static)인 바닥과 벽 오브젝트들은 인스펙터 창에서 Static 옵션을 선택해서 켭니다.

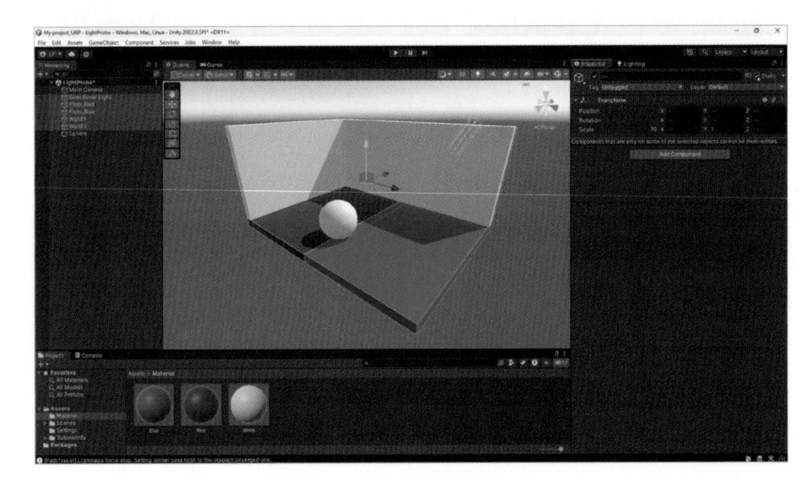

04 디렉셔널(Directional) 라이트를 하나 생성하고 라이트 모드는 Mixed로 설정합니다.

05 실시간으로 라이팅 변화를 확인하기 위해서 라이팅 창에서 Auto Generate옵션을 활성화할 것입니다.

06 이 옵션을 활성화하기 위해서는 먼저 New Lighting Setting을 생성해 주어야 합니다. 라이팅 창의 씬 탭에서 새 라이팅 세팅을 하나 생성한 후 Auto Generate 옵션을 선택합니다.

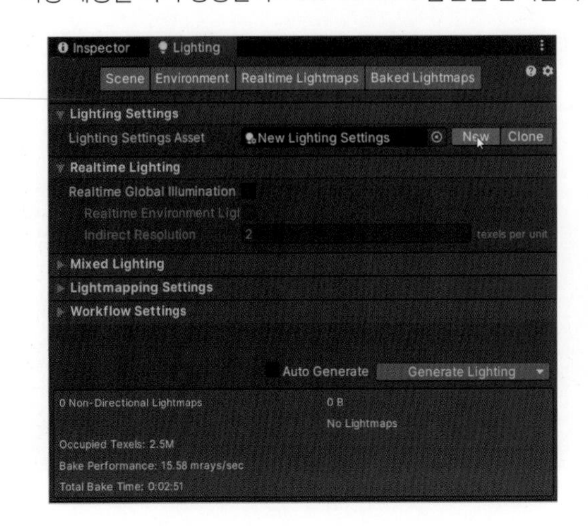

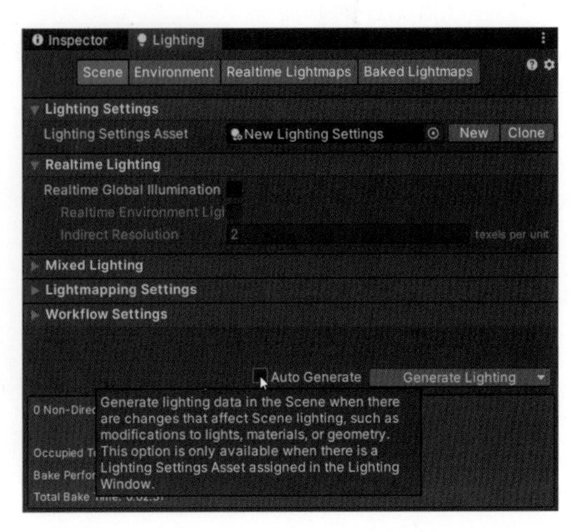

07 다음 이미지는 라이트맵이 완료된 상태입니다.

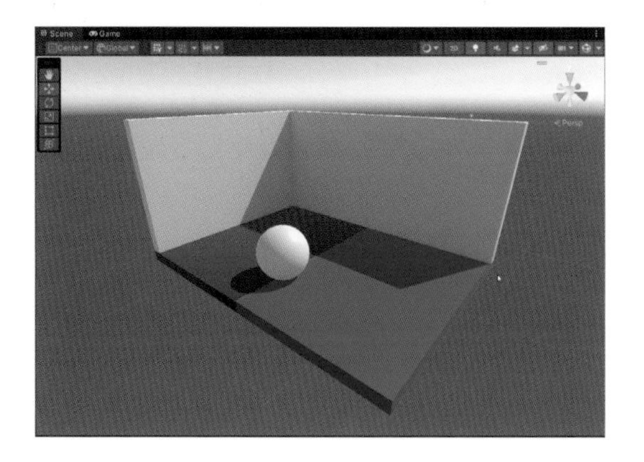

08 라이팅 창의 Baked Lightmaps 탭으로 가면 모든 정적(Static) 오브젝트들의 베이크된 라이트맵을 확인할 수 있습니다.

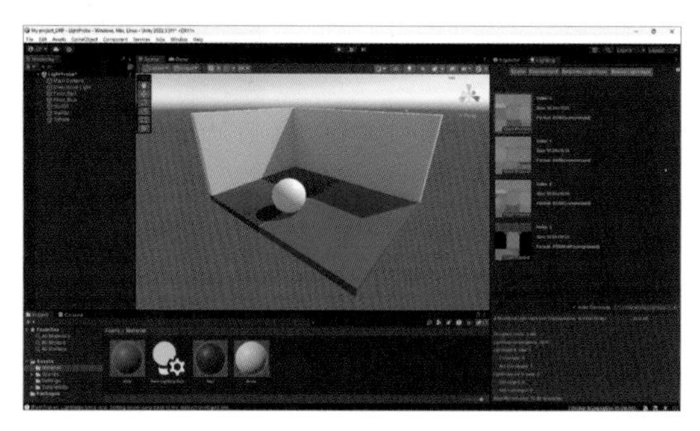

09 흰색 벽을 자세하게 보면 파란색, 빨간색 바닥으로부터 받은 반사광의 영향이 확실하게 드러납니다.

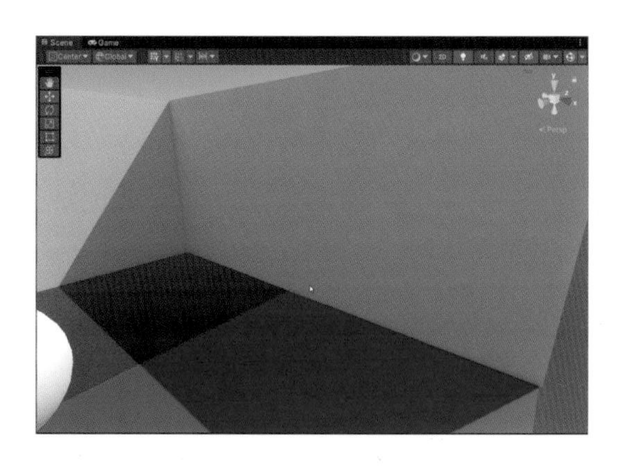

10 이 때 동적인 구의 경우는 디렉셔널 라이트로부터 실시간 조명을 받고 그림자도 생성이 되었지만 주변의 반사광 영향은 전혀 받지 않고 있음을 알 수 있습니다.

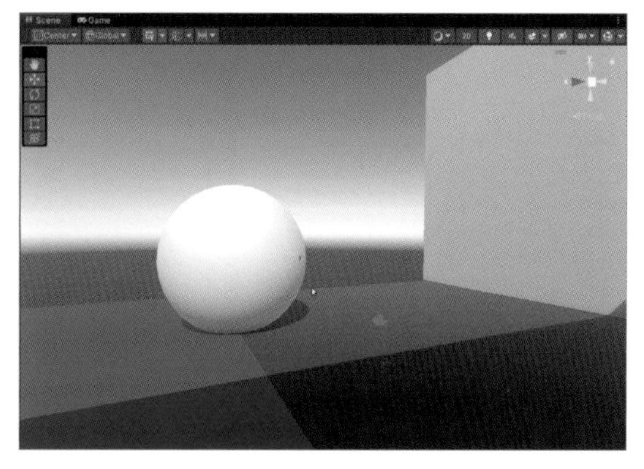

11 구를 그림자 영역으로 이동시켜보면 그림자 표현은 잘되고 있지만 역시 반사광 영향은 받고 있지 않습니다.

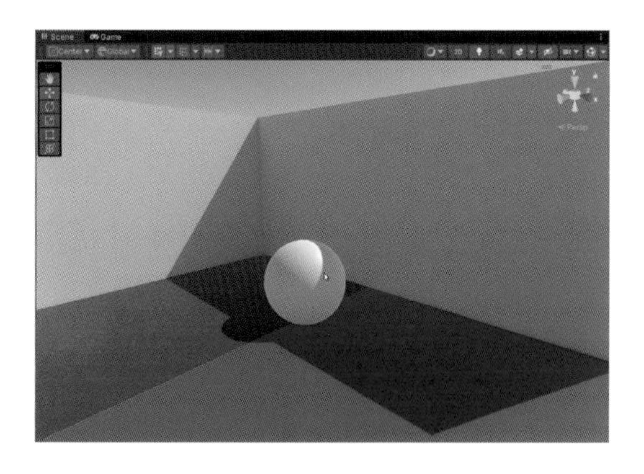

12 바로 이러한 문제를 해결하기 위해서 라이트 프로브를 사용하는 것입니다. 계층 창에서 우클릭하여서 Light > Light Probe Group을 선택하여 새 라이트 프로브를 생성합니다.

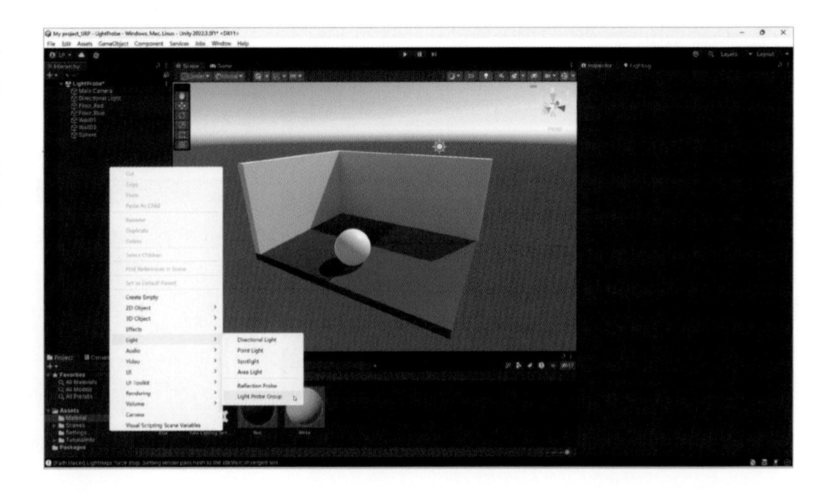

13 생성된 라이트 프로브는 다음 이미지처럼 각 모서리에 작은 구체가 놓여 있는 격자 구조로 디스플레이됩니다.

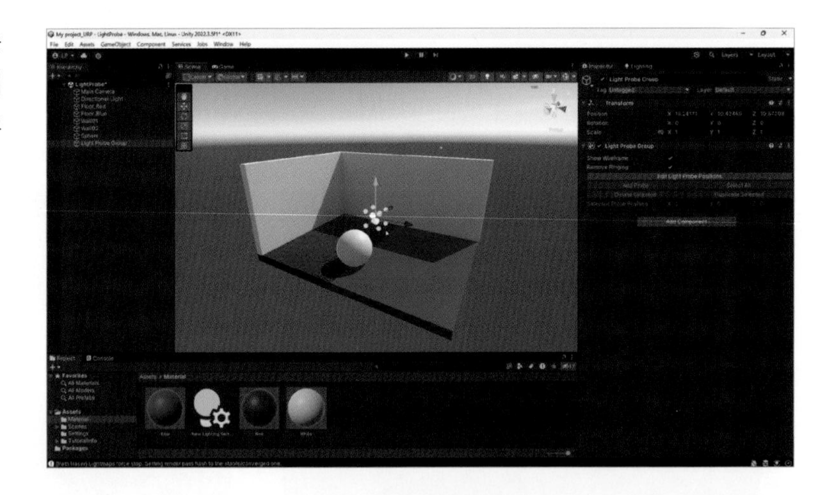

14 생성된 라이트 프로브를 선택하고 인스펙터 창에서 Edit Light Probe Position을 선택하여 크기, 위치 등을 편집할 수 있습니다.

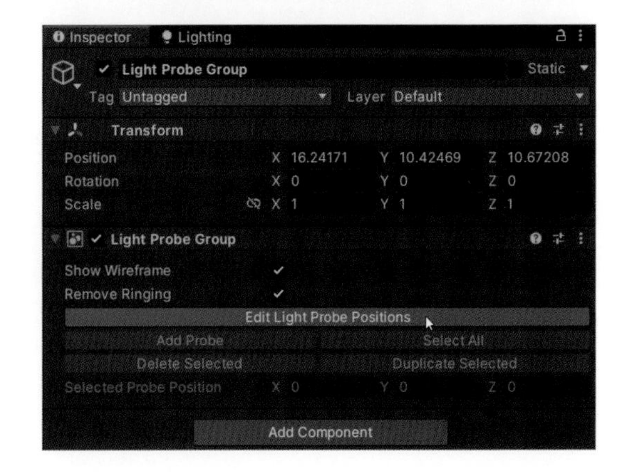

15 다음 이미지처럼 편집 상태로 들어가서 모서리의 각 구체들을 선택하여 원하는 위치로 이동시켜 배치하면 됩니다.

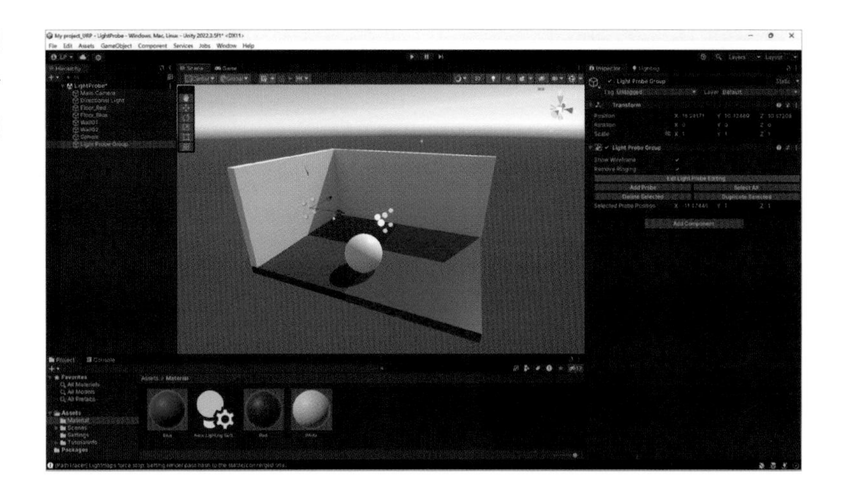

16 우선은 기본 라이트 프로브를 씬 오브젝트들을 전부 감쌀 수 있는 범위로 재배치했습니다.

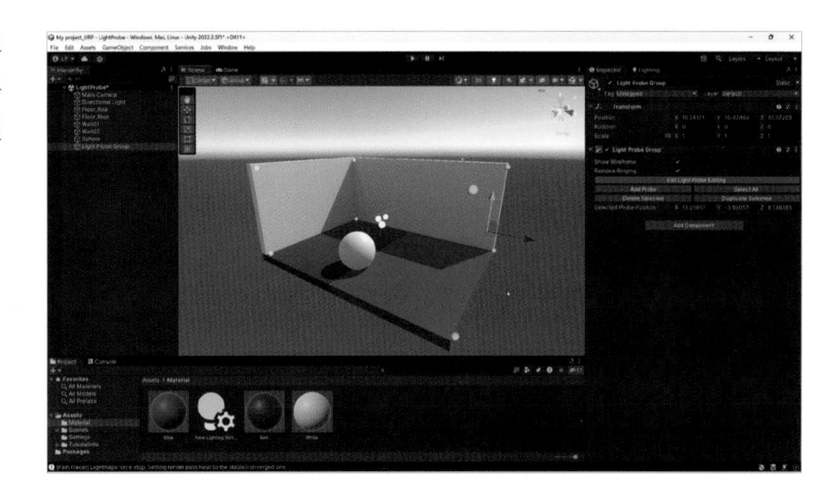

17 라이트 프로브 배치에서 제일 중요한 점은 라이팅 환경이 급격하게 변하는 위치에 프로브들을 배치해줘야 한다는 것입니다. 예를 들면 그림자, 컬러 대비가 강한 경계 부분 등이 그런 곳입니다.

18 그런 경계선을 따라서 간단하게 프로브를 선택한 후 카피(Ctrl + D 혹은 Ctrl + C, V)해서 배치해주면 됩니다.

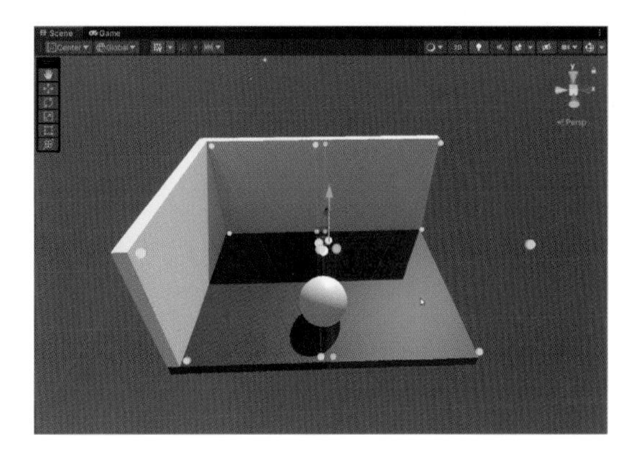

19 여기서는 바닥 색깔이 급격하게 바뀌는 경계 그리고 벽의 그림자가 바닥에 비치는 경계 부분입니다.

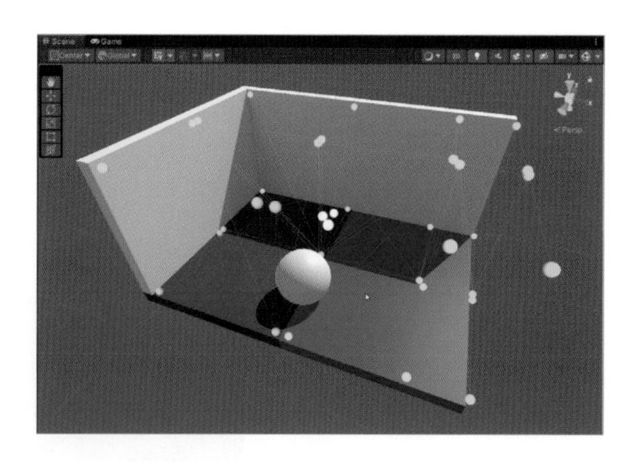

20 대비가 강하게 일어나는 경계를 따라서 프로브를 카피해서 배치한 후 동적 오브젝트인 구를 이동시켜보면 설정된 프로브 범위를 지나쳐 갈 때 실시간으로 적용되는 각 구역이 자동으로 업데이트되는 것을 볼 수 있습니다.

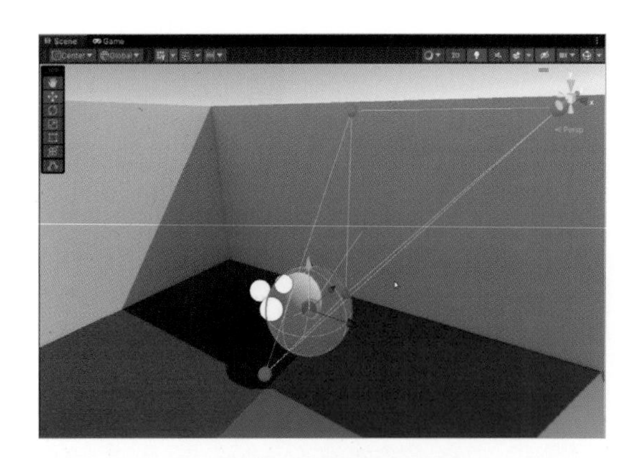

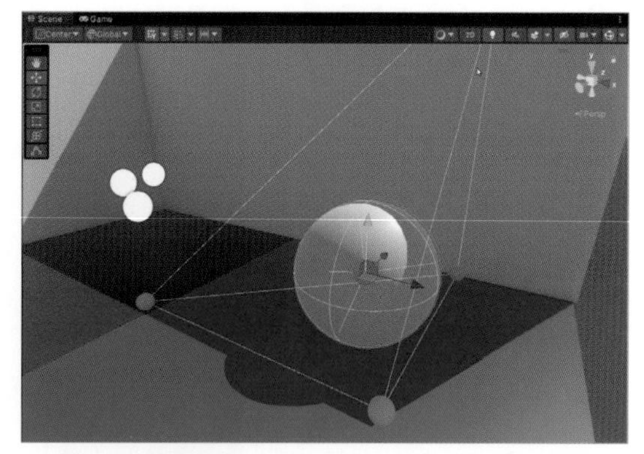

21 그리고 라이트 프로브를 생성한 후에는 다음 이미지처럼 구 표면에도 주변으로부터의 반사광 효과가 미치기 시작합니다. 파란색 바닥으로부터 받는 파란색 반사광이 구 표면에 적용되고 있습니다.

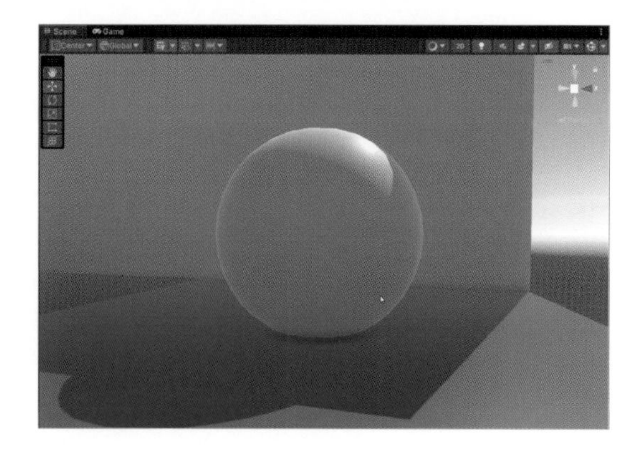

간단한 사용법으로 Mixed 라이팅 모드에서 베이크된 정적 라이팅 정보와 실시간 동적 라이팅 환경에서 라이트 프로브를 사용하는 방법을 알아보았습니다.

이 방법 외에도 씬에 라이트 프로브를 배치하려면 Light Probe Group 컴포넌트가 연결된 게임 오브젝트를 사용하면 됩니다. 유니티에서는 씬의 모든 게임 오브젝트에 Light Probe Group 컴포넌트를 추가할 수 있습니다.

01 게임 오브젝트를 선택하고 메뉴에서 Component > Rendering > Light Probe Group으로 이동하여 Light Probe Group 컴포넌트를 추가할 수 있습니다.

여기서는 큐브 오브젝트를 하나 생성하고 그 아래에 컴포넌트를 추가했습니다.

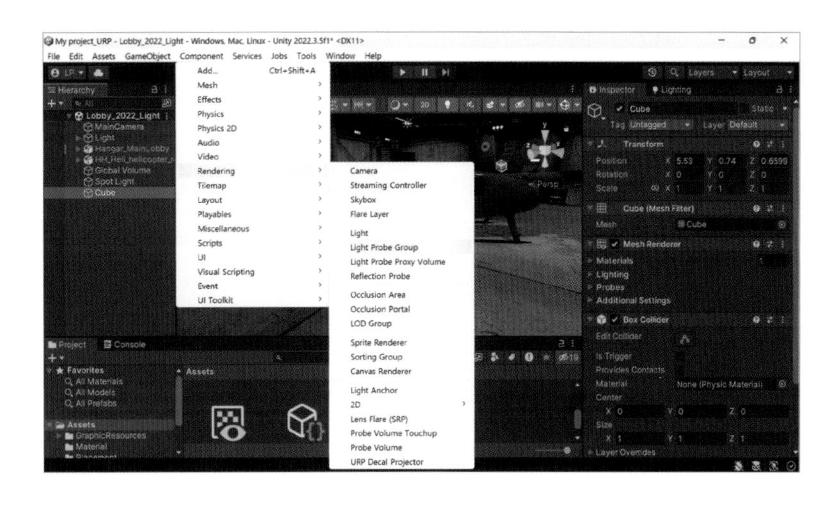

02 큐브 오브젝트 주위에 생성된 라이트 프로브 그룹입니다. 사용법은 예제에서 설명한 것과 동일합니다.

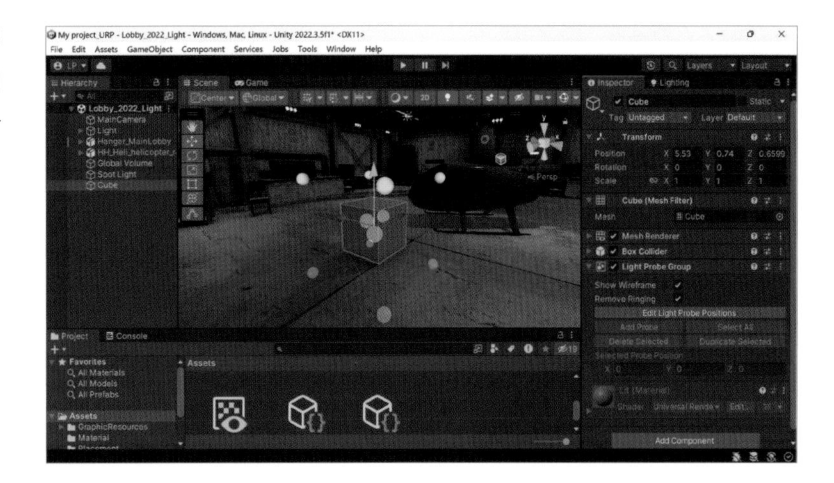

16-3 라이트 프로브 배치시 주의 사항

유니티에서 라이트 프로브를 배치할 때 주의해야 할 몇 가지 중요한 사항이 있습니다.

- **조명 밀도에 따른 배치**: 라이트 프로브를 배치할 때, 게임 세계의 조명 밀도(Light Density)와 씬의 크기에 따라 적절한 간격으로 배치해야 합니다. 밀도가 높은 지역에는 라이트 프로브를 더 자주 배치하고, 밀도가 낮은 지역에는 덜 자주 배치해야 합니다. 이렇게 함으로써 렌더링 성능을 최적화할 수 있습니다.
- **라이팅 영역에 맞추기**: 라이트 프로브를 배치할 때, 해당 영역의 조명 및 라이팅 요구 사항에 맞게 배치해야 합니다. 예를 들어, 내부와 외부 환경에서 라이트 프로브를 다르게 배치해야 합니다.
- **동적 물체와 상호 작용**: 게임에 동적 물체가 있다면, 라이트 프로브와 이 물체 간의 상호 작용을 고려해야 합니다. 동적 물체가 라이트 프로브 주위에서 움직일 때, 라이팅 정보를 업데이트하여 자연스러운 그림자 및 반사 효과를

제공해야 합니다.

- **빛의 변화를 반영**: 게임 내에서 시간 변화나 날씨 변화에 따라 빛의 조건이 변화할 때, 라이트 프로브를 적절하게 업데이트해야 합니다. 이것은 게임 세계가 현실적으로 보이도록 돕습니다.
- **베이크된 라이트맵과 조합**: 라이트 프로브를 배치할 때, 베이크된 라이트맵과 어떻게 조합할지를 고려해야 합니다. 베이크된 라이트맵은 정적인 조명 정보를 제공하고, 라이트 프로브는 동적인 조명을 처리합니다. 두 가지 방식을 조화롭게 사용하여 시각적 품질과 성능을 균형 있게 유지해야 합니다.
- **성능 테스트**: 라이트 프로브를 배치한 후에는 게임의 성능을 테스트하여 렌더링 프레임 속도와 리소스 사용량을 확인해야 합니다. 성능이 문제가 될 경우, 라이트 프로브의 위치 및 개수를 조정해야 할 수 있습니다.

라이트 프로브를 배치할 때 이러한 사항들을 고려하면 게임의 시각적 품질을 향상시키면서도 효율적인 렌더링을 보장할 수 있습니다. 게임의 요구 사항과 디자인에 따라 라이트 프로브를 조정하고 최적화하는 것이 중요합니다.

반사 프로브(Reflection Probe)

유니티에서의 반사 프로브(Reflection Probes)는 씬에서 반사를 캡처하고 시뮬레이션하기 위해 사용됩니다. 반사 프로브는 반사 표면에 정확한 반사를 근사화하고 렌더링하는 방법을 제공하여 환경의 시각적 현실감을 향상시킵니다.

반사 프로브는 주변의 스페리컬(Spherical) 뷰를 모든 방향에서 캡처하는 카메라와 유사합니다. 캡처된 이미지는 반사 머티리얼이 있는 오브젝트에서 사용할 수 있는 큐브맵(Cubemap)으로 저장됩니다. 여러 반사 프로브를 사용할 수도 있고, 가장 가까운 프로브가 생성한 큐브맵을 사용하도록 오브젝트를 설정할 수 있습니다.

반사 프로브의 주요 특징을 살펴보면 다음과 같습니다.

- **반사 캡처**: 반사 프로브는 씬의 특정 위치에서 주변 환경의 반사 정보를 캡처합니다. 주변의 조명과 반사를 샘플링하여 반사 환경의 근사화를 생성합니다.
- **큐브맵 표현**: 반사 프로브는 캡처된 반사 데이터를 큐브맵 형식으로 저장합니다. 큐브맵은 여섯 면으로 구성된 텍스처로서 다양한 방향에서의 반사를 표현합니다. 큐브맵의 각 면은 특정 방향(+X, -X, +Y, -Y, +Z, -Z)에서의 반사 정보를 나타냅니다.
- **반사 근사화**: 반사 프로브는 큐브맵 데이터를 기반으로 반사 정보를 근사화합니다. 표면에서 빛이 어떻게 반사되는지를 예측하여 반사 재질의 현실적인 렌더링에 기여합니다.
- **동적 및 정적 프로브**: 유니티에서는 동적 및 정적 반사 프로브를 모두 제공합니다. 동적 프로브는 실시간으로 업데이트되며, 움직이는 오브젝트나 조명 조건이 변경되는 장면에 적합합니다. 정적 프로브는 사전 계산되어 정적인 장면에서 정확한 반사를 제공하지만, 실시간 변경에 적응하지는 않습니다.

- **블렌딩과 프록시 볼륨**: 반사 프로브는 서로 블렌딩하여 다른 반사 캡처 지점 사이의 부드러운 전환을 구현할 수 있습니다. 프록시 볼륨을 사용하여 반사 프로브가 활성화되어야 하는 특정 영역을 정의할 수 있으며, 렌더링 과정을 최적화할 수 있습니다.
- **성능 고려 사항**: 반사 프로브는 특히 실시간 계산에서 성능에 영향을 줄 수 있습니다. 프로브의 수, 해상도 및 업데이트 빈도는 성능에 영향을 미치므로 시각적 품질과 성능 요구 사항을 균형있게 고려하는 것이 중요합니다.

요약하면 유니티에서의 반사 프로브는 반사 표면에서의 현실적인 반사를 렌더링할 수 있게 합니다. 반사 환경을 캡처하고 근사화함으로써 전체적인 시각적 품질을 향상시키고 장면의 현실감을 높입니다. 동적 또는 정적으로 사용되는 반사 프로브는 정확한 반사를 시뮬레이션하고 시각적으로 매력적인 환경을 만들 수 있는 방법을 제공합니다. 그러나 반사 프로브의 배치, 해상도 및 업데이트 빈도를 최적화하는 것은 시각적 충실성과 성능 사이의 균형을 유지하는 데 중요합니다.

17-1 반사 프로브(Reflection Probe) 동작 방식

반사 프로브는 다음과 같은 방식으로 동작합니다.

- **캡처 영역 설정**: 반사 프로브를 씬에 배치한 후, Inspector 창에서 캡처 영역(Probe Volume)을 설정합니다. 캡처 영역은 Reflection Probe가 영향을 미치는 범위를 정의하는데 사용됩니다. 캡처 영역은 큐브 형태로 표현되며, Reflection Probe가 영향을 미치는 범위 내에 있는 물체들의 반사를 캡처합니다.

- **캡처 매개 변수 설정**: 반사 프로브의 Inspector 창에서 캡처 매개 변수(Capture Parameters)를 설정합니다. 이 매개 변수에는 캡처의 해상도, 더 빠른 캡처를 위한 밀도 설정, 캡처의 갱신 주기 등이 포함됩니다.

- **캡처 프로세스**: 게임 실행 중에 반사 프로브는 캡처 영역 내에 있는 물체들의 반사를 실시간으로 캡처합니다. 반사 프로브는 씬에 있는 모든 물체들의 반사를 캡처하는 것이 아니라, 캡처 영역 내에 있는 물체들만 캡처하여 렌더링 효율을 높입니다.
- **반사 텍스처 생성**: 반사 프로브는 캡처한 반사 정보를 텍스처 형태로 생성합니다. 이 텍스처를 반사 프로브의 "반사 텍스처"라고 합니다. 이 반사 텍스처는 캡처 영역 내에 있는 물체들의 반사 정보를 저장하고, 해당 영역 내의 물체들에게 반사되는 빛을 시뮬레이션하는데 사용됩니다.
- **물체에 반영**: 반사 프로브가 생성한 반사 텍스처는 씬에 있는 물체들의 머티리얼(Material)에 적용됩니다. 반사 텍스처를 물체의 머티리얼에 적용하여 물체가 주변 환경을 실시간으로 반사하도록 만듭니다. 이를 통해 물체의 표면에 반사되는 빛과 주변 환경의 변화를 시각적으로 표현합니다.

17-2 반사 프로브 타입

반사 프로브에는 세 가지 기본 타입이 있으며 인스펙터의 Type 프라퍼티에서 선택합니다.

- **Baked(베이크드)**:
  정적인 물체에 사용됩니다.
  라이트맵과 함께 베이크하여 빛의 정적인 상태를 캡처합니다.
  빠른 렌더링 성능을 제공하지만 동적인 빛의 변화를 반영할 수 없습니다.
  정적인 물체와 정적인 조명 상황에 적합합니다.
- **Realtime(리얼타임)**:
  동적인 물체에 사용됩니다.
  실시간으로 물체 주변의 동적인 빛의 변화를 캡처하여 반영합니다.
  동적인 물체와 동적인 조명 상황에 적합합니다.
  렌더링 성능이 좋지 않을 수 있으며, 정적인 물체에는 적합하지 않습니다.
- **Custom(사용자 정의)**:
  개발자가 직접 반사 프로브의 동작을 커스터마이징할 수 있습니다.
  스크립트를 사용하여 반사 프로브의 캡처와 업데이트 동작을 제어할 수 있습니다.
  특별한 요구사항이 있는 경우 사용자 정의 타입을 활용할 수 있습니다.

반사 프로브의 타입을 선택하는 것은 게임의 렌더링 요구사항과 성능에 따라 다릅니다. 정적인 물체와 정적인 조명만을 다루는 경우에는 베이크드 타입이 효과적이며, 동적인 물체와 동적인 조명을 다루어야 하는 경우에는 리얼타임 타입을 사용할 수 있습니다. 또한, 사용자 정의 타입을 사용하여 특별한 요구사항을 충족시킬 수 있습니다.

17-3 반사 프로브 실습

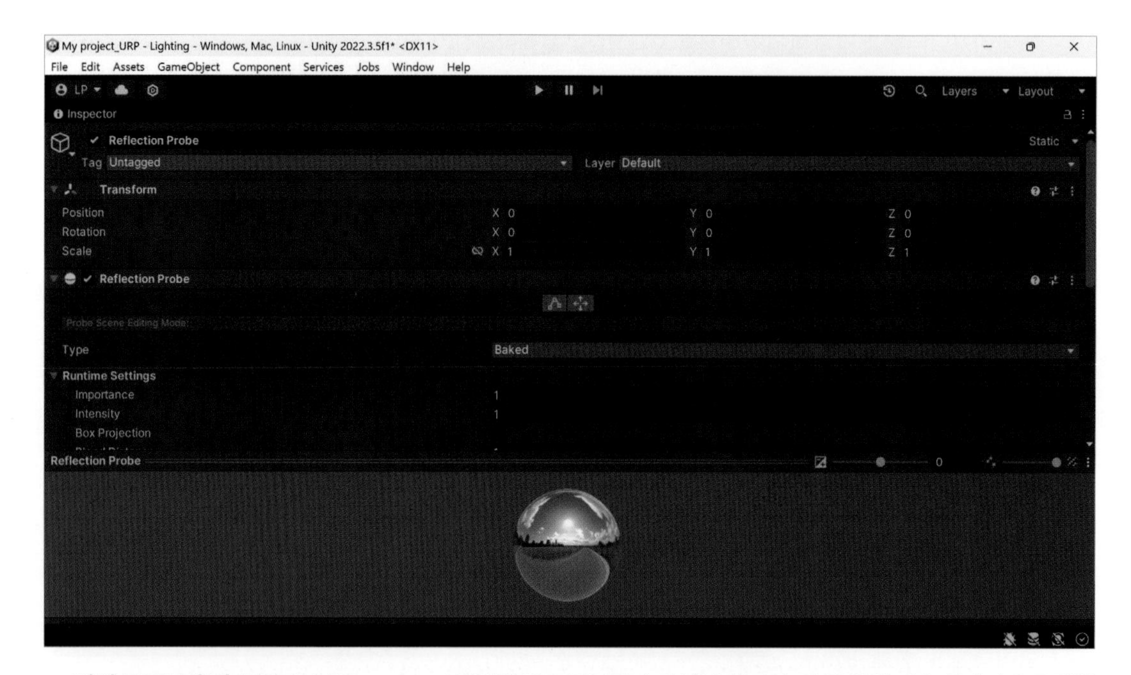

- **반사 프로브 추가**: 먼저 씬 뷰(Scene View)에서 반사 프로브를 추가해야 합니다. 이를 위해 계층 창에서 우클릭하고 Light > Reflection Probe를 선택하거나 새로운 빈 게임 오브젝트를 생성(메뉴: GameObject > Create Empty)하고, 그런 다음 Reflection Probe 컴포넌트를 오브젝트에 추가(메뉴: Component > Rendering > Reflection Probe)합니다. 반사 프로브는 특정한 범위 내에 있는 물체들의 반사를 캡처하기 때문에 씬에 적절한 위치에 배치해야 합니다.
- **반사 프로브 이동**: 반사 프로브를 씬 뷰에서 원하는 위치로 이동시킵니다. 반사 프로브는 캡처 영역 내에 있는 물체들의 반사를 캡처하므로, 씬 내에서 중요한 물체들이 반사되는 영역을 고려하여 배치해야 합니다. 일반적으로 주요한 물체들 주변에 반사 프로브를 배치하는 것이 좋습니다. 새로운 프로브를 원하는 위치에 놓고 프로브의 Offset 점과 그 효과 영역의 크기를 설정합니다.
- **반사 프로브 영역 설정**: 반사 프로브는 캡처 영역을 설정하여 영향을 미치는 범위를 지정합니다. 이를 위해 반사 프로브를 선택하고, Inspector 창에서 Box Projection 옵션을 선택하여 캡처 영역을 수정할 수 있습니다. 캡처 영역은 큐브 형태로 표현되며, 영역 내의 물체들의 반사가 캡처됩니다.

간단한 예제로 반사 프로브에 대해 알아보겠습니다.

01 씬에 실린더와 거울 모양의 큐브 오브젝트를 생성해서 다음 이미지처럼 배치합니다.

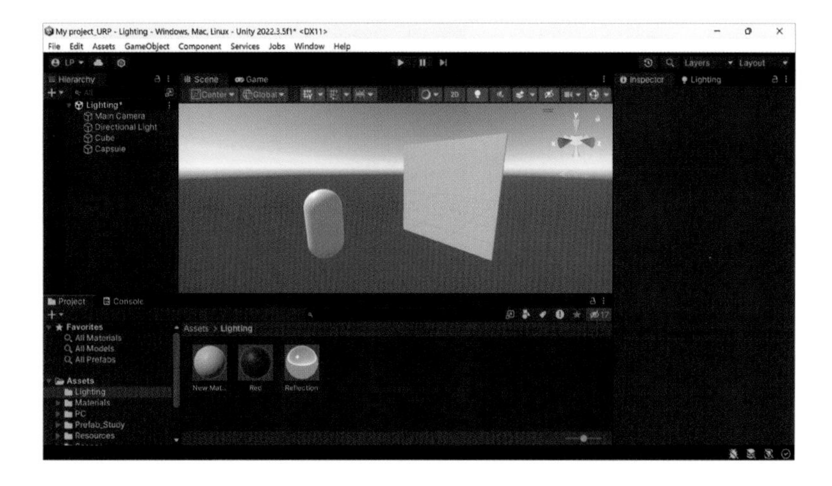

02 실린더에는 일반적인 빨간색 디퓨즈드 머티리얼을 적용했고 큐브에는 Metalic, Smoothness 모두 1로 설정한 매끄러운 머티리얼을 적용했습니다.

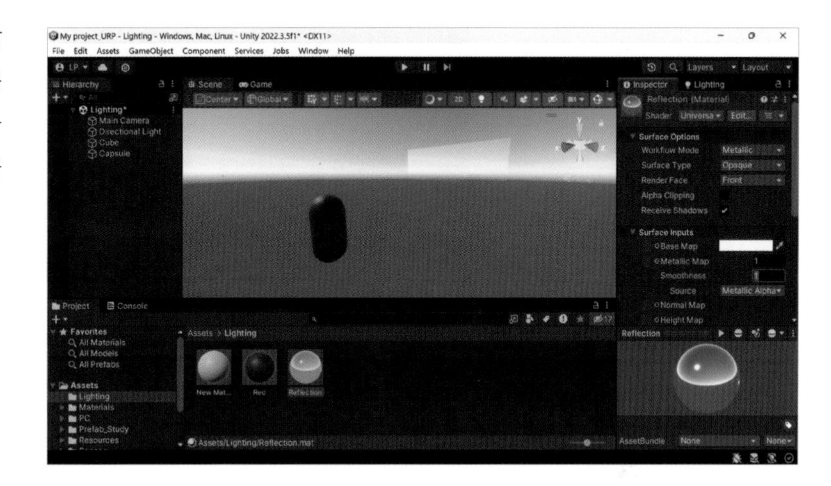

03 계층 창에서 우클릭하고 Light > Reflection Probe를 선택하여 반사 프로브를 생성합니다.

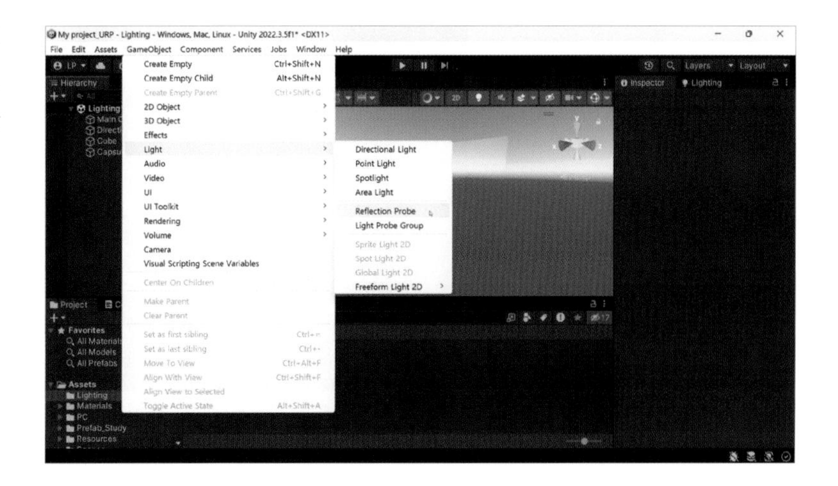

04 생성된 반사 프로브를 거울 모양의 큐브 중심의 적당한 위치로 이동시켜서 배치합니다.

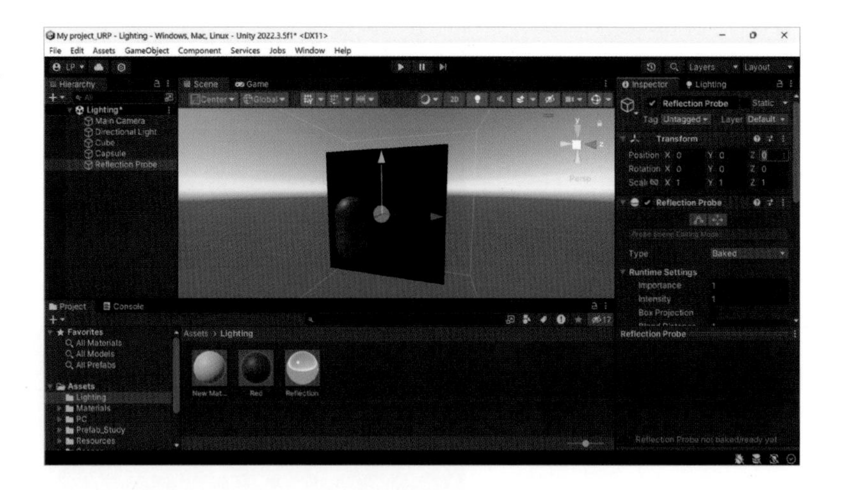

05 반사 프로브의 인스펙터 창에서 편집 모드를 선택하고 반사 프로브의 영역을 포함하고자 하는 모든 오브젝트가 다 들어갈만한 사이즈로 재조정합니다.

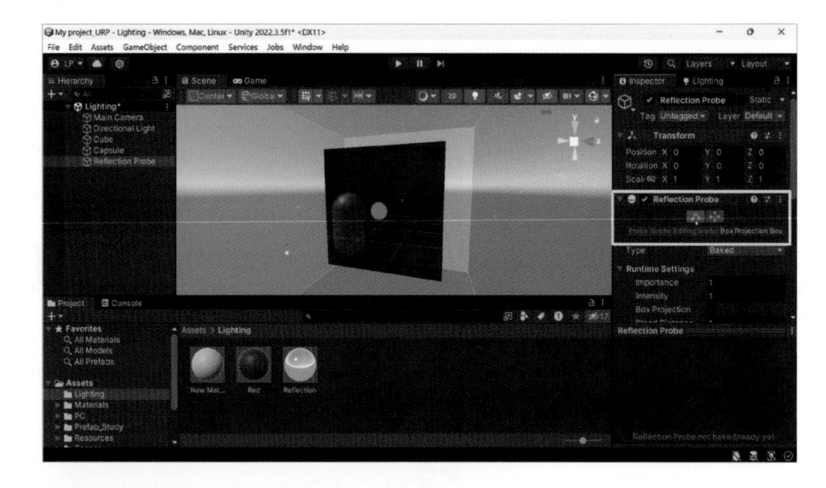

06 다음 이미지처럼 반사 프로브의 영역을 설정했습니다.

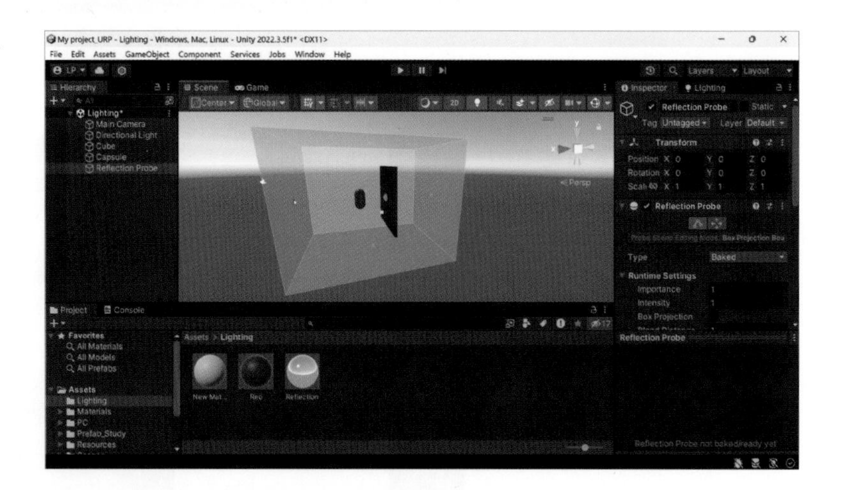

07 반사 프로브를 베이크하기 전에 실린더를 정적(Static) 상태로 설정했습니다. 아직은 반사 프로브를 베이크 하지 않았기 때문에 큐브가 검은색으로 아무것도 반사하고 있지 않습니다.

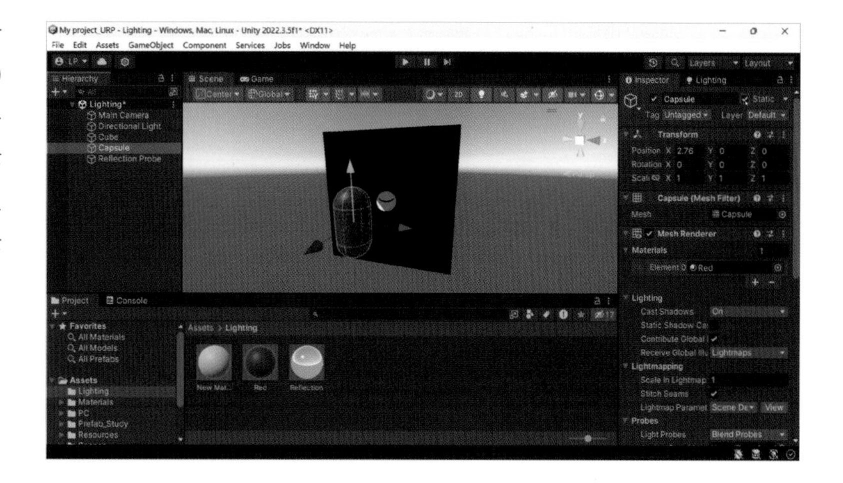

08 반사 프로브를 선택하고 인스펙터 창에서 Bake버튼을 눌러서 베이크 과정을 시작합니다.

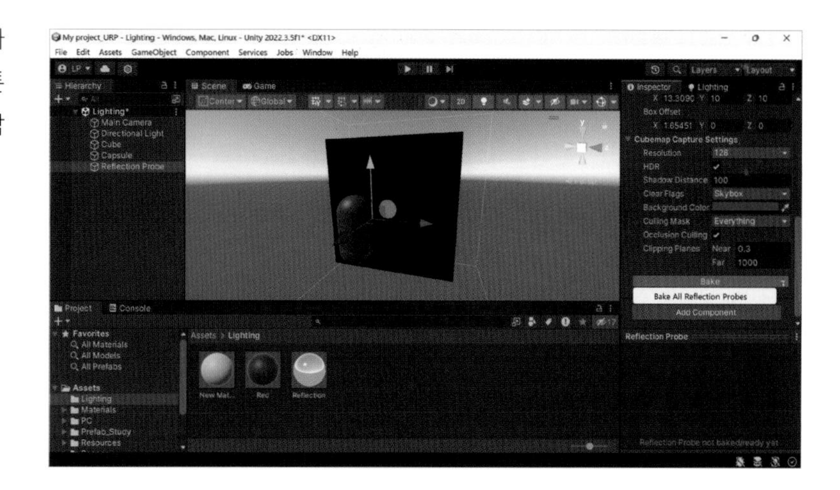

09 베이크가 완료되면 아래 이미지처럼 큐브가 거울처럼 주변 오브젝트를 반사하고 있습니다

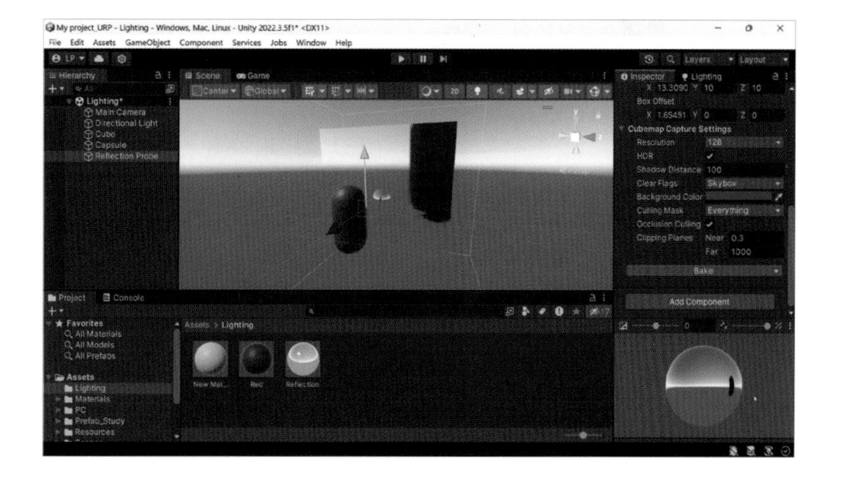

10 만약 반사 이미지의 해상도가 많이 떨어진다면 인스펙터 창의 Cubemap Capture Resolution을 더 높은 값으로 올리면 됩니다. 여기에서는 512로 설정했습니다.

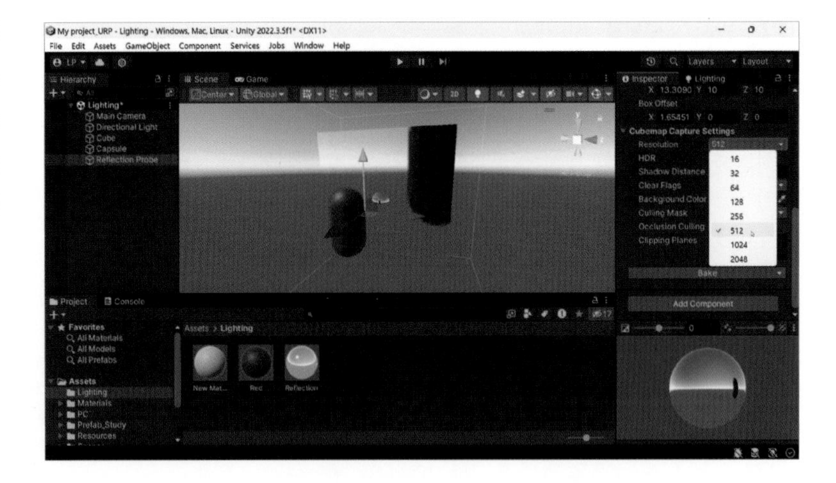

11 디폴트 스카이박스 대신에 HDR 이미지를 이용해서 커스텀 스카이박스를 생성해서 다시 반사 프로브를 베이크했습니다. 반사 프로브 속성에서 Clear Flags가 Skybox로 설정되어 있으므로 스카이박스가 반사 프로브에 반영되고 있습니다.

12 여기서 반사 프로브는 현재 베이크 된 정보만 사용하기 때문에 실린더를 이동한다고 해도 반사 이미지가 업데이트되지는 않습니다. 그리고 반사 프로브는 정적인 오브젝트만 베이크하기 때문에 실린더의 Static 옵션을 꺼버리면 베이크에서 제외됩니다.

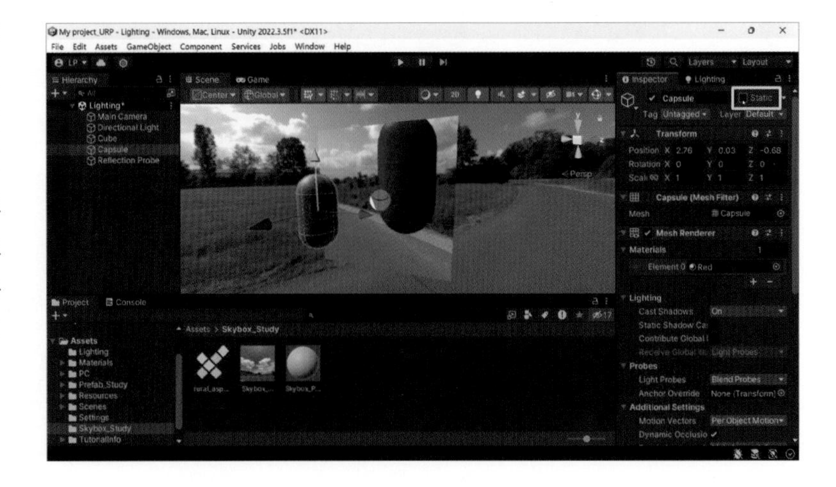

MEMO

Unity

PART.

07

쉐이더(Shader)

CHAPTER 01

쉐이더(Shader)와 머티리얼(Material)의 개념 차이

■ 쉐이더(Shader)

쉐이더는 그래픽스 파이프라인에서 가장 중요한 요소 중 하나입니다. 쉐이더는 개별 픽셀이나 버텍스의 렌더링 방법을 정의합니다. 간단히 말하면, 쉐이더는 3D 모델의 빛, 색상, 그림자 등을 계산하여 화면에 렌더링하는 역할을 합니다. 쉐이더는 GPU에서 동작하며, 렌더링 프로세스의 각 단계에서 실행됩니다. 주로 쉐이더 언어(ShaderLab, HLSL이나 GLSL)로 작성되며, 쉐이더 프로그램을 작성하고 컴파일하여 사용할 수 있습니다. 쉽게 말하자면 쉐이더는 모니터에 그려지게 될 픽셀을 결정하는 방법을 정의하는 것입니다.

예를 들어, 버텍스 쉐이더는 3D 모델의 버텍스 변환과 조명 계산을 처리하여 모델의 형태와 위치를 결정합니다. 픽셀 쉐이더는 각 픽셀의 색상, 반사율, 그림자 등을 계산하여 최종적인 픽셀의 색상을 결정합니다. 그 외에도 지오메트리 쉐이더, 헤어 쉐이더, 테셀레이션 쉐이더 등 다양한 종류의 쉐이더가 있으며, 각각의 역할과 기능이 다릅니다.

또한 개발자나 아티스트가 다양한 커스텀 쉐이더를 작성하여 사용할 수도 있습니다. 이러한 쉐이더를 작성하는 다양한 방법에 대해서는 다시 한번 간단하게 설명을 하겠습니다

■ 머티리얼(Material)

머티리얼은 쉐이더의 속성을 설정하는 데 사용되는 컴포넌트입니다. 쉐이더를 머티리얼에 연결하면 머티리얼 인스펙터(Inspector)를 통해 머티리얼의 속성을 조정할 수 있습니다. 즉, 머티리얼은 쉐이더에 대한 설정 값들을 포함하고 있으며, 이를 통해 모델의 색상, 텍스처, 반사율 등을 결정할 수 있습니다. 간단하게 쉐이더에서 정의된 방식대로 각각의 설정 값들을 정해준 머티리얼은 게임 오브젝트에 할당되어 그 오브젝트의 시각적인 효과를 결정하는 역할을 합니다. 예를 들어, 머티리얼을 변경하여 오브젝트의 색상을 바꾸거나 텍스처를 적용할 수 있습니다. 게임 오브젝트의 시각적인 표현을 제어해주는 컨트롤 박스라 생각하면 쉽습니다.

요약하자면, 쉐이더는 실시간 그래픽스를 계산하여 렌더링하는 역할을 담당하고, 머티리얼은 쉐이더의 설정 값을 조정하여 모델의 시각적인 효과를 결정합니다. 이 둘을 조합하여 원하는 시각적인 표현을 구현

할 수 있습니다. 유니티에서는 다양한 쉐이더와 머티리얼을 제공하므로, 개발자는 이를 유연하게 활용하여 원하는 결과물을 얻을 수 있습니다.

자세한 내용은 이 책의 범위를 넘어서지만 아티스트들이 머티리얼(Material)을 직접 만들고 그것의 속성 조정과 텍스처 매핑 기술 등을 함께 다룰 수 있으면 좋습니다.

■ Shader와 Material에 대한 유용한 참고 사이트

다음은 Shader와 Material에 대한 설명을 제공하는 유용한 웹 사이트 목록입니다:

- **유니티 Learn**: 유니티의 공식 학습 플랫폼인 유니티 Learn에는 Shader와 Material에 대한 자세한 설명과 예제가 포함되어 있습니다. 다음 링크에서 관련 자료를 찾을 수 있습니다.(https://learn.unity.com/)
- **유니티 Documentation**: 유니티의 공식 문서에는 Shader와 Material에 대한 상세한 설명과 사용 방법, 예제 코드 등이 포함되어 있습니다. 다음 링크에서 자세한 정보를 얻을 수 있습니다.(https://docs.unity3d.com/)
- **YouTube**: 유니티에 대한 튜토리얼 및 강의를 제공하는 YouTube 채널들에서도 Shader와 Material에 대한 설명을 찾을 수 있습니다. 유니티 Learn, Brackeys, Sebastian Lague, Code Monkey 등의 채널을 검색하여 관련 동영상을 찾아보세요.

이러한 자료들을 통해 Shader와 Material에 대한 개념과 사용법을 자세히 이해하고 실습할 수 있습니다.

쉐이더 작성하는 방법

자 그럼 유니티에서 어떻게 쉐이더를 만들 수 있는지 다양한 방법에 대해 간단하게 소개해 드리겠습니다. 다만 코딩은 이 책의 범주를 넘어서기 때문에 대략적인 소개만 하도록 하겠습니다.

2-1 ShaderLab, HLSL, GLSL 등의 언어를 사용

- Unity 전용 언어인 ShaderLab은 쉐이더 프로그램의 컨테이너인 쉐이더 오브젝트를 정의할 때 사용합니다.
- HLSL이라는 프로그래밍 언어를 이용해서 버텍스 및 프래그먼트 쉐이더를 작성합니다.

ShaderLab 코드의 코드 블록 안에 HLSL 코드를 넣습니다. 예를 들면 코드 블록 안에 다음과 같이 표시됩니다.

```
Pass {
        // ... the usual pass state setup ...

        HLSLPROGRAM
        // compilation directives for this snippet, e.g.:
        #pragma vertex vert
        #pragma fragment frag

        // the shader program itself

        ENDHLSL

        // ... the rest of pass ...
    }
```

- 원하는 경우, 쉐이더 프로그램을 직접 GLSL 및 Metal로 작성할 수도 있습니다.

2-2 쉐이더 랩(ShaderLab) 이용

여기에서는 쉐이더 랩(ShaderLab) 언어를 사용하는 방법에 대해서 조금 더 알아보겠습니다.

유니티에서 ShaderLab은 쉐이더 소스 파일에서 사용하는 선언적 언어입니다. 쉐이더 파일을 직접 작성하고 ShaderLab 언어를 사용하여 쉐이더를 정의할 수 있습니다.

■ ShaderLab의 정의

- 쉐이더 오브젝트의 전반적인 구조를 정의합니다.
- 코드 블록을 사용하여 HLSL로 작성된 쉐이더 프로그램을 추가합니다.
- 커맨드를 사용하여 GPU가 쉐이더 프로그램을 실행하기 전에 GPU의 렌더 상태 설정 또는 다른 패스와 관련된 작업을 수행합니다.
- 쉐이더 코드의 프라퍼티를 노출하여 머티리얼 인스펙터에서 수정하고 머티리얼 에셋의 일부로 저장할 수 있게 합니다.
- 서브쉐이더 및 패스의 패키지 요구 사항을 지정합니다. 이렇게 하면 Unity 프로젝트에 특정 패키지가 설치된 경우에만 Unity가 특정한 서브쉐이더와 패스를 실행할 수 있게 됩니다.

■ ShaderLab의 사용

01 프로젝트(Project) 창에서 마우스 오른쪽 버튼을 클릭하고 "Create" → "Shader"를 선택하여 새로운 쉐이더 파일을 생성합니다. 여기에서는 Standard Surface Shader를 만들겠습니다.

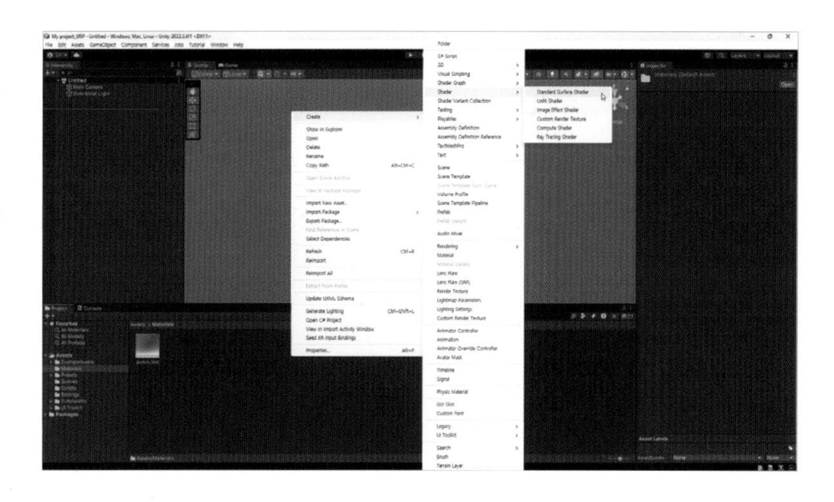

02 생성한 쉐이더 파일을 더블 클릭하여 텍스트 편집기에서 엽니다.

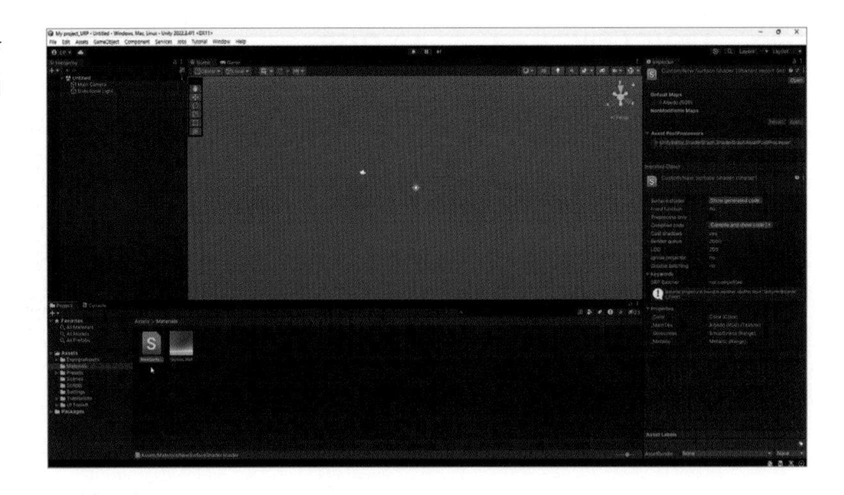

03 유니티 설치시 기본 에디터로 추가로 설치되었던 Visual Studio가 실행됩니다.

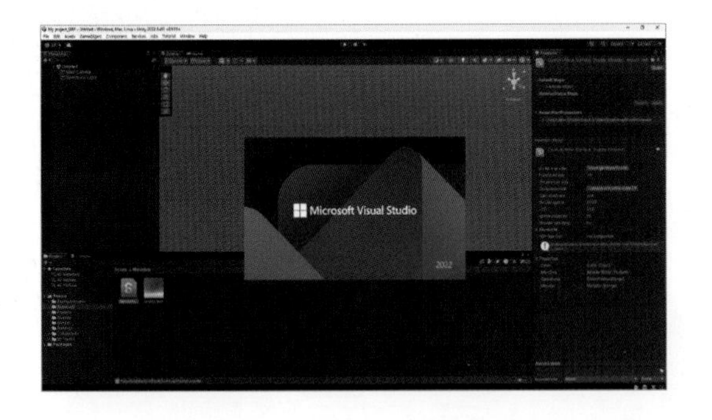

04 여기에서는 Visual Studio에 로그인 하지 않고 진행해 보겠습니다. 본인이 계정을 가지고 있다면 로그인 하시면 됩니다.

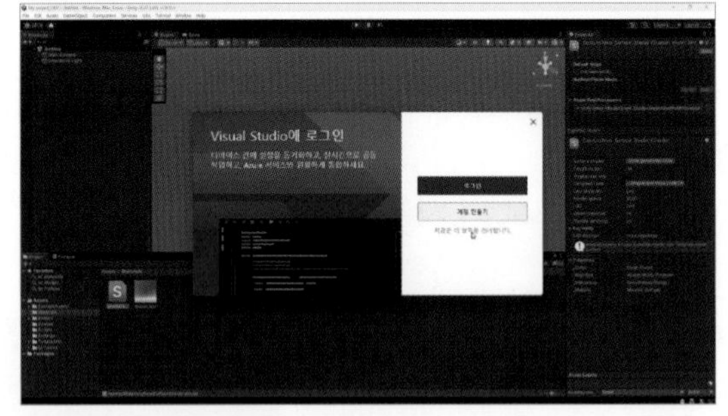

05 ShaderLab 언어를 사용하여 쉐이더의 속성, 서브 쉐이더, 포함 파일 등을 설정하고, 쉐이더 코드를 작성합니다

06 Visual Studio 편집기에서 이전에 생성했던 Standard Surface Shader의 코드를 볼 수 있습니다.

■ 쉐이더 구조

쉐이더 파일은 기본적으로 다음과 같은 구조로 이루어져 있습니다.

```
Shader "Shader 이름" {
    Properties {
        // 속성 정의
    }
    SubShader {
        // 서브 쉐이더 정의
    }
    FallBack "이전에 지정한 다른 쉐이더"
}
```

Properties 블록 내에 쉐이더의 속성을 정의할 수 있습니다. 이 속성들은 인스펙터에서 사용자가 조작할 수 있는 변수로 사용됩니다. 예를 들어, float 형의 변수를 정의하려면 다음과 같이 작성합니다.

```
Properties {
    _VariableName ("Variable Name", Range(0, 1)) = 0.5
}
```

SubShader 블록 내에 실제 쉐이더 코드를 작성합니다. 서브 쉐이더는 여러 개를 정의할 수 있지만, 간단한 예제로 하나의 서브 쉐이더를 작성해 보겠습니다. 예를 들어, 버텍스와 프래그먼트 쉐이더를 작성하려면 다음과 같이 작성합니다.

```
SubShader {
    Pass {
        CGPROGRAM
        #pragma vertex vert
        #pragma fragment frag

        struct appdata {
            float4 vertex : POSITION;
        };

        struct v2f {
            float4 vertex : SV_POSITION;
        };

        v2f vert(appdata v) {
            v2f o;
            o.vertex = UnityObjectToClipPos(v.vertex);
            return o;
```

```
        }

        fixed4 frag(v2f i) : SV_Target {
            return fixed4(1, 0, 0, 1);
        }
        ENDCG
    }
}
```

이 코드는 빨간색을 출력하는 쉐이더 예제입니다. 실제로 사용할 때는 쉐이더 코드를 구성하는 다양한 기법과 함수를 사용하여 원하는 시각 효과를 만들 수 있습니다.

■ **쉐이더 적용**

쉐이더를 사용하려면 적용하고자 하는 머티리얼에 쉐이더를 할당해야 합니다. 새 머티리얼을 하나 만들고 인스펙터 창에서 Shader 필드를 클릭하면 Custom 항목이 새로 생성되어 있고 직전에 만들었던 NewSurfaceShader를 선택하면 됩니다.

2-3 쉐이더 그래프 이용

다음으로 쉐이더 그래프를 이용한 방법에 대해서 알아보겠습니다.

유니티 쉐이더 그래프는 비주얼 프로그래밍을 통해 쉐이더를 작성할 수 있는 도구입니다. 쉐이더 그래프를 사용하면 복잡한 쉐이더 로직과 효과를 그래프 기반의 인터페이스를 통해 시각적으로 구성할 수 있습니다. 다음은 유니티 쉐이더 그래프의 주요 특징과 작업 방법에 대한 설명입니다.

- **노드 기반 시스템**: 유니티 쉐이더 그래프는 노드 기반 시스템으로 구성됩니다. 사용자는 그래프에서 다양한 노드를 선택하고 연결하여 쉐이더의 동작을 정의할 수 있습니다. 노드는 쉐이더의 입력, 연산, 출력 등 다양한 기능을 나타냅니다.
- **노드 종류**: 유니티 쉐이더 그래프에는 다양한 종류의 노드가 포함되어 있습니다. 주요 노드 유형은 다음과 같습니다.

- **속성 노드(Property Node)**: 사용자가 조작 가능한 쉐이더 속성을 나타냅니다. 쉐이더 그래프 외부에서 속성 값을 변경할 수 있습니다.
- **계산 노드(Compute Node)**: 쉐이더의 계산 로직을 담당하는 노드로, 쉐이더 코드의 연산 부분을 그래프로 구성할 수 있습니다. 예를 들어, 벡터 연산, 색상 조작, 텍스처 샘플링 등을 수행할 수 있습니다.
- **플로우 노드(Flow Node)**: 조건문(if-else)이나 반복문(loop)과 같은 흐름 제어 기능을 제공하는 노드입니다. 쉐이더 그래프 내에서 조건부 실행과 반복을 구현할 수 있습니다.
- **노드 연결과 데이터 흐름**: 유니티 쉐이더 그래프에서는 노드 간의 연결을 통해 데이터 흐름을 정의합니다. 노드의 출력 포트를 다른 노드의 입력 포트에 연결함으로써 데이터가 전달됩니다. 이를 통해 연결된 노드들은 계산 과정에서 상호작용하며 쉐이더의 결과를 형성합니다.
- **노드 매개변수 조작**: 각 노드는 사용자 정의 매개변수를 조작하는 인스펙터를 가지고 있습니다. 이를 통해 노드의 동작을 조정하고, 파라미터 값을 직접 변경하여 쉐이더의 결과를 시각적으로 조작할 수 있습니다.
- **쉐이더 그래프 컴파일**: 작성한 쉐이더 그래프는 유니티 내에서 컴파일되어 실제 쉐이더 코드로 변환됩니다. 컴파일된 쉐이더는 머티리얼에 할당되어 렌더링 프로세스에서 사용됩니다.

유니티 쉐이더 그래프를 사용하면 복잡한 쉐이더 작성을 비주얼하고 직관적인 방식으로 처리할 수 있으며, 쉐이더 개발에 대한 프로그래밍 지식이 필요하지 않습니다. 유니티 에디터에서 쉐이더 그래프를 사용하여 시각적인 효과를 구성하고, 실시간으로 결과를 확인할 수 있습니다. 아래에 쉐이더 그래프를 이용하는 기본적인 방법을 알아보겠습니다.

2-4 3rd Party 쉐이더 에디터 이용

■ Amplify Shader Editor 사용

유니티 내에서 코딩이나 쉐이더 그래프를 이용하는 방법 외에 Amplify Shader Editor는 유니티에서 사용할 수 있는 강력한 유료 쉐이더 에디터 툴입니다. 이 툴을 사용하면 비주얼 프로그래밍 방식으로 쉐이더를 작성할 수 있습니다. 그래프 기반 인터페이스를 통해 노드를 연결하여 쉐이더의 로직과 효과를 구성할 수 있습니다.

▲ https://assetstore.unity.com/packages/tools/visual-scripting/amplify-shader-editor-68570

이렇게 유니티에서는 ShaderLab, Shader Graph, Amplify Shader Editor 등 다양한 방법을 통해 쉐이더를 만들 수 있습니다. 코딩의 전문성 유무나 개별적인 선호도, 작업 요구사항에 따라 가장 편리하고 적합한 방법을 선택할 수 있습니다.

유니티 쉐이더 그래프

쉐이더 그래프는 쉐이더를 시각적으로 빌드할 수 있는 툴입니다. 쉐이더 그래프를 사용하면 코드를 작성하는 대신 그래프 프레임워크에서 노드를 생성하고 연결할 수 있습니다. 쉐이더 그래프는 변경 사항을 반영하는 즉각적인 피드백을 제공하며, 간단하기 때문에 처음으로 쉐이더를 생성하는 사용자에게 적합합니다.

쉐이더 그래프는 Unity 2018.1 버전 이상에서 Package Manger 창을 통해 사용할 수 있습니다. 유니버설 렌더 파이프라인(URP) 또는 고해상도 렌더 파이프라인(HDRP) 같은 사전 빌드된 스크립터블 렌더 파이프라인(SRP)을 설치하는 경우 Unity가 프로젝트에 쉐이더 그래프를 자동으로 설치합니다.

Unity 버전 2021.2부터는 상호 호환성을 위해서 빌트인(Built-in) 파이프라인과 함께 Shader Graph를 사용할 수도 있습니다.

3-1 새로운 쉐이더 그래프 에셋 실습

01 프로젝트(Project) 창을 마우스 오른쪽 버튼으로 클릭하고 컨텍스트 메뉴에서 Create > Shader Graph를 찾은 후 원하는 타입의 쉐이더 그래프를 선택하십시오.

사용 가능한 쉐이더 그래프 타입은 프로젝트에 있는 렌더 파이프라인에 따라 다릅니다. 일부 옵션은 렌더 파이프라인에 따라 있을 수도 있고 없을 수도 있습니다.

02 이 예에서는 유니버설(URP)를 기준으로 유니버설 릿(Lit) 쉐이더 그래프를 생성했습니다.

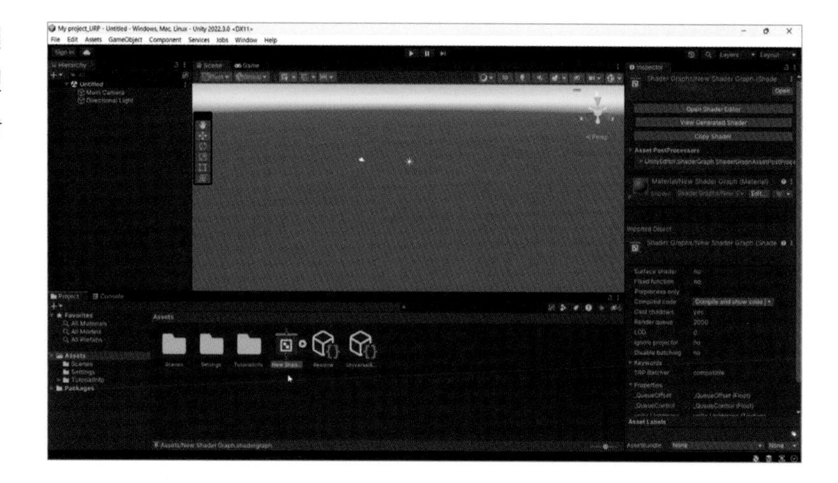

03 새로 생성된 쉐이더 그래프 에셋을 더블 클릭하여 쉐이더 그래프 창에서 여십시오.

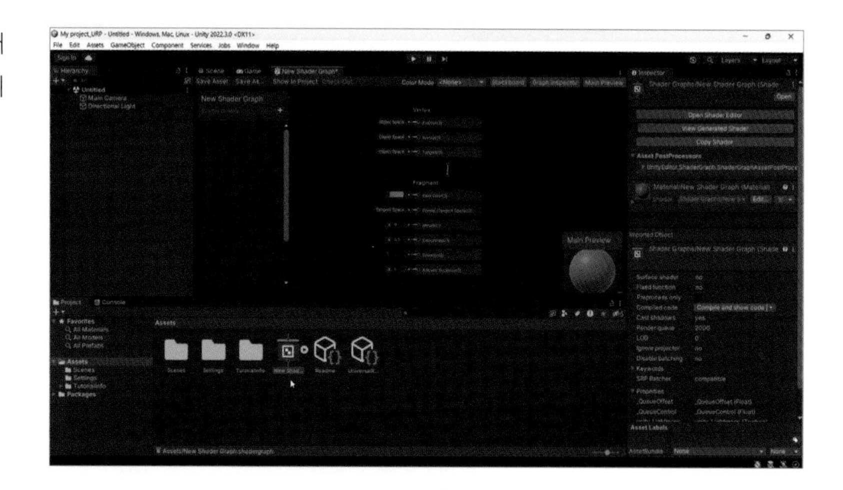

04 쉐이더 그래프 창은 마스터 스택, 미리보기 창, 블랙보드, 그래프 인스펙터로 구성되어 있습니다.

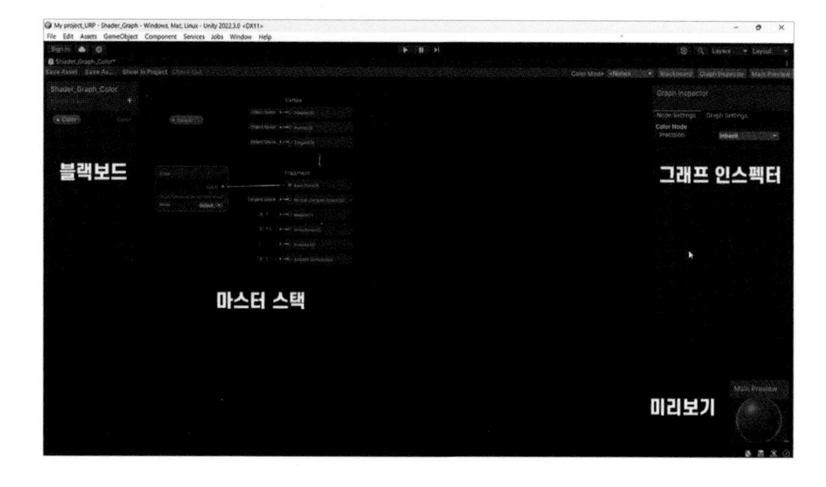

■ 마스터 스택

쉐이더 출력을 결정하는 최종 연결입니다.

■ 미리보기 창

현재 쉐이더 출력을 미리볼 수 있는 영역입니다. 여기에서 오브젝트를 회전하고 확대 및 축소할 수 있습니다. 쉐이더를 미리볼 기본 메시를 변경할 수도 있습니다.

■ 블랙보드

모든 쉐이더 프라퍼티를 수집된 단일 뷰에 포함하고 있는 영역입니다. 블랙보드에서 프라퍼티에 대한 추가, 제거, 이름 변경 및 재정렬 작업을 수행할 수 있습니다.

■ 그래프 인스펙터

사용자가 현재 클릭하고 있는 항목과 관련된 정보를 포함하는 영역입니다. 그래프 인스펙터를 사용하여 프라퍼티, 노드 옵션, 그래프 설정을 표시하고 수정할 수 있습니다.

새로운 노드를 생성하려면 "Create Node" 메뉴를 사용합니다. 메뉴를 여는 두 가지 방법이 있습니다.

01 마우스 오른쪽 버튼을 클릭한 후, 컨텍스트 메뉴에서 "Create Node"를 선택합니다.

02 Back Space를 누릅니다.

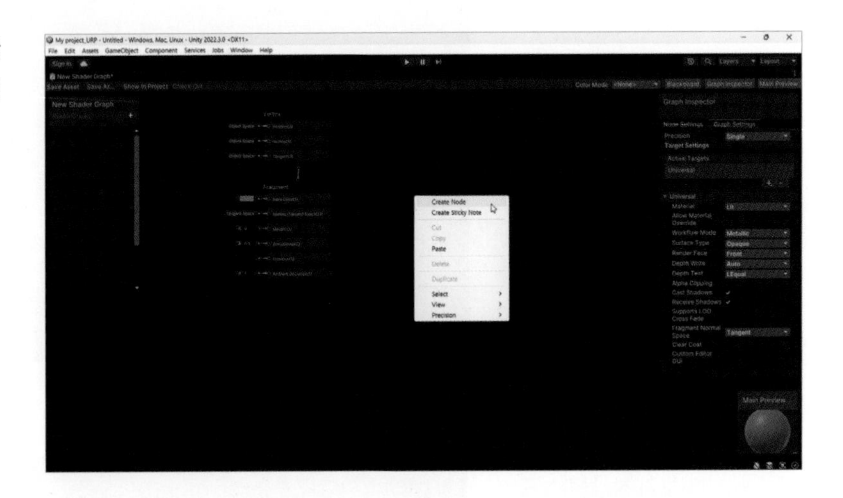

03 메뉴에서는 특정 노드를 검색하기 위해 검색 창에 입력하거나 라이브러리의 모든 노드를 탐색할 수 있습니다. 이 예시에서는 "Color" 노드를 생성합니다. 먼저 "Create Node" 메뉴의 검색 창에 "color"를 입력합니다. 그런 다음 "Color"를 클릭하거나 "Color"를 강조 표시한 후 Enter↵를 눌러 "Color"노드를 생성합니다.

04 새로운 Color 노드가 생성된 것을 확인할 수 있습니다.

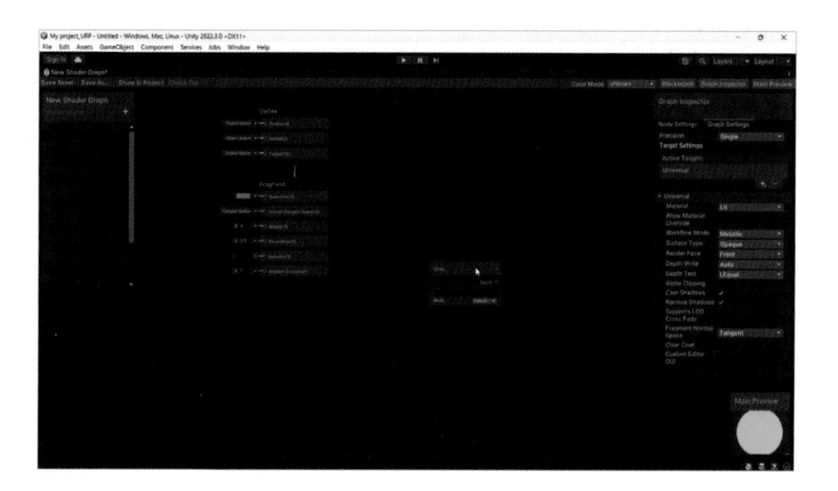

05 만약 미리보기 창이 제대로 결과를 반영하지 못하는 경우가 생기면 미리보기 창 안에서 우클릭을 해서 다양한 미리보기 쉐잎을 선택하면 곧바로 업데이트 된 결과를 미리 보기할 수 있습니다. 여기서는 Sphere를 선택했습니다.

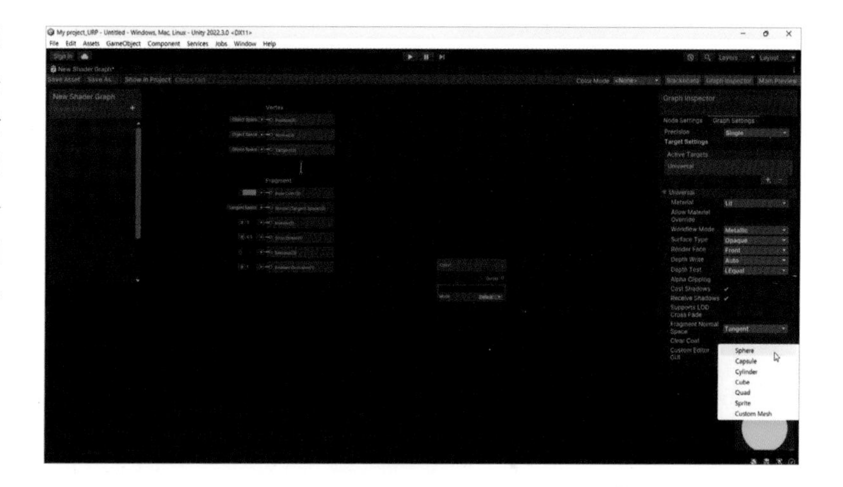

06 미리 보기가 정상적으로 결과물을 보여주고 있습니다.

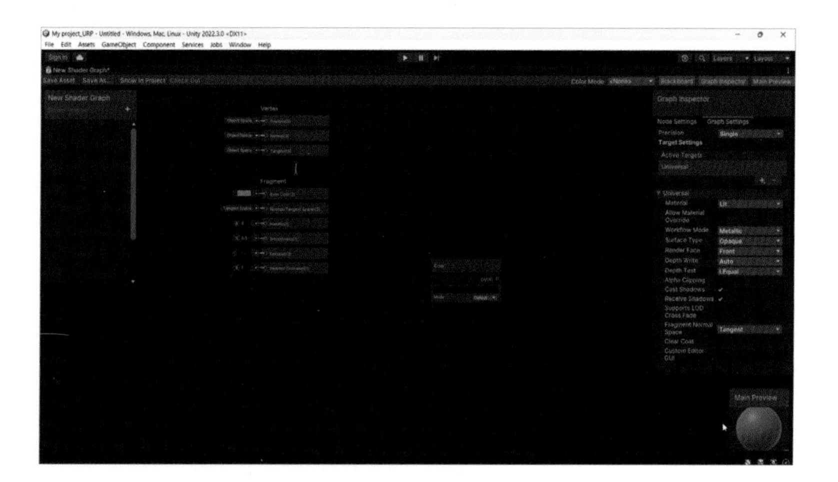

07 새로 생성한 Color 노드의 Out 슬롯을 클릭해서 선으로 Fragment 노드의 Base Color 슬롯에 연결합니다.

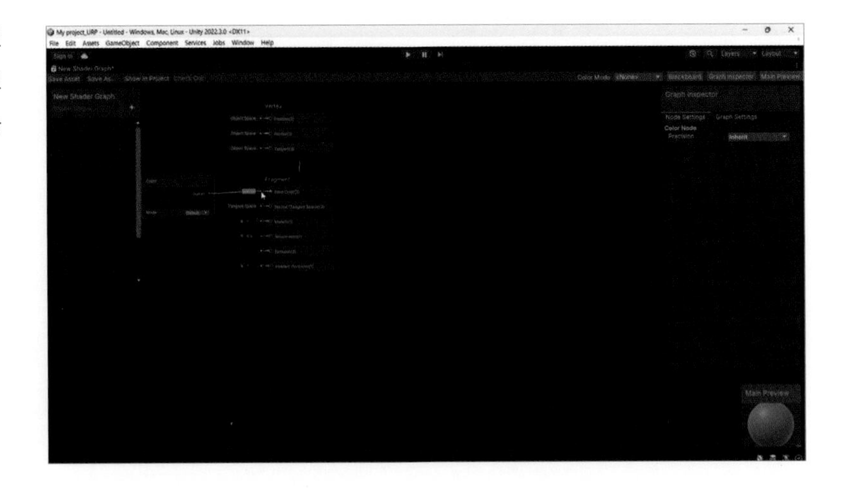

08 Color 노드의 컬러를 선택합니다.

09 여기에서는 Red를 선택했습니다.

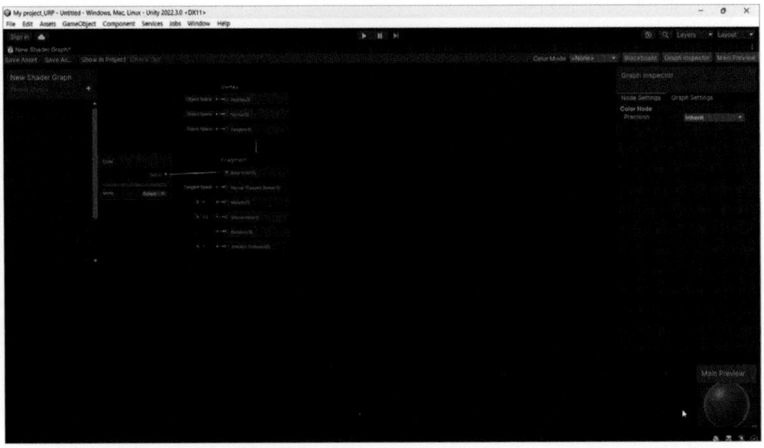

10 창 왼쪽 상단에 있는 Save Asset이나 Save As 메뉴를 이용해서 생성한 쉐이더를 저장합니다.

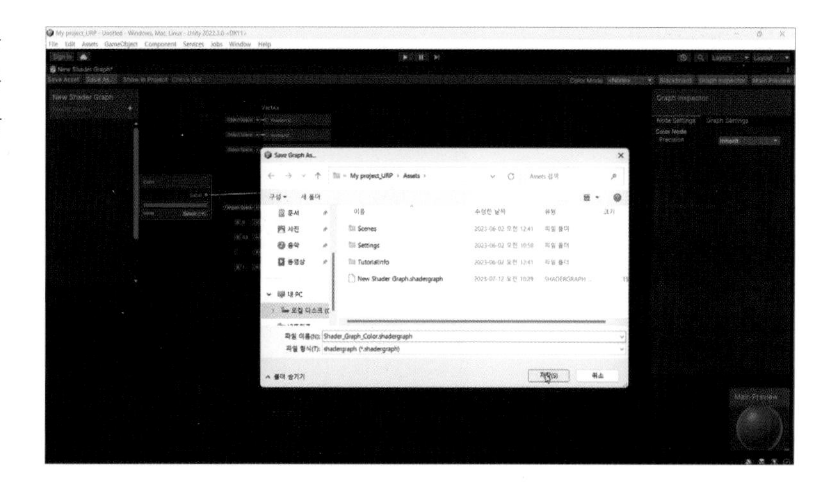

11 새로 생성된 Shader_Graph_Color 에셋을 확인할 수 있습니다.

12 이제 쉐이더를 만들었으니 머티리얼에 이를 연결해 주어야 합니다. New Material을 만듭니다.

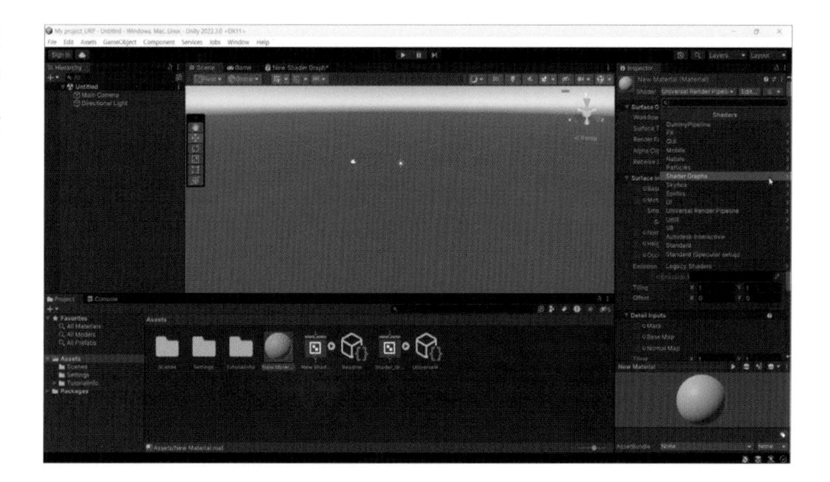

13 머티리얼의 쉐이더 속성에서 드롭다운해서 Shader Graph > Shader_Graph_Color를 선택하면 우리가 만든 붉은색을 띄는 머티리얼이 완성된 것입니다.

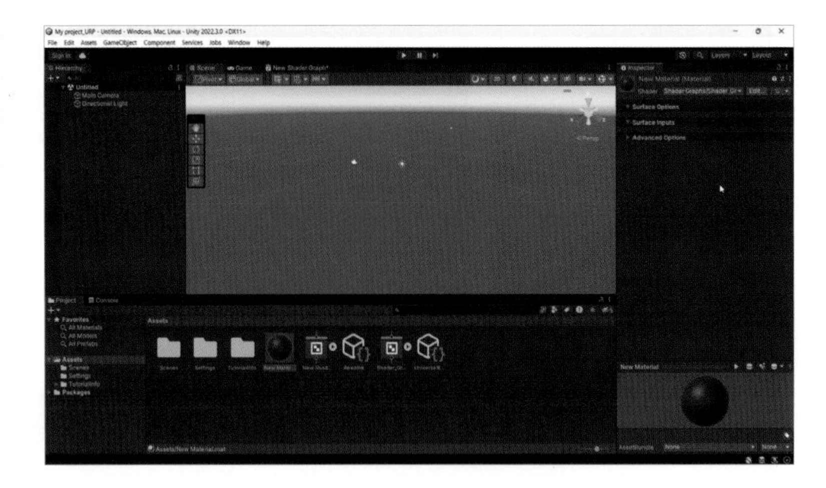

14 새로 3D 오브젝트를 하나 만들어서 머티리얼을 적용해 보겠습니다. 여기에서는 큐브를 하나 만들었습니다.

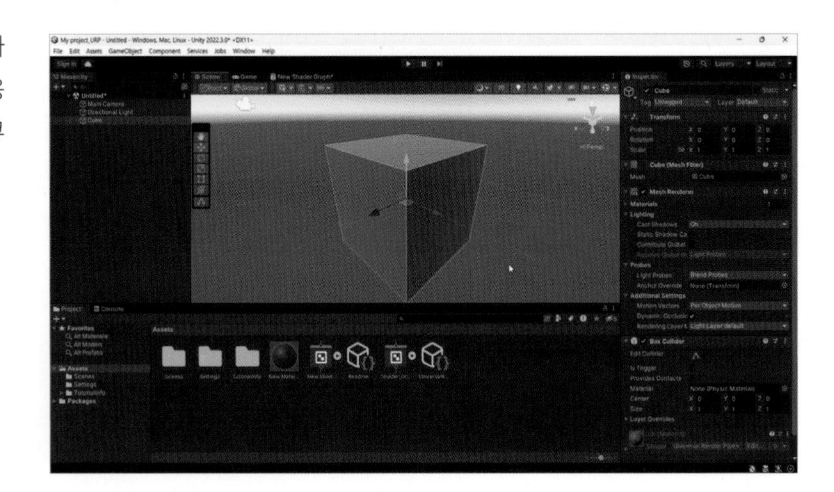

15 큐브를 선택하고 인스펙터 창의 Material 속성 슬롯으로 새 머티리얼을 드래그 앤 드롭합니다.

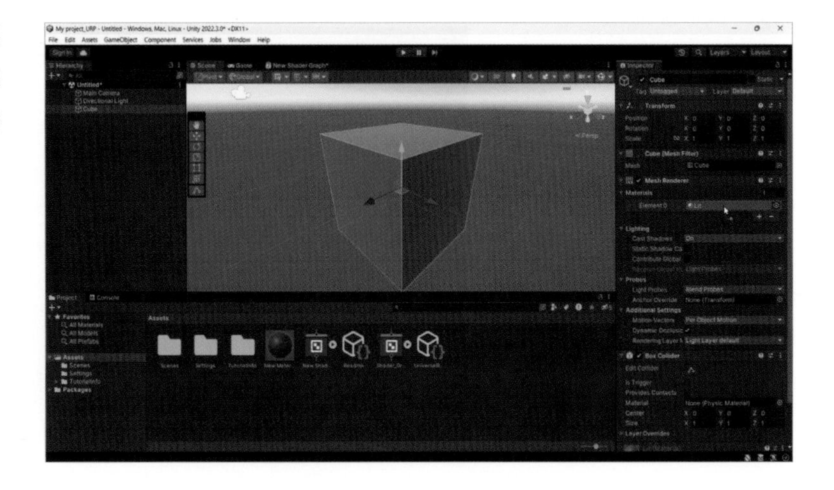

16 즉각 붉은색의 큐브를 얻을 수 있습니다.

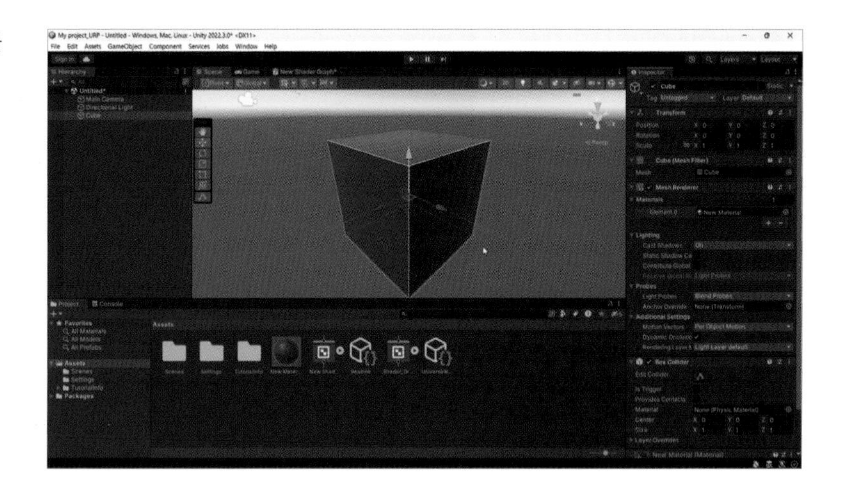

프라퍼티를 사용하여 쉐이더의 형상을 변경할 수도 있습니다. 프라퍼티는 머티리얼의 인스펙터에서 표시되는 항목 옵션으로, 쉐이더 그래프를 열지 않고도 쉐이더의 설정을 변경할 수 있도록 해줍니다.

다시 생성한 쉐이더를 더블클릭해서 쉐이더 그래프로 돌아갑니다.

17 새 프라퍼티를 생성하려면 블랙보드 오른쪽 상단의 Add (+) 버튼을 사용하여 생성할 프라퍼티 타입을 선택합니다.

여기서는 Color를 선택합니다.

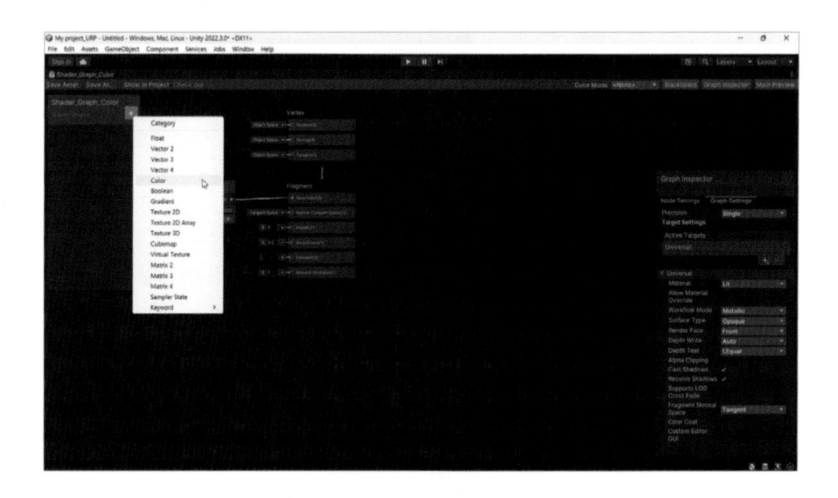

18 블랙보드 안에 새로 만들어진 Color 프라퍼티를 스택 창으로 드래그 앤 드롭합니다.

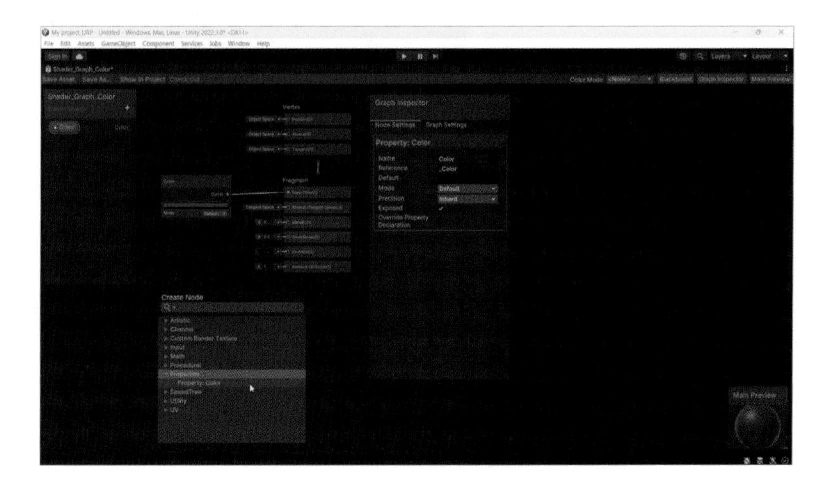

19 기존의 Color 노드 대신에 Color 프라퍼티와 Base Color를 마우스로 끌어서 연결해줍니다.

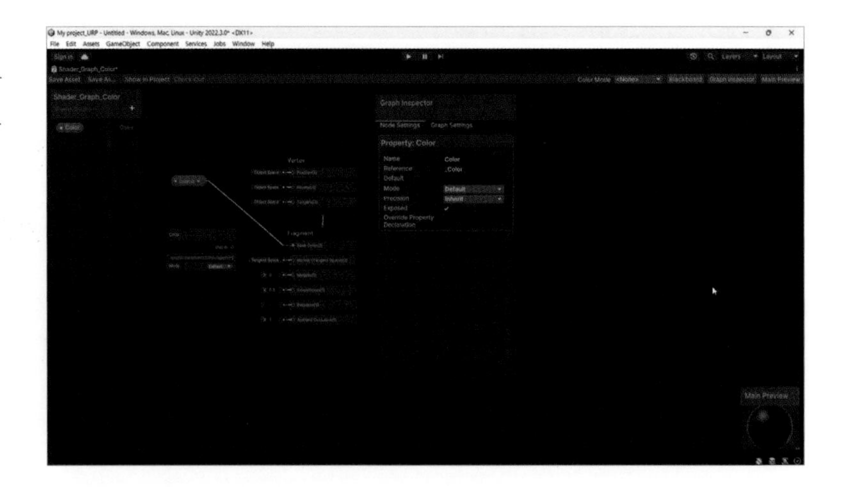

20 다음 그래프 인스펙터에서 보는 것처럼 이 color 프라퍼티에 있는 옵션들은 나중에 쉐이더를 머티리얼에 연결했을 때 머티리얼의 프라퍼티로 보여지며 값을 인스펙터 창에서 제어할 수 있습니다.

여기에서는 Color라는 이름의 프라퍼티로 표시될 것이고 디폴트 값으로 검은색이 선택되어 있습니다.

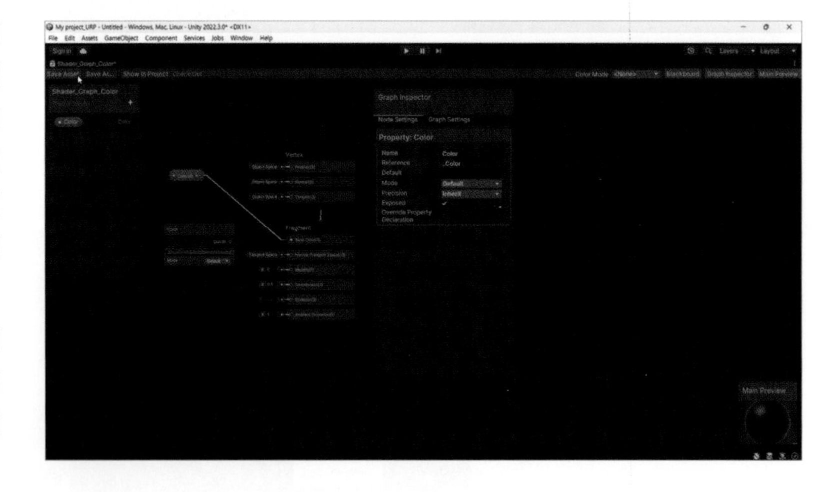

21 이를 이용하여 머티리얼의 인스펙터 창에서 Color 값을 원하는 색으로 선택할 수 있습니다.

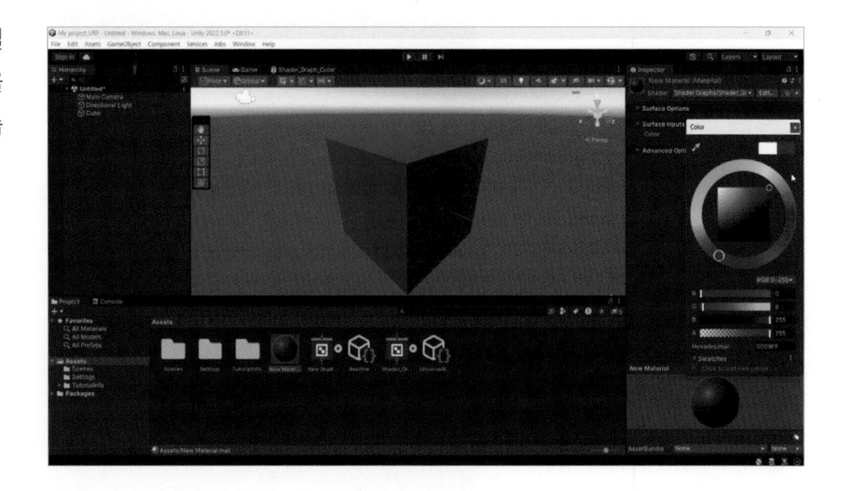

유니티 쉐이더의 종류

유니티에 어떤 종류의 쉐이더들이 있고 각각 어떤 결과물을 보여주는지 그 중에서 자주 사용되는 주요 쉐이더 몇 가지를 살펴보겠습니다.

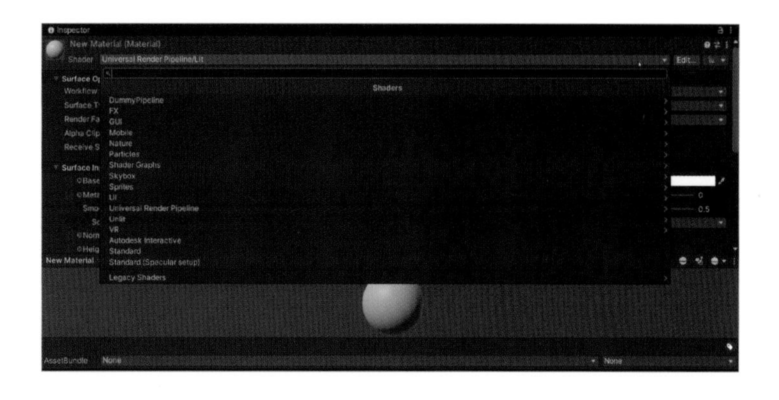

유니티의 유니버설 렌더 파이프라인(URP)에는 여러 종류의 쉐이더가 있습니다. 쉐이더는 그래픽 처리 장치(GPU)에서 실행되며 3D 개체의 표면이 빛과 다른 시각적 효과에 어떻게 반응하는지를 결정합니다. URP에는 다양한 렌더링 요구에 맞춰 제공되는 내장 쉐이더가 있습니다. 이 중에서 Universal Render Pipeline(URP) 쉐이터에 대해서 먼저 살펴보겠습니다. URP에서는 디폴트로 Universal Render Pipeline/Lit 쉐이더가 설정되어 있고 이 외에도 Unlit, Simple Lit 등의 쉐이더가 있습니다.

4-1 리트 쉐이더(Lit Shader)

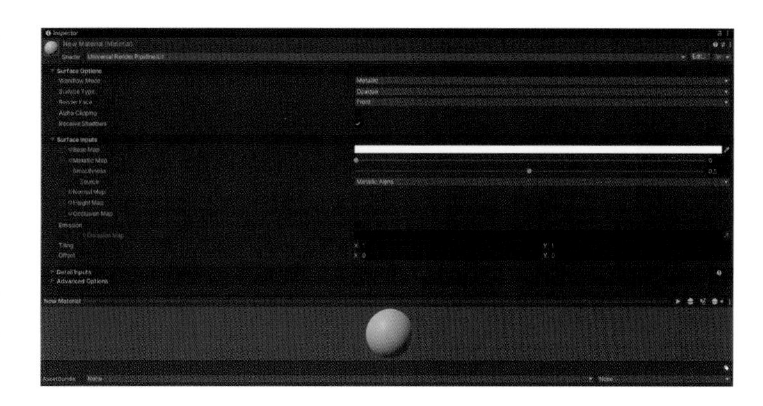

리트 쉐이더는 URP에서 주로 사용되는 쉐이더입니다. 물리적 기반 렌더링(PBR) 기능을 제공하여 물체가 빛과 상호작용하는 방식을 현실적으로 표현할 수 있습니다. 리트 쉐이더는 금속성, 매끄러움 및 노멀 매핑과 같은 기능을 지원하여 재질이 빛을 정확하게 반사하고 시각적으로 매력적으로 보이도록 합니다.

4-2 언릿 쉐이더(Unlit Shader)

언릿 쉐이더는 조명에 반응하지 않는 기본적인 쉐이더입니다. 일관된 모습을 유지해야 하는 재질에 주로 사용됩니다. 언릿 쉐이더는 주로 사용자 인터페이스 요소나 평면화된 스타일의 그래픽에 사용됩니다.

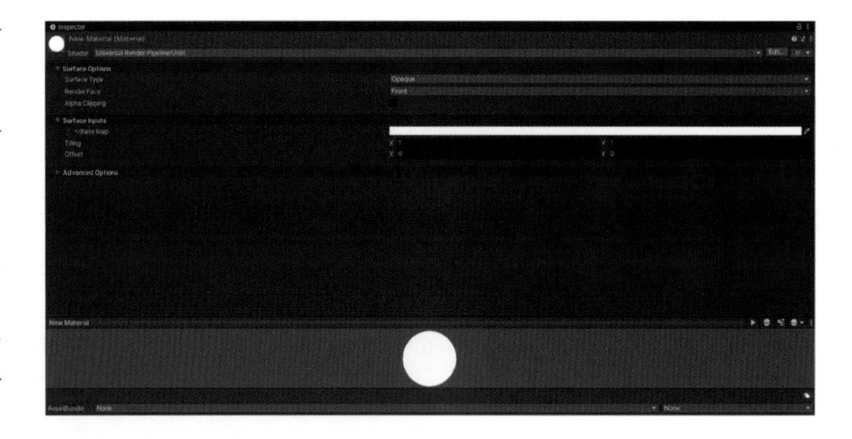

4-3 파티클 쉐이더(Particle Shader)

파티클 쉐이더는 파티클 효과를 렌더링하는 데 사용됩니다. 텍스처 애니메이션, 생명 주기별 색상, 알파 블렌딩과 같은 다양한 기능을 지원하여 인상적인 파티클 시스템을 만들 수 있습니다.

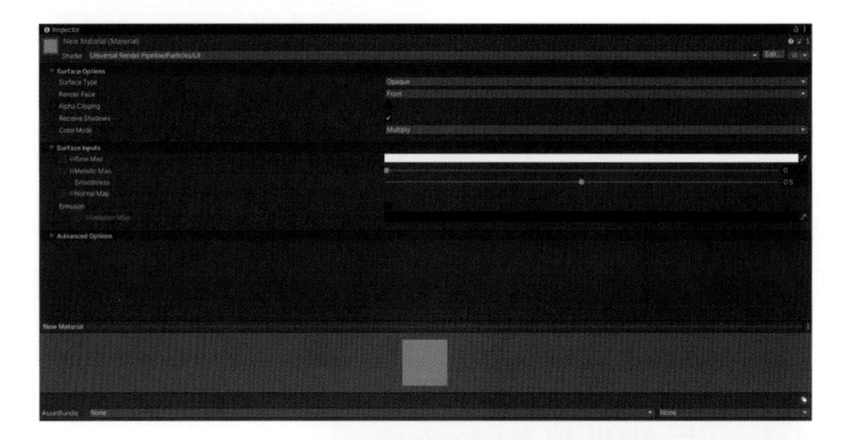

URP 쉐이더 외에도 다음 이미지처럼 다양한 쉐이더들이 있습니다. 각 쉐이더의 용도에 맞게 선택해서 사용하면 되는데 간단하게 중요한 쉐이더 몇가지만 더 살펴보겠습니다.

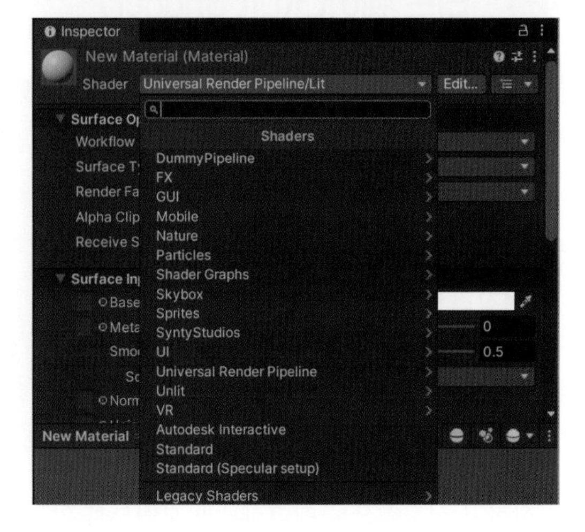

4-4 스프라이트 디폴트 쉐이더(Sprite Default Shader)

조명 기능이 없는 2D 스프라이트를 위한 쉐이더입니다. 그림자가 없는 비조명형 2D 그래픽에 적합합니다.

4-5 쉐이더 그래프 쉐이더(Shader Graph Shader)

URP는 쉐이더 그래프를 지원합니다. 이는 코드를 작성하지 않고도 사용자가 사용자 정의 쉐이더를 만들 수 있는 노드 기반의 시각적 인터페이스입니다. 이를 통해 아티스트와 개발자들은 노드 기반 시스템을 사용하여 독특한 재질과 시각적 효과를 만들 수 있습니다. 여기에 데칼 쉐이더(Decal Shader) 등이 포함되어 있으며 데칼 쉐이더는 다른 표면에 데칼 텍스처를 렌더링하는 데 사용됩니다. 데칼은 벽과 다른 개체에 총알 구멍, 얼룩 또는 표지 등의 세부 정보를 추가하는 데 유용합니다.

4-6 사용자 정의 쉐이더(Custom Shaders)

내장 쉐이더 외에도 URP는 HLSL 또는 쉐이더 그래프를 사용하여 사용자가 직접 쉐이더를 만들 수 있도록 지원합니다. 이를 통해 프로젝트에서 재질이 렌더링되는 방식을 완벽하게 제어할 수 있습니다.
그 외에도 Mobile, Nature, Skybox, UI, FX 등의 다양한 쉐이더들이 있는데 앞서 설명한 이러한 것들이 유니티의 유니버설 렌더 파이프라인에서 사용 가능한 일반적인 쉐이더 유형입니다. 쉐이더는 씬의 시각적 품질과 성능을 결정하는 중요한 요소이므로 각 재질에 적절한 쉐이더를 선택하는 것이 프로젝트에서 원하는 모습과 느낌을 달성하는 데 중요합니다.

Unity

PART.

08

머티리얼 (Material)

머티리얼의 주요 구성 요소와 속성

유니티에서 머티리얼(Material)은 3D 표면 또는 오브젝트가 렌더링될 때 어떻게 나타나는지를 제어하는 스크립트 가능한 에셋입니다. 머티리얼은 오브젝트의 시각적 특성을 정의하며, 색상, 질감, 투명도 및 빛과 상호작용하는 방식을 결정합니다. 따라서 유니티에서 머티리얼과 쉐이더는 아주 밀접하게 연결되어 있으며 항상 쉐이더와 함께 머티리얼을 사용합니다.

유니티에서 머티리얼의 주요 구성 요소와 속성은 다음과 같습니다:

- **쉐이더(Shader)**: 쉐이더는 GPU에서 실행되는 프로그램으로, 머티리얼이 빛과 상호작용하고 화면에 렌더링되는 방식을 결정합니다. 유니티는 다양한 내장 쉐이더를 제공하며 다양한 렌더링 효과에 사용됩니다.
- **메인 텍스처(Main Texture)**: 이는 오브젝트 표면에 적용되는 주요 텍스처입니다. 색상과 디테일을 추가하는데 사용됩니다. 종종 "알비도(albedo)" 또는 "디퓨즈(diffuse)" 텍스처라고도 합니다.
- **노멀 맵(Normal Map)**: 노멀 맵은 표면 디테일을 시뮬레이션하기 위해 빛이 머티리얼과 상호작용하는 방식을 변경하는 데 사용됩니다. 깊이의 시각효과를 주며 폴리곤 수를 증가시키지 않고도 표면에 현실감을 추가합니다.
- **금속 및 부드러움 맵(Metallic and Smoothness Maps)**: 이러한 맵은 머티리얼의 금속성과 부드러움을 제어합니다. 금속 맵은 머티리얼의 반사 정도를 정의하고, 부드러움 맵은 표면의 부드러움 또는 거칠음을 결정합니다.
- **발광(Emission)**: 이 속성은 머티리얼 자체에서 빛을 발산할지 여부를 제어합니다. 발광을 사용하여 물체의 특정 부분을 빛나게 만들 수 있습니다.
- **투명도(Transparency)**: 알파 값(Alpha)을 사용하여 머티리얼의 투명도를 제어할 수 있습니다. 이를 통해 유리, 물 또는 기타 투명한 표면을 만들 수 있습니다.
- **렌더링 모드(Rendering Modes)**: Opaque, Cutout, Fade, Transparent와 같은 다양한 렌더링 모드가 있습니다. 이 모드는 머티리얼이 다른 오브젝트와 상호작용하고 렌더링 파이프라인과 상호작용하는 방식을 결정합니다.
- **타일링 및 오프셋(Tiling and Offset)**: 텍스처가 오브젝트 표면 전체에 어떻게 반복 배치되는지 및 위치를 제어할 수 있습니다.
- **쉐이더 속성(Shader Properties)**: 쉐이더는 색상 변화, 광택, 발광 강도 등을 수정할 수 있는 추가 속성을 가지고 있습니다.

이처럼 머티리얼은 각 구성요소와 속성을 조절하여 3D 모델에 다양한 외형을 부여하며 현실적인 스타일부터 스타일라이즈된 외형까지 다양한 시각적 효과를 만들 수 있습니다.

유니티에서 늘 쌍으로 붙어 다니는 쉐이더와 머티리얼은 3D 오브젝트의 시각적인 외형을 제어하는 데 중요한 역할을 하는 두 가지 요소입니다. 이들은 밀접한 관련이 있지만 서로 다른 역할을 수행하며 그 개념 차이를 이해하는 것이 아주 중요합니다.

간단히 말해, 쉐이더는 오브젝트의 외부에서 렌더링을 제어하고 머티리얼은 오브젝트의 내부에서 시각적 특성을 정의합니다. 쉐이더는 머티리얼과 결합하여 오브젝트가 어떻게 렌더링되는지 결정합니다. 예를 들어, 머티리얼은 오브젝트의 색상과 텍스처를 정의하고, 쉐이더는 이러한 정보를 기반으로 빛의 반사와 그림자를 계산하여 최종적인 렌더링을 수행합니다.

CHAPTER 02

머티리얼의 종류와 적용 방법

그러면 유니티에는 어떤 종류의 머티리얼이 있고 어떻게 사용하는지 한번 알아보도록 하겠습니다.

프로젝트에서 새 머티리얼 에셋을 생성하려면 메인 메뉴 또는 Project View에서 우클릭으로 컨텍스트 메뉴를 이용하여 Create 〉 Material을 선택합니다.

URP 프로젝트에서는 디폴트로 URP Lit 쉐이더가 적용되어 있으며 이렇게 생성된 머티리얼은 인스펙터 창에서 Shader 드롭다운 메뉴를 사용하여 원하는 쉐이더를 재할당할 수도 있습니다.

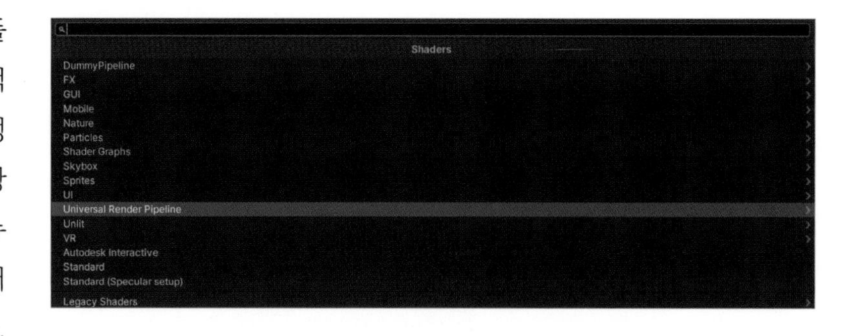

그러면 기본적인 3D 게임 오브젝트를 만들어서 간단한 씬을 구성하고 새로운 머티리얼을 생성하여 오브젝트에 적용하는 방법을 살펴보도록 하겠습니다.

01 우선 새 씬을 열고 계층(Hierarchy) 창에서 우클릭을 한 후 3D Object > Plane, Cube, Sphere, Cylinder를 하나씩 생성하여 다음 이미지처럼 배치하였습니다.

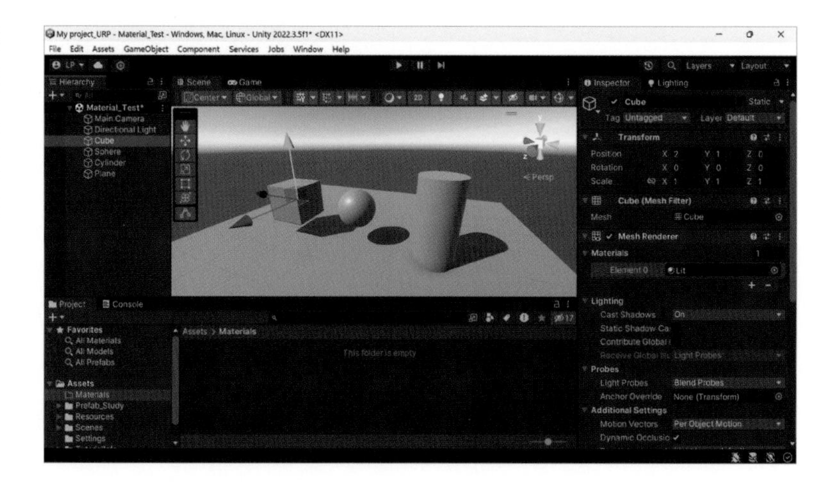

02 큐브를 선택하고 인스펙터 창을 확인해보면 기본 오브젝트에 Lit 머티리얼이 적용되어 있음을 확인할 수 있습니다. Lit 머티리얼 부분을 더블 클릭해 보면 Lit 머티리얼의 속성을 인스펙터 창에서 확인할 수 있습니다. 기본 색상으로 밝은 회색이 적용되어 있습니다.

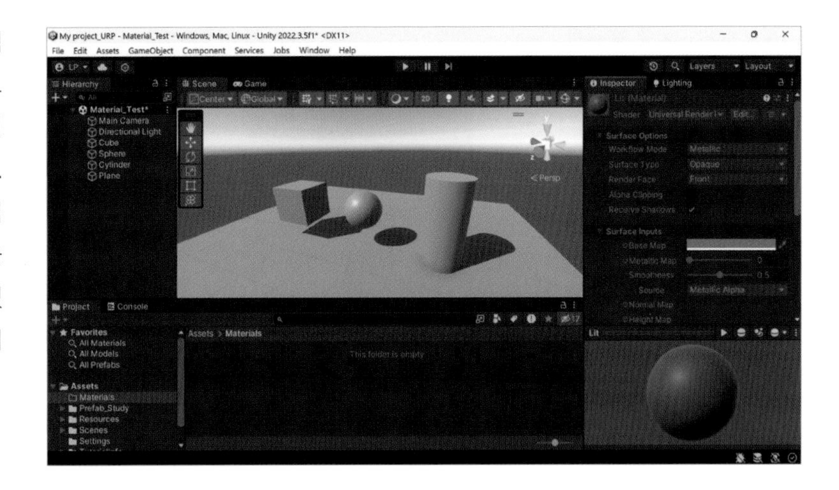

03 프로젝트 창에서 우클릭한 후 Create > Material을 선택하여 새로운 머티리얼을 하나 생성합니다.

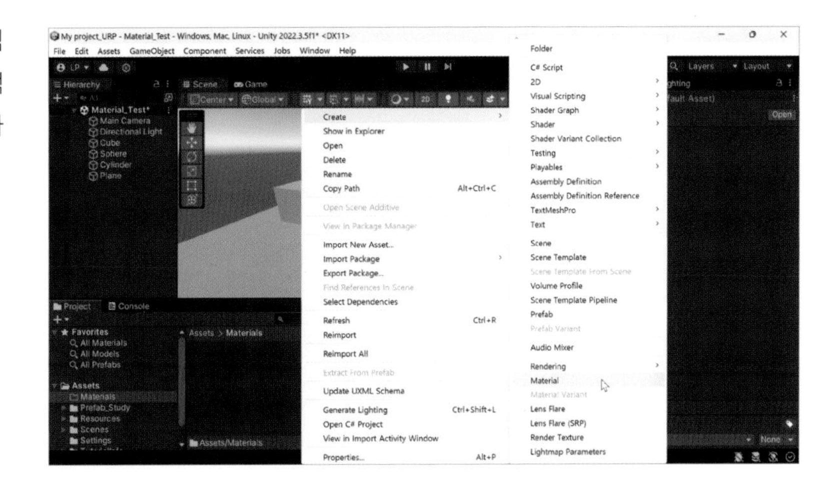

04 생성된 머티리얼을 클릭하고 인스펙터 창에서 Base Map 옆의 컬러 픽커 창을 열어서 빨강색을 선택하고 머티리얼 이름을 Red로 바꾸었습니다.

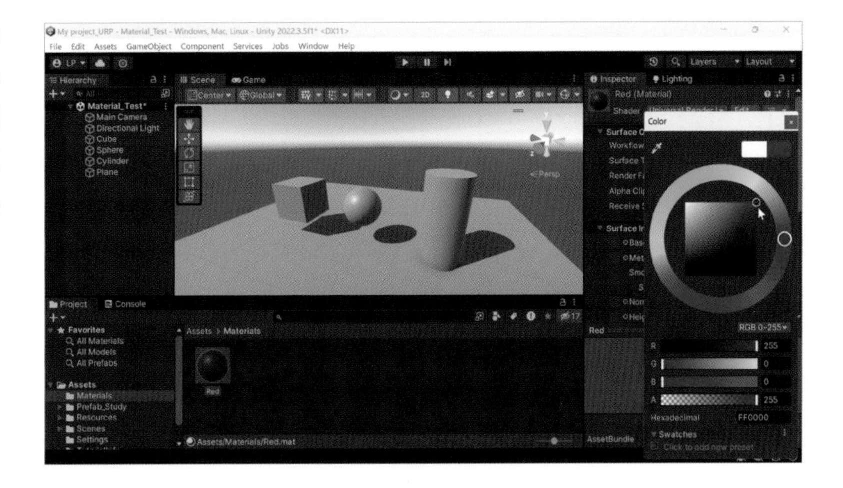

05 머티리얼을 적용하는 간단한 방법은 원하는 머티리얼을 선택한 후 적용시킬 오브젝트에 드래그 앤 드롭하면 됩니다. 여기에서는 Plane에 빨강색 머티리얼을 적용하였습니다.

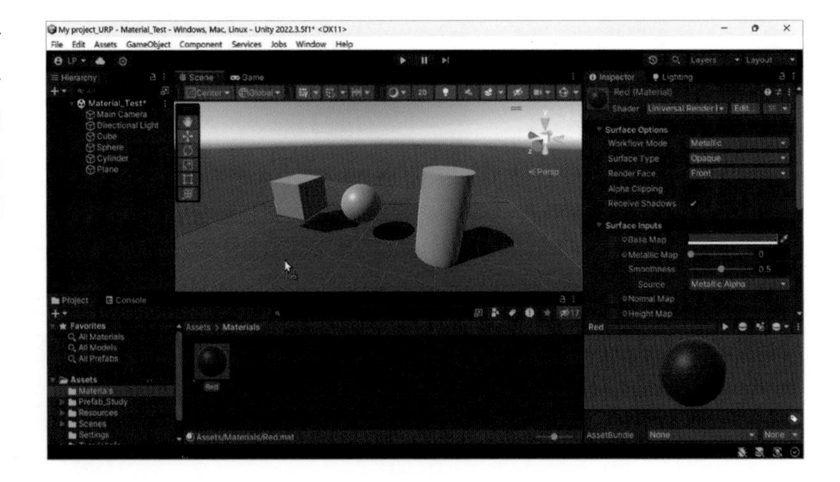

06 같은 방법으로 파랑색, 녹색, 노랑색 머티리얼을 생성하여 각각 오브젝트에 적용을 하였습니다.

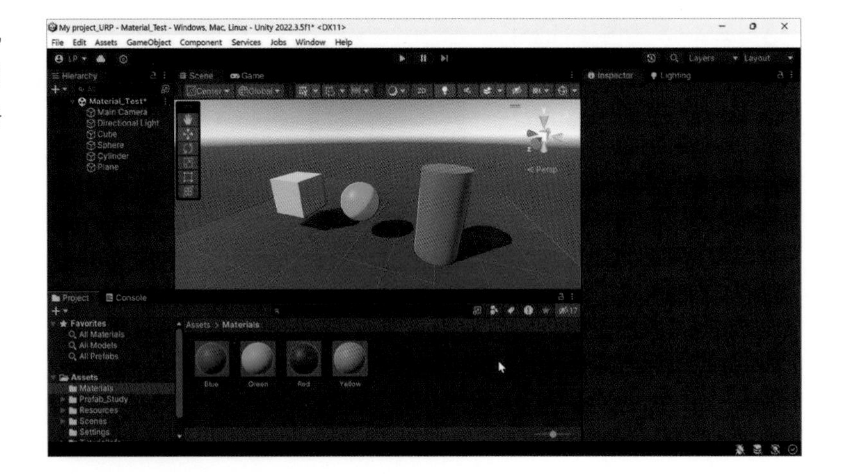

CHAPTER 03

머티리얼에 텍스처 맵 적용

간단하게 머티리얼을 생성하고 적용하는 방법을 알아보았고 이제 머티리얼에 텍스처 맵을 적용하는 방법을 알아보겠습니다.

01 우선 다음 이미지와 같은 알비도(Albedo), 메탈릭(Metalic), 노멀(Normal) 그리고 러프니스(Roughness) 맵을 준비했습니다.(독자분들은 textures.com 같은 사이트에서 무료로 다운로드 받거나 직접 제작한 텍스처를 사용하시면 됩니다.) 대표적인 각각의 텍스처 맵에 대해서는 나중에 다시 살펴보도록 하겠습니다.

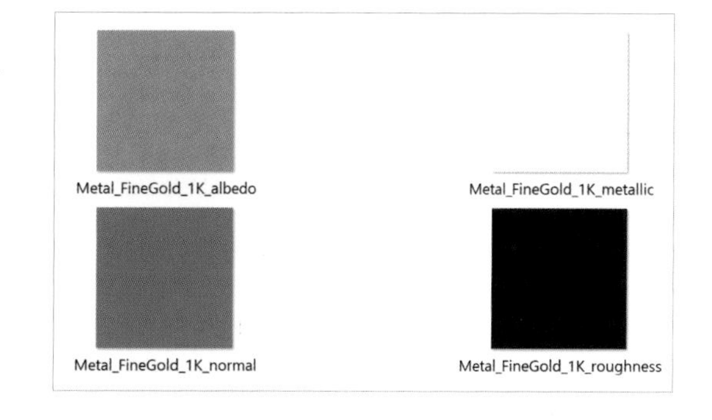

02 유니티에서 이러한 리소스 파일들은 프로젝트 폴더 내에 적절한 구조로 새 폴더를 만들고 거기에 파일들을 저장해도 되지만 간단하게 저장하고자 하는 파일들을 선택하고 유니티 프로젝트 창 내에서 원하는 폴더를 선택해서 열어놓은 상태로 드래그 앤 드롭하면 바로 저장 및 임포트가 됩니다.

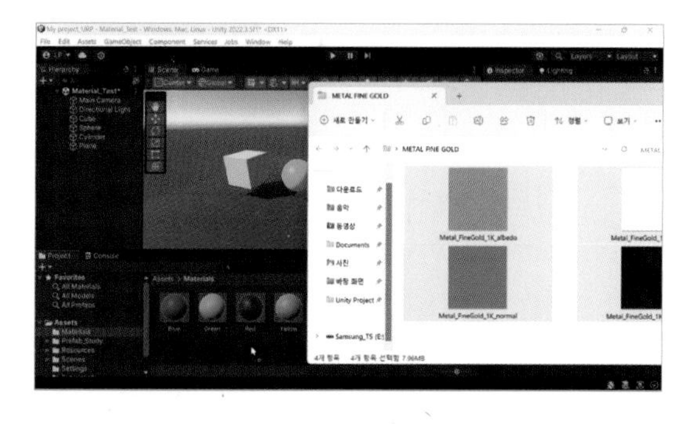

03 이렇게 4개의 텍스처 맵을 프로젝트 안으로 불러왔습니다.

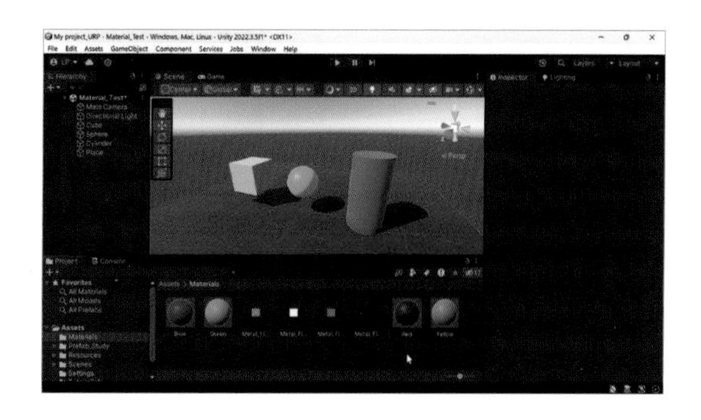

04 우선 새 머티리얼을 하나 생성해서 Gold라는 이름으로 변경한 후 이 머티리얼을 선택하고 인스펙터 창에 각 텍스처 맵을 적용시켜 보겠습니다. 그리고 프로젝트 창에서 알비도 맵을 선택하고 Base Map 옆의 작은 박스안으로 드래그 앤 드롭해서 적용을 합니다.

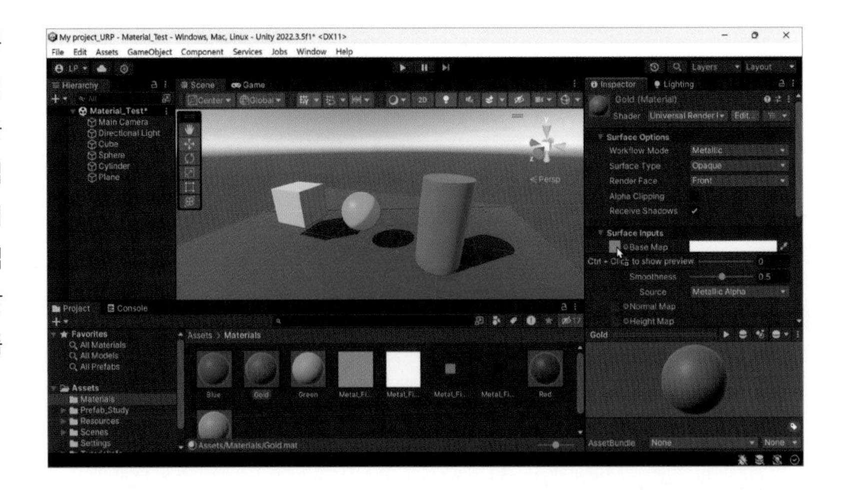

05 다음으로 메탈릭 맵을 선택하고 Metalic Map 옆의 작은 박스안으로 드래그 앤 드롭해서 적용을 합니다. 인스펙터 창 아래 머티리얼 미리보기를 통해서 머티리얼이 어떻게 표현되는지 확인할 수 있습니다.

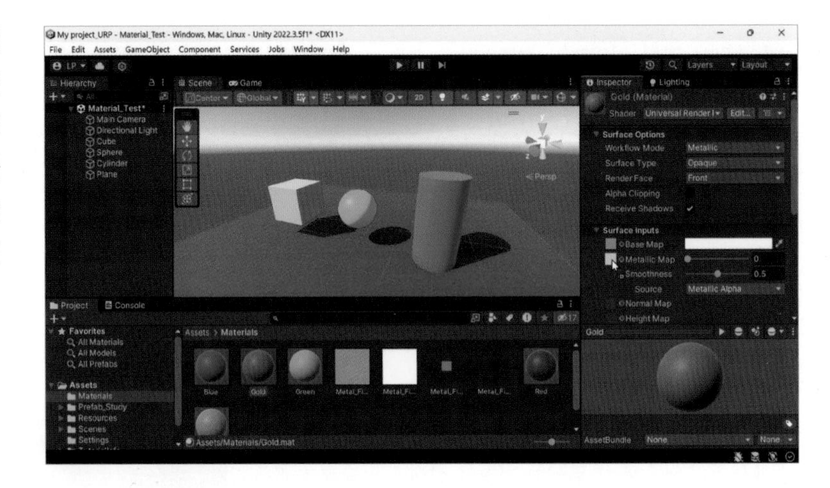

06 노멀 맵을 선택하고 Normal Map 옆의 작은 박스안으로 드래그 앤 드롭해서 적용을 합니다.

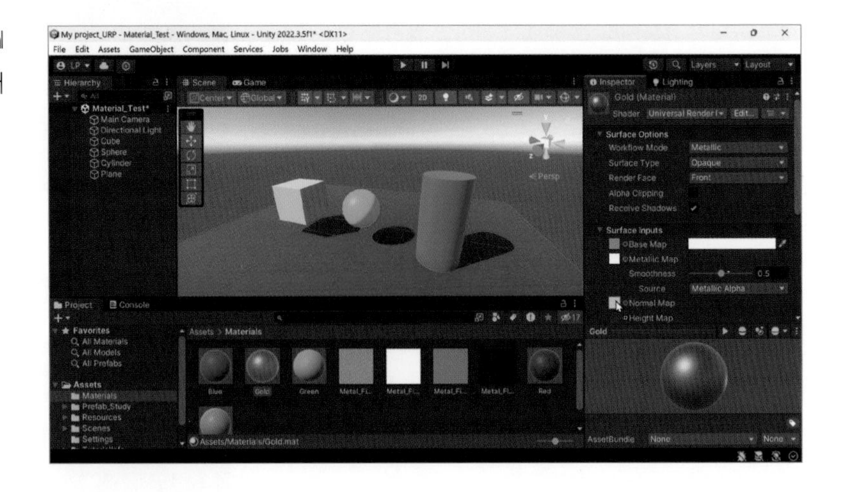

07 여기에서는 Fix Now를 눌러서 자동으로 변경 적용을 지켜줍니다. 이 때 아래 이미지와 같은 "This texture is not marked as a normal map"을 볼 것입니다. 이는 오른쪽 이미지처럼 노멀맵의 경우 임포트 할 때 Texture type을 디폴트에서 노멀맵으로 변경해줘야 유니티가 이를 노멀맵으로 인식하기 때문입니다. 여기에서는 Fix Now를 눌러서 자동으로 변경 적용을 지켜줍니다.

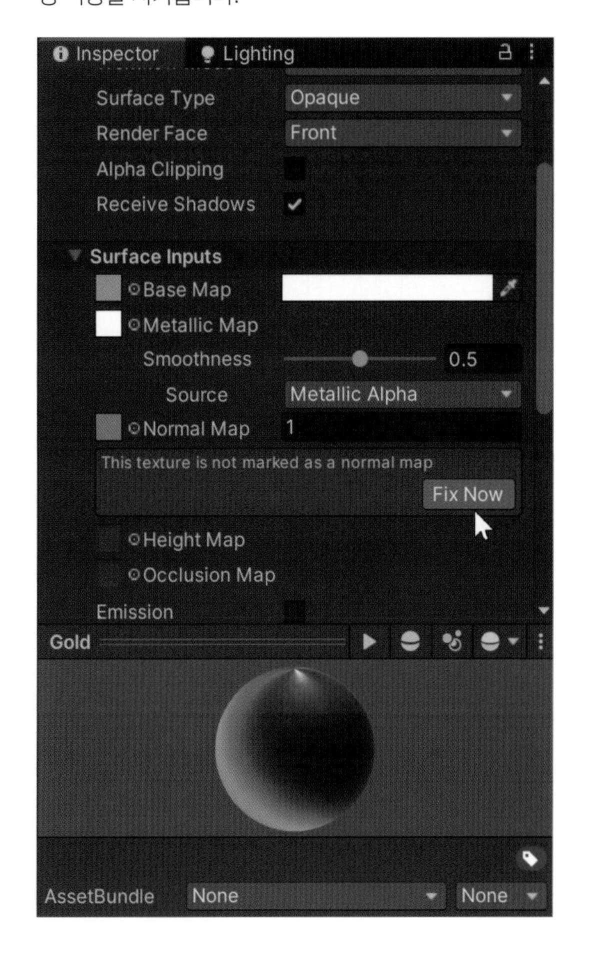

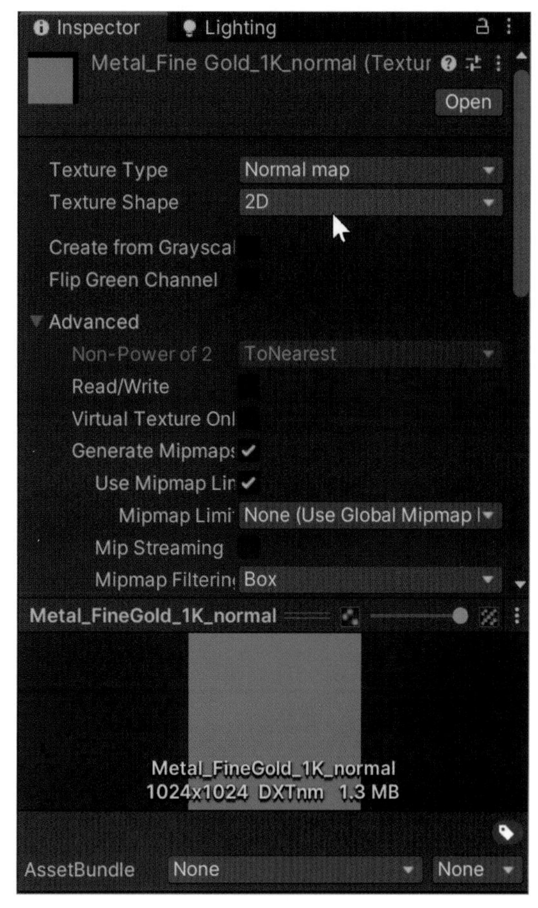

08 혹은 수동으로 노멀 맵을 선택하고 인스펙터 창에서 변경을 해도 무방합니다.

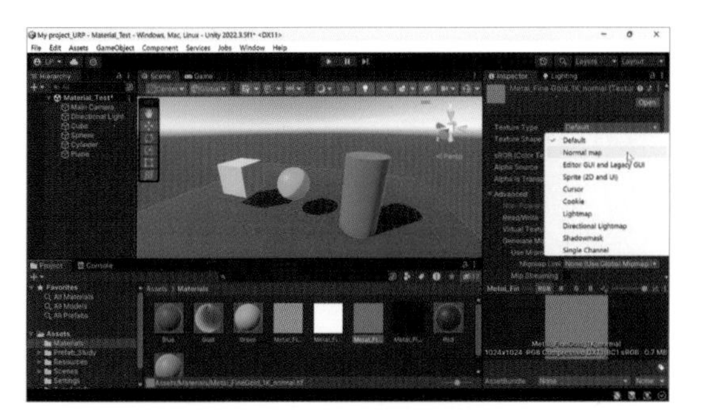

09 이렇게 생성한 Gold 머티리얼을 구에 드래그 앤 드롭해서 적용시켜 주었습니다.

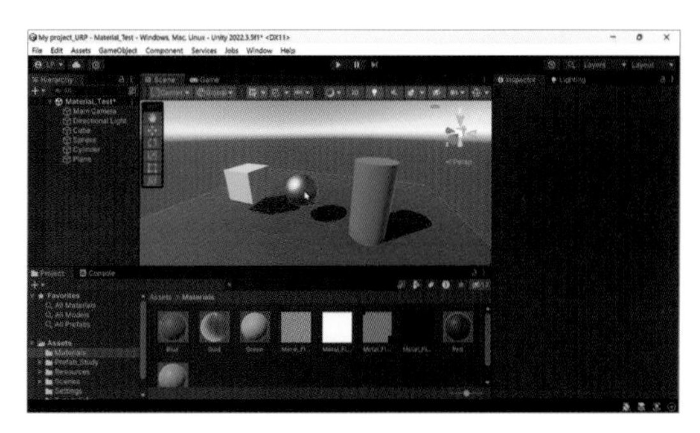

메탈릭 맵에 Smoothness 적용하기

자 그럼 하나 남은 Roughness 맵을 어떻게 적용할 지 알아보도록 하겠습니다. 유니티에서는 표면이 얼마나 매끄러운가를 표현해주기 위해서 Smoothness라는 속성을 사용합니다. 거친 표면은 0(Black), 매끄러운 표면은 1(White)로 표현하는데 머티리얼의 인스펙터 창에서는 다른 맵들처럼 Smoothness 맵을 직접 적용시켜줄 수 있는 박스가 보이지 않는 것을 알게 됩니다. 대신에 Metalic Map 아래에 Smoothness 슬라이더와 Source가 Metalic Alpha와 Albedo Alpha라는 속성이 나타나 있음을 보게 됩니다.

유니티에서는 Smothness(혹은 Roughness, Gloss) 텍스처를 따로 적용할 수 있는 슬롯이 없는 대신에 이렇게 알파채널을 이용해서 Smothness 맵을 적용할 수 있습니다.

Smoothness 텍스처를 메탈릭이나 알비도의 알파 채널에 복사해서 넣고 알파채널을 지원하는 파일 포맷(예를 들면 PNG, TGA 등)으로 저장하고 머티리얼의 인스펙터 창에서 Source를 알파를 추가한 텍스처 맵에 따라서 Metalic Alpha나 Albedo Alpha로 설정하면 됩니다.

4-1 PNG 파일 포맷 이용

여기에서는 포토샵을 이용해서 2가지 방법으로 Smoothness 알파 값을 가지고 있는 메탈릭 맵을 만들어 보겠습니다.

01 우선 다운 받았던 Metalic 맵과 Roughness 맵을 포토샵에서 엽니다.

02 Roughness 맵을 선택해서 Metalic 맵에 카피 앤 페이스트합니다.

여기에서 한가지 기억해야 할 것은 유니티에서 사용하는 Smoothness와 Roughness는 정반대의 값을 가지는 같은 항목이라는 사실입니다. 아래 이미지에서도 나와 있지만 골드라는 매끄러운 금속 표면이면 Smoothness값은 거의 흰색으로 표현될텐데 이 맵은 Roughness 맵이라 어두운 회색으로 정반대로 표현되어 있습니다.

03 이러한 Roughness 맵을 Smoothness 맵으로 변환하는 제일 쉬운 방법은 포토샵 같은 프로그램에서 이미지를 Invert시켜주는 것입니다. 붙여넣은 Roughness 레이어를 선택하고 Ctrl + I를 눌러서 이미지를 Invert시켜줍니다.

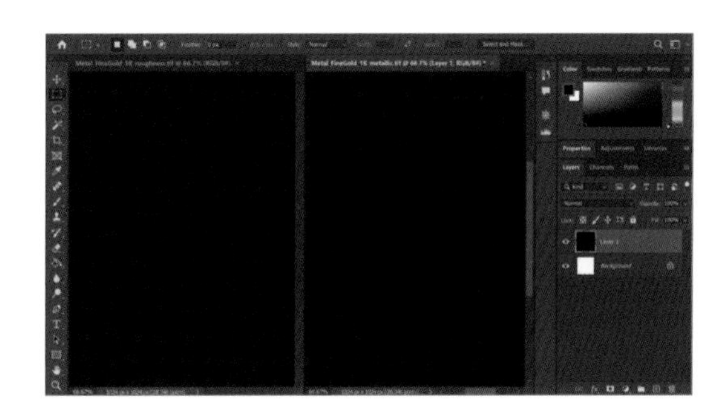

04 그리고 이렇게 변환시킨 Roughness 레이어를 전체 선택하고 Ctrl + C해서 카피해 놓겠습니다.

05 이제 Metallic 레이어를 선택하고 Layer Mask를 추가하겠습니다.

06 Channels 탭을 눌러서 새로 만들어진 Layer Mask를 보이게 활성화시킵니다.

07 저장해 놓았던 Roughness 레이어를 Metalic Mask 채널에 카피해 넣습니다.

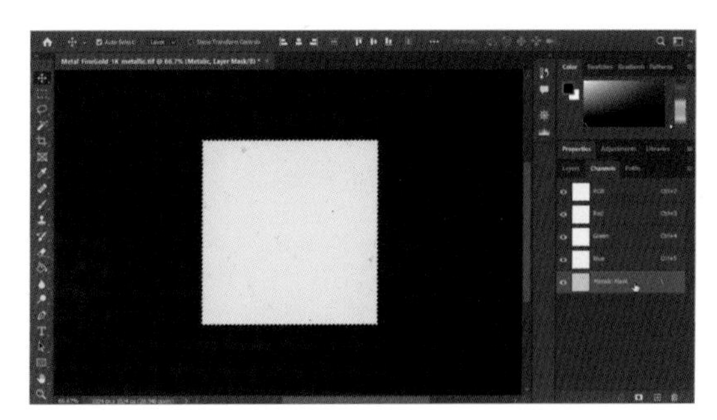

08 다시 Metalic Mask 채널을 끄고 RGB 채널을 선택해서 빠져나가겠습니다.

작업한 이미지를 보면 불투명하던 Metalic 레이어에 레이어 마스크가 적용되어 마스크 이미지만큼의 투명도로 표현되어 있는 것을 확인할 수 있습니다.

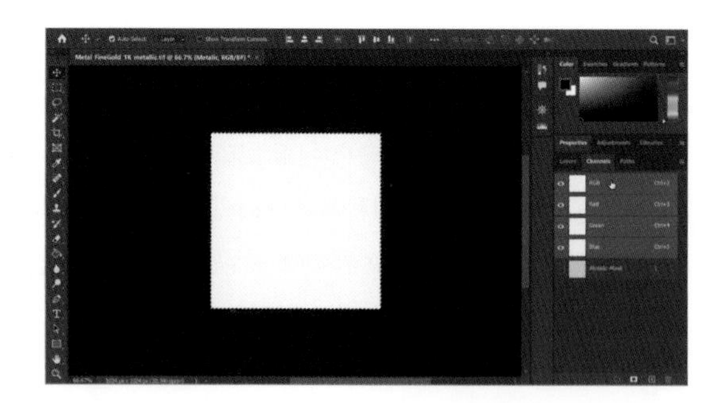

09 이제 PNG 파일로 먼저 저장하겠습니다.

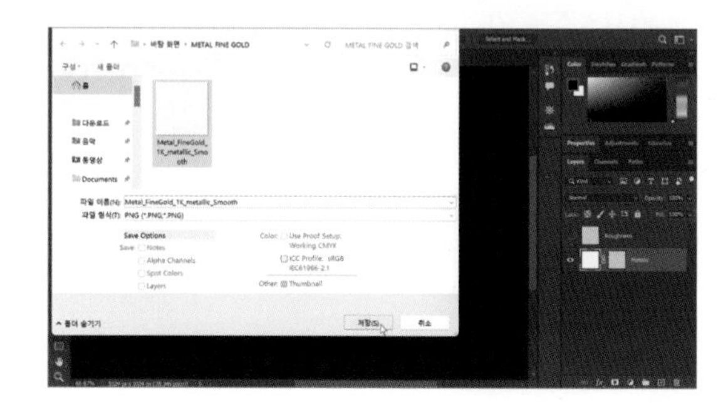

4-2 Targa 파일 포맷 이용

그리고 같은 원리를 이용해서 다른 방법으로도 맵을 만들 수 있습니다.

레이어 마스크 대신에 새 알파채널을 하나 만들어서 여기에 Invert해서 저장해 둔 Smoothness 이미지를 붙여 넣어도 같은 효과를 볼 수 있습니다.

01 채널 탭으로 가서 새 알파 채널을 하나 생성했습니다

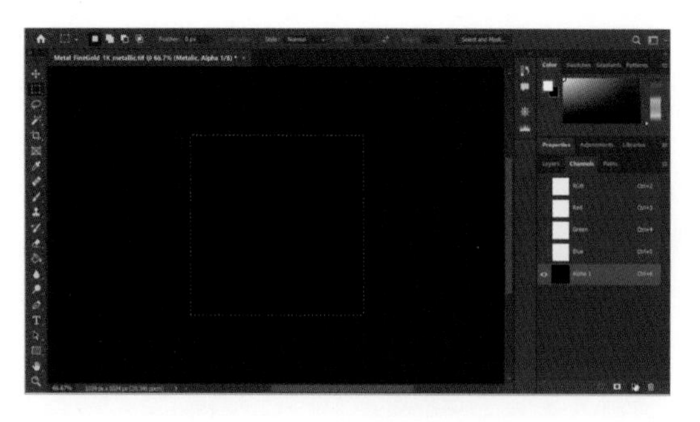

02 알파 채널에 Smoothness 이미지를 붙여 넣습니다.

요약하자면 메탈릭 맵에 알파 채널을 추가하고 거기에 Smoothness를 표현할 텍스처를 저장해 넣은 것입니다. 이 과정은 알비도 맵에도 동일하게 적용 가능합니다.

03 이제 알파 채널을 지원해주는 포맷으로 파일을 저장하면 되는데 여기서는 Targa 파일 포맷을 선택했습니다. 옵션으로 Alpha Channels를 선택하고 32 bits/pixel로 저장해줍니다.

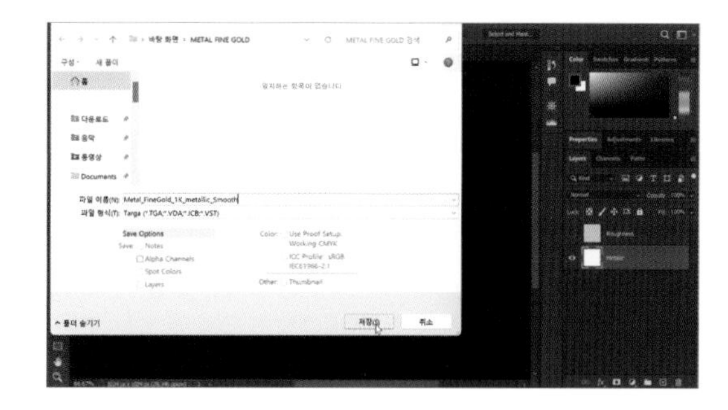

04 이렇게 Smoothness를 알파 채널에 포함한 메탈릭 맵을 다시 적용하면 더 사실적인 골드 재질을 만들 수가 있습니다.

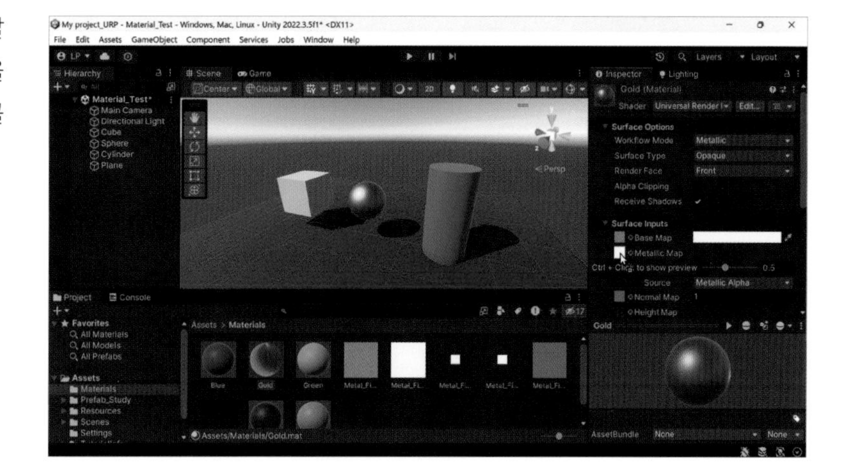

메탈릭 워크플로우(Metalic Workflow) vs. 스펙큘러 워크플로우(Specular Workflow)

메탈릭 워크플로우와 스펙큘러 워크플로우는 유니티에서 머티리얼을 구성하는 두 가지 주요 방식입니다. 이 두 워크플로우는 물체의 물리적 특성과 재질의 속성을 다르게 처리합니다.

5-1 메탈릭 워크플로우

메탈릭 워크플로우는 PBR(-Physically Based Rendering) 기반 재질 시스템에서 많이 사용되는 방식입니다. 이 워크플로우는 재질의 속성을 다음과 같은 방식으로 처리합니다

- **베이스(혹은 Albedo) 맵**: 재질의 색상 정보를 포함한 텍스처입니다. 이 텍스처는 기본적인 색상 및 디테일을 제공합니다.
- **메탈릭(Metalic) 맵**: 이 텍스처는 물체가 금속적인 속성을 가지는 부분과 그렇지 않은 부분을 표시합니다. 검은색은 비금속, 흰색은 금속을 나타냅니다.
- **스무스니스(Smoothness) 맵**: 이 텍스처는 표면의 거칠기 또는 매끄러움을 나타냅니다. 검은색은 거칠고, 흰색은 매끄러운 표면을 의미합니다.
- **노멀(Normal) 맵**: 노멀 맵은 표면의 법선 벡터를 조정하여 디테일과 입체감을 시뮬레이션합니다.

5-2 스펙큘러 워크플로우

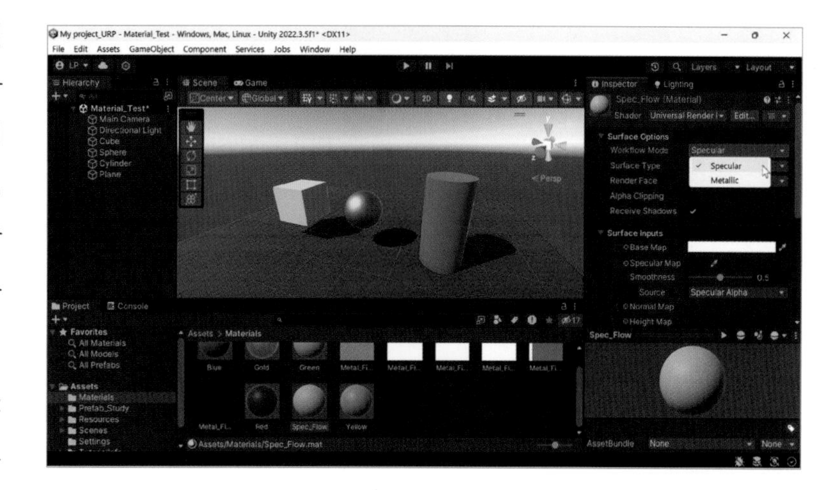

스펙큘러 워크플로우는 메탈릭 워크플로우와 비교하여 기존의 재질 시스템에서 주로 사용되던 방식입니다. 이 워크플로우는 재질의 속성을 다음과 같은 방식으로 처리합니다

- **베이스(혹은 Albedo) 맵**: 마찬가지로 색상 정보를 담은 텍스처로 사용됩니다.
- **스펙큘러(Specular) 맵**: 스펙큘러 텍스처는 표면의 반사 밝기를 나타냅니다. 흰색은 높은 반사, 검은색은 낮은 반사를 의미합니다.
- **스무스니스(Smoothness) 맵**: 스펙큘러 워크플로우에서는 스무스니스 텍스처 대신 스펙큘러 텍스처를 사용하여 표면의 매끄러움을 제어합니다.
- **노멀(Normal) 맵**: 역시 노멀 맵은 입체감을 표현하기 위해 사용됩니다.

메탈릭 워크플로우와 스펙큘러 워크플로우는 모두 재질의 물리적 특성을 표현하는 방식이지만, PBR 기반의 메탈릭 워크플로우가 보다 현실적인 물리 기반 렌더링을 지원하며 더 다양한 속성을 조절할 수 있는 장점이 있습니다.

그러면 스펙큘러 워크플로우를 이용하여 노멀, 하이트 맵으로 입체감이 좀 더 도드라져 보이는 머티리얼을 하나 더 만들어서 디테일 맵까지 한번 적용해 보겠습니다. 아래 이미지와 같은 거친 바위 재질의 알비도(Albedo), 앰비언트 오컬루젼(Ambient Occlusion), 하이트(Height), 노멀(Normal), 러프니스(Roughness) 텍스처를 준비하였습니다. 이번에는 다운받은 러프니스 텍스처를 이용하여 스페큘러 텍스처로 재가공을 해주겠습니다.

Rock_Cliff_albedo

Rock_Cliff_ao

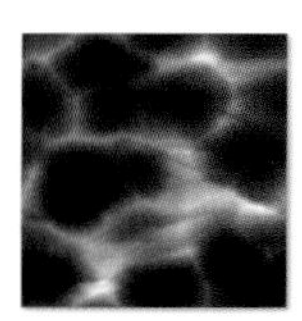
Rock_Cliff_height

Rock_Cliff_normal

Rock_Cliff_roughness

01 새 머티리얼을 하나 만들고 베이스 맵에 알비도 텍스처를 적용시켰습니다.

02 그리고 다운받은 러프니스 텍스처를 그대로 스페큘러 멥에 적용시킨 후 관찰해 보면 흰색이 대부분을 차지하는 현재의 텍스처가 스페큘러 맵에 적용된 까닭에 거친 바위 느낌 대신에 녹슨 철판 같은 느낌이 납니다. 스페큘러 맵도 흰색 부분이 빛을 받아서 반짝이는 부분을 표현하기 때문에 그렇습니다. 이 문제를 해결하기 위해서 이후에 포토샵에서 가공을 해주겠습니다.

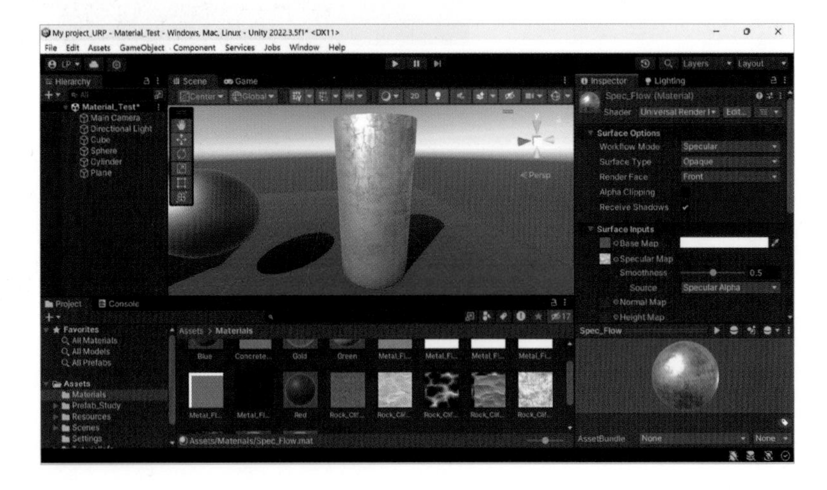

03 적용된 러프니스 맵을 포토샵에서 열어보면 아래 이미지처럼 흰색 바탕으로 거의 매끈한 표면에 균열이나 약간의 거친 질감이 밝은 회색톤으로 표현되어 있습니다. 물론 더 정확하고 구체적인 스펙큘러를 표현하기 위해 별도의 스페큘러 텍스처를 제작할 수도 있겠지만 현재의 질감을 살려서 바위의 일부분만 빛을 받아서 반짝이는 스페큘러를 표현하기 위해서 러프니스 맵을 인버트(Invert)시켜서 사용하겠습니다.

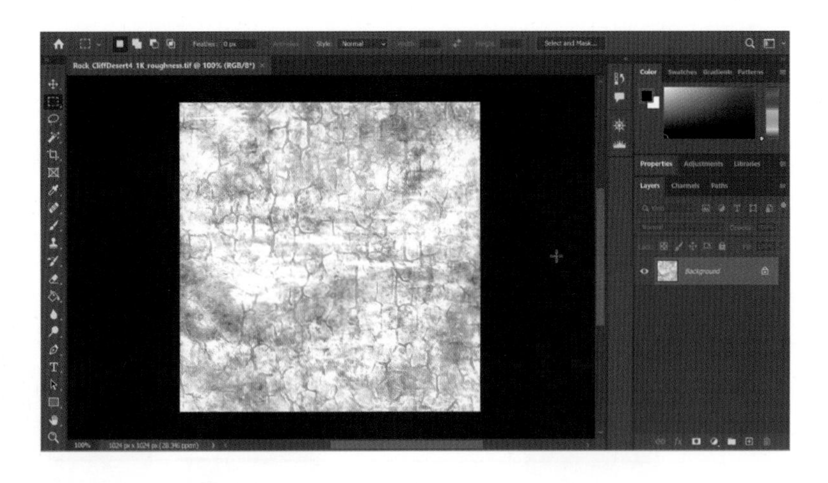

04 Ctrl + I를 눌러서 이미지를 반전(Invert)시켰습니다.

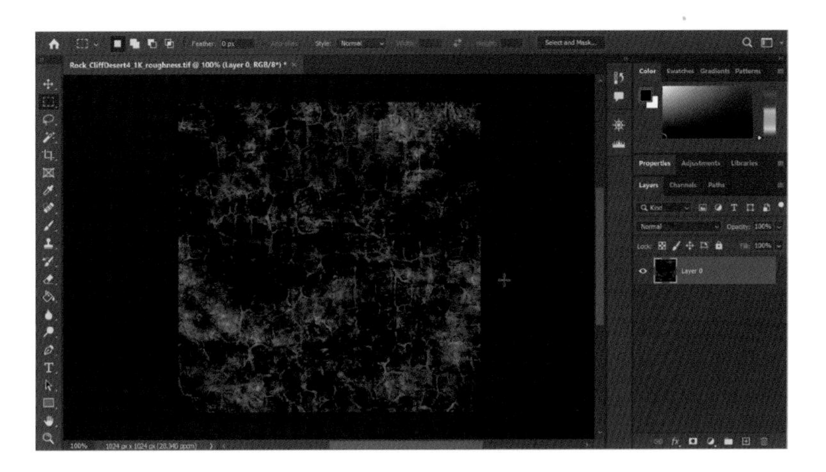

05 이렇게 만든 텍스처를 스페큘러 맵에 적용시켜보면 이전의 금속 재질같은 느낌이 완전히 사라진 것을 볼 수 있습니다.

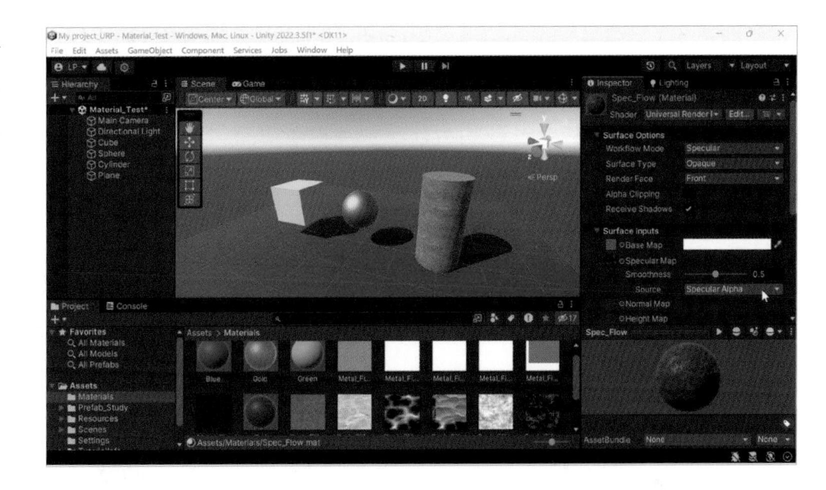

06 다음 이미지는 노멀 맵까지 적용한 모습입니다.

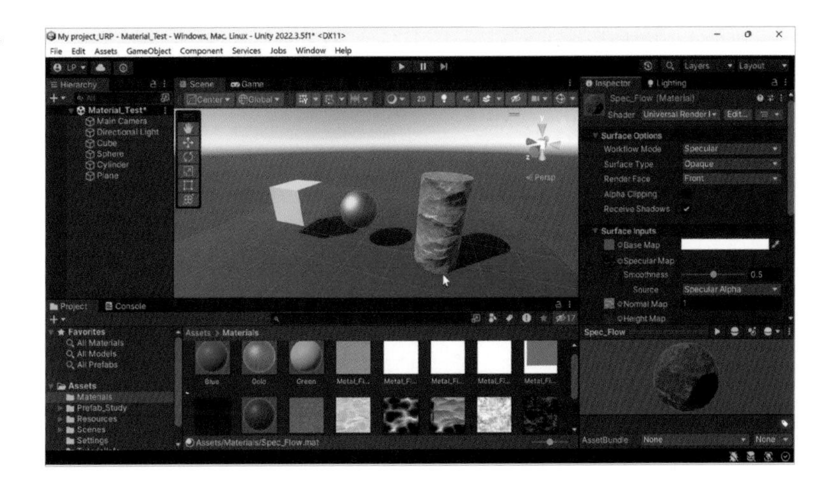

CHAPTER 06

노멀 맵(normal map)

여기에서 노멀 맵에 대해서 한번 간단하게 설명하고 가겠습니다.

노멀 맵은 3D 그래픽스에서 입체적인 표면 디테일을 시뮬레이션하기 위해 사용되는 텍스처입니다. 물체의 표면이 완전히 평평하지 않고 입체적인 경우, 빛의 반사와 그림자가 다양한 각도에서 변화하며 입체적인 느낌을 만들어냅니다. 이런 입체감과 디테일을 표현하기 위해 노멀 맵이 사용됩니다.

노멀 맵은 각 픽셀의 표면 법선 벡터(normal vector)를 저장하는 텍스처로, 표면의 기울기와 방향을 나타냅니다. 각각의 픽셀은 빨간색, 녹색, 파란색 채널로 나타내어진 벡터를 가지며, 이 벡터는 해당 픽셀의 표면이 향하는 방향을 나타냅니다.

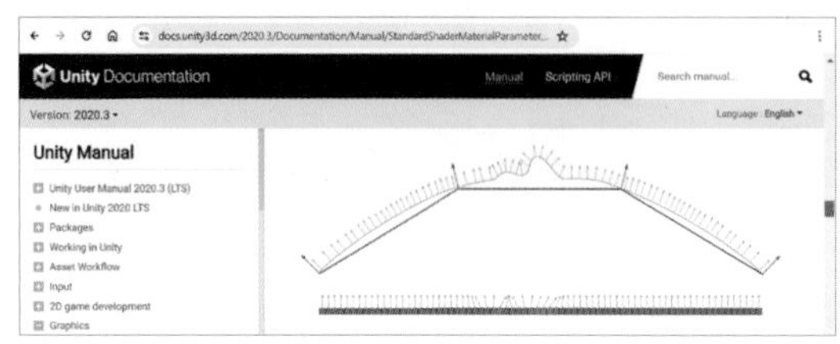

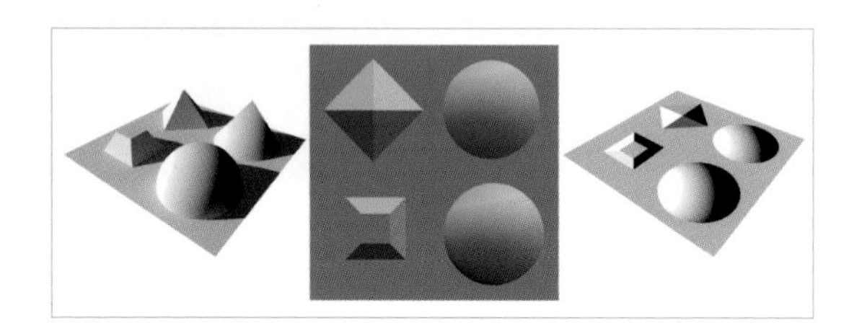

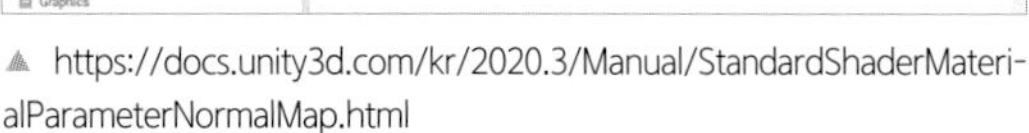
▲ https://docs.unity3d.com/kr/2020.3/Manual/StandardShaderMaterialParameterNormalMap.html

노멀 맵을 사용하면 다음과 같은 효과를 얻을 수 있습니다:

- **입체감**: 노멀 맵은 표면의 입체적인 감쇠와 높낮이를 시각적으로 표현할 수 있습니다. 빛이 노멀 맵에 따라 반사되는 각도에 따라 표면이 입체적으로 보이게 됩니다.
- **반사 및 그림자**: 노멀 맵을 사용하면 표면의 입체성에 따라 빛의 반사와 그림자가 다양한 각도에서 적절하게 변화합니다.
- **디테일 표현**: 노멀 맵은 표면의 작은 디테일이나 노이즈를 추가하여 더욱 현실적인 외관을 만들어줄 수 있습니다.

노멀 맵을 생성하거나 사용할 때는 표면의 모양과 방향을 정확하게 반영하도록 조심해야 합니다. 주로 3D 모델링 소프트웨어나 텍스처 생성 도구를 사용하여 노멀 맵을 만들게 됩니다. 노멀 맵은 물체의 입체성과 디테일을 향상시키는 데 중요한 역할을 하며, 현대의 3D 그래픽스에서 물체의 렌더링을 더욱 현실적으로 만드는 데 큰 도움을 줍니다. 하지만 꼭 기억해야하는 사실은 노멀 맵은 실제 메쉬의 지오메트리를 변화시키는 것이 아닌 일종의 착시효과를 제공할 뿐이라는 점입니다.

참고로 다음 이미지는 하이트 맵을 적용시킨 예입니다. 하이트 맵 역시 슬라이더로 값을 조절해서 오브젝트를 좀 더 3차원적으로 보이게 할 수는 있지만 디스플레이스먼트(Displacement)처럼 실제 지오메트리의 변형을 가져오지는 않습니다.

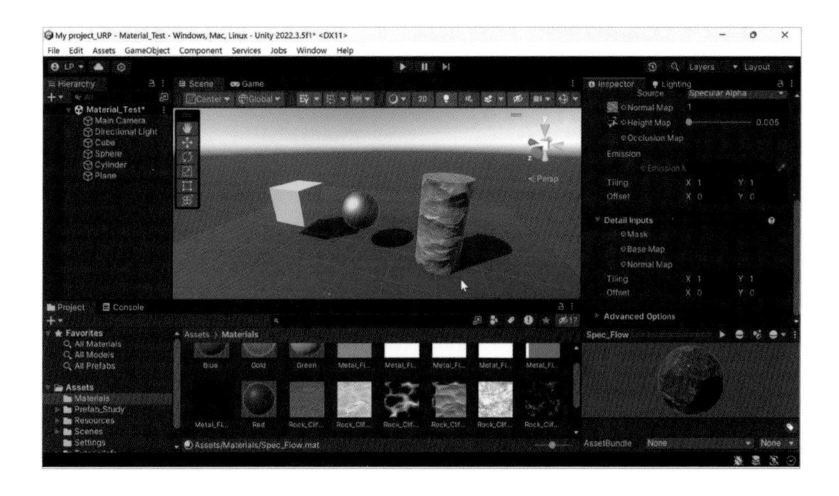

다음으로 오컬루젼 맵을 적용하였습니다.

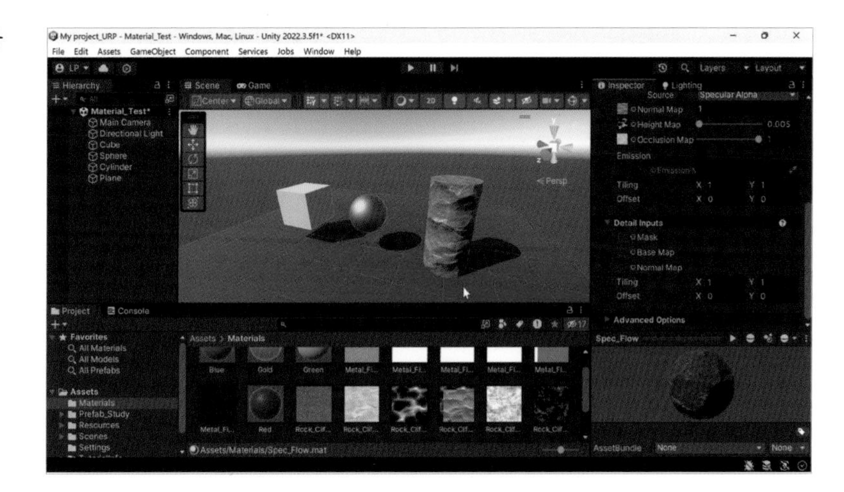

앰비언트 오컬루젼(Ambient Occlusion)

앰비언트 오컬루젼(Ambient Occlusion)은 간단하게 말하면 3D 그래픽스에서 빛과 그림자의 상호작용을 시뮬레이션하여 물체의 입체감과 디테일을 강조하는 기술입니다. 앰비언트 오클루전은 주변 환경에서 빛이 흡수되거나 산란되는 정도를 고려하여 물체 표면의 각 부분이 빛에 노출되는 정도를 계산하여 그림자나 어둡게 보이는 영역을 시각적으로 나타냅니다.

앰비언트 오클루전은 다음과 같은 방식으로 작동합니다.

- **레이캐스팅**: 각 픽셀에서 물체의 표면까지 레이(광선)을 쏴서 레이와 표면과의 교차점을 찾습니다.
- **주변 환경 조사**: 찾은 표면 교차점 주변에 여러 레이를 쏴서 주변 환경의 빛의 투과도를 조사합니다. 이때 레이는 표면에서 떨어진 정도에 따라 여러 각도로 쏘게 됩니다.
- **오클루전 계산**: 주변 환경 조사에서 얻은 빛의 투과도 정보를 기반으로 각 픽셀의 입체감을 계산합니다. 빛이 거의 투과되지 않는 곳은 어둡게 그림자를 만들어 내며, 빛이 자유롭게 투과되는 곳은 밝게 처리됩니다.

앰비언트 오클루전은 3D 모델링 소프트웨어나 게임 엔진 등에서 자주 사용되며, 다음과 같은 장점을 제공합니다.

- **입체감 강조**: 물체의 입체성과 디테일을 강조하여 시각적인 현실성을 높여줍니다.
- **스텐실 쉐도잉 대체**: 현실적인 그림자 효과를 달성하기 위해 렌더링 속도를 크게 느리게 하는 스텐실 쉐도잉 대신 사용될 수 있습니다.
- **텍스처 마스킹**: 앰비언트 오클루전 텍스처를 이용하여 특정 부분의 디테일을 강조하거나 입체감을 더할 수 있습니다.

앰비언트 오클루전은 물체의 빛과 그림자의 상호작용을 자연스럽게 시뮬레이션하여 그래픽스에서의 시각적 품질을 높이는 중요한 기술 중 하나입니다.

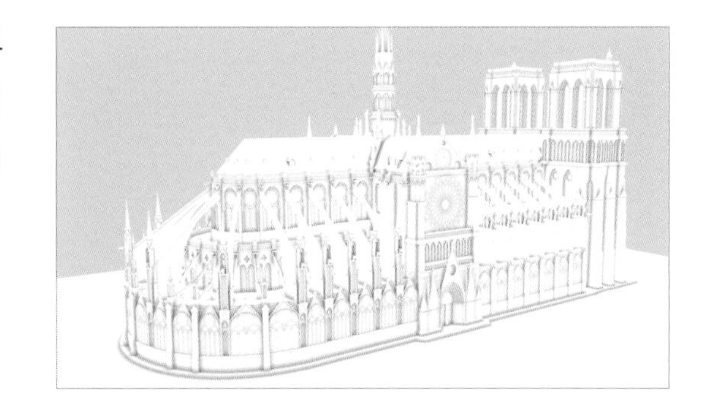

디테일 인풋(Detail Inputs)

08

다음으로 디테일 인풋(Detail Inputs)에 대해 알아보고 간단한 디테일 맵을 적용해보겠습니다.

디테일 인풋(Detail Input)은 주로 노멀 맵(Normal Map)과 디스플레이스먼트 맵(Displacement Map)과 같은 텍스처나 정보를 활용하여 머티리얼의 디테일과 입체감을 추가하는 기능을 말합니다. 이를 통해 머티리얼이 입체적으로 보이게 되고 세부적인 디테일을 표현할 수 있습니다.

주의할 점은 디테일 인풋을 사용할 때 퍼포먼스와 머티리얼의 복잡도를 고려해야 한다는 것입니다.

- **노멀 맵(Normal Map)**: 디테일 인풋으로 노멀 맵을 사용하면 표면의 입체감을 추가할 수 있습니다. 노멀 맵은 픽셀 당 노멀 벡터를 포함하며, 이 벡터를 사용하여 픽셀의 입체감을 시뮬레이션합니다.
- **디스플레이스먼트 맵(Displacement Map)**: 디스플레이스먼트 맵은 픽셀의 위치를 이동시켜 입체감을 시뮬레이션하는 데 사용됩니다. 텍스처의 각 픽셀은 이동량을 나타내며, 머티리얼의 표면이 실제로 벗어난 것처럼 보이게 됩니다.
- **디퓨즈(Diffuse) 텍스처 마스크**: 디퓨즈 텍스처의 특정 영역을 선택적으로 디테일 인풋에 할당하여 표면의 디테일을 조절할 수 있습니다.

여기에서는 디테일 인풋으로 추가 노멀 맵을 한번 적용시켜보겠습니다.

01 이를 위해서 다음 이미지와 같은 부서진 콘크리트 표면을 표현한 노멀 맵을 준비했습니다.

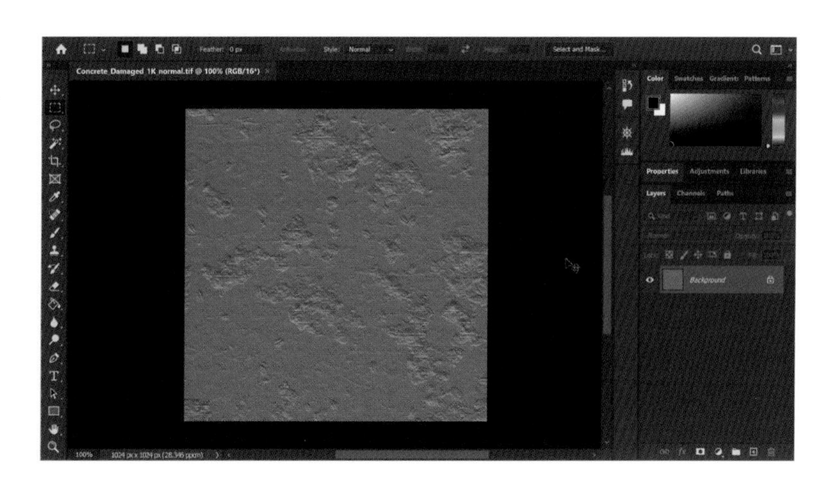

02 디테일 노멀 맵이 적용되기 전입니다.

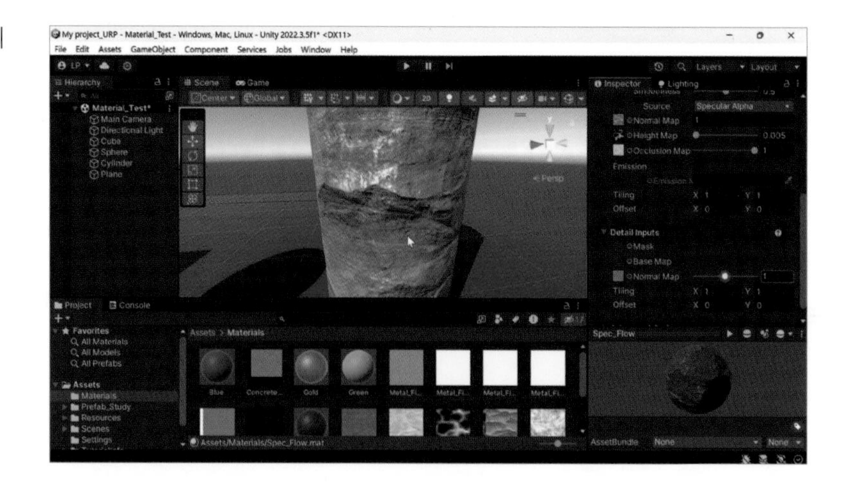

03 디테일 노멀 맵이 적용한 후에 표면에 질감이 추가된 것을 볼 수 있습니다.

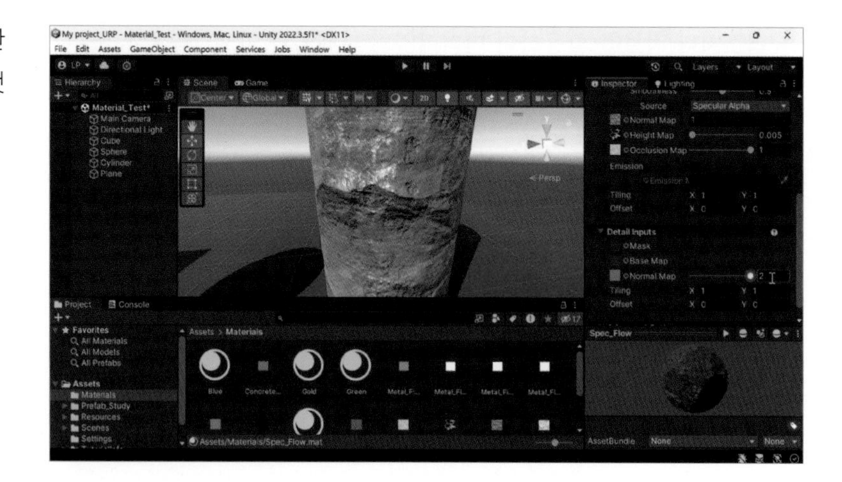

이미시브(Emissive) 머티리얼

유니티(Unity)의 머티리얼(Material)에서 "Emissive"란 속성은 물체의 발광(방출) 특성을 나타내는 것입니다. 이 속성은 물체가 빛을 발산하여 주변을 밝게 만들거나 특정 부분을 강조하는 데 사용됩니다. Emissive 속성은 텍스처(Texture)나 단색(Color)을 사용하여 설정할 수 있으며, 물체를 빛나게 만들어 내는데 사용됩니다.

Emissive 속성은 라이팅 프로세스와 밀접한 관련이 있습니다. 먼저, Emissive 속성을 가진 머티리얼로 물체를 만들면 해당 물체는 자체적으로 빛을 발산하게 됩니다. 이는 라이팅과는 별도로 물체 자체에서 빛을 방출한다는 의미입니다. 이로 인해 물체는 주변을 밝게 비추거나 화면에서 빛나게 보일 수 있습니다.

그러나 Emissive 빛은 주변의 다른 조명과 상호작용하게 됩니다. 예를 들어, 주변에 있는 라이트 소스와 Emissive 속성을 가진 물체가 인접해 있다면, 이 두 가지 빛이 결합하여 물체 주변에 균일한 조명이 만들어집니다. 또한, Emissive 빛 역시 그림자를 형성하며 주변 물체에 의해 반사되거나 흡수될 수 있습니다.

라이팅과 Emissive 속성을 함께 사용할 때 주의할 점은 라이팅 시스템의 영향을 받는다는 점입니다. Emissive 속성이 있는 물체는 주변 라이팅 조명에 대한 반응이 있을 수 있지만, Emissive 빛이 주변 조명에 영향을 미치지는 않습니다.

우선 불붙은 석탄 머티리얼을 만드는 예제를 위해서 아래 이미지와 같은 텍스처를 준비했습니다.

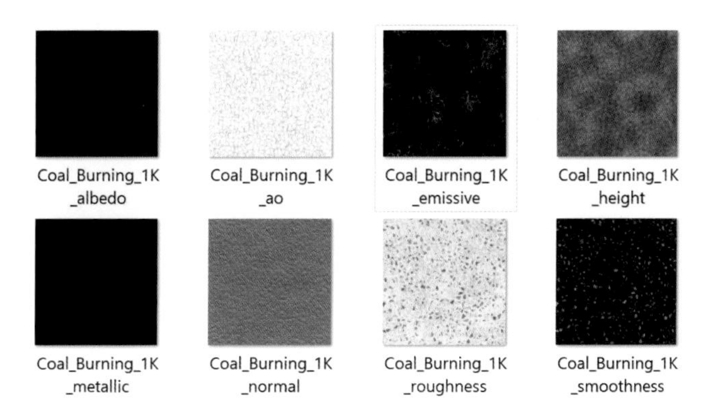

01 새 머티리얼을 만들고 이름을 Emissive라고 바꿨습니다. 알비도, 메탈릭, 하이트, 노멀, 어클루전 맵을 적용한 후 실린더에 적용시켰습니다. 아직은 그냥 검은 색 석탄 모양일 뿐입니다.

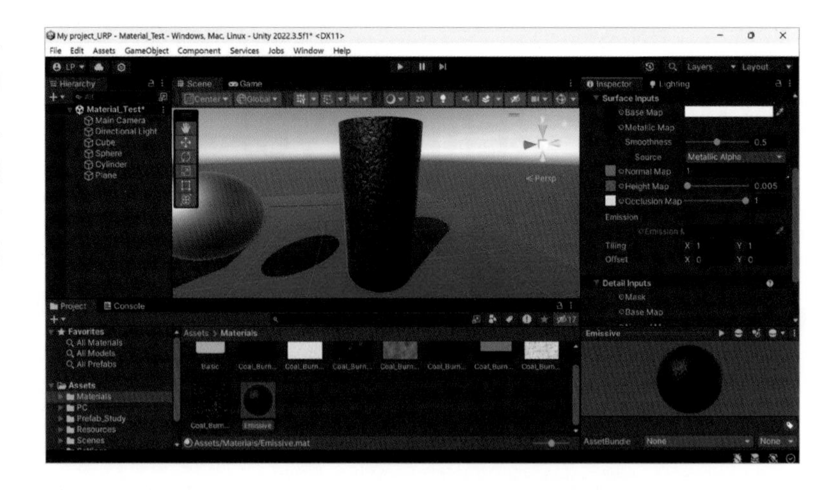

02 이미시브를 발현하기 위해서는 머티리얼의 인스펙터 창에서 먼저 Emission 옵션을 켜준 뒤 이미시브 텍스처나 단일 색상을 이용해서 자체 발광하는 효과를 만들 수 있습니다.

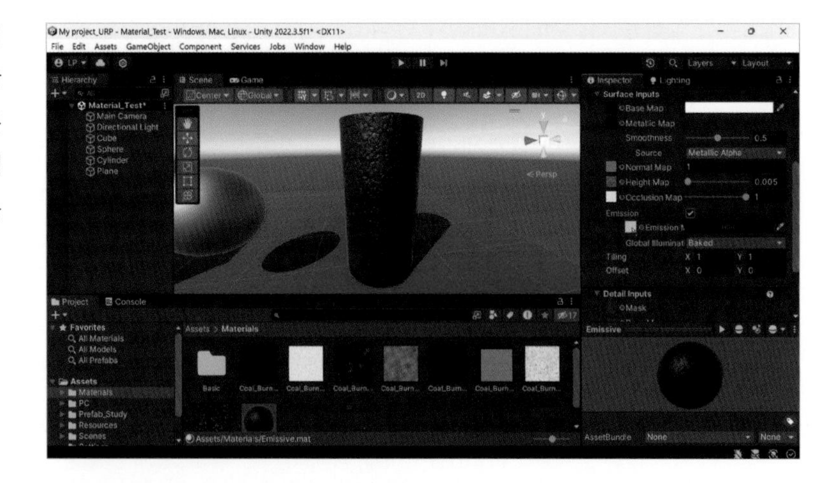

03 여기에서는 이미시브 텍스처를 적용시켜주었습니다. 하지만 적용 후에도 아무런 변화가 일어나지 않은 것을 볼 수 있는데 이는 이미션의 밝기라고 할 수 있는 HDR컬러가 검은 색으로 디폴트 세팅되어 있기 때문입니다.

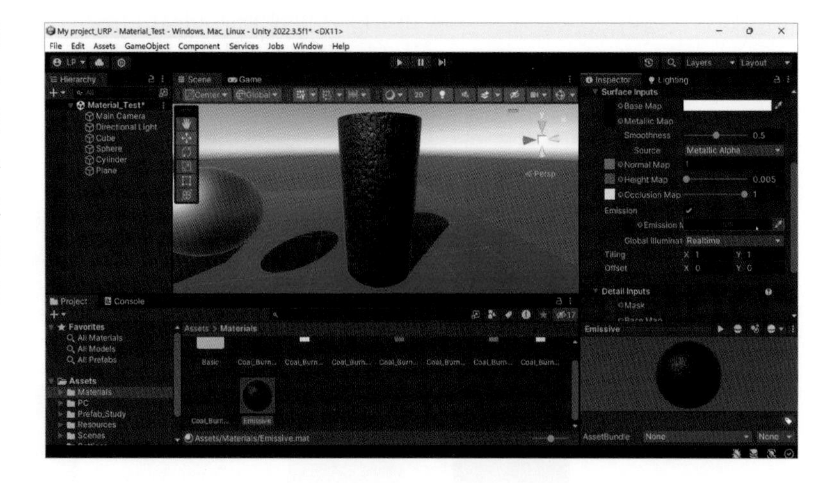

04 검은색 HDR 박스를 클릭해서 원하는 밝기의 이미션을 구현하도록 하겠습니다. 먼저 컬러픽커에서 흰색으로 변경시키면 아래 이미지처럼 붉게 타는 느낌의 석탄 효과를 볼 수 있습니다.

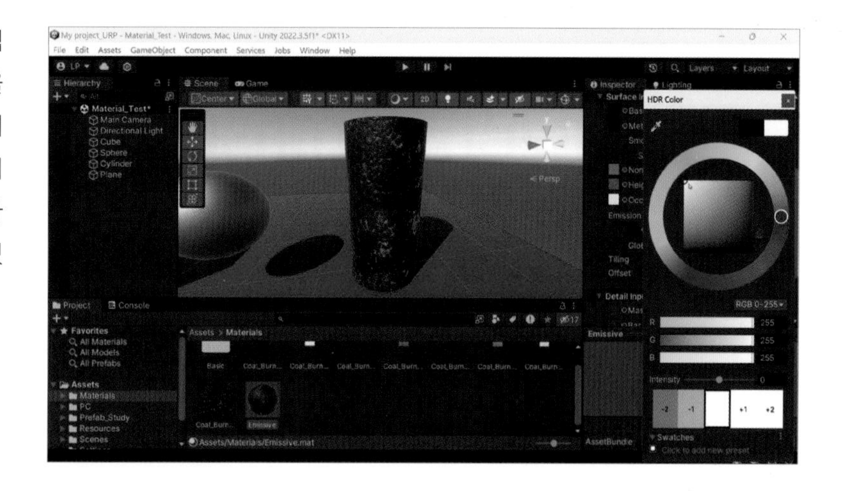

05 만약 더 발광하는 효과를 얻고 싶으면 아래에 있는 노출 차트를 이용하면 됩니다. 여기에서는 +2를 두번 눌러서 Intensity를 4로 조절했을 때 더 밝아진 이미션 효과를 확인할 수 있습니다.

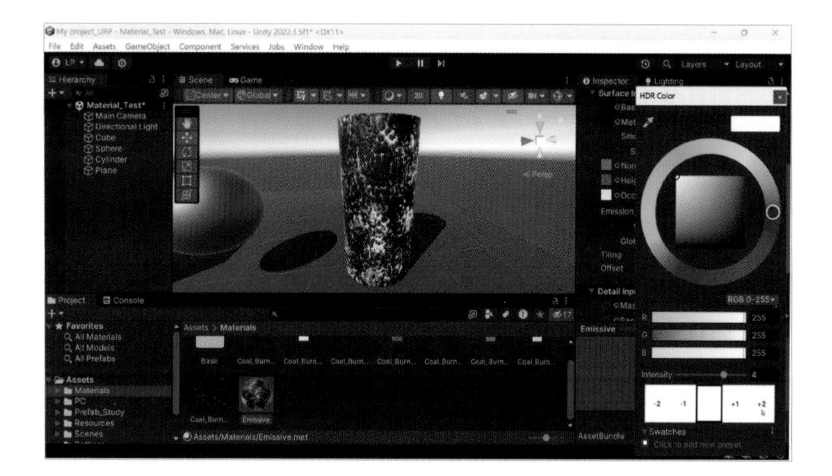

투명 머티리얼(Transparent Material)

CHAPTER 10

유니티에서 투명한 머티리얼을 만드는 방법은 아주 간단합니다. 투명한 부분을 알파채널에 마스크 형태로 저장한 텍스처를 머티리얼에 적용하고 머티리얼 인스펙터에서 Surface Type 속성을 Transparent로 바꿔주면 됩니다. 다음 이미지는 나뭇잎을 위한 알비도 텍스처입니다.

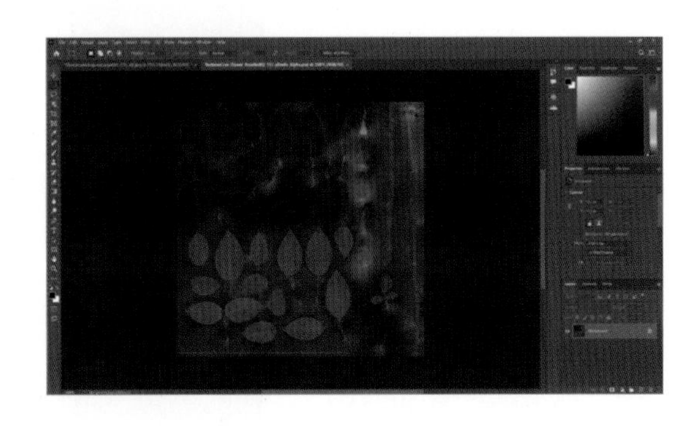

01 알파 채널에 나뭇잎 모양의 마스크가 적용되어 있습니다. 검은색 부분이 가려져서 투명하게 보이게 될 부분입니다.

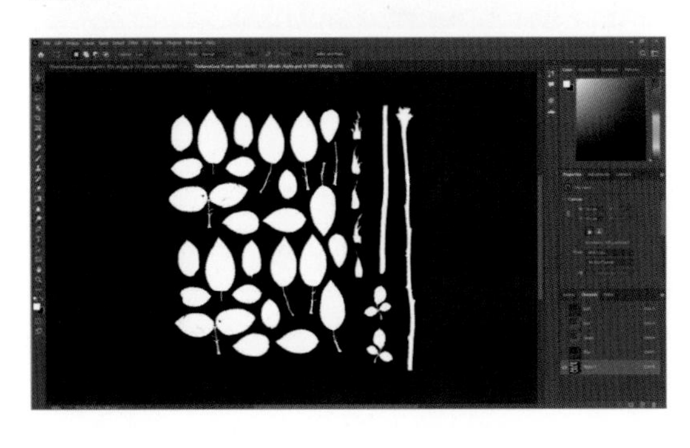

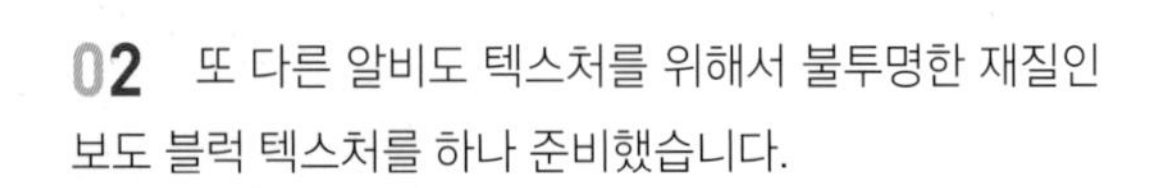

02 또 다른 알비도 텍스처를 위해서 불투명한 재질인 보도 블럭 텍스처를 하나 준비했습니다.

03 역시 마찬가지로 알파 채널을 하나 생성해서 아래 이미지처럼 텍스트로 마스크를 만들고 저장했습니다.

04 이미지들은 모두 Targa 파일로 저장했으며 이 때 Alpha Channels, 32bits/pixel 옵션으로 저장해서 앞채널의 마스크 정보를 함께 저장해야 합니다.

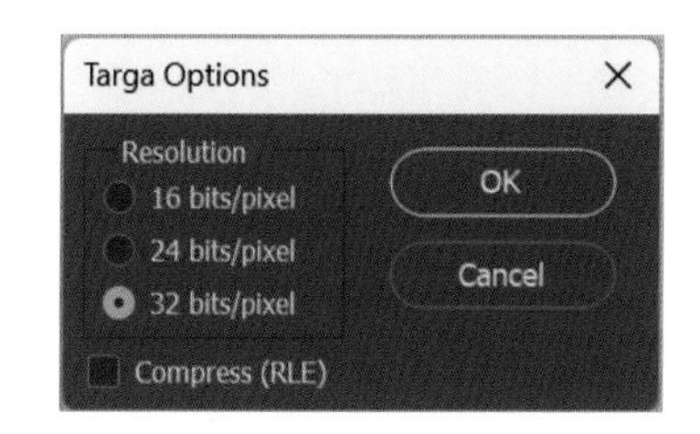

05 이미지 파일들을 유니티로 임포트 한 후 각 이미지를 선택해서 인스펙터 창에 이 파일에 투명한 알파 채널이 있다는 정보를 유니티에 알려주기 위해서 Alpha Is Transparency 속성을 활성화해줍니다.

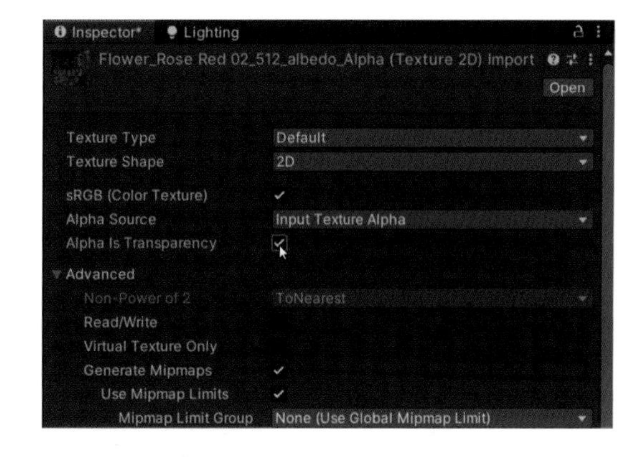

10-1 URP Lit 쉐이더에서 투명 머티리얼 적용하기

01 머티리얼을 하나 생성해서 먼저 나뭇잎 텍스처를 Base Map에 드래그 앤 드롭해서 연결시킨 후 큐브 오브젝트에 적용했습니다. 아래 이미지처럼 투명한 부분 없이 전부 불투명하게 디스플레이됩니다.

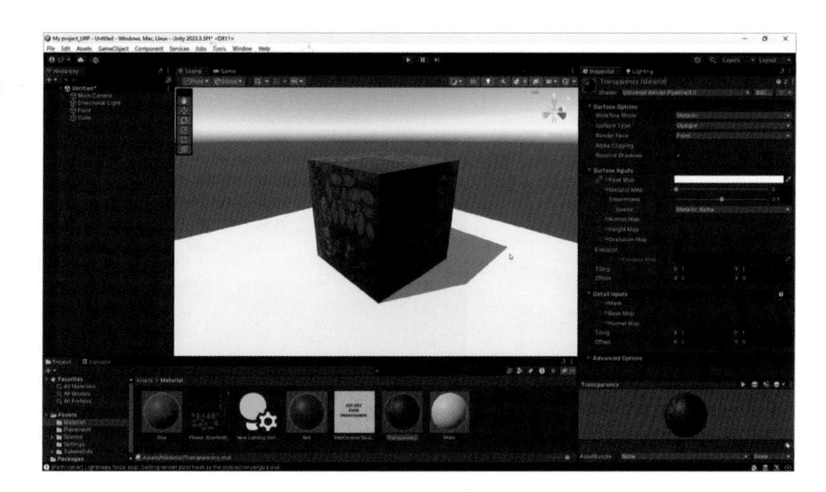

02 이 때 머티리얼의 인스펙터 창에서 Surface Type을 Opaque에서 Transparent으로 바꿔줍니다.

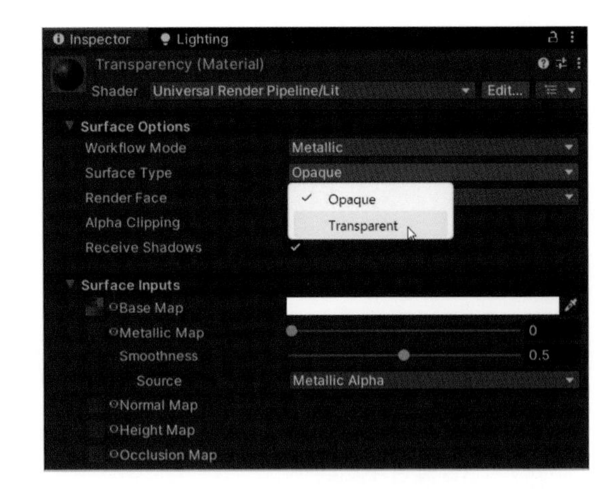

03 그리고 Blending Mode는 Alpha로 설정하면 큐브 오브젝트에 나뭇잎 모양만 남기고 나머지 부분은 투명하게 디스플레이됩니다.

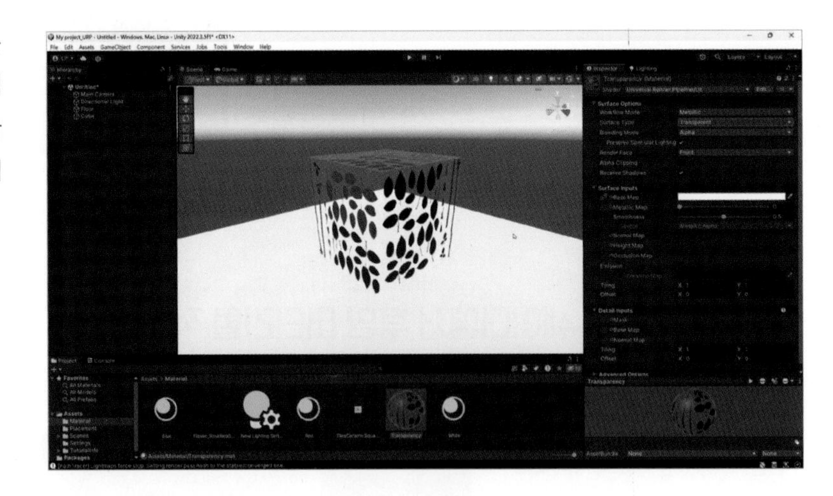

04 그 아래 Render Face는 Both, Back, Front 세 가지 옵션이 있습니다. 한쪽 면만 보이게 할지 안팎 양면을 다 보이게 할지 등을 정하면 됩니다.

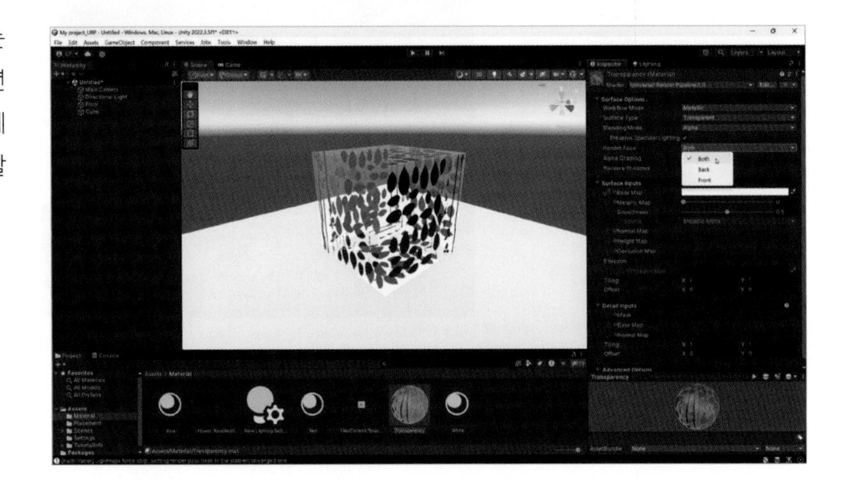

10-2 Built-in Standard 쉐이더에서 투명 머티리얼 적용하기

이제 빌트인 렌더 파이프라인의 Standard 쉐이더를 선택해서 보도블럭 머티리얼을 새로 생성하고 큐브 오브젝트에 적용해 보겠습니다.

URP lit 머티리얼과 다르게 Standard 쉐이더의 속성들은 다른 명칭을 가지고 있습니다.

아래 이미지처럼 Rendering Mode에 Opaque, Cutout, Fade, Transparent 4가지 옵션이 있습니다. 여기에서는 Cutout으로 설정하면 바로 투명한 머티리얼이 생성됩니다.

Opaque
✓ Cutout
Fade
Transparent

다음 이미지는 큐브 오브젝트에 머티리얼을 적용한 상태이고 글자 부분이 투명하게 파여진 것을 볼 수 있습니다.

Cut Out은 투명한 효과를 만들어 불투명과 투명 영역 사이에 강한 경계를 가질 수 있게 해줍니다. Fade는 투명도 값이 물체가 가질 수 있는 스페큘라 하이라이트나 반사광을 포함하여 전체 오브젝트에서 투명한 부분이 페이드 아웃되는 효과를 보여줍니다. Transparent는 투명한 플라스틱이나 유리와 같은 실제 투명한 소재를 렌더링하기에 적합합니다.

데칼(Decal 혹은 Projector)

유니티에서 데칼(Decal)은 3D 모델의 표면에 추가적인 그래픽 요소를 렌더링하는 기술을 나타냅니다. 데칼은 주로 벽, 바닥, 땅 등의 표면에 흔히 사용되며, 플레이어와의 상호작용이나 환경의 상태를 시각적으로 나타내는 데에 활용됩니다.

- **데칼의 역할**: 데칼은 주로 3D 환경에 추가적인 디테일을 더하는 역할을 합니다. 예를 들어, 플레이어가 쏜 총알이 벽에 남기는 탄흔, 핏자국, 그림 등을 추가하거나 길 위에 도로 표시를 나타내는 등의 목적으로 사용됩니다.
- **프로젝션 방식**: 데칼은 3D 표면 위에 2D 이미지를 투영하여 부착합니다. 이때 투영 방식에는 주로 "프로젝션 매핑"이 사용됩니다. 이 과정에서 데칼 이미지는 3D 공간에서의 위치와 방향에 따라 표면 위에 투영되어 그래픽이 그려집니다.
- **머티리얼과 렌더링**: 데칼은 일반적으로 머티리얼로 구현되며, 데칼 머티리얼은 해당 표면과 상호작용하여 표면의 속성을 반영하며, 빛과 그림자를 포함한 렌더링 요소에 영향을 줍니다.
- **프로젝션 방향**: 데칼을 부착할 때, 데칼 이미지의 투영 방향을 조절할 수 있습니다. 이로써 표면 위에서 어떤 방식으로 데칼이 그려질지 결정됩니다.
- **소프트웨어 및 성능 고려**: 데칼은 추가적인 렌더링 계산을 필요로 하기 때문에 너무 많이 사용하면 성능에 영향을 줄 수 있습니다. 따라서 데칼의 사용은 게임의 성능과 환경에 따라 조절되어야 합니다.
- **UV 매핑과 효과**: 데칼의 UV 매핑은 데칼 이미지를 표면에 정확하게 부착하기 위해 중요합니다. UV 매핑이 정확하지 않으면 데칼이 제대로 표현되지 않을 수 있습니다.

11-1 데칼 프로젝터(Decal Projector) 사용하기

데칼 프로젝터(Decal Projector)는 유니티의 URP를 사용하여 게임에 데칼(Decal) 효과를 구현하는 데 사용되는 기능입니다. 데칼은 간단하게 말하자면 투명 접착지 형태의 스티커라고 생각하면 됩니다. 전사지라고도 흔히 얘기하는데 특정 표면에 투영되어 표면의 외관을 변경하는 효과를 만들어줍니다. 예를 들어, 총알이 벽에 부딪혀 남긴 흔적이나 그라피티 등이 데칼로 구현될 수 있습니다.

01 URP에서 데칼 기능을 사용하기 위해서는 먼저 URP 렌더러에 데칼 렌더러 기능을 추가해야 합니다. 프로젝트 창에서 URP Renderer를 선택하고 인스펙터 창에서 Add Render Feature를 눌러서 Decal을 선택합니다.

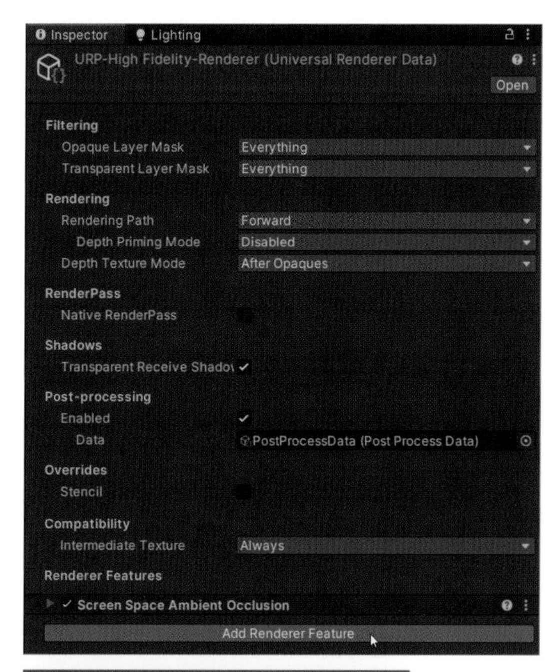

02 여기서는 Settings 폴더 안에 있는 URP-high fidelity-Renderer를 선택하고 Decal 기능을 추가하였습니다.

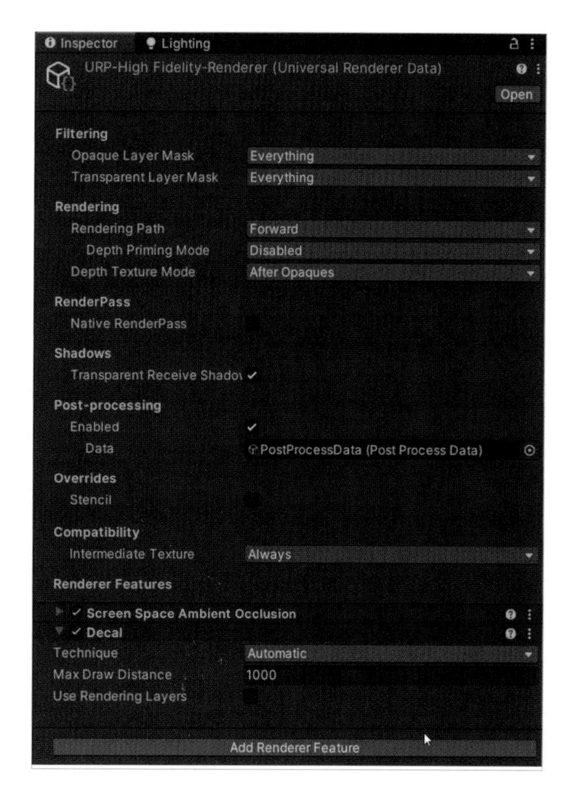

11-2 데칼 렌더러 기능 속성

■ Technique

- **Automatic**: 빌드 플랫폼에 따라 자동으로 렌더링 기술을 선택합니다.
- **DBuffer**: 데칼을 데칼 버퍼(DBuffer)에 렌더링합니다. 유니티는 불투명 렌더링 중 불투명한 오브젝트 위에 DBuffer의 내용을 오버레이합니다.
  이 옵션을 선택하면 Surface Data 속성이 나타나는데 Surface Data 속성을 사용하면 데칼의 표면 속성 중 어떤 부분을 기존 메시와 혼합할지 지정할 수 있습니다.
  - **Albedo(베이스 컬러)**: 데칼이 베이스 컬러와 이미시브 컬러에 영향을 줍니다.
  - **Albedo Normal**: 데칼이 베이스 컬러, 이미시브 컬러, 그리고 노말에 영향을 줍니다.
  - **Albedo Normal MAOS**: 데칼이 베이스 컬러, 이미시브 컬러, 노말, 메탈릭 값, 스무스니스 값, 그리고 앰비언트 오클루전 값에 영향을 줍니다.
  - **Screen Space**: 유니티는 오브젝트가 뎁스 텍스처로부터 재구성하는 노멀을 사용하거나 디퍼드 렌더링 경로를 사용하는 경우 G-버퍼를 사용하여 데칼을 렌더링합니다.

■ Max Draw Distance

유니티가 데칼을 렌더링하는 카메라로부터의 최대 거리입니다.

■ Use Rendering Layers

이 체크 박스를 선택하여 렌더링 레이어 기능을 활성화합니다.

01 씬 뷰에 데칼 프로젝터를 생성해 보겠습니다. 계층 창에서 우클릭하여 Rendering > URP Decal Projector를 생성합니다. 혹은 기존의 게임 오브젝트에 데칼 프로젝터 컴포넌트를 추가할 수도 있습니다. 참고로 데칼 프로젝션은 투명한 표면에는 적용되지 않습니다.

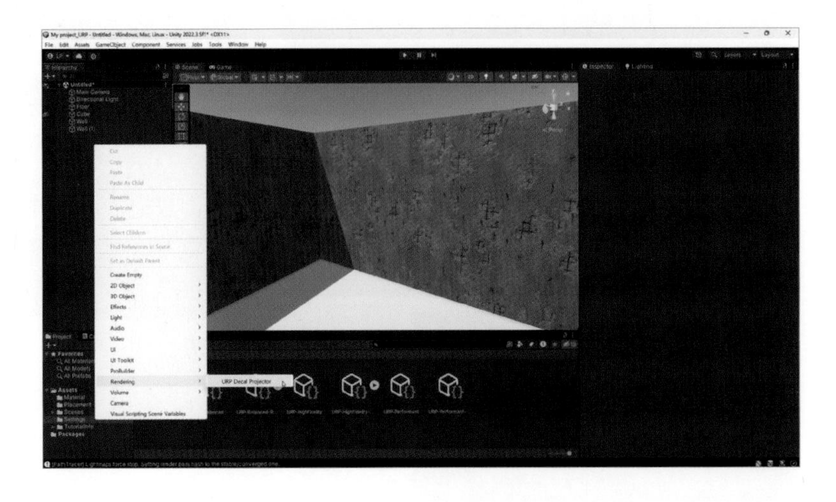

02 계층 창에 새로 데칼 프로젝터가 새로 만들어졌고 씬 뷰에서 아래 이미지와 같은 아이콘이 디스플레이 됩니다.

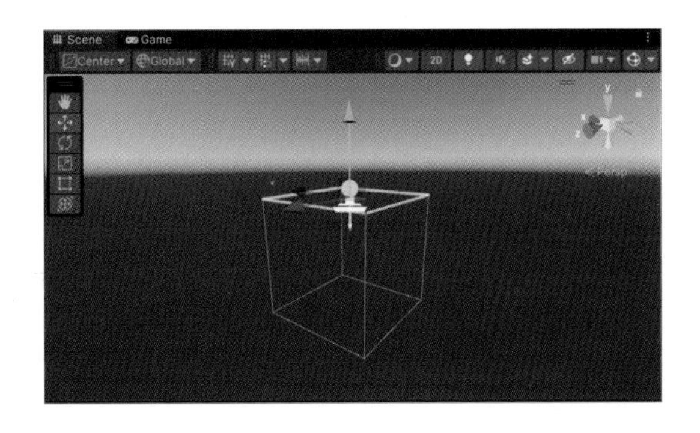

데칼 프로젝터를 선택하면 유니티는 해당 경계와 투영 방향을 표시하고 경계 상자 내의 모든 메시에 데칼 머티리얼을 그립니다. 흰색 화살표는 투영 방향을 나타내고 화살표의 기준은 피봇 포인트입니다.

데칼 프로젝터를 선택하고 인스펙터 창에서 컴포넌트를 한번 살펴보겠습니다.

11-3 데칼 프로젝터 컴포넌트

제일 위에 있는 3개의 아이콘이 데칼 씬 뷰 편집 툴입니다. 각각 스케일, 크롭, 피봇 이동 도구입니다.

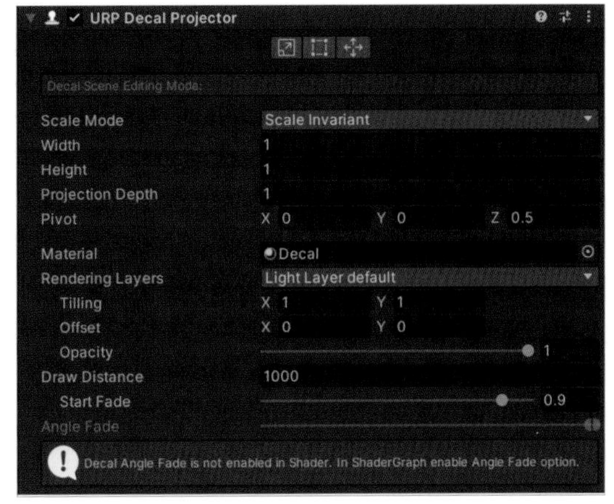

- **Scale()**: 이 도구로 프로젝터 박스와 데칼의 크기를 조정합니다.
- **Crop()**: 데칼을 프로젝터 박스로 잘라내거나 반복하여 배치하려면 선택합니다. 이 도구는 프로젝터 박스의 크기를 변경하지만 재질의 UV와 피봇 포인트에는 영향을 주지 않습니다.
- **Pivot / UV()**: 이 도구는 프로젝션 박스를 이동시키지 않고 데칼의 피벗 포인트를 이동할 때 사용합니다. 트랜스폼(Transform) 위치를 변경하며 또한 투영된 텍스처의 UV 좌표에도 영향을 줍니다.

11-4 컴포넌트 속성

- **Scale Mode**: 데칼 프로젝터가 루트 게임 오브젝트의 트랜스폼(Transform) 컴포넌트에서 크기 값을 상속할지 여부를 선택합니다.
    - **크기 무관(Scale Invariant)**: 이 컴포넌트 내의 스케일링 값(폭, 높이 등)만 사용하며 루트 게임 오브젝트의 값은 무시합니다.
    - **계층에서 상속(Inherit from Hierarchy)**: 데칼의 스케일 값을 루트 게임 오브젝트의 트랜스폼(Transform) 컴포넌트의 손실 스케일 값을 데칼 프로젝터의 스케일 값과 곱해 계산합니다.
- **Width**: 프로젝터 경계 상자의 너비입니다. 프로젝터는 데칼을 지역 X 축을 따라 이 값과 일치하도록 스케일링합니다.
- **Height**: 프로젝터 경계 상자의 높이입니다. 프로젝터는 데칼을 지역 Y 축을 따라 이 값과 일치하도록 스케일링합니다.
- **Projection Depth**: 프로젝터 경계 상자의 깊이입니다. 프로젝터는 데칼을 지역 Z 축을 따라 투영합니다.
- **Pivot**: 프로젝터 경계 상자의 중심의 오프셋 위치입니다.
- **Material**: 투영할 머티리얼입니다. 여기에서는 Decal이 기본 선택되어 있고 예제에서 다시 다룰 것입니다.
- **Tiling**: 데칼 머티리얼의 UV 축을 따른 Tiling 값입니다.
- **Offset**: 데칼 머티리얼의 UV 축을 따른 Offset 값입니다.
- **Opacity**: 불투명도 값을 지정할 수 있습니다. 값이 0이면 데칼은 완전히 투명하게 되며, 값이 1이면 불투명해집니다.
- **Draw Distance**: 프로젝터가 데칼을 투영하는 거리로서, 카메라에서 데칼까지의 거리가 이 값보다 커지면 더 이상 프로젝터가 데칼을 투영하지 않고 URP는 데칼을 렌더링하지 않습니다.
- **Start Fade**: 슬라이더를 사용하여 프로젝터가 데칼을 서서히 사라지게 시작하는 카메라와의 거리를 설정합니다. 0부터 1까지의 값으로 Draw Distance를 나타냅니다.
- **Angle Fade**: 슬라이더를 사용하여 데칼의 뒷방향과 수신 표면의 정점 노멀 간의 각도에 기반하여 데칼이 서서히 사라지는 범위를 설정합니다.

11-5 데칼 프로젝터 적용 실습

이상 데칼 프로젝터 컴포넌트 속성들을 알아봤고 핵심적인 사항 위주로 실제 프로젝터를 만들어 보겠습니다.

01 먼저 데칼 프로젝터에 반영할 머티리얼을 2개 생성하고 쉐이더로 Shader Graphs/Decal 쉐이더를 할당합니다.

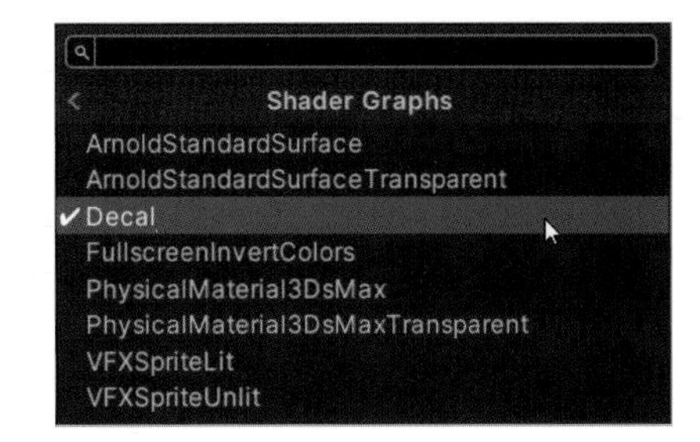

02 다음 이미지처럼 각각 준비한 데칼 알비도 텍스처와 노멀 텍스처를 적용합니다.

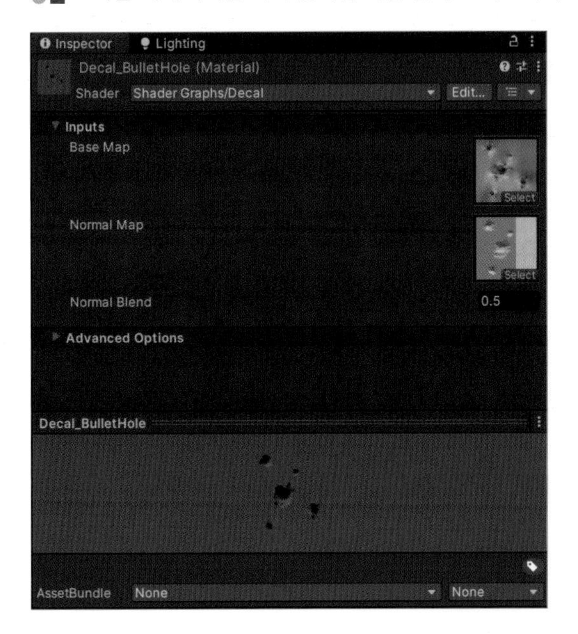

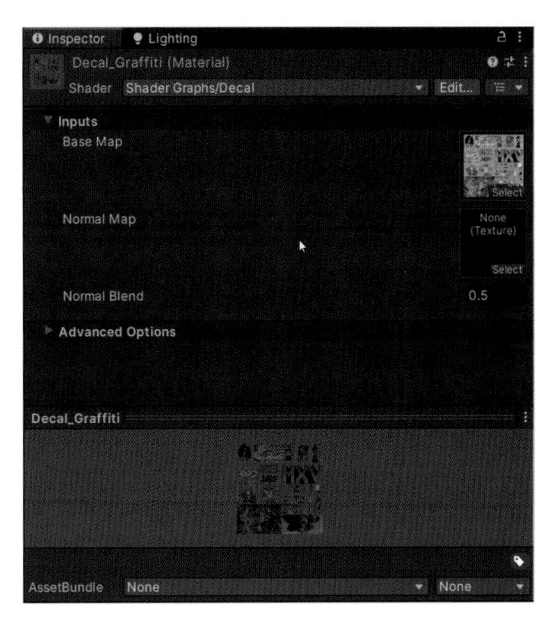

03 데칼 프로젝터 편집 도구를 이용하여 원하는 크기, 방향에 맞도록 프로젝터 박스를 재배치합니다.

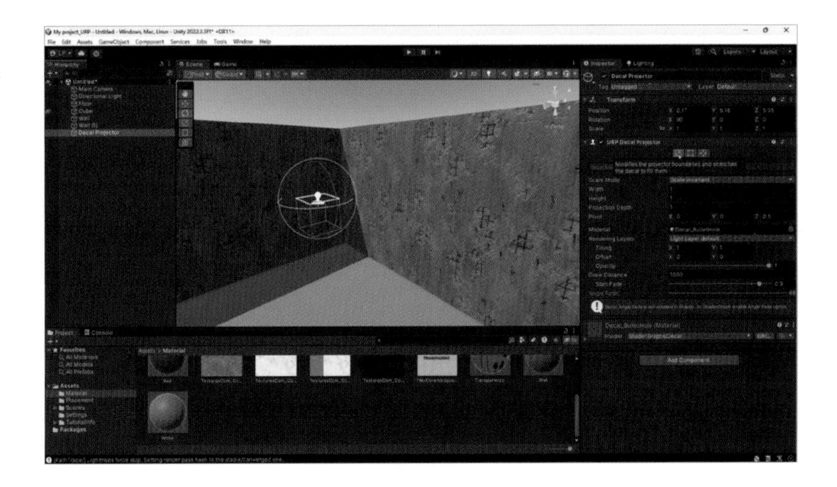

04 다음 이미지처럼 스케일을 키웠습니다. 사이즈는 언제든지 수정해서 사용할 수 있습니다.

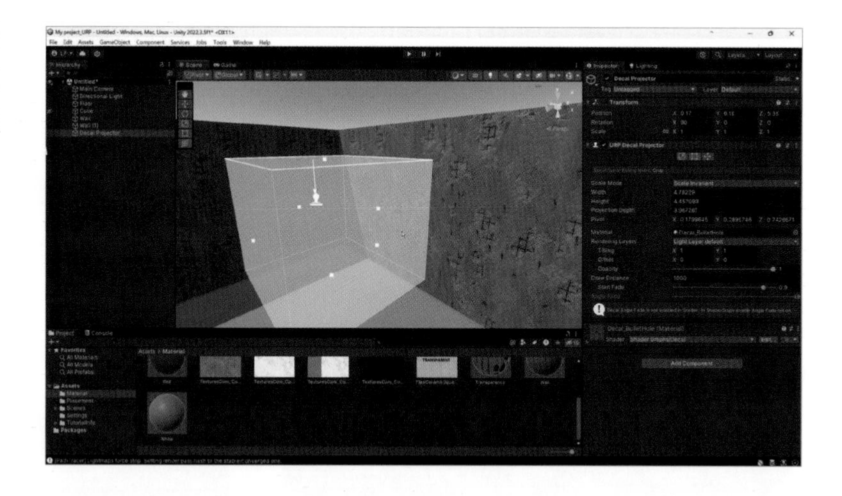

05 회전 툴을 이용해서 벽면을 향해서 프로젝션 방향을 바꾸었습니다.

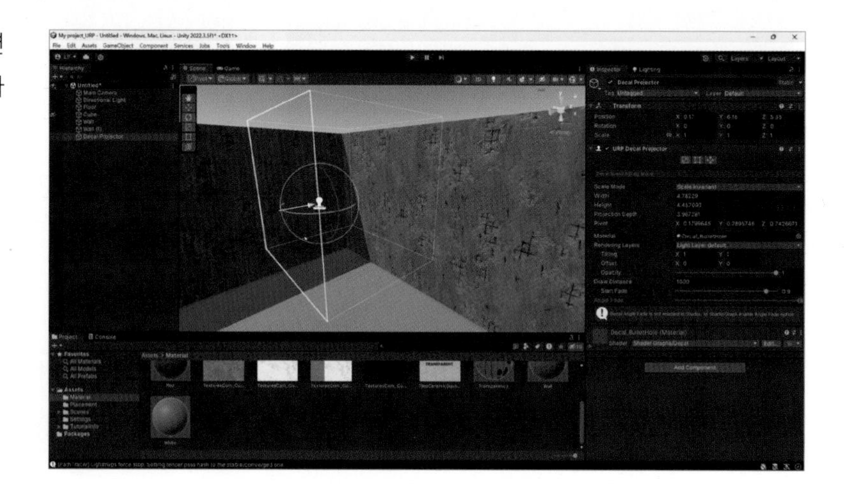

06 프로젝션 박스를 벽쪽으로 이동시켜보면 벽면이 박스 범위 내에 들어올 때 적용시킨 데칼 머티리얼이 투영되는 것을 확인할 수 있습니다.

07 총탄 자국 텍스처를 이용한 데칼 머티리얼을 아래 이미지처럼 여러 개의 프로젝터를 생성하여 각기 다른 사이즈로도 투영시켰습니다.

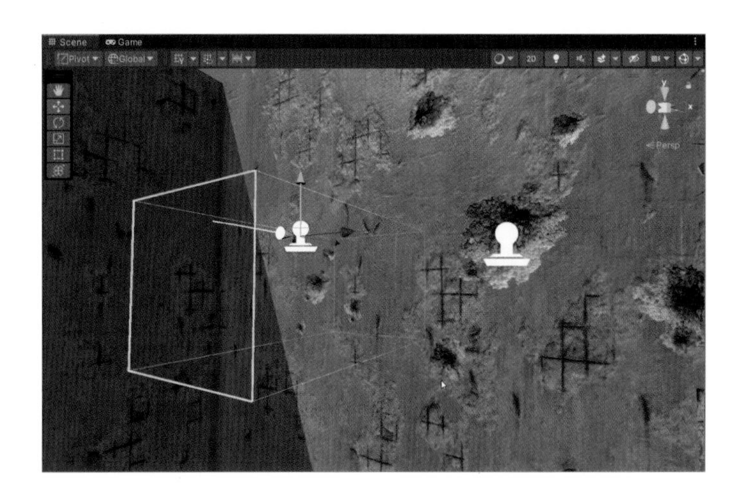

PBR 물리 기반 렌더링 (Physically Based Rendering)

물리 기반 렌더링(PBR)은 현실 세계의 물리적 규칙에 기반하여 재질과 조명을 렌더링하는 방법론입니다. PBR은 이전의 전통적인 렌더링 기법에 비해 더욱 현실적이고 일관성 있는 시각적 결과를 제공합니다. 이를 통해 실시간 그래픽스, 게임, 가상 현실 등 다양한 분야에서 더 생동감과 현실감 있는 시각적 표현을 가능하게 합니다. 유니티 3D 엔진에서도 PBR을 적용하여 더 현실적이고 생생한 그래픽을 구현할 수 있습니다.

PBR의 도입은 이전의 전통적인 렌더링 기법에서 발생하는 몇 가지 문제를 해결하고자 함에 기인합니다. 이전의 렌더링 기법은 재질을 표현하기 위해 다양한 매개 변수와 조작이 필요했습니다. 예를 들어, 반사율, 빛 반사, 환경 매핑 등을 개발자가 수동으로 설정해야 했고 보통 아티스트의 감각에 의존한 컬러 맵 혹은 디퓨즈 맵 등 실제로는 다른 개념이지만 용어마저 혼재돼서 텍스처 맵을 작성하고 이를 바탕으로 스페큘러 맵을 만들어서 빛 반사를 표현했었습니다. 이로 인해 재질의 일관성과 현실성을 달성하기 어렵고, 다른 조명 조건에서 재질이 다르게 보일 수 있었습니다.

PBR은 이러한 문제를 해결하기 위해 물리적 기반의 재질 모델과 조명 모델을 도입했습니다. 재질은 알비도(표면 색상), 금속성, 광택(표면의 매끄러움 또는 거침 정도)과 같은 물리적 속성에 의해 결정됩니다. 조명은 실제 광원의 특성과 장면 내 다른 오브젝트들과의 상호작용을 고려하여 계산됩니다.

PBR의 핵심 아이디어는 빛의 상호작용과 재질의 물리적 특성을 모델링하는 것입니다. PBR은 보통 다음 세 가지 주요 요소를 다룹니다.

- **물리적으로 기반한 재질**: PBR에서는 재질을 현실 세계의 물리적 속성에 근거하여 표현합니다. 재질의 표면 속성은 알비도(Albedo), 금속성(Metallic), 광택(Smoothness/Roughness), 노멀 맵(Normal Map) 등의 텍스처로 표현됩니다. 이러한 텍스처들은 빛의 상호작용에 따라 재질의 외형이 어떻게 바뀌는지를 정확하게 모델링합니다.
- **에너지 보존 법칙**: PBR은 빛의 에너지 보존 법칙을 적용합니다. 빛은 재질 표면에서 반사되고, 흡수되며, 투과됩니다. 이러한 반사, 흡수, 투과 과정을 정확하게 계산하여 장면에서 빛의 상호작용을 모델링합니다. 이를 통해 빛의 강도와 방향에 따라 재질의 외관이 변화하는 현상을 잘 표현할 수 있습니다.

- **실시간 조명 계산**: PBR은 실시간 조명 계산에 중점을 둡니다. PBR은 빛의 유형과 속성, 장면 내 오브젝트들의 상호작용을 고려하여 조명 계산을 수행합니다. 이를 통해 장면에서 정확하고 현실적인 조명을 실시간으로 계산하고 렌더링합니다.

12-1 PBR의 장점

PBR의 주요 장점은 다음과 같습니다.

- **시각적 현실성**: 물리적 기반으로 재질과 조명을 처리하기 때문에 PBR은 현실적이고 일관성 있는 시각적 결과를 제공합니다. 빛의 상호작용, 재질의 특성 등을 정확하게 모델링하기 때문에 장면이 더욱 현실감 있고 생동감이 있게 표현됩니다.
- **일관성 있는 재질 표현**: PBR은 재질을 일관성 있는 방식으로 표현합니다. 알비도, 금속성, 광택 등의 재질 속성을 텍스처로 표현하고, 이러한 텍스처들을 빛의 상호작용에 따라 계산하여 재질의 외형을 결정합니다. 이를 통해 다양한 재질을 일관성 있게 표현할 수 있습니다.
- **빛의 상호작용 제어**: PBR은 빛의 속성과 장면 내 오브젝트들과의 상호작용을 고려하여 빛의 강도와 방향을 조정합니다. 따라서 개발자는 조명 설정을 통해 원하는 분위기와 조명 효과를 쉽게 제어할 수 있습니다. 이를 통해 다양한 조명 환경을 실시간으로 시뮬레이션하고 렌더링할 수 있습니다.
- **생산성 향상**: PBR은 재질과 조명을 물리적으로 기반하여 처리하기 때문에 이전의 전통적인 렌더링 기법에 비해 생산성이 향상됩니다. 개발자는 물리적 속성을 기반으로 한 표준화된 재질 및 조명 설정을 사용하여 보다 빠르고 일관된 결과물을 얻을 수 있습니다.
- **크로스 플랫폼 호환성**: PBR은 현대적인 렌더링 기술로서 크로스 플랫폼 호환성이 뛰어납니다. 다양한 플랫폼과 디바이스에서 동일한 PBR 기반의 렌더링 결과물을 얻을 수 있으며, 다양한 환경에서 일관된 시각적 품질을 제공할 수 있습니다.

12-2 스페큘러 밸류 차트와 메탈릭 밸류 차트의 특징과 차이점

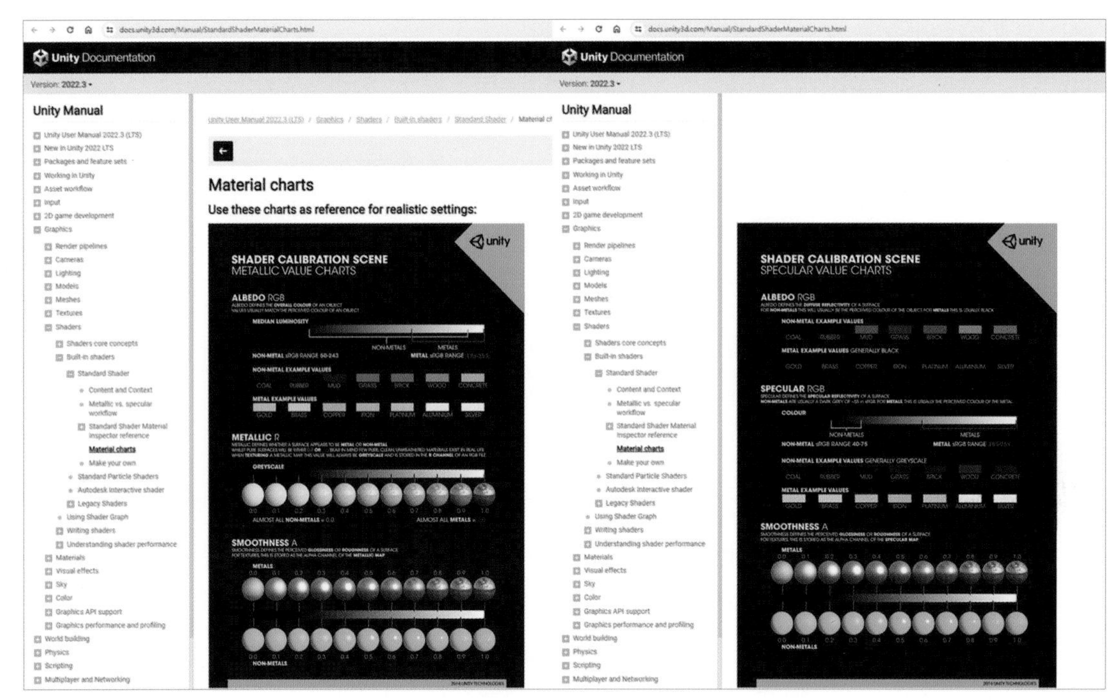

▲ https://docs.unity3d.com/Manual/StandardShaderMaterialCharts.html

위 이미지는 예전의 스페큘러 밸류 차트와 메탈릭 밸류 차트를 나란히 배치해놓은 것입니다.

기존의 스펙큘러(Specular) 밸류 차트와 PBR(Physically Based Rendering)의 메탈릭(Metallic) 밸류 차트 사이의 가장 큰 차이점은 재질의 광택성을 표현하는 방식과 물리적 속성을 모델링하는 방식에 있습니다. 아래에서 이 두 값 차트의 주요 차이점에 대해 자세히 설명하겠습니다:

■ 기존의 스펙큘러 밸류 차트

기존의 스펙큘러 밸류 차트는 물체의 표면에 빛이 반사될 때 얼마나 빛이 반사되는지를 나타내는 값입니다. 스펙큘러 밸류는 물체의 표면 특성에 따라 설정되며, 주로 물체의 빛 반사 밝기를 조절하는 데 사용됩니다. 스펙큘러 밸류가 높을수록 물체는 더 많은 빛을 반사하여 광택이 나타나게 됩니다. 하지만 이 값은 물리적 특성을 정확하게 모델링하지는 않습니다.

■ PBR의 메탈릭 밸류 차트

PBR의 메탈릭 밸류 차트는 재질의 금속성을 모델링하는데 사용되는 값입니다. 메탈릭 밸류는 0부터 1까지의 범위에서 설정되며, 0은 비금속적인 재질(플라스틱, 나무 등)을 나타내고, 1은 금속적인 재질(철, 브론즈 등)을 나타냅니다. 메탈릭 밸류가 높을수록 물체의 표면은 광택을 띄게 되며, 빛의 반사와 그림자 처리가 현실적으로 시뮬레이션됩니다.

■ 차이점

가장 큰 차이점은 기존의 스펙큘러 밸류 차트는 물체의 표면 특성을 예측하는 데 있어서 주로 아티스트의 예술적 판단과 근사치에 의존하며, 물리적 특성을 정확하게 모델링하지 않는다는 점입니다. 즉 눈으로 보아서 이 정도 밸류(value)면 되겠다 하는 주관적인 판단과 금속 재질일 경우 금속 고유의 스페큘러 컬러를 지정할 뿐이었습니다. 반면 PBR의 메탈릭 밸류 차트는 물리적인 속성을 기반으로 재질을 모델링하여 입체감과 빛 반사를 더욱 현실적으로 표현할 수 있습니다.

PBR을 직관적으로 이해하기 위한 가장 좋은 방법 중에 하나로 텍스처 소스를 제공하는 다양한 웹사이트에서 각각의 텍스처 맵이 어떻게 표현되어 있는지 살펴보고 샘플을 다운받아서 유니티나 Marmoset toolbag 같은 실시간 렌더 툴에서 테스트 렌더링을 많이 해보는 것입니다.

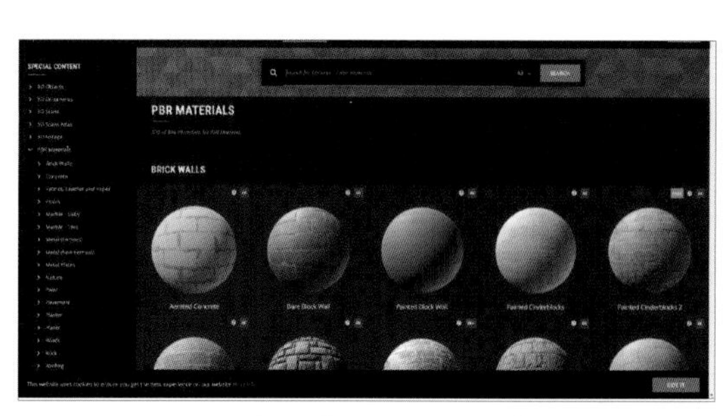

▲ https://www.textures.com/

textures.com, polyhaven.com 등 PBR 텍스처 라이브러리 사이트를 방문해서 많은 텍스처맵들을 관찰해 볼 것을 적극 추천합니다.

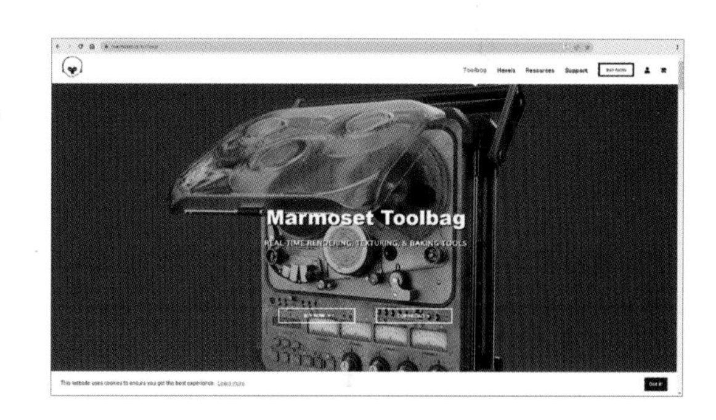

핑크 머티리얼 소개와 해결책

CHAPTER 13

유니티에서 핑크색으로 머티리얼(Material)이 표시되는 경우는 주로 쉐이더(Shader)가 누락되어 머티리얼이 올바르게 렌더링되지 못하는 상황에서 발생합니다. 핑크색은 기본적으로 "누락된 쉐이더"를 나타내는 색상으로 사용되며, 쉐이더가 부착되지 않았거나 제대로 설정되지 않았을 때 나타납니다.

- **쉐이더 누락**: 쉐이더는 머티리얼의 렌더링 방식과 속성을 결정하는 중요한 요소입니다. 쉐이더가 부착되지 않은 머티리얼은 핑크색으로 표시될 수 있습니다. 유니티에서 머티리얼을 생성할 때 적절한 쉐이더를 할당해야 올바르게 렌더링됩니다.
- **잘못된 쉐이더 할당**: 머티리얼에 잘못된 쉐이더를 할당하면 쉐이더의 속성과 효과가 제대로 적용되지 않을 수 있습니다. 예를 들어, 2D 쉐이더를 3D 머티리얼에 할당하면 제대로 렌더링되지 않아 핑크색으로 표시될 수 있습니다.
- **컴파일 오류**: 쉐이더 코드에 오류가 있는 경우 쉐이더가 컴파일되지 않아 머티리얼이 핑크색으로 표시될 수 있습니다. 쉐이더 코드에 오류가 있는 경우 콘솔에 오류 메시지가 표시되며, 해당 쉐이더를 수정해야 합니다.
- **쉐이더 재임포트**: 쉐이더 파일을 수정했거나 업데이트한 경우에는 유니티에서 해당 쉐이더를 다시 임포트해야 할 수 있습니다. 새로운 버전의 쉐이더가 제대로 로드되지 않은 경우에도 핑크색으로 머티리얼이 표시될 수 있습니다.

이러한 이유 중 하나가 머티리얼이 핑크색으로 표시되는 이유일 수 있습니다. 쉐이더가 올바르게 할당되었는지, 쉐이더 코드에 오류가 없는지, 그리고 필요한 리소스가 제대로 임포트되었는지 확인하는 것이 해결책을 찾는 첫 단계가 될 수 있습니다.

특히 Built-in 프로젝트에서 저장된 씬을 URP 프로젝트에서 열었을 때 나타나게 됩니다.

이런 문제가 발생했을 때 어떻게 해결하는지 순서대로 알아보겠습니다.

01 다음 이미지는 빌트인 프로젝트에서 Standard 머티리얼이 적용되어 있는 캐릭터 상태를 보여주고 있습니다.

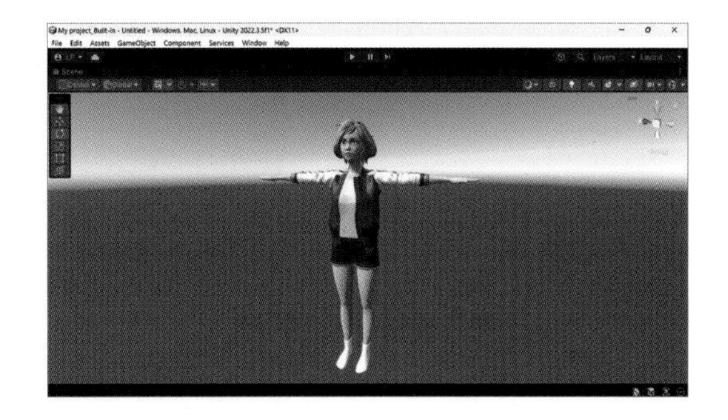

02 이 씬 파일을 URP 프로젝트에서 열어보면 다음 이미지처럼 캐릭터가 핑크색으로 변해 있을 것입니다.

03 개별 머티리얼의 미리보기도 핑크로 나타나 있음을 보게 됩니다. 이 경우는 URP에서 지원하는 쉐이더가 할당되어 있지 않았기 때문입니다. 개별 머티리얼을 선택해서 일일이 쉐이더를 URP로 바꿔줘도 되지만 유니티에서 이럴 경우에 사용할 수 있는 간편한 툴을 제공하고 있습니다.

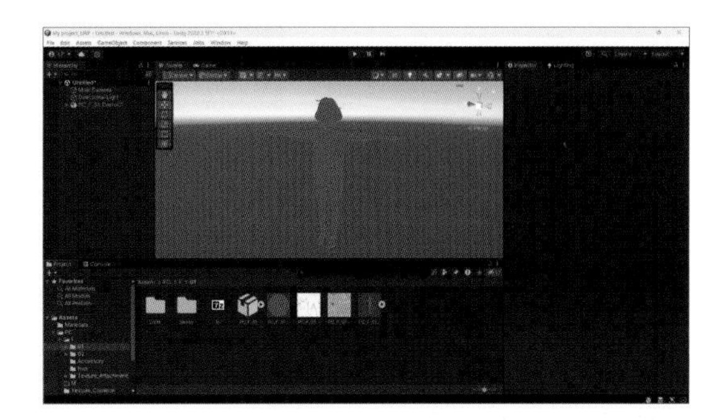

04 먼저 수정하고자 하는 머티리얼을 선택하고 Edit > Rendering > Materials > Convert Selected Built-in Materials to URP를 선택하면 됩니다.

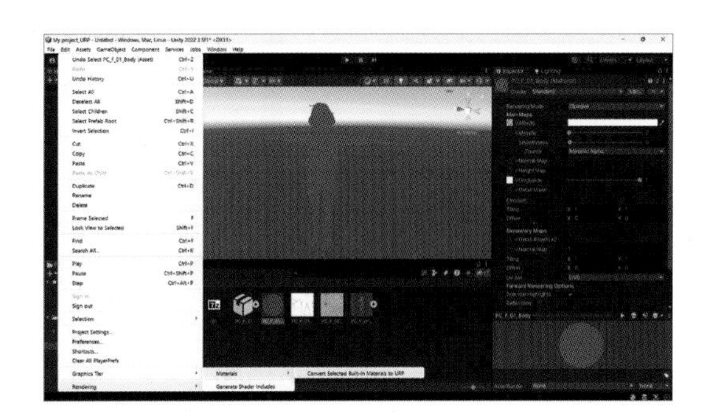

05 Proceed를 눌러서 머티리얼을 업그레이드해 주면 정상적인 렌더링을 할 수 있습니다.

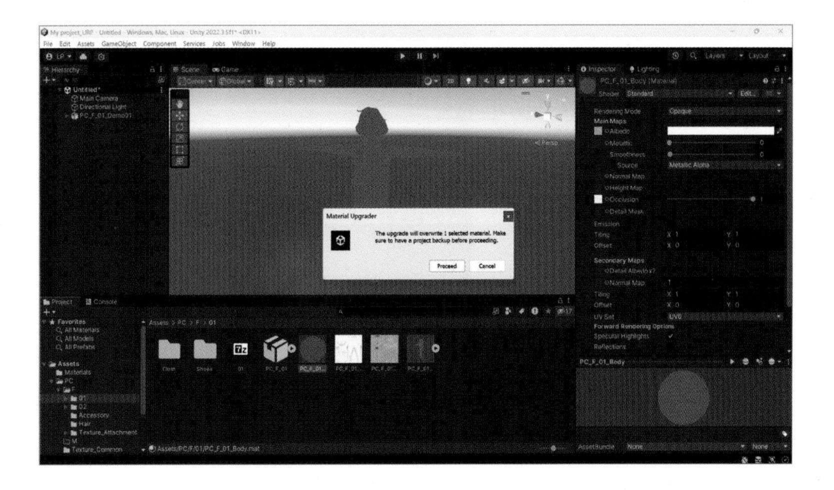

06 다음 이미지는 정상적인 스킨 머티리얼을 회복한 상태입니다.

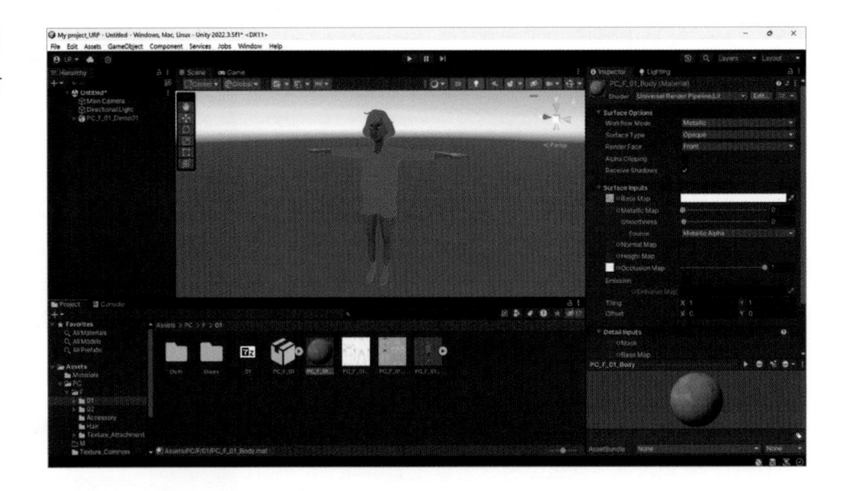

07 사용된 나머지 머티리얼도 찾아서 선택을 한 후 동일한 과정을 거쳐 수정 작업을 할 수 있습니다. 이 때 여러 개를 동시에 선택해도 무방합니다.

08 모든 머티리얼을 URP 머티리얼로 컨버팅한 상태입니다.

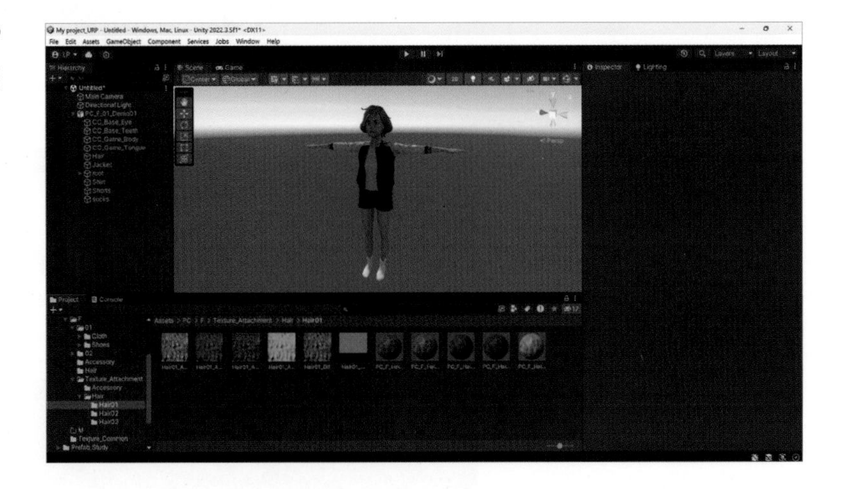

Recorder 주요 기능과 활용

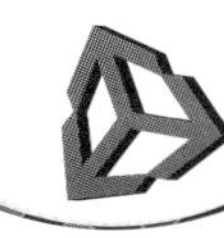

CHAPTER 14

이렇게 게임 오브젝트를 불러오거나 만들어서 씬에 배치하여 원하는 공간을 꾸민 후에 이 장면을 그대로 렌더링하고 싶을 때는 어떻게 해야 할까요? 혹은 불러온 게임 오브젝트에 멋진 텍스처를 적용한 머티리얼을 적용하여 그 오브젝트만 투명한 배경으로 렌더링 하고 싶을 때 아주 유용한 툴이 유니티에 제공되어 있습니다.

유니티의 Recorder는 게임 및 인터랙티브 애플리케이션 개발자가 장면을 기록하고 플레이 백할 수 있는 기능을 제공하는 유용한 도구입니다. 이를 통해 게임 플레이, 애니메이션, 시뮬레이션 등을 녹화하고 후속 조작 없이 재생할 수 있습니다. Recorder는 다양한 용도로 활용되며, 유니티 엔진의 Timeline 및 애니메이션 시스템과 함께 사용될 때 특히 강력한 도구가 됩니다.

Recorder의 주요 기능은 다음과 같습니다:

- **녹화 기능**: Recorder는 게임 플레이, 애니메이션 또는 특정 작업을 녹화하는 데 사용됩니다. 이를 통해 녹화된 데이터는 후에 재생할 수 있으며, 이때 동일한 작업들이 똑같이 재현됩니다.
- **녹화 타입**: 여러 가지 녹화 타입이 제공되며, 이는 다양한 상황과 요구에 맞게 선택할 수 있습니다. 예를 들어, 화면 녹화, 카메라 뷰 녹화, 애니메이션 녹화 등이 있습니다.
- **재생 기능**: 녹화된 데이터를 재생하여 이전에 녹화한 상황을 정확하게 복원할 수 있습니다. 이를 통해 애니메이션 작업이나 게임 플레이 테스트를 반복하거나, 특정 시나리오를 공유하거나 가이드하는 데 사용할 수 있습니다.
- **타임라인 통합**: 유니티의 Timeline 시스템과 연동하여 더 복잡한 시나리오를 구축할 수 있습니다. 타임라인을 사용하면 여러 Recorder 동작을 조합하여 시간에 따른 이벤트를 구성할 수 있습니다.
- **애니메이션 레코딩**: 캐릭터나 오브젝트의 움직임을 녹화하여 애니메이션 클립을 생성할 수 있습니다. 이를 통해 자연스럽고 정확한 애니메이션을 만들 수 있습니다.
- **렌더링 옵션**: Recorder는 다양한 렌더링 옵션을 제공하여 녹화된 영상의 해상도, 프레임 속도, 코덱 설정 등을 조정할 수 있습니다.

이러한 Recorder 기능은 게임 개발자나 애니메이터, 시뮬레이션 개발자 등에게 다양한 작업 환경에서 효율적으로 사용할 수 있는 유용한 도구입니다. 유니티의 Recorder를 활용하면 작업의 생산성을 높이고, 시나리오 테스트 및 애니메이션 제작 과정을 간소화할 수 있습니다.

Recorder는 Package Manager를 통하여 설치할 수 있습니다.

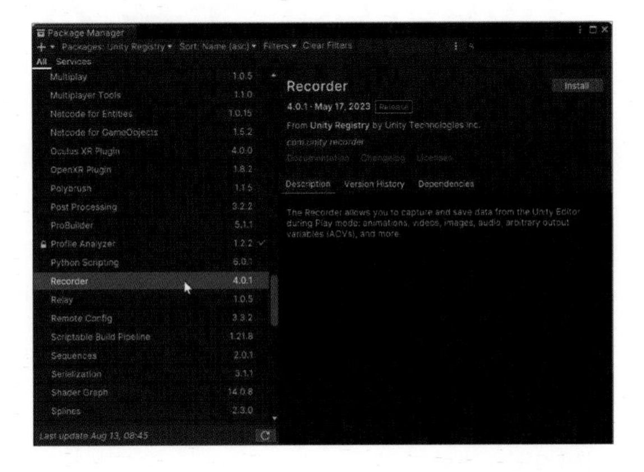

설치가 완료된 Recorder는 Window > General > Recorder에서 실행할 수 있습니다.

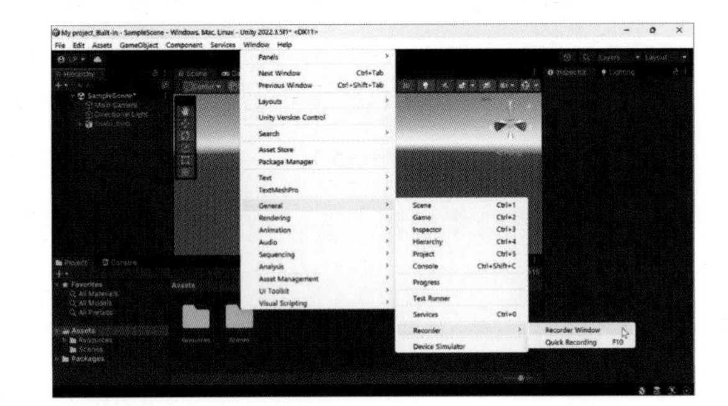

14-1 Recorder 스크린 캡처로 렌더링하기

Recorder를 이용하면 게임 오브젝트나 씬을 렌더링하여 게임 장면 소개나 포스터의 배경 이미지 제작 혹은 썸네일이나 아이콘 등을 만들기 위한 목적으로 특정 카메라 뷰를 스크린 캡처할 수 있습니다.

사용할 스틸 이미지나 동영상의 용도상 알파가 적용된 투명한 배경이 필요할 경우에 적용하면 아주 유용한 방법을 알아보도록 하겠습니다.

작업한 캐릭터를 렌더링하여 포토샵 등의 편집 툴에서 이 이미지와 다른 이미지를 합성할 거라는 가정을 한다면 렌더링 되는 이미지가 투명한 배경의 이미지이면 그 작업이 아주 수월해질 것입니다. 따라서 유니티의 스카이 박스와 같은 배경을 렌더링에서 제외하고 원하는 메인 오브젝트만 렌더링 하면 됩니다.

우선 씬 뷰에서 카메라 뷰를 원하는 구도로 조정합니다. 하지만 유니티에서는 씬 뷰의 카메라 뷰와 메인 카메라의 뷰가 일치하지 않음으로 원하는 구도를 얻었다면 먼저 게임 뷰를 디스플레이해 줄 메인 카메라를 씬 뷰 카메라와 일치시켜 줄 필요가 있습니다.

다음 이미지와 같이 씬 뷰의 카메라 구도와 메인 카메라 뷰의 구도가 서로 다름을 확인할 수 있습니다.

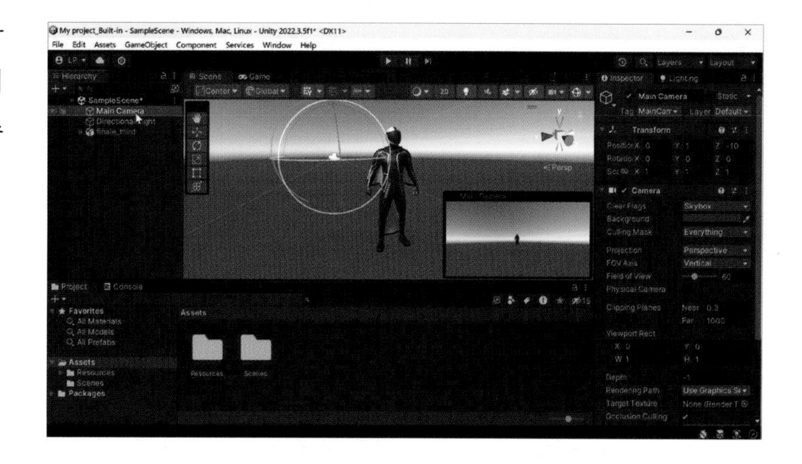

01 원하는 구도를 정한 후에 메인 카메라를 선택하고 GameObject > Align With View를 실행하면 현재 씬 뷰의 구도와 메인 카메라의 구도가 일치되어 집니다.

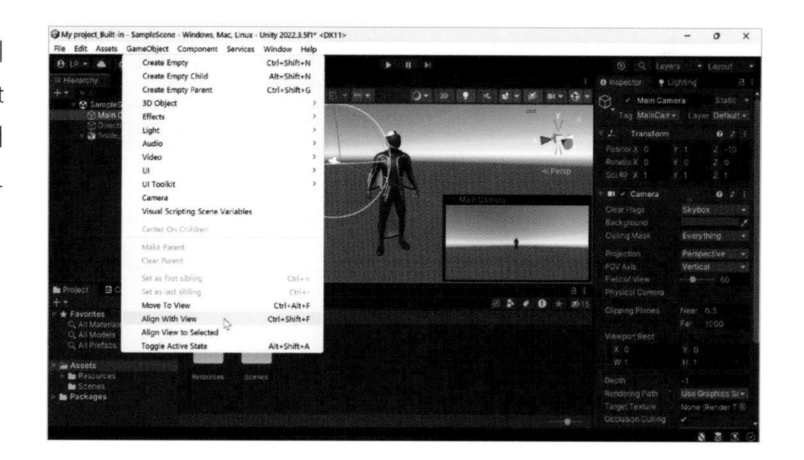

02 다음 이미지는 이를 통하여 카메라 구도를 일치시킨 상태입니다.

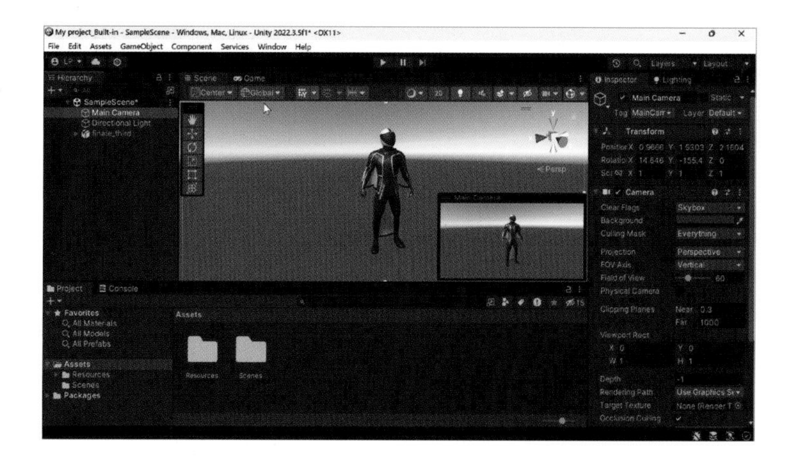

03 원하는 카메라 구도를 정했으면 이제 Recorder를 실행하여 게임 뷰 화면을 스크린 캡쳐하여 스틸 이미지로 렌더링해 보겠습니다.

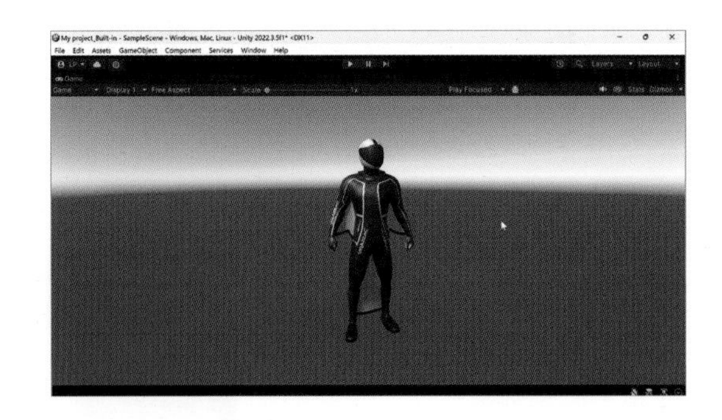

04 Recorder를 실행하고 스틸 이미지를 렌더링할 것이므로 Recording Mode는 Single Frame로 설정합니다.

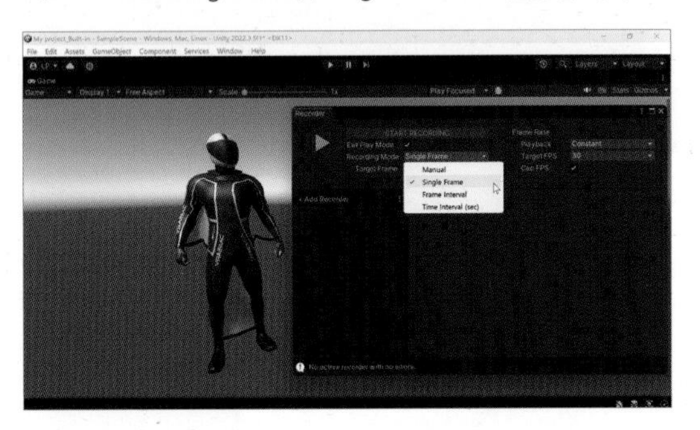

05 Add Recorder를 눌러서 Image Sequence를 선택합니다.

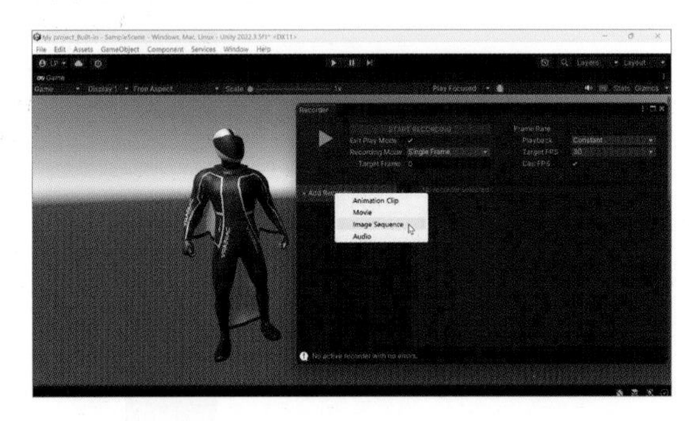

06 먼저 Source를 Game View로 설정하고 Output Resolution은 원하는 이미지 사이즈로 설정하면 됩니다.

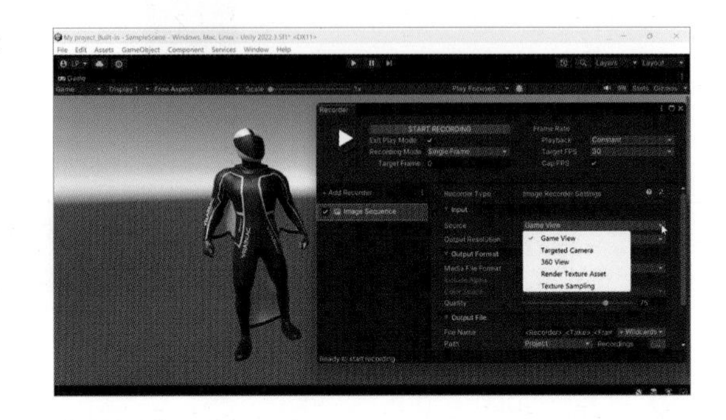

07 여기서는 윈도우 사이즈에 맞추도록 하겠습니다.

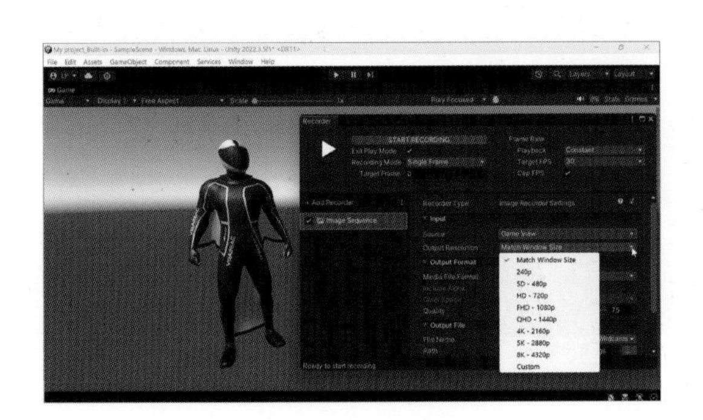

08 먼저 Jpeg으로 설정하고 렌더링 한 결과를 확인해 보겠습니다.

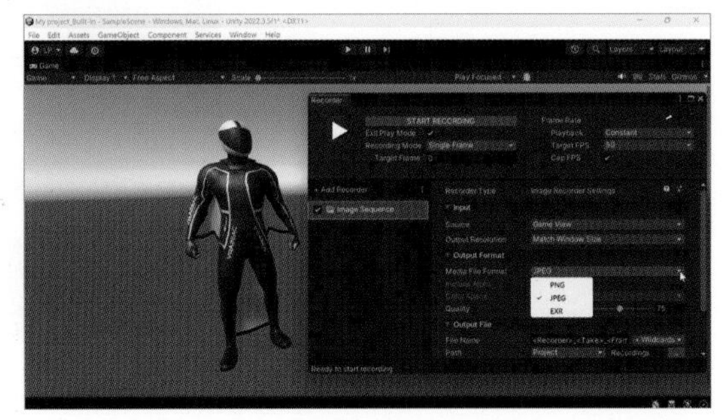

09 Start Recording 버튼을 눌러서 렌더링을 진행합니다.

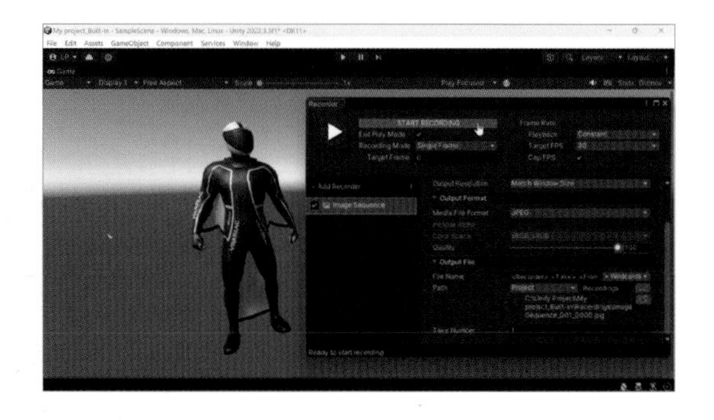

10 설정된 저장 경로의 폴더를 열어보면 캡쳐되어서 렌더링 된 이미지를 확인할 수 있습니다.

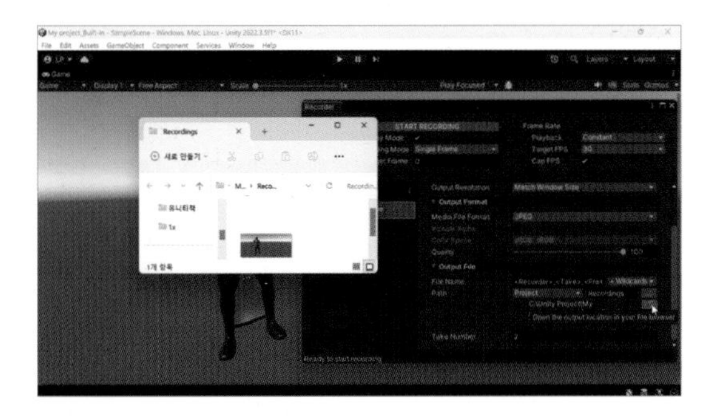

11 아래 이미지에서 보이듯 스카이 박스 배경까지 모두 포함된 게임 뷰 화면이 렌더링 되었습니다.

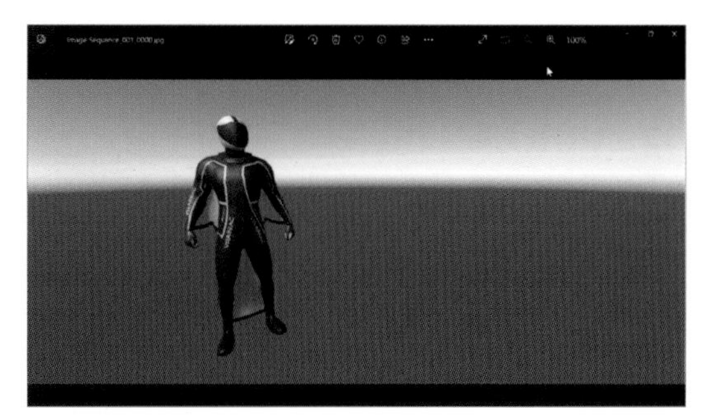

14-2 투명 배경으로 스크린 캡쳐 렌더링하기

만약 투명한 배경에 캐릭터만 렌더링 하고 싶으면 이미지의 Output Format을 투명 이미지를 지원하는 PNG 파일로 설정해야 합니다. 이때 주의할 점은 Source가 Game View로 설정되어 있으면 Include Alpha 옵션이 활성화 되지 않는다는 사실입니다.

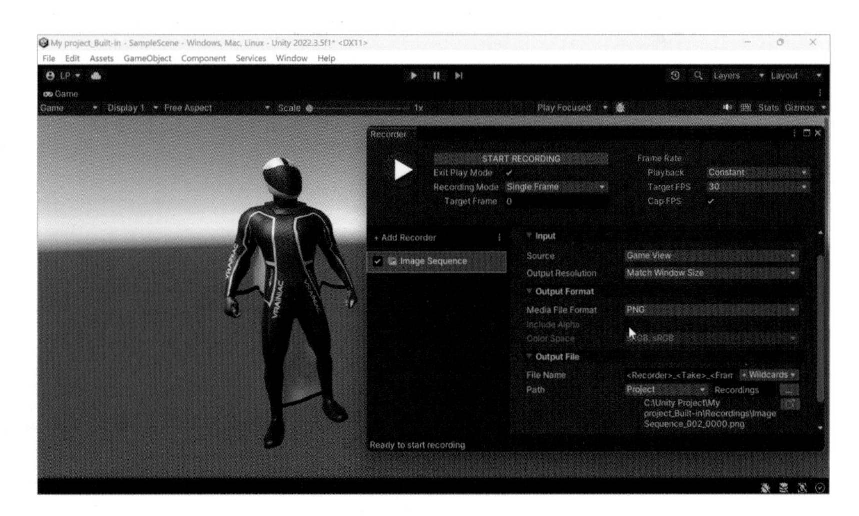

01 Source를 Targeted Camera로 변경하고 Camera는 MainCamera로 설정을 해 줍니다.

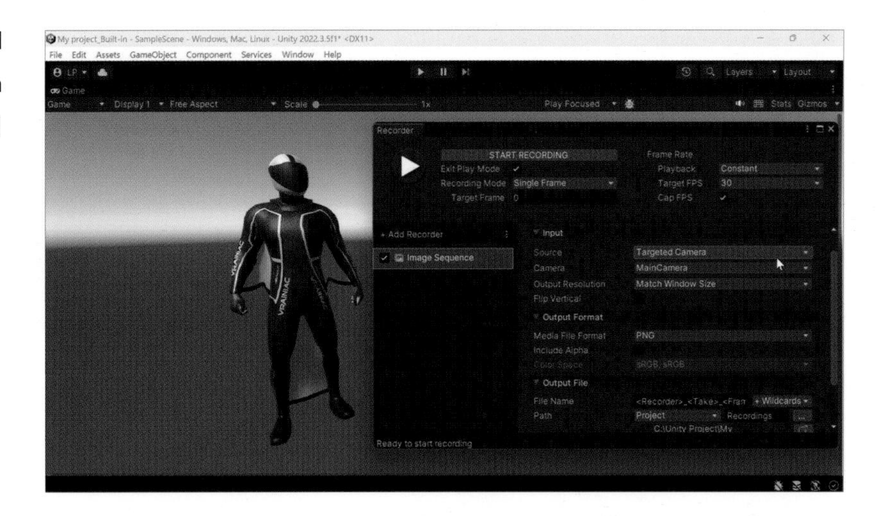

02 설정을 이렇게 변경하면 비로소 Include Alpha 옵션이 활성화됩니다.

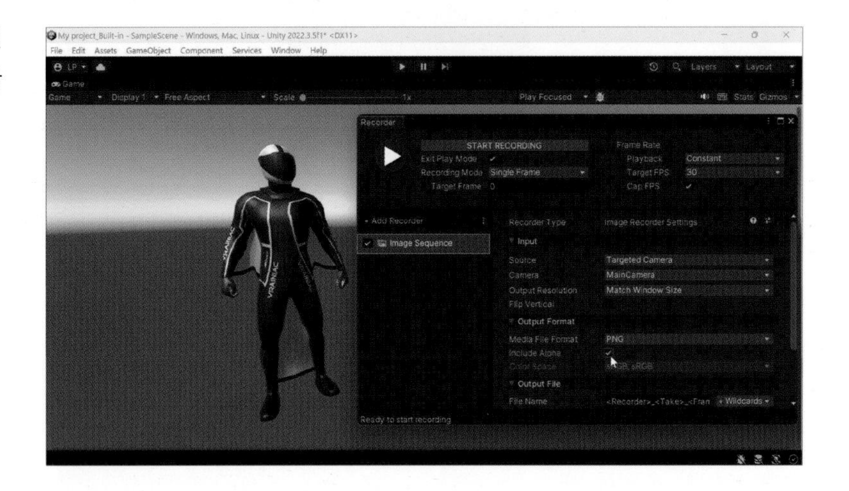

03 마지막으로 Main Camera를 선택해서 인스펙터 창에서 Clear Flags를 Solid Color로 변경해주면 모든 준비가 끝나게 됩니다.

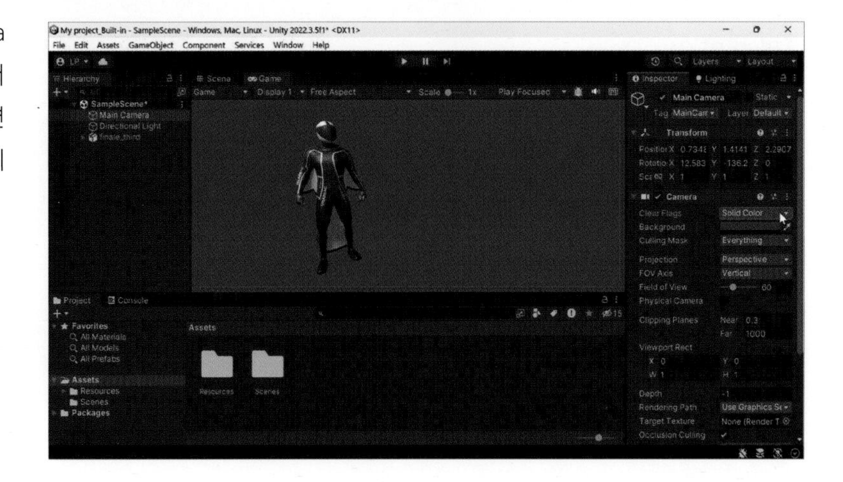

04 Start Recording을 눌러서 렌더링 하면 아래 이미지와 같이 투명한 배경의 PNG 이미지를 얻을 수 있습니다.

참고로 현재 버전의 유니티에서 이 기능은 빌트인 렌더 파이프라인에서만 작동하고 URP에서는 파일 포맷을 PNG로 설정하여도 Include Alpha 옵션이 표시되지 않고 투명한 배경의 이미지 파일을 얻을 수 없습니다.

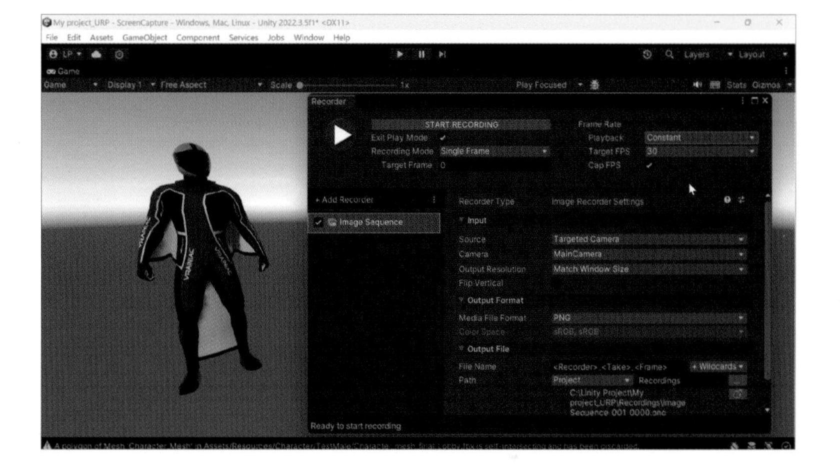

Unity

PART.

09

포스트 프로세싱(Post Processing)

1. 포스트 프로세싱(Post Processing)이란?
2. 포스트 프로세싱 사용시 주의 사항
3. 포스트 프로세싱 사용 방법
4. 포스트 프로세싱의 종류와 특징

포스트 프로세싱 (Post Processing)이란?

유니티의 포스트 프로세싱(Post-Processing)은 게임 또는 시뮬레이션의 최종 렌더링 결과에 다양한 시각적 효과를 추가하거나 수정하는 기술입니다. 이를 통해 게임 화면의 전반적인 분위기나 시각적 품질을 개선하고, 특정 스타일이나 분위기를 표현할 수 있습니다. 포스트 프로세싱은 게임 시나리오나 스토리텔링에 강력한 도구로 사용될 수 있습니다.

유니티의 포스트 프로세싱은 다음과 같은 주요 구성 요소와 효과를 포함합니다.

- **포스트 프로세싱 스택(Post-Processing Stack)**: 포스트 프로세싱 스택은 유니티에서 제공하는 포스트 프로세싱 관련 기능을 효과적으로 구성하고 조정하는 도구입니다. 이 스택을 사용하면 여러 개의 후처리 효과를 순차적으로 적용하거나 설정할 수 있습니다.
- **포스트 프로세싱 효과(Post-Processing Effects)**: 포스트 프로세싱 효과는 화면에 추가되는 시각적 효과들을 나타냅니다. 이 효과들은 블룸, 뎁스 오브 필드, 색상 보정, 모션 블러 등 다양한 스타일을 표현하는 데 사용될 수 있습니다.

포스트 프로세싱은 유니티의 렌더링 파이프라인에서 마지막 단계에 적용되며, 카메라가 렌더링된 화면을 가지고 작업합니다. 이러한 포스트 프로세싱을 사용하는 장점은 다양한 시각적 효과와 품질 개선을 통해 게임 또는 애플리케이션의 시각적 표현을 향상시킬 수 있다는 점입니다.

- **시각적 효과 개선**: 포스트 프로세싱을 통해 블룸, 뎁스 오브 필드, 컬러 보정 등 다양한 시각적 효과를 추가할 수 있습니다. 이러한 효과들은 게임 화면에 현실적이거나 스타일리시한 시각적 감각을 부여하여 플레이어의 경험을 향상시킵니다.
- **분위기 설정**: 포스트 프로세싱은 게임이나 애플리케이션의 분위기를 설정하는데 큰 역할을 합니다. 다양한 색조, 색감, 조명 효과 등을 조절하여 원하는 분위기를 표현할 수 있습니다. 예를 들어, 어두운 공포 게임에서는 어두운 조명과 높은 대비를 사용하여 불안한 분위기를 만들 수 있습니다.
- **실시간 피드백**: 포스트 프로세싱은 실시간으로 조작이 가능하며, 미리 설정한 효과를 실시간으로 조정하면서 피드백을 받을 수 있습니다. 이를 통해 플레이 테스트 중에 바로바로 시각적 효과를 확인하고 조정할 수 있습니다.

- **일관성 있는 시각적 품질**: 포스트 프로세싱을 통해 게임 내의 모든 시각적 요소에 일관성 있는 시각적 품질을 부여할 수 있습니다. 모든 카메라에 일관된 효과를 적용하여 게임 화면을 통일된 스타일로 유지할 수 있습니다.
- **소프트웨어 및 하드웨어 호환성**: 포스트 프로세싱은 주로 그래픽 카드의 성능에 의존하지 않으며, 대부분의 하드웨어에서 지원되기 때문에 널리 호환됩니다. 또한, 최신 기술을 사용하여 효과를 적용할 수 있기 때문에 상대적으로 소프트웨어 업데이트만으로도 시각적인 혜택을 얻을 수 있습니다.
- **시각적 몰입 강화**: 흔히 게임 플레이어들은 게임 속으로 더욱 몰입하고 싶어합니다. 포스트 프로세싱은 게임 세계에 더 깊이 빠져들게 해주는 시각적 효과를 생성하여 플레이어의 몰입감을 높일 수 있습니다.

이러한 장점들을 통해 유니티의 포스트 프로세싱은 게임 개발자들에게 시각적인 효과와 분위기를 향상시키는 강력한 도구로서 활용될 수 있습니다.

포스트 프로세싱 사용시 주의 사항

하지만 유니티에서 포스트 프로세싱을 사용할 때 주의해야 할 몇 가지 중요한 사항들도 있습니다.

- **성능 고려**: 포스트 프로세싱은 렌더링 후 추가적인 계산을 필요로 하기 때문에 성능에 영향을 미칠 수 있습니다. 너무 많은 포스트 프로세싱 효과를 함께 사용하면 프레임 속도가 낮아질 수 있으므로, 성능 테스트와 최적화가 필요합니다.
- **효과 복합성**: 여러 개의 포스트 프로세싱 효과를 조합할 때, 효과들이 서로 충돌하지 않도록 주의해야 합니다. 일부 효과는 다른 효과와 함께 사용할 때 예상치 못한 시각적 결과를 낼 수 있습니다.
- **효과 설정**: 각 포스트 프로세싱 효과에는 많은 매개변수와 설정 옵션이 있을 수 있습니다. 이러한 설정들을 신중하게 조정하여 원하는 시각적 결과를 얻을 수 있도록 해야 합니다.
- **하드웨어 호환성**: 포스트 프로세싱 효과는 모든 하드웨어에서 동작하는 것이 아닐 수 있습니다. 일부 효과는 그래픽 카드의 지원 여부에 따라 동작하지 않거나 비정상적인 결과를 낼 수 있습니다.
- **게임 스타일 고려**: 포스트 프로세싱은 게임의 분위기나 스타일을 설정하는 데 사용됩니다. 하지만 너무 과도하게 사용하면 게임의 시각적 아이덴티티가 희석될 수 있으므로, 게임의 스타일과 목적에 맞게 사용해야 합니다.
- **파일 크기와 메모리 사용량**: 포스트 프로세싱 효과는 추가적인 계산을 필요로 하기 때문에 실행 중에 추가적인 메모리와 연산량을 요구합니다. 이로 인해 빌드된 애플리케이션의 파일 크기가 증가하거나 메모리 사용량이 늘어날 수 있습니다.

그리고 사용 가능한 포스트 프로세싱 효과 종류와 그 적용 방법은 사용 중인 렌더 파이프라인에 따라 다르며 한 렌더 파이프라인의 포스트 프로세싱 솔루션은 다른 렌더 파이프라인과 호환되지 않습니다.

URP, HDRP에는 자체 포스트 프로세싱 솔루션이 들어 있으며, 각 템플릿을 사용하여 프로젝트를 생성할 때 유니티에 기본적으로 설치가 됩니다. 하지만 빌트인 렌더 파이프라인은 기본적으로 포스트 프로세싱 솔루션을 포함하지 않습니다. 추가로 포스트 프로세싱 버전 2 패키지를 설치하여야 포스트 프로세싱 기능을 사용할 수 있습니다.

2-1 Player Setting

우선 플레이어 세팅에서 색 공간(Color Space)를 조정할 수 있습니다.

색 공간 조정은 2가지 방법으로 접근할 수 있는데 Edit 〉 Project Setting 〉 Player를 선택하거나 File 〉 Build Setting 〉 Player Settings를 선택하면 됩니다.

여기에서 Other Settings의 Rendering 섹션에서 Gamma나 Linear 색 공간을 선택할 수 있습니다. 이 두 가지 색 공간은 각각의 특징이 있으므로 프로젝트나 아트의 성격에 따라서 적당한 방식을 선택하면 됩니다. 각 컬러 스페이스의 특징과 차이점을 간단하게 알아보자면, 게임 개발에서 감마(Gamma)와 선형(Linear) 색 공간은 색상 처리 방식을 나타냅니다.

■ 감마(Gamma) 색 공간

- 감마 색 공간은 사람의 시각 체계를 모방하여 색상을 처리합니다.
- 모니터나 화면 출력 장치의 출력이 감마 곡선을 따라 변경됩니다.
- 유니티에서 기본 색상 공간으로 사용됩니다.
- 감마 색 공간은 색상 보정이 자연스럽게 보이도록 도와줍니다.

■ 선형(Linear) 색 공간

- 선형 색 공간은 감마 색 공간과 달리 색상 처리에 선형적인 방식을 적용합니다.
- 색상 값은 실제 물리적 밝기에 비례하도록 처리됩니다.
- 선형 색 공간은 조명 및 머터리얼 계산에서 물리적으로 정확한 결과를 얻을 때 유용합니다.

감마와 선형 색 공간의 가장 큰 차이점은 조명과 머터리얼 계산에서 나타납니다. 선형 색 공간에서는 더 정확하고 예측 가능한 물리적 효과를 얻을 수 있습니다. 따라서 빛의 강도나 머터리얼의 반사율을 조정할 때 선형 색 공간을 사용하는 것이 좋습니다.

그러나 감마 색 공간은 이미지 및 텍스처 처리에서 더 자연스러운 결과를 얻을 수 있으므로 일부 경우에는 더 적합할 수 있습니다. 게임 프로젝트의 요구 사항 및 시각적 목표에 따라 감마 또는 선형 색 공간을 선택할 수 있습니다. 유니티에서는 프로젝트 설정에서 이러한 옵션을 구성할 수 있으므로 프로젝트에 맞게 선택하면 됩니다.

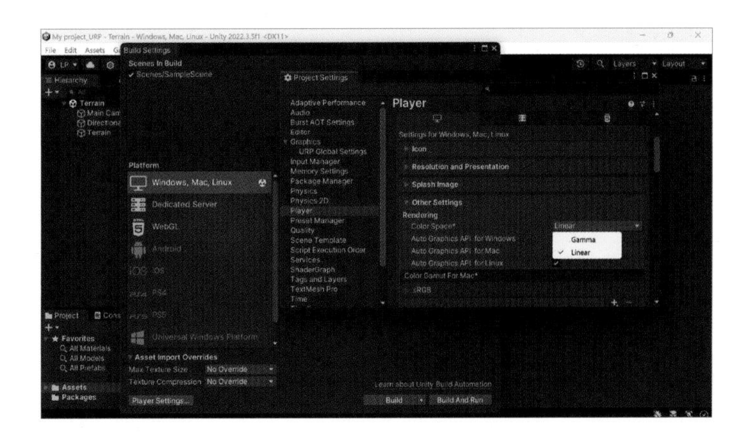

2-2 Camera에서 옵션 활성화

씬 뷰 카메라에서는 포스트 프로세싱 효과가 디폴트로 표시되지만 다른 카메라에서도 동일한 효과를 디스플레이 하려면 카메라 인스펙터 창에서 Post Processing 옵션을 활성화해줘야 합니다.

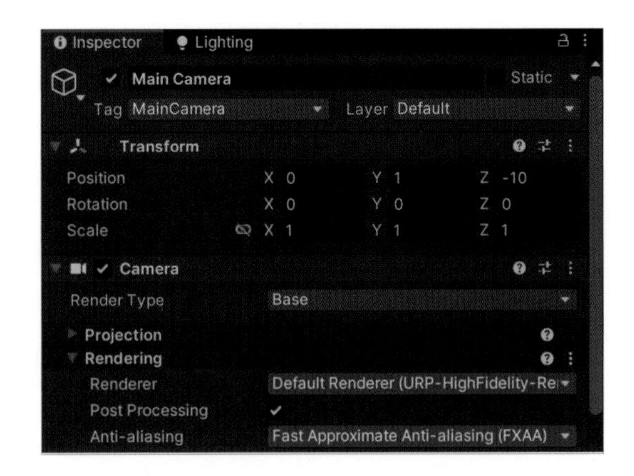

포스트 프로세싱 사용 방법

유니티에서 포스트 프로세싱을 사용하는 방법에 대해 자세하게 알아보겠습니다.

우선 URP 통합 솔루션 기준으로 다양한 포스트 프로세싱 솔루션에서 사용할 수 있는 다양한 효과들을 간단하게 살펴보겠습니다.

블룸(Bloom)	블룸 효과는 이미지의 밝은 영역을 빛나게 만듭니다.
채널 믹서(Channel Mixer)	채널 믹서를 사용하면 각 입력 컬러의 밸런스를 조정할 수 있습니다.
색 수차(Chromatic Aberration)	색 수차 효과는 이미지의 어두운 영역과 밝은 영역 간의 경계를 따라 컬러를 분산시킵니다.
컬러 조정(Color Adjustments)	컬러 조정 효과를 사용하면 최종 렌더링 이미지의 전체적인 톤, 밝기 및 콘트라스트를 변경할 수 있습니다.
컬러 커브(Color Curves)	컬러 커브 효과를 사용하면 색조, 채도 또는 광도의 특정 범위를 조정할 수 있습니다.
피사계심도(Depth of Field)	뎁스오브필드 효과는 이미지의 배경을 흐리게 만들고 전경의 오브젝트에 초점을 유지합니다.
그레인(Grain)	그레인 효과는 이미지에 필름 노이즈를 오버레이합니다.
렌즈 왜곡(Lens Distortion)	렌즈 왜곡 효과는 실제 카메라 렌즈의 모양에 의해 발생하는 왜곡을 시뮬레이션합니다.
리프트, 감마, 게인(Lift, Gamma, Gain)	리프트, 감마, 게인 효과를 사용하면 3방향 컬러 그레이딩을 수행할 수 있습니다.
모션 블러(Motion Blur)	모션 블러 효과는 카메라의 이동 방향으로 이미지를 흐리게 만듭니다.
파니니 투사(Panini Projection)	파니니 투사 효과는 넓은 시야각(FOV)으로 인해 발생하는 이미지 가장자리의 왜곡을 보정합니다.
그림자 미드톤 하이라이트(Shadows Midtones Highlights)	그림자 미드톤 하이라이트 효과는 이미지에서 그림자, 미드톤, 밝은 영역의 색조와 밝기를 개별적으로 제어합니다.
분할 토닝(Split Toning)	분할 토닝 효과는 이미지의 두 가지 다른 톤을 두 가지 특정 컬러에 매핑합니다.
톤 매핑(Tonemapping)	톤 매핑 효과는 이미지의 값을 HDR(High Dynamic Range) 컬러에 다시 매핑합니다.
비네트(Vignette)	비네트 효과는 이미지의 가장자리를 어둡게 만듭니다.
화이트 밸런스(White Balance)	화이트 밸런스 효과는 이미지의 흰색 영역을 유지하고 흰색 영역 주변에 있는 다른 톤의 밸런스를 맞춥니다.

01 다음 이미지와 같이 라이트맵 베이크까지 완료한 씬을 준비했습니다. 이 이미지의 경우 기본적인 라이팅 작업까지 모두 끝낸 상태이지만 좀 더 시각적인 임펙트를 주고 싶을 때 포스트 프로세싱 작업을 하면 더 좋은 결과를 얻을 수 있습니다.

02 최신 버전 유니티에서 포스트 프로세싱을 추가하는 방법은 정말 많이 쉬워졌습니다. 단순히 계층 창에서 우클릭해서 Volume > Global Volume을 생성하면 됩니다.

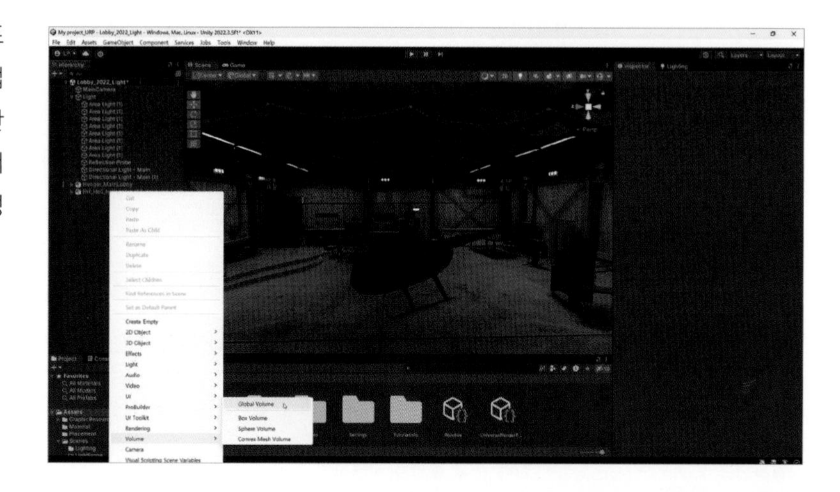

03 생성된 Global Volume의 인스펙터 창에서 먼저 New Profile 버튼을 눌러서 새 프로파일을 생성합니다. 이제 포스트 프로세싱 이펙트를 Override로 추가할 수 있는 준비가 다 끝났습니다.

04 인스펙터 창에 Add Override 버튼이 나타나고 이 버튼을 눌러서 원하는 포스트 프로세싱 이펙트를 선택하면 씬 뷰에서 즉시 그 효과를 디스플레이해서 확인할 수 있습니다. 메인 카메라나 다른 카메라를 통해서 포스트 프로세싱 이펙트를 디스플레이 하고 싶으면 각 카메라 인스펙터 창에서 Post Processing 속성을 활성화해주면 됩니다.

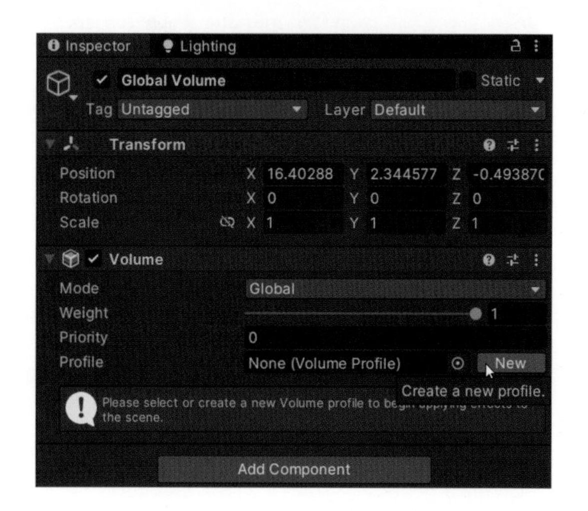

05 다음 이미지는 Add Override를 통해서 원하는 포스트 프로세싱 이펙트를 추가하는 방법을 잘 보여주고 있습니다.

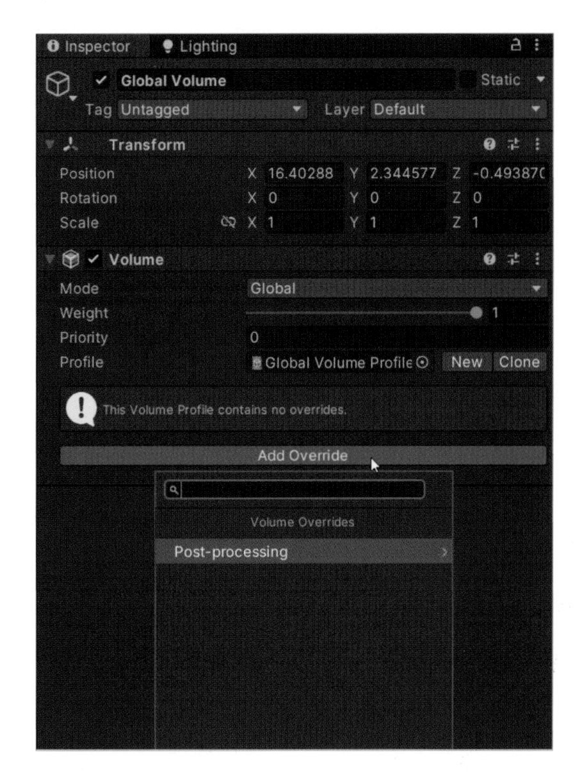

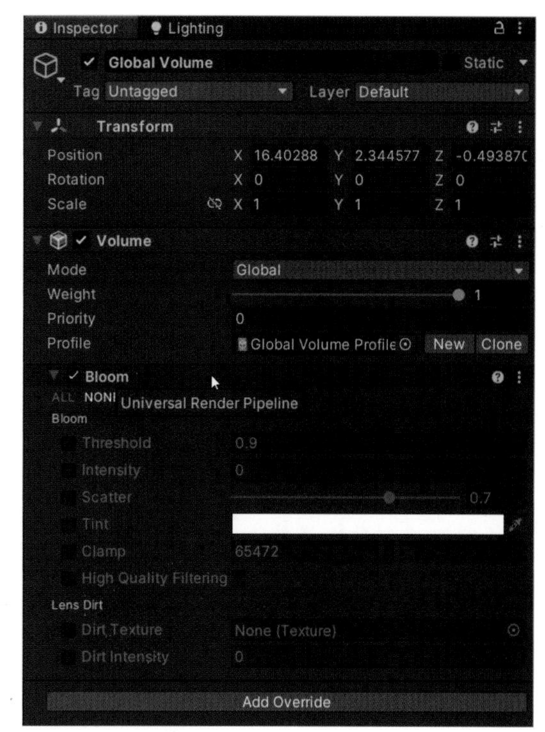

포스트 프로세싱의 종류와 특징

CHAPTER 04

4-1 Bloom

Bloom을 선택하고 조정하려고 하는 속성값을 조절합니다. 여기서는 Intensity값을 올렸습니다.

Bloom(블룸)은 화면에서 빛이나 밝은 물체 주변에 생기는 광선 효과를 시뮬레이션하는 데 사용됩니다.

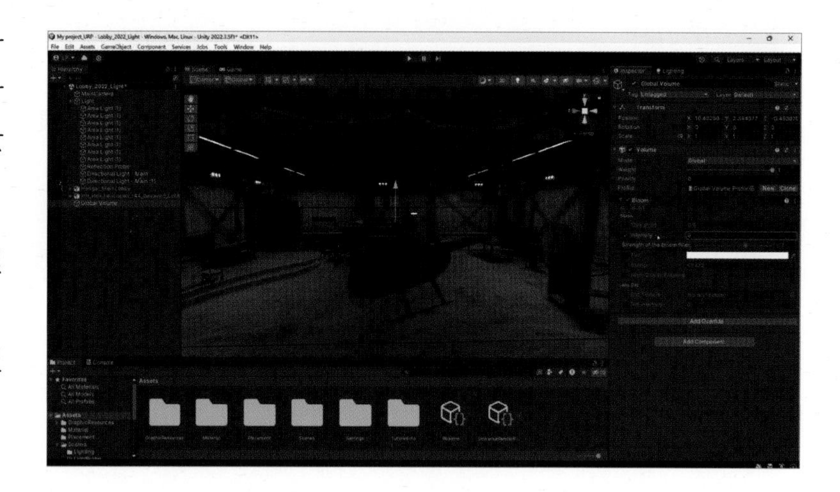

■ **광선 효과 시뮬레이션**

Bloom은 화면에서 빛이나 밝은 오브젝트 주변에 발생하는 광선 효과를 모방하는 것을 목표로 합니다. 이러한 광선 효과는 밝은 물체 주변에 흰색 혹은 밝은 빛을 띈 효과를 만듭니다.

■ **렌더링 단계**

Bloom은 렌더링 단계에서 화면의 밝은 부분을 감지하고 해당 부분을 블러(blur)하여 광선 효과를 생성합니다.

■ **밝은 픽셀 감지**

Bloom 효과는 주로 밝기 정보를 사용하여 작동합니다. 렌더링된 화면에서 밝은 픽셀이나 물체를 감지하여 블러 처리 대상으로 선택합니다.

■ **블러 처리**

선택된 밝은 영역은 블러(흐림) 처리를 거쳐 퍼지고 확장됩니다. 이러한 블러 처리로 밝은 영역 주변에 광선 효과가 만들어집니다.

■ **합성**

블러 처리된 결과는 원래 렌더링된 화면과 합성되어 최종 화면에 표시됩니다. 이로써 광선 효과가 시각적으로 나타나게 됩니다.

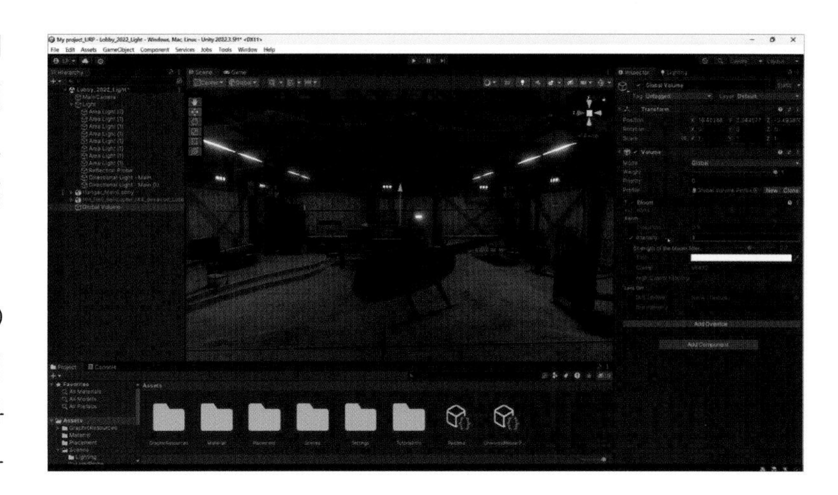

여기에서는 이미시브(Emissive)가 적용되어 있는 광원 주변이 뽀얗게 환해지는 효과 등 화면이 전체적으로 밝게 빛나는 효과가 있습니다.

4-2 Color Adjustments

게임 또는 시뮬레이션에서 화면의 색상과 조명을 조정하여 시각적인 스타일을 바꾸거나 특정 감정을 나타내는 데 사용됩니다. 이 효과는 게임의 분위기나 시각적 경험을 더욱 풍부하게 만드는 데 도움이 됩니다.

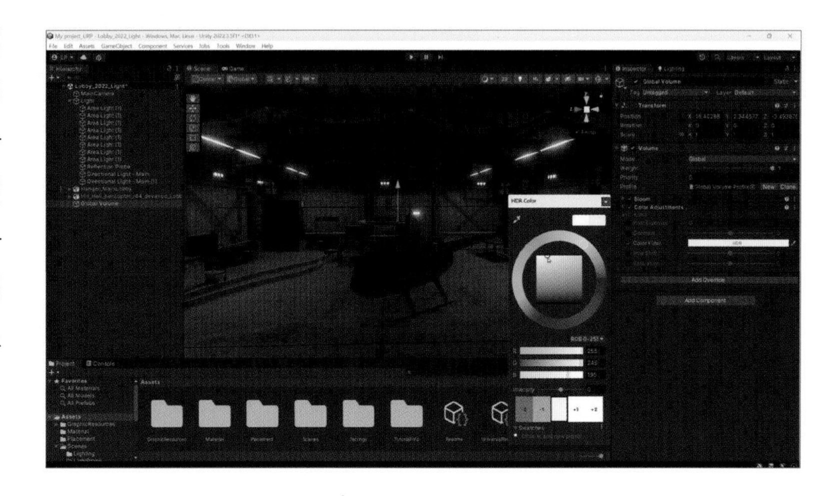

■ **색상 조정(Color Correction)**

Color Adjustments 효과는 화면의 색상을 조절할 수 있습니다. 이것은 색조, 채도, 밝기 등을 조절하여 게임의 색감을 변경하거나 향상시키는 데 사용됩니다. 예를 들어, 게임 내의 특정 상황에 맞게 색상을 더 강조하거나 어둡게 만들 수 있습니다.

■ **콘트라스트(Contrast)**

이 효과는 화면의 콘트라스트를 조절합니다. 콘트라스트를 높이면 밝은 부분과 어두운 부분 사이의 차이가 더 커지고, 화면이 더 뚜렷하게 보입니다. 콘트라스트를 줄이면 부드러운 효과가 생기며, 게임의 분위기를 변경할 수 있습니다.

■ **색상 필터(Color Filters)**

Color Adjustments 효과를 사용하여 특정 색상 필터를 적용할 수 있습니다. 예를 들어, 게임 내에서 열대 지역을 나타낼 때 블루 필터를 적용하여 시원한 느낌을 만들 수 있습니다.

게임의 시각적 효과를 미세하게 조정하거나 독특한 시각적 스타일을 만들 수 있어서 아주 유용한 효과 중 하나로 게임의 분위기나 감정을 강조하거나 변경하는 데 강력한 도구로 활용됩니다.

특히 Color Filter의 HDR 색상을 조절해서 전체적인 노출값을 조절할 수도 있습니다.

4-3 Lift, Gamma, Gain

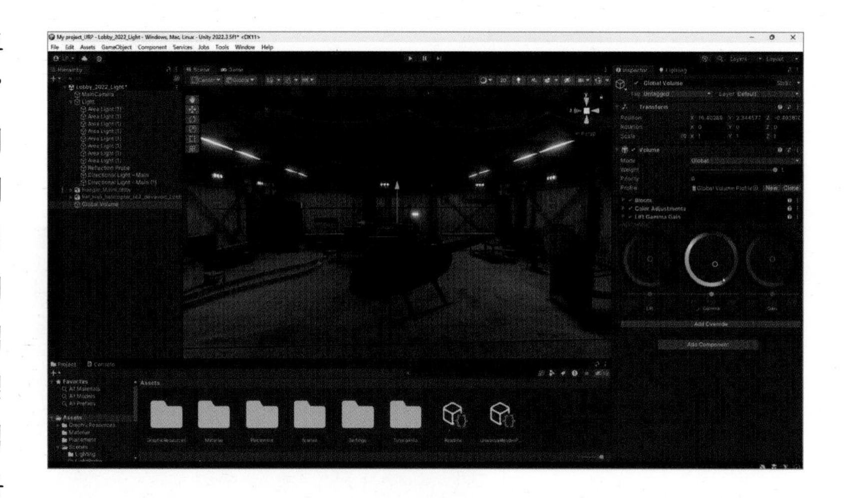

유니티의 포스트 프로세싱 효과 중에서 "Lift," "Gamma," 그리고 "Gain"은 이미지의 밝기와 색조를 조절하는데 사용되는 중요한 요소입니다. 이 세 가지 요소는 컬러 그레이딩(color grading) 작업에서 주로 활용되며, 게임 또는 시뮬레이션의 시각적 스타일을 조절하는 데 도움이 됩니다.

■ **Lift(리프트)**

Lift는 이미지의 어두운 부분의 밝기를 조절하는 요소입니다. 이 요소를 조절하면 이미지의 어두운 영역이 더 밝거나 어두워집니다.

게임에서는 리프트를 조절하여 어두운 부분의 디테일을 강조하거나 분위기를 설정하는 데 사용될 수 있습니다. 예를 들어, 어두운 암흑 지역을 더 희미하게 만들어 더 공포스러운 분위기를 조성할 수 있습니다.

■ **Gamma(감마)**

감마는 이미지의 밝기를 비선형적으로 조절하는 요소입니다. 감마를 조절하면 이미지의 전체적인 밝기와 색조가 변경됩니다. 이를 통해 이미지의 색조 곡선을 조절하여 화면의 시각적 스타일을 수정할 수 있습니다. 감마 조정은 이미지를 더 밝게 또는 어둡게 만들어 특정 분위기를 표현하는 데 사용됩니다.

■ **Gain(게인)**

Gain은 이미지의 밝은 부분의 밝기를 조절하는 요소입니다. 이 요소를 조절하면 이미지의 밝은 영역이 더 밝거나 어두워집니다. 게임에서 게인을 조절하여 특정 영역을 더 강조하거나 더 밝게 만들 수 있으며, 화면에 독특한 시각적 효과를 부여할 수 있습니다.

이 세 가지 요소를 조합하여 이미지의 밝기와 색조를 조절함으로써 게임의 시각적 스타일을 세밀하게 조정할 수 있습니다. 이것은 포스트 프로세싱 스택을 사용하여 게임의 시각적 효과를 미세하게 조정하는 데 사용되며, 게임의 분위기와 감정을 강조하거나 특정 시각적 스타일을 달성하는 데 도움이 됩니다. 색상환 중심의 포인트를 움직이거나 아래쪽 슬라이더를 움직여서 컬러값을 조정할 수 있습니다.

4-4 Shadows, Midtones, Highlights

Shadows, Midtones, 그리고 Highlights는 이미지의 밝기를 조절하는 요소입니다.

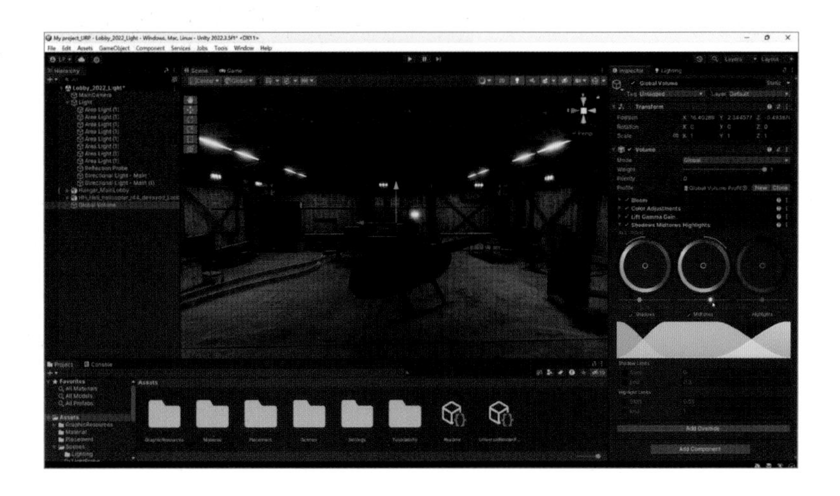

■ **Shadows(그림자)**

그림자는 이미지의 어두운 부분, 즉 그림자 부분의 밝기를 조절합니다. Shadows를 높이면 이미지의 그림자 부분이 더 밝게 나타납니다. 이를 통해 어두운 부분의 디테일을 강조하거나 분위기를 변경할 수 있습니다. 예를 들어, 밤 풍경을 더 밝게 만들어 시야를 더 잘 나타내거나, 어두운 공포 게임의 그림자를 더 두드러지게 표현할 수 있습니다.

■ **Midtones(중간 톤)**

중간 톤은 이미지의 중간 밝기 영역을 조절합니다. 이 영역은 그림자와 하이라이트 사이에 있는 중간 영역입니다. Midtones를 조절하면 이미지의 중간 톤이 더 밝거나 어둡게 조절됩니다. 중간 톤 조정은 이미지의 일반적인 밝기를 변경하거나 분위기를 조정하는 데 사용됩니다. 예를 들어, 화면의 전반적인 밝기를 변경하여 환한 낮 풍경을 만들 수 있습니다.

■ **Highlights(하이라이트)**

하이라이트는 이미지의 밝은 부분, 즉 하이라이트 부분의 밝기를 조절합니다. Highlights를 높이면 이미지의 하이라이트 부분이 더 밝게 나타납니다. 이를 통해 빛나는 물체나 밝은 부분의 디테일을 강조하거나 특정 부분을 빛나게 만들 수 있습니다. 예를 들어, 태양이나 빛나는 물체를 강조하여 화면에 더욱 주목을 끌 수 있습니다.

4-5 Tonemapping

렌더링된 이미지의 픽셀 값을 조정하여 화면에 표시되는 색상과 밝기를 조절하는 과정입니다. 톤 매핑은 주로 HDR 렌더링 결과를 LDR 화면에 맞게 조절하기 위해 사용됩니다.

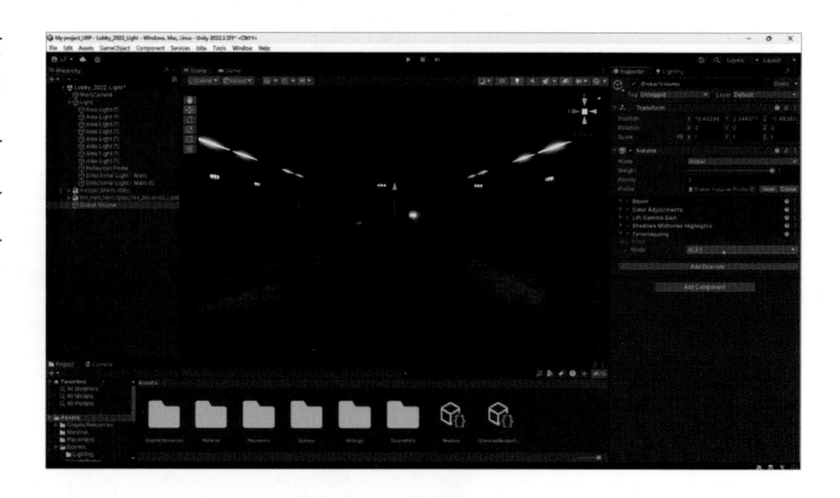

■ **HDR와 LDR**

HDR 렌더링은 더 넓은 밝기 범위를 갖는 색상 정보를 포함한 이미지를 생성합니다. 그러나 대부분의 모니터와 디스플레이는 LDR을 지원합니다. 따라서 HDR 이미지를 LDR 디스플레이에 맞게 조절해야 합니다.

■ **톤 매핑의 목적**

톤 매핑은 HDR 이미지를 LDR로 변환하여 렌더링 결과를 화면에 적절하게 나타내는 것이 목적입니다. 이것은 더 넓은 밝기 범위를 가진 빛과 그림자를 화면에 재현하기 위한 과정이며, 높은 픽셀 값과 밝기를 조절하여 올바른 시각적 효과를 얻습니다.

■ 톤 매핑의 종류

유니티에서는 두 가지 톤 매핑 알고리즘을 제공합니다. "ACES"(Academy Color Encoding System), "Neutral"이 그것입니다. 각 알고리즘은 조명과 색상 재현에 다른 특성을 가지며, 원하는 시각적 스타일에 맞게 선택할 수 있습니다.

그 중에서 ACES 톤 매핑은 유니티에서 더 자연스럽고 현실적인 시각적 경험을 제공하며, 물리 기반 렌더링과의 호환성을 유지합니다. 게임의 시각적 품질을 향상시키고 HDR 이미지를 효과적으로 처리하는 데 도움이 되며, 시각적 일관성을 확보할 수 있습니다. ACES 톤 매핑은 다음과 같은 특징이 있습니다.

- **더 자연스러운 시각적 경험**: ACES 톤 매핑은 사람의 눈이 자연적인 조명 상황에서 어떻게 반응하는지를 모방합니다. 이로 인해 화면에서 더 자연스러운 색상과 조명 효과를 얻을 수 있습니다. 특히 고대비 및 고밝기 영역에서 자연스러운 결과를 얻을 수 있어 게임의 시각적 품질을 향상시킵니다.
- **HDR 이미지 처리**: ACES 톤 매핑은 HDR(High Dynamic Range) 이미지를 효과적으로 처리할 수 있습니다. 이는 게임 환경에서 더 풍부하고 현실적인 조명 효과를 구현하는 데 중요합니다.
- **물리 기반 렌더링(PBR)과의 호환성**: ACES 톤 매핑은 물리 기반 렌더링(PBR) 및 머터리얼 시스템과 잘 호환됩니다. 이로 인해 게임의 렌더링이 더 물리적으로 정확하게 처리되며, 머터리얼 반사율 및 조명 효과가 더 현실적으로 보입니다.
- **시각적 일관성**: ACES는 영화 및 시네마틱 분야에서 널리 사용되는 컬러 그레이딩 및 톤 매핑 기술로 이미 검증되었습니다. 이를 유니티 프로젝트에 적용하면 시각적 일관성을 확보할 수 있으며, 게임과 영화 간의 시각적 연결성을 유지할 수 있습니다.
- **커스터마이제이션 가능성**: ACES 톤 매핑은 유니티에서 커스터마이즈할 수 있으므로 프로젝트의 요구에 맞게 조정할 수 있습니다. 이를 통해 원하는 시각적 스타일 및 분위기를 만들 수 있습니다.

그리고 ACES와 Neutral 톤 매핑은 시각적 효과와 스타일링에 차이를 보입니다. ACES는 더 동적이고 선명한 색상 및 높은 대비를 가지며 HDR 이미지를 처리하는 데 효과적입니다. 반면 Neutral 톤 매핑은 더 부드러운 시각적 효과와 중립적인 스타일을 선호하는 경우에 적합합니다. 프로젝트의 시각적 목표와 요구 사항에 따라 선택할 수 있습니다.

- **색상 및 명도 대조**: ACES 톤 매핑은 더 높은 대비와 명도를 가질 수 있습니다. 이로 인해 화면의 색상이 더 동적이고 선명하게 표현됩니다. 반면 Neutral 톤 매핑은 대조와 명도를 덜 조절하므로 더 부드러운 시각적 효과를 얻습니다.
- **HDR 이미지 처리**: ACES는 HDR 이미지를 효과적으로 처리하는 데 뛰어납니다. 이는 HDR 이미지를 사용하는 게임에서 중요합니다. Neutral 톤 매핑은 이런 HDR 이미지를 처리하기에 ACES만큼 효과적이지 않을 수 있습니다.
- **색상 보정 및 스타일링**: ACES 톤 매핑은 컬러 그레이딩(Color Grading) 및 스타일링에 더 적합한 결과를 제공할 수 있습니다. 이는 게임의 시각적 스타일과 분위기를 조절하는 데 중요하며, 시네마틱한 효과를 만들어내는 데 도움이 됩니다. Neutral 톤 매핑은 덜 특징적인 색상 처리를 합니다.

- **시네마틱 경험**: ACES는 시네마틱 경험을 만들기 위해 영화 제작에서 널리 사용되는 기술입니다. ACES를 사용하면 게임에서도 시네마틱한 효과를 얻을 수 있습니다. 반면 Neutral 톤 매핑은 더 일반적이고 중립적인 시각적 효과를 제공합니다.
- **커스터마이즈 가능성**: 유니티에서 ACES와 Neutral 톤 매핑을 모두 커스터마이즈할 수 있지만, ACES는 더 많은 컨트롤과 조정 옵션을 제공합니다. 따라서 더 세부적으로 시각적 효과를 조절하고 프로젝트 요구 사항에 맞게 수정할 수 있습니다.

4-6 Vignette

Vignette(비네트)는 화면 주변에 어두운 마스킹 효과를 적용하여 이미지를 강조하거나 주목을 끄는 데 사용됩니다. 이 효과는 주로 게임, 영화, 혹은 시뮬레이션에서 시각적 강조나 분위기를 조절하기 위해 활용됩니다.

■ 어두운 테두리 효과

Vignette는 화면의 주변 부분을 어둡게 만들어줍니다. 이것은 화면 중앙의 내용물에 주목을 끌고자 할 때 유용합니다. 화면 주변이 어둡게 되면 중심에 있는 물체나 캐릭터가 더 돋보이게 됩니다.

■ Intensity(강도) 조절

Vignette 효과는 강도를 조절할 수 있습니다. 강도를 높이면 어두운 테두리 효과가 강하게 나타납니다. 반대로 강도를 줄이면 효과가 미세하게 표현됩니다.

■ Smoothness(부드러움) 조절

Vignette의 테두리를 부드럽게 또는 날카롭게 조절할 수 있습니다. 높은 부드러움 값은 부드러운 그라데이션 효과를 만들며, 낮은 값은 날카로운 효과를 만듭니다.

■ Roundness(둥근 정도) 설정

Vignette의 테두리 모양을 둥글게 또는 날카롭게 설정할 수 있습니다. 이를 조절하여 효과의 모양을 변경할 수 있습니다.

■ **색상 조절**

Vignette의 어두운 영역의 색상을 조절할 수도 있습니다. 이를 통해 효과를 흑백이나 다른 색조로 표현할 수 있습니다.

4-7 White Balance

화이트 밸런스는 화면의 색온도를 조절하여 이미지의 색상을 보정하는 데 사용됩니다. 이 효과는 주로 이미지나 화면의 색감을 조절하거나 특정 시각적 스타일을 표현하는 데 활용됩니다.

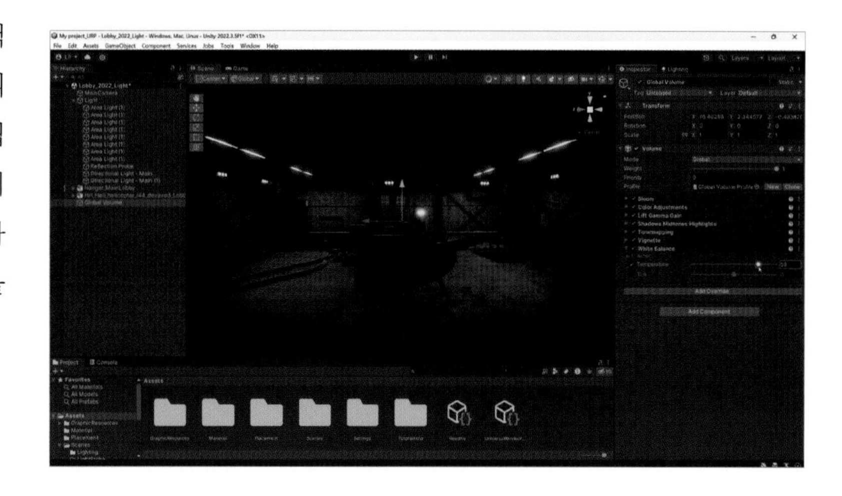

■ **색온도 조절**

White Balance는 이미지의 색온도를 조절합니다. 색온도는 이미지의 색상 온도를 나타내는데, 따뜻한 색상(주로 빨간색과 주황색)과 차가운 색상(주로 파란색과 초록색) 사이의 균형을 조절합니다.

■ **성분 보정**

White Balance를 조절하여 이미지의 각 색상 성분을 보정할 수 있습니다. 이를 통해 불필요한 색상 누출을 줄이고 이미지의 색상을 더 정확하게 표현할 수 있습니다.

■ **사용자 정의**

White Balance 효과를 사용하면 사용자가 색온도를 수동으로 조절할 수 있습니다. 이를 통해 화면의 색감을 직접 커스터마이징할 수 있습니다.

■ **쉐이더 연동**

White Balance는 쉐이더와 연동하여 특정 물체에 대한 색상 보정을 수행할 수 있습니다. 이를 통해 게임 내에서 특정 물체나 환경의 색상을 조정할 수 있습니다.

이외에도 더 많은 포스트 프로세싱 효과들이 있으니 하나씩 적용해보면서 각 효과들이 어떤 결과물을 보여주는지 연습이 필요합니다.

Unity

PART.

10

지형(Terrain)

1. 유니티 Terrain의 특징
2. Terrain 편집 툴
3. 지형(Terrain) 사용시 중요 고려 사항
4. 내장된 Terrain 시스템 외 지형 생성 대체 방법
5. 유니티 내장 Terrain 시스템과 유니티에 가져온 지형 메쉬 간의 주요 차이점

유니티 Terrain의 특징

CHAPTER 01

유니티에서 지형(Terrain)은 주로 게임과 시뮬레이션에서 사용되며 랜드스케이프, 산악지형 및 기타 자연 환경을 나타내는 데 사용되는 GameObject 유형입니다. 지형은 일반적으로 야외 환경을 나타내기 위해 사용되며 여러 가지 이점을 제공합니다

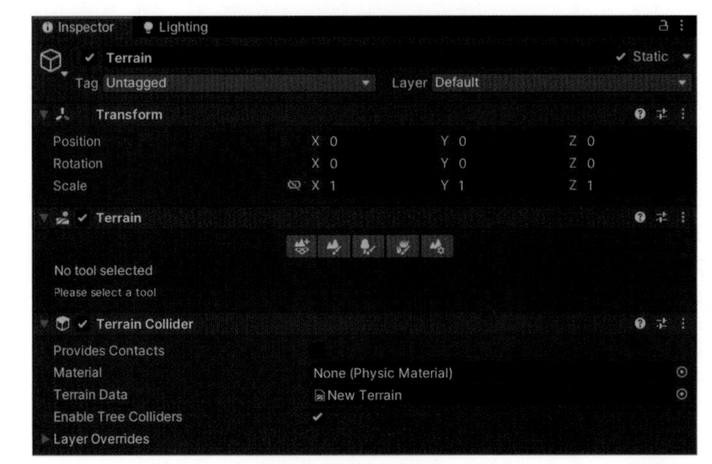

▲ Terrain 인스펙터

- **큰 야외 공간**: 지형을 사용하면 개별 객체나 모델로는 실현하기 어려운 세부 사항을 가진 거대한 야외 환경을 생성할 수 있습니다.
- **하이트 맵 기반**: 유니티의 지형은 일반적으로 하이트 맵(heightmap) 기반입니다. 이는 지형의 모양이 하이트 맵이라고 불리는 회색조 이미지로 정의되는 것을 의미합니다. 하이트 맵의 밝은 부분은 높은 지형을 나타내고 어두운 부분은 낮은 지형을 나타냅니다.
- **텍스처 페인팅**: 지형에 다양한 표면(잔디, 바위, 모래 등)의 모양을 부여하기 위해 텍스처를 적용할 수 있습니다. 유니티는 이러한 텍스처를 지형에 그리는 데 사용할 수 있는 도구를 제공합니다.
- **세부 및 스플랫 맵**: 세부 맵과 스플랫 맵을 사용하여 지형에 세부 사항을 추가하고 텍스처를 혼합하는 방법을 제어할 수 있습니다.
- **식물**: 유니티의 지형 시스템은 나무, 덤불, 풀 등과 같은 식물을 추가하고 관리하는 도구를 제공하여 더 현실적인 야외 환경을 만들 수 있습니다.

- **조명 통합**: 유니티의 지형 시스템은 조명 시스템과 통합되어 지형이 그림자를 받고 투영하는 것을 가능하게 하므로 전체적인 현실감을 향상시킵니다.
- **콜라이더**: 지형에는 다른 객체와의 충돌 감지를 위한 콜라이더를 추가할 수 있으며, 이는 플레이어 이동 및 물리 상호작용에 유용합니다.
- **스트리밍 및 LOD**: 유니티는 지형 스트리밍 및 LOD(레벨 오브 디테일) 관리 기능을 제공하여 대형 오픈 월드 환경에서 성능을 최적화하는 데 도움이 됩니다.
- **현실적인 물**: 유니티의 지형 시스템은 물 시뮬레이션 도구와 결합하여 호수 및 강과 같은 현실적인 물을 만들 수 있습니다.

Terrain 편집 툴

CHAPTER 02

2-1 이웃 지형 만들기(Create Neighbor Terrains) 툴

■ Create Neighbor Terrains 툴을 사용하면 자동으로 연결되는 인접하는 지형 타일을 빠르게 만들 수 있습니다. Terrain Inspector에서 Create Neighbor Terrains 아이콘을 클릭합니다.

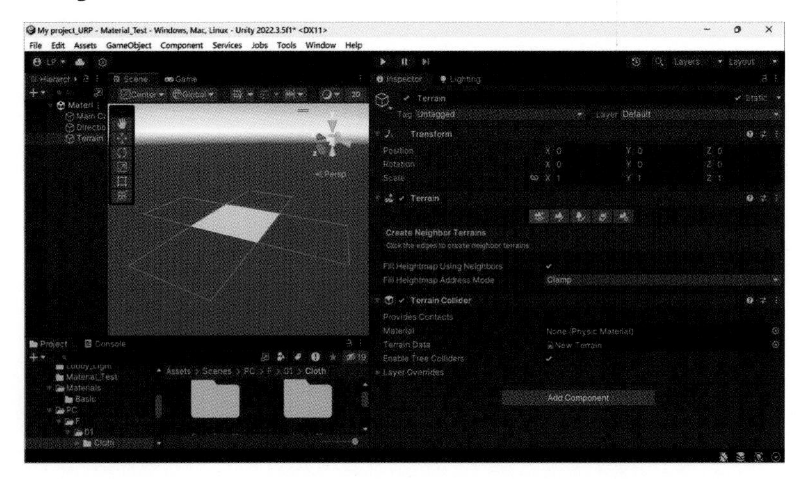

■ 이 툴을 선택하면 유니티는 선택된 지형 타일 주위 영역을 강조 표시하여, 새로 연결할 타일을 배치할 수 있는 공간을 보여줍니다. 인접한 공간을 클릭하여 새 지형 타일을 추가할 수도 있습니다.

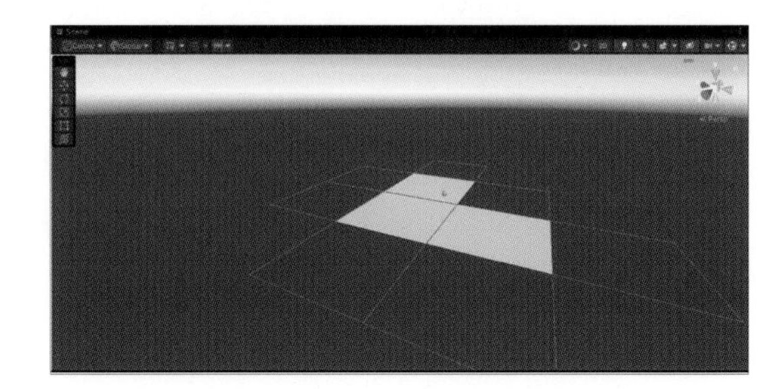

2-2 이웃 지형 만들기 툴 프라퍼티

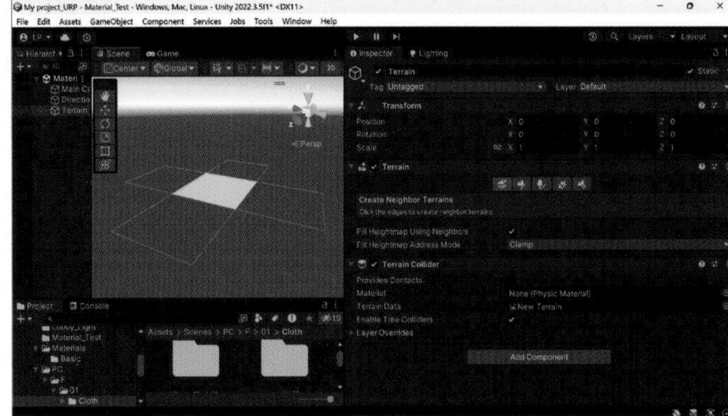

- **Fill Heightmap Using Neighbors**: 체크박스를 활성화하면 새 지형 타일의 하이트 맵을 인접하는 지형 타일의 하이트 맵을 크로스 블렌딩하여 채울 수 있습니다. 이렇게 하면 새 타일의 모서리 높이를 인접 타일과 일치시킬 수 있습니다.
- **Fill Heightmap Address Mode**: 드롭다운 메뉴에서 프라퍼티를 선택하여 인접하는 타일의 하이트 맵을 크로스 블렌딩하는 방법을 결정합니다.
    - **Clamp**: 새 타일과 같은 경계를 공유하는 인접 지형 타일의 모서리에 있는 높이들 간에 크로스 블렌딩을 수행합니다.
    - **Mirror**: 인접 지형 타일을 각각 미러링한 후 해당 하이트 맵을 크로스 블렌딩하여 새 타일에 대한 하이트 맵을 생성합니다.

2-3 지형 툴(Terrain Tool)

Paint Terrain(페인트브러시) 아이콘을 클릭하면 지형 툴 리스트가 나타납니다.

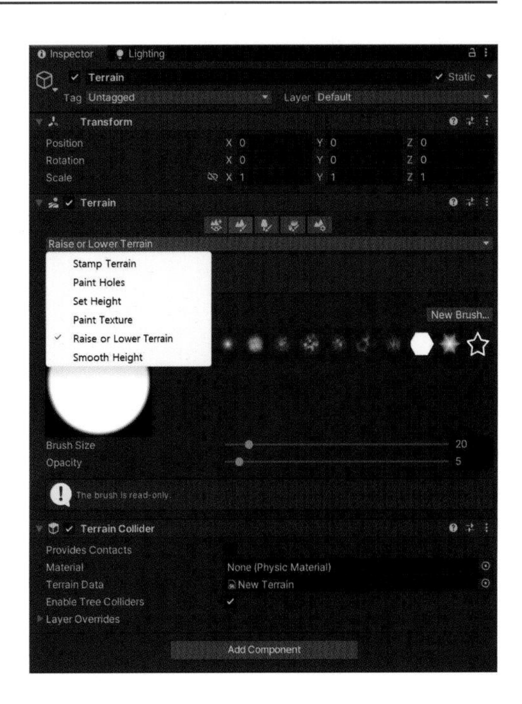

■ 지형 툴 컴포넌트

- **Raise or Lower Terrain**: 페인트브러시 툴로 하이트 맵을 페인팅합니다.
- **Set Height**: 하이트 맵을 특정 높이 값으로 설정합니다.
- **Paint Holes**: 지형의 일부에 구멍을 팝니다.
- **Stamp Terrain**: 현재 하이트 맵 위에 브러시 모양을 스탬핑합니다.
- **Smooth Height**: 하이트 맵을 매끄럽게 만들어 지형을 부드럽게 합니다.
- **Paint Texture**: 표면 텍스처를 적용합니다.

2-4 Raise or Lower Terrain 툴 사용법

Raise or Lower Terrain 툴을 사용하여 지형의 높낮이를 변경할 수 있습니다.

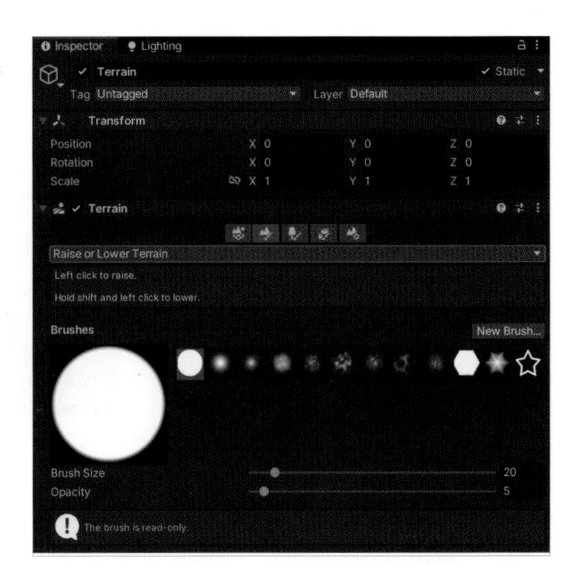

Paint Terrain 아이콘을 클릭하고 드롭다운 메뉴에서 Raise or Lower Terrain을 선택한 후 팔레트에서 브러시를 선택하고 커서를 클릭한 후 지형 메쉬 위를 페인팅 하여서 지형 높이를 조정합니다.

- **Brush Size**: 슬라이더를 사용하여 붓의 크기를 조정합니다.
- **Opacity**: 지형에 적용하는 브러시의 강도를 결정합니다.

그냥 페인팅 하면 높이가 올라가고 Shift 키를 누른 상태로 페인팅 하면 지형 높이가 낮아집니다.

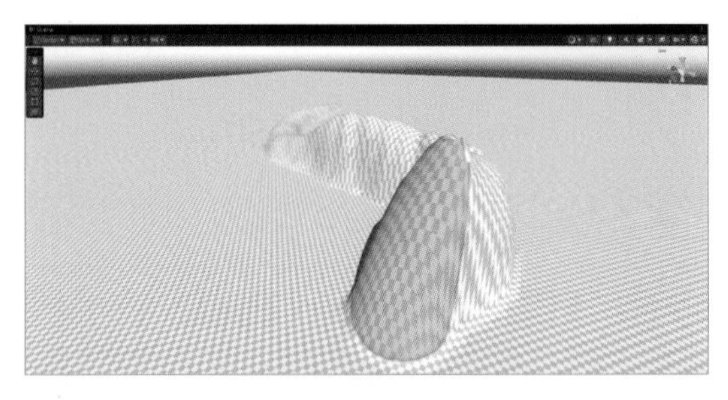

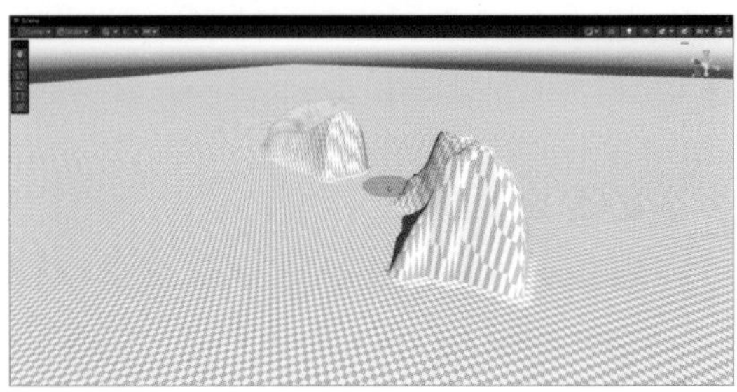

2-5 Set Height 툴 사용법

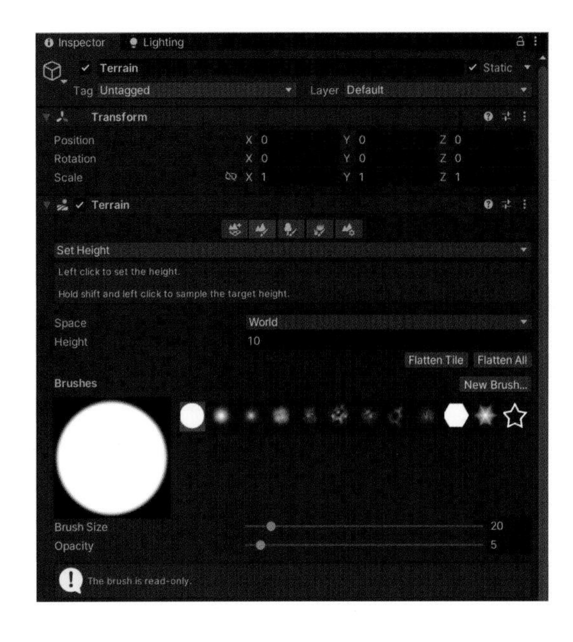

Set Height 툴을 사용하여 지형의 영역 높이를 특정 값으로 조정할 수 있습니다.

Set Height 툴로 페인팅하면 현재 타겟 높이보다 높은 지형의 영역을 낮추고 타겟 높이보다 낮은 지형의 영역은 높입니다. Set Height는 평평한 고원, 도로, 플랫폼 등과 같은 평평한 영역을 만들 때 유용합니다.

- **Space**: 드롭다운 메뉴에서 프라퍼티를 선택하여 높이 오프셋을 Local 또는 World 공간을 기준으로 할지 지정할 수 있습니다.
- **Height**: 숫자 값을 입력하거나 Height 프라퍼티 슬라이더를 사용하여 높이를 수동으로 설정할 수 있습니다. 또는 Shift 키를 누른 채 특정 지형을 클릭하면 현재 커서의 높이를 샘플링합니다.
  - **Flatten Tile**: 전체 지형 타일의 높이를 지정된 높이로 평탄화합니다.
  - **Flatten All**: 씬의 모든 지형 타일을 평탄화합니다.

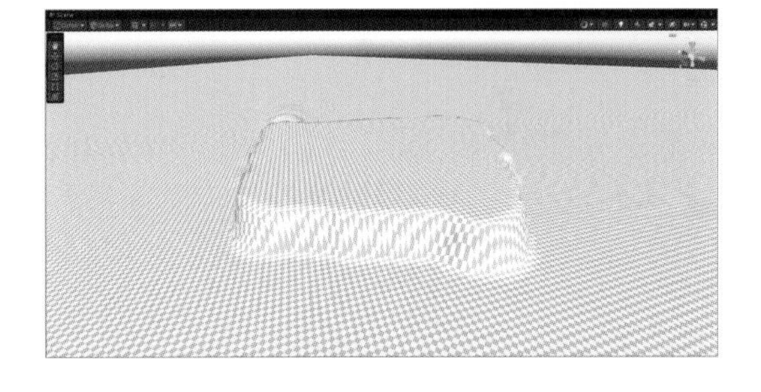

Brush Size 값은 사용할 브러시의 크기를 결정하는 것으로 다른 툴과 동일한데, 여기서 Opacity 값은 페인팅하는 영역이 설정된 타겟 높이에 도달하는 속도를 결정합니다.

2-6 Paint Holes 툴 사용법

Paint Holes 툴을 사용하여 지형의 일부에 구멍을 뚫어 숨길 수 있습니다. 동굴, 절벽 등과 같은 지형을 만들기 위해 지형에 구멍을 페인팅할 수 있습니다

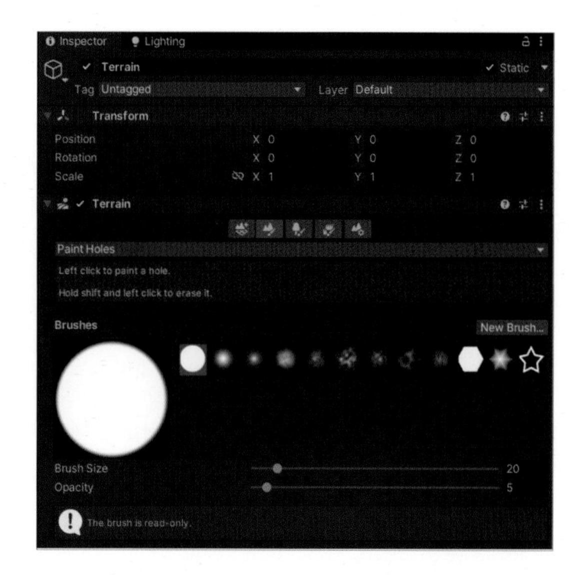

구멍을 페인팅하려면 지형 위 원하는 위치에 페인팅하면 됩니다.

구멍을 삭제하려면 Shift 키를 누른 상태로 페인팅 하면 됩니다.

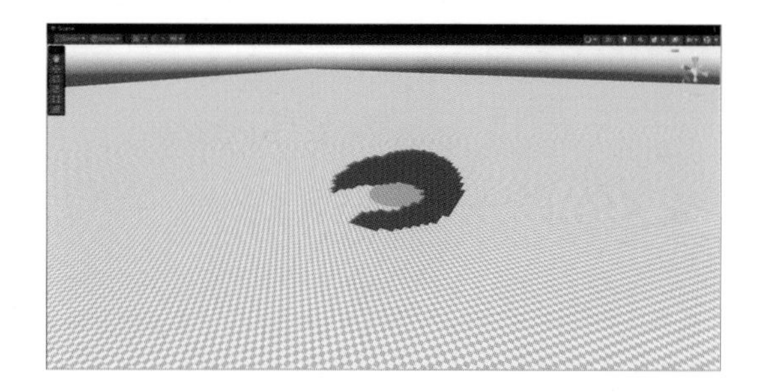

2-7 Stamp Terrain 툴 사용법

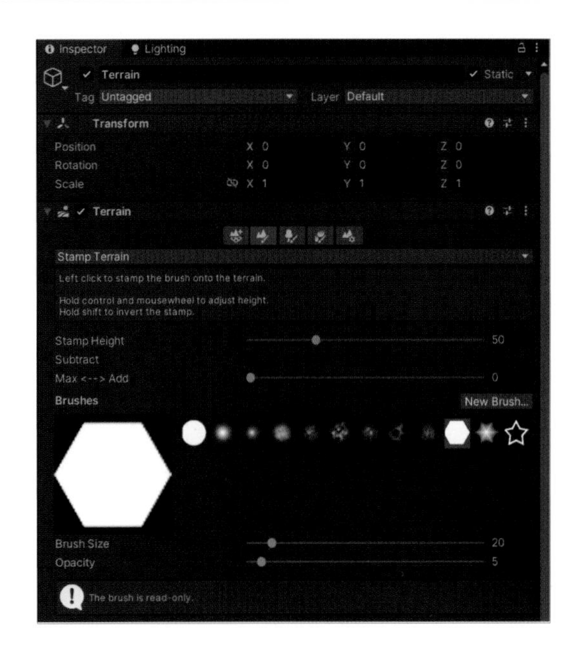

Stamp Terrain 툴을 사용하면 현재 하이트 맵 위에 브러시 모양을 스탬핑할 수 있습니다.

Stamp Terrain은 특정 지형이 포함된 하이트 맵을 나타내는 텍스처를 사용하여 커스텀 브러시를 만들 때 유용합니다. 지브러쉬의 알파맵과 유사합니다.

원하는 지형 위를 클릭할 때마다 선택된 브러시의 모양으로 지형을 설정된 Stamp Height까지 높입니다.

- **Max <-> Add**: 슬라이더를 이용하면 최대 높이를 선택할지 여부를 선택하거나, 스탬프의 높이를 지형의 현재 높이에 더할 수 있습니다.
    - 0으로 설정하면 스탬프의 높이와 스탬핑한 영역의 현재 높이를 비교하여 최종 높이를 더 높은 값으로 설정합니다.
    - 1로 설정하면 스탬프의 높이를 스탬핑한 영역의 현재 높이에 추가합니다.

- **Subtract**: 활성화하면 스탬핑된 영역의 기존 높이에서 지형에 적용하는 스탬프의 높이를 뺍니다.

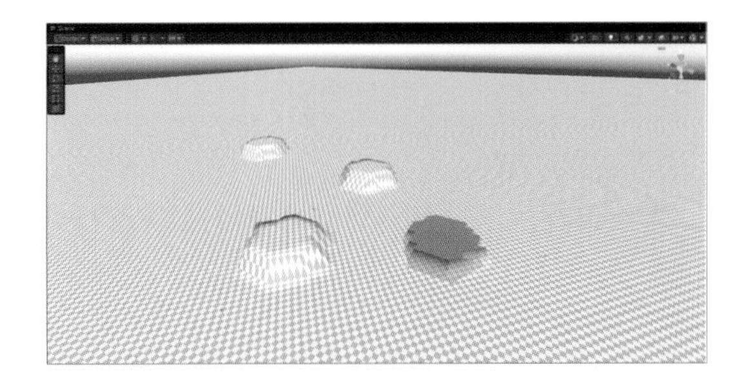

2-8 Smooth Height 툴 사용법

Smooth Height 툴은 하이트 맵을 매끄럽게 만들고 지형을 부드럽게 만듭니다.

Smooth Height 툴은 거친 면을 부드럽게 하거나 너무 급격한 높낮이 차로 인해 스트레칭이 생긴 지형의 스트레칭을 완화시키고, 급격한 변화가 덜 나타나게 해줍니다.

- **Blur Direction**: -1로 설정하면 툴은 지형의 외부(볼록한) 모서리를 부드럽게 만들고 1로 설정하면 툴은 지형의 내부(오목한) 모서리를 부드럽게 만듭니다. 기본값 0으로 설정하면 모든 부분을 평평하게 만듭니다.

Brush Size 값은 사용할 브러시의 크기를 결정하고, Opacity 값은 툴이 페인팅하는 영역을 부드럽게 만드는 속도를 결정합니다.

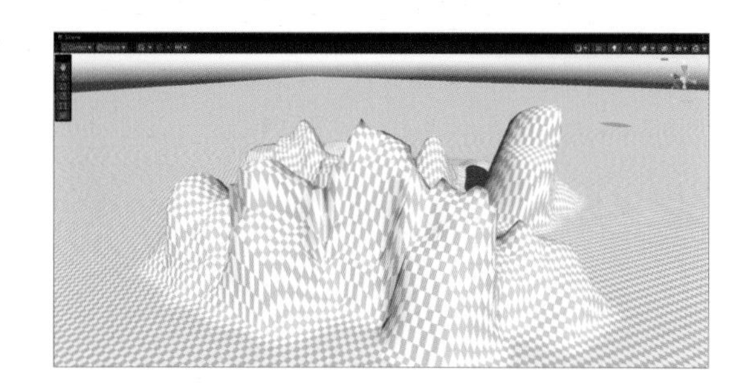

위 이미지처럼 거친 지형면을 부드럽게 다듬어 줍니다.

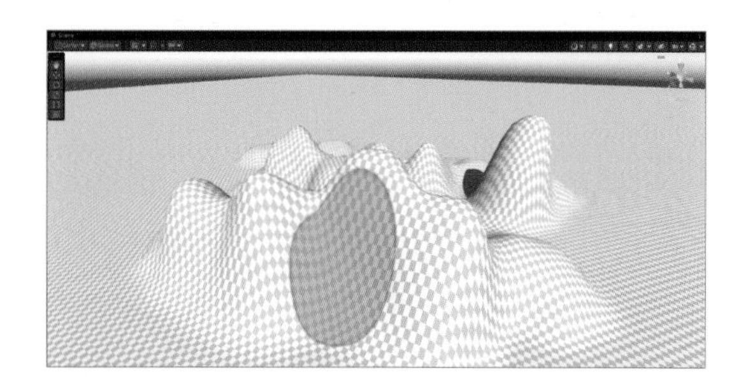

2-9 Paint Texture 툴 사용법

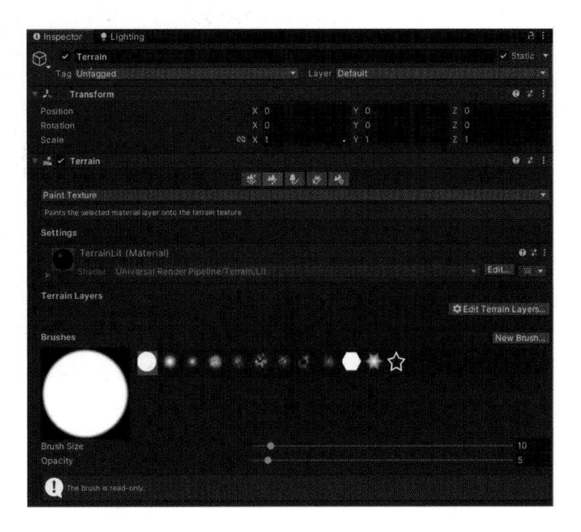

Paint Texture 툴을 사용하면 풀, 눈, 모래 등의 텍스처를 지형에 추가할 수 있습니다. 또한 타일링된 텍스처를 지형에 직접 그릴 수도 있습니다.

이 툴을 설정하려면 Edit Terrain Layers 버튼을 클릭하여 지형 레이어를 추가해야 합니다. 추가되는 첫 번째 지형 레이어는 설정된 텍스처로 모든 지형을 가득 채웁니다. 보통 기본 바닥 텍스처를 우선 채우는 것을 권장합니다. 그리고 여러 개의 지형 레이어를 추가하는 것이 가능한데 각 레이어마다 원하는 텍스처를 적용해서 사용하면 됩니다.

예를 들면 첫 번째 레이어에는 잔디 텍스처를 적용하고 두 번째에는 흙바닥 텍스처를 적용해서 페인팅으로 잔디밭 군데군데 패어서 흙이 드러나 있는 지형을 만들 수 있습니다.

하지만 각 타일이 지원하는 지형 레이어의 수는 특정 렌더 파이프라인에 따라 다르므로 이를 잘 고려해서 적용해야 합니다.

01 첫 번째 레이어를 추가해서 잔디밭 텍스처를 선택하면 전체 지형에 기본 잔디 텍스처가 적용됨을 볼 수 있습니다.

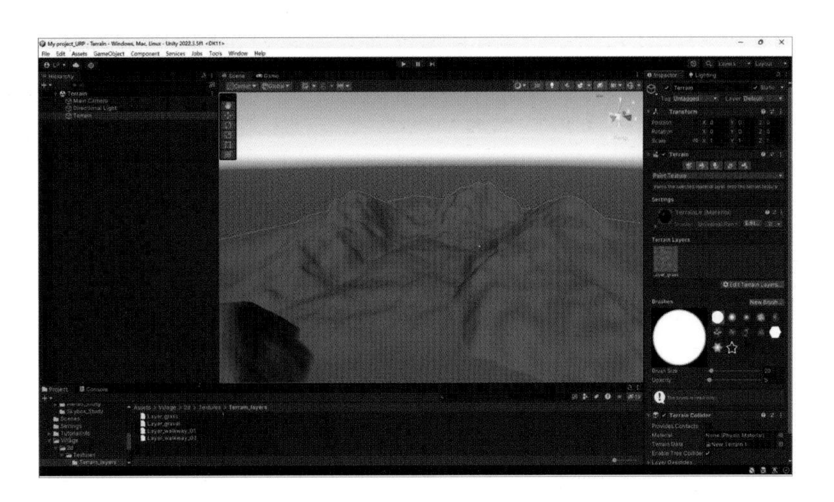

02 다른 텍스처를 적용시킨 레이어를 더 추가하면 됩니다. 여기서는 흙바닥 텍스처를 추가하고 지형에 페인팅을 해줬습니다.

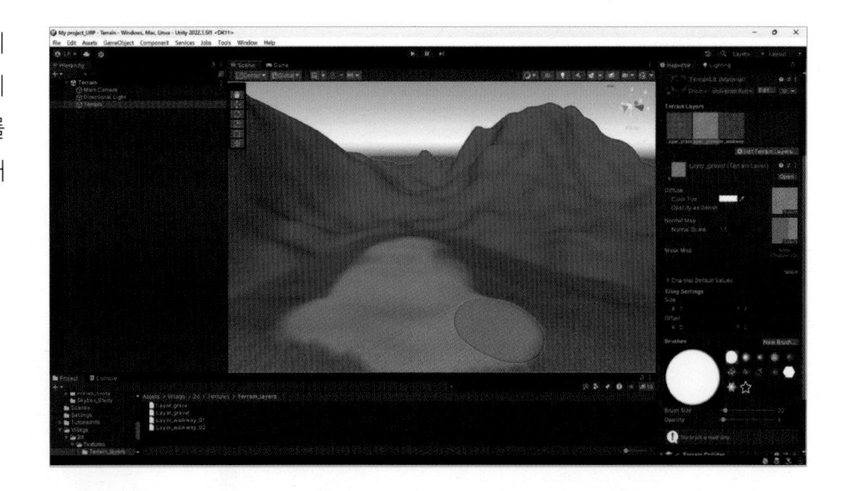

03 세번째 레이어에 돌길 텍스처를 적용하고 페인팅했습니다.

이때 사용하는 브러쉬가 하드 엣지이면 각 레이어 텍스처 사이 경계가 날카롭게 되고 부드러운 엣지의 브러쉬이면 텍스처 사이 경계가 자연스럽게 브렌딩 될 수 있습니다.

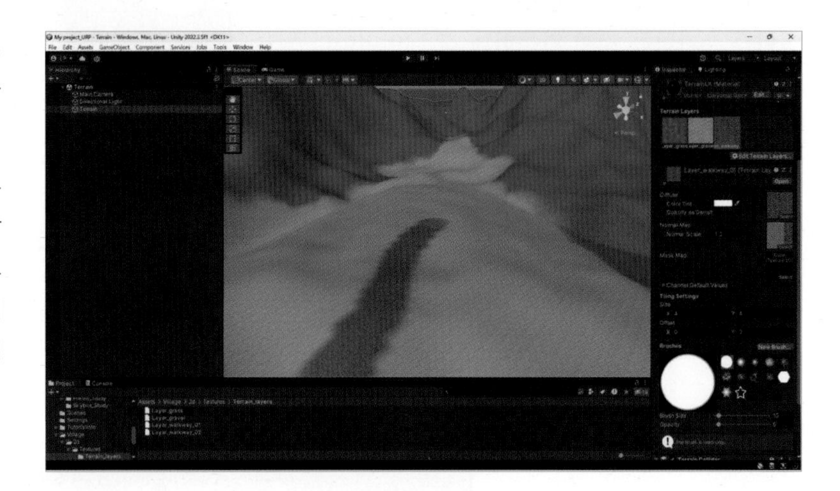

2-10 Terrain Layer 생성

지형 인스펙터 창에서 직접 지형 레이어를 만들려면 드롭다운 메뉴에서 Paint Texture를 선택하고 Terrain Layers 섹션의 하단에서 Edit Terrain Layers 버튼을 클릭한 후 Create Layer를 선택합니다.

지형 생성 작업 중 이 레이어 기능을 이용하면 정말 편리하게 다양한 텍스처를 혼합한 지형 텍스처를 그릴 수가 있어서 유용하게 사용하는 기능입니다.

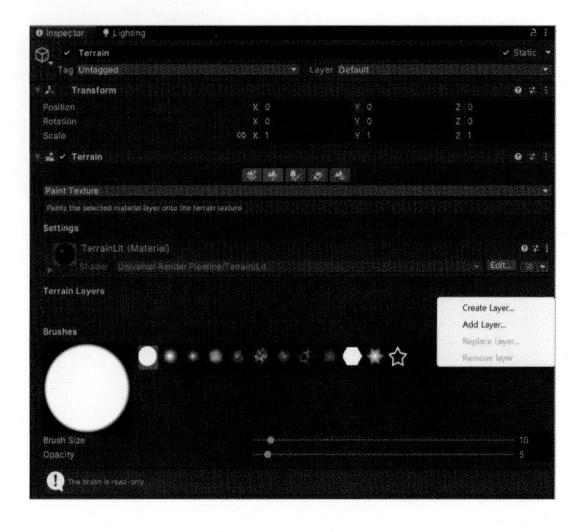

■ **지형 레이어 추가**

처음에는 지형에 아무 지형 레이어도 할당되어 있지 않고 기본값으로 지형 레이어를 추가하기 전까지 체커보드 텍스처를 사용합니다.

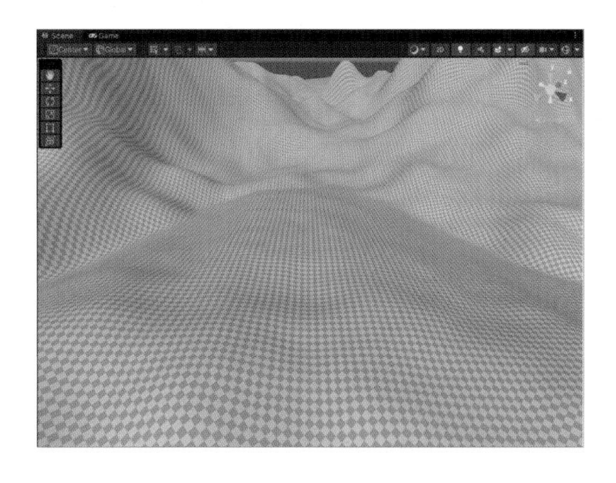

2-11 Terrain Layer 프라퍼티

간단하게 머티리얼 만드는 과정과 동일합니다. 디퓨즈, 노멀, 마스크 맵 등을 적용하여 각 레이어에 텍스처 속성을 지정하면 됩니다.

페인팅하고자 하는 레이어를 선택하고 지형 위에 적당한 모양과 사이즈의 브러쉬를 선택하고 페인팅하면 유니티가 자동으로 각 레이어 별로 페인팅 정보를 저장합니다.

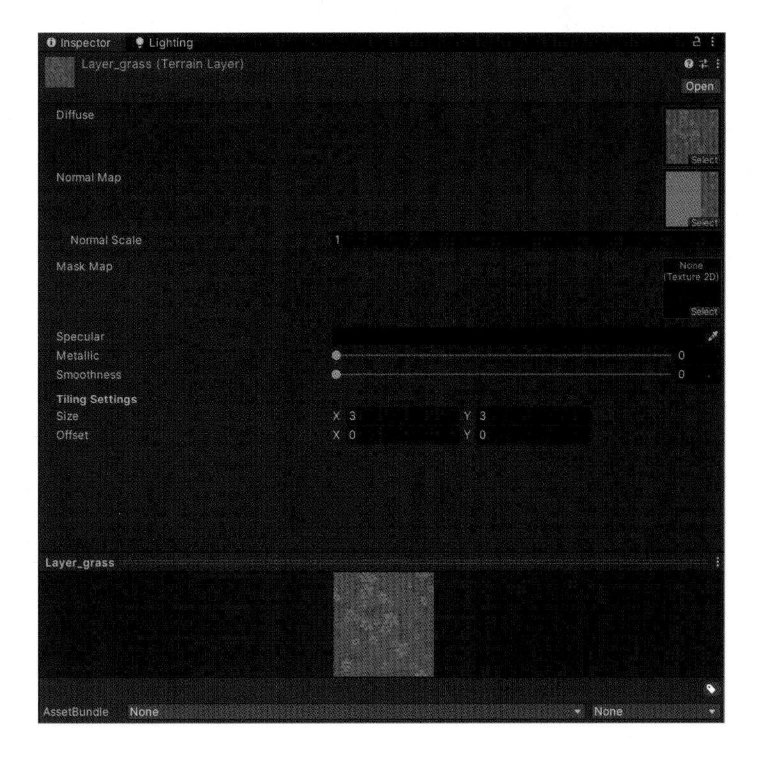

2-12 Tree 툴 사용법

텍스처를 페인팅하는 것과 유사한 방식으로 3D나무를 지형에 페인팅으로 심을 수 있습니다.

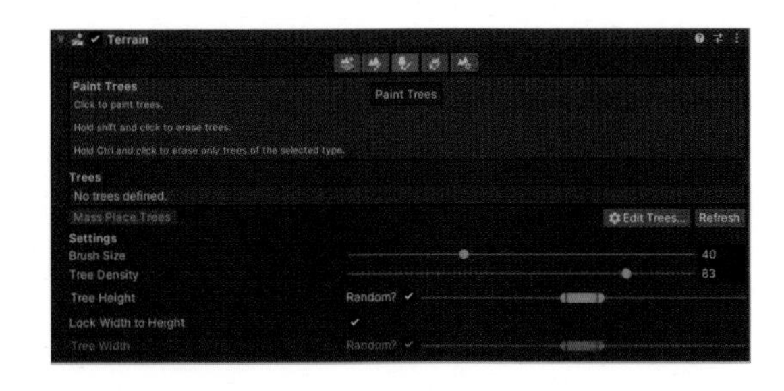

다만 지형에 나무를 페인팅하려면 3D나무 오브젝트를 추가해서 나무 프리팹을 생성해야 합니다.

Edit Trees 버튼을 클릭한 후 Add Tree를 선택하면 됩니다.

01 하이트 맵과 텍스처를 페인팅하는 것과 유사한 방식으로 나무를 터레인에 페인팅할 수 있습니다.

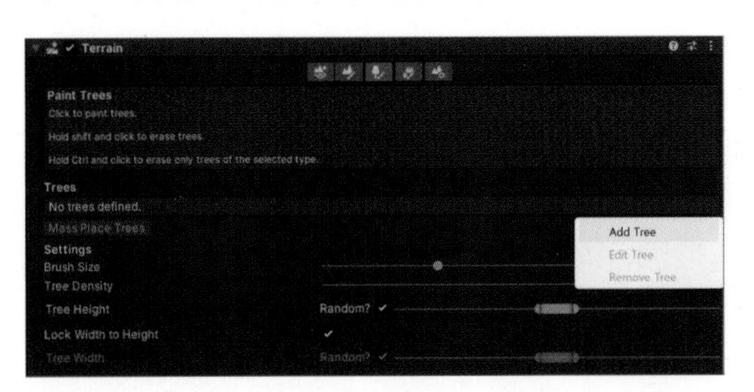

02 미리 준비한 트리 프리팹을 드래그 앤 드롭 방식이나 박스를 클릭하여 리스트에서 선택할 수 있습니다.

2-13 Tree 프라퍼티 설정

이렇게 나무들을 추가했고 배치할 나무를 선택한 후 커스터마이즈할 수 있습니다.

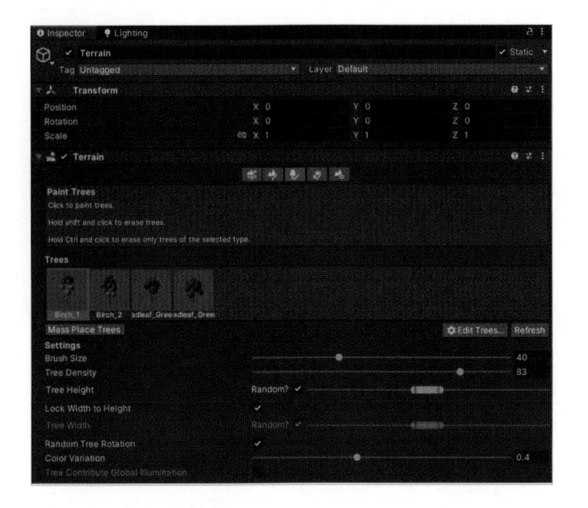

- **Mass Place Trees**: 페인팅하지 않고 전체 랜드스케이프를 나무로 덮을 수 있습니다. 배치 후에도 페인팅 툴로 추가하거나 제거할 수 있습니다.
- **Brush Size**: 나무를 추가할 수 있는 영역의 크기를 결정합니다.
- **Tree Density**: 페인팅할 평균 나무 수를 결정합니다.
- **Tree Height**: 슬라이더를 사용하여 나무의 최소 높이와 최대 높이를 결정합니다.

- **Lock Width to Height**: 활성화하면 나무의 너비가 항상 일정한 비율로 높이에 고정됩니다.
- **Tree Width**: Lock Width to Height가 비활성인 경우 슬라이더를 사용하여 나무의 최소 너비와 최대 너비를 제어할 수 있습니다.
- **Random Tree Rotation**: 활성화하면 무작위적이고 자연스러운 숲의 느낌을 쉽게 구현할 수 있습니다.
- **Color Variation**: 나무에 적용되는 무작위 쉐이딩 양입니다.
- **Tree Contribute Global Illumination**: 이 체크박스를 선택하면 나무가 전역 조명 계산에 영향을 미칩니다.

2-14 나무 에셋에 콜라이더 적용하기

캐릭터가 숲 속을 이동할 때 나무에 콜라이더가 없으면 숲을 그냥 뚫고 다니게 될 것입니다. 따라서 이를 막기 위해서 프리팹으로 설정된 나무 에셋을 선택하고 캡슐 콜라이더를 추가할 수 있습니다.

01 프리팹을 연 후 Add Component > Physics > Capsule Collider를 선택하여 콜라이더를 추가합니다.

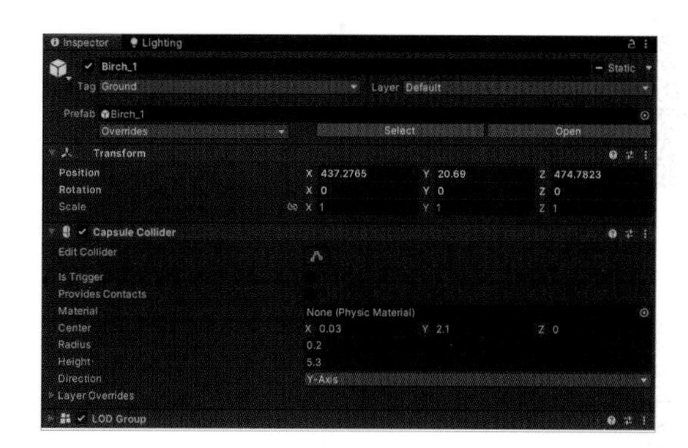

02 그리고 Terrain Collider 컴포넌트의 Enable Tree Colliders도 활성화시켜줘야 합니다.

2-15 Paint Details 툴 사용법

지형의 표면에는 덤불, 돌 같은 작은 오브젝트들이 존재할 수 있고 이런 디테일들이 전체 완성도를 현저하게 올려줄 수 있습니다. 이 때 유용한 툴이 Paint Details 툴입니다.

이 툴의 사용법은 나무 툴과 거의 동일합니다.

디테일 페인팅을 활성화하려면 먼저 Add Detail Mesh를 이용해서 풀이나 기타 디테일들의 3D 오브젝트를 추가해주면 됩니다.

- **Detail Prefab**: 디테일 오브젝트로 사용할 프리팹을 선택합니다.
- **Min Width, Max Width, Min Height, Max Height**: 메쉬가 랜덤으로 생성되는 X축이나 Y축을 따라 위아래 스케일링을 지정합니다.

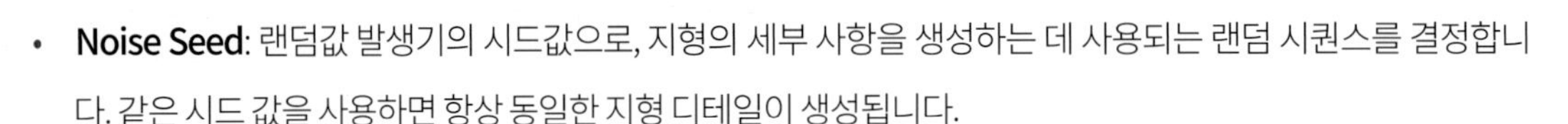

- **Noise Seed**: 랜덤값 발생기의 시드값으로, 지형의 세부 사항을 생성하는 데 사용되는 랜덤 시퀀스를 결정합니다. 같은 시드 값을 사용하면 항상 동일한 지형 디테일이 생성됩니다.
- **Noise Spread**: 높은 값은 지형 디테일이 더 넓게 퍼지게 만들고, 낮은 값은 더 집중되게 만듭니다. 이는 지형의 불규칙한 모양을 조절하고, 세부 사항을 더 랜덤하게 나타나게 하는 데 도움이 됩니다.
- **Hole Edge Padding(%)**: 디테일 오브젝트가 구멍 영역 가장자리에서 얼마나 떨어져 있는지를 제어합니다.
- **Render Mode**
  - **Vertex Lit**: 씬에서 바람에 움직이지 않는 버텍스 릿 게임 오브젝트로 렌더링합니다.
  - **Grass**: 바람에 움직이고 Grass Textures와 유사한 단순화된 조명으로 렌더링합니다.

- **GPU 인스턴싱 사용**: GPU 인스턴싱을 사용하여 렌더링할지 여부를 지정합니다.

2-16 Terrain Settings

지형을 생성하고 수정하는 데 사용되는 다음과 같은 중요한 옵션과 설정을 제공합니다.

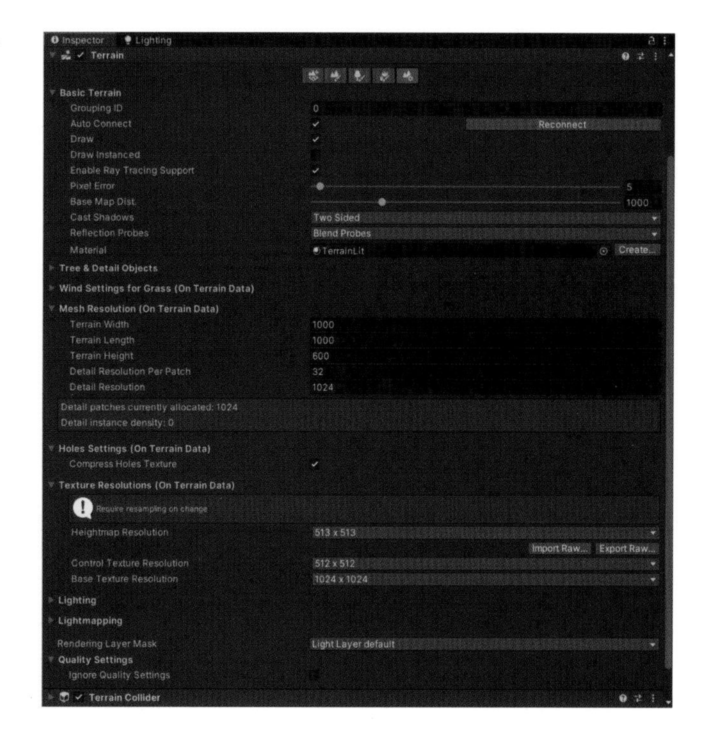

- **기본 터레인**
- **트리 및 디테일 오브젝트**
- **풀에 대한 바람 설정**
- **메시 해상도**
- **구멍 설정**
- **텍스처 해상도**
- **하이트 맵 임포트/익스포트 버튼**
- **Import Raw 및 Export Raw 버튼**: 지형의 하이트 맵을 RAW 그레이스케일 포맷의 이미지 파일로 설정 또는 저장할 수 있습니다.
- **조명 및 라이트매핑**
- **터레인 콜라이더**

지형(Terrain) 사용시 중요 고려 사항

지형(Terrain)을 사용할 때 고려해야 할 중요한 사항이 있습니다. 지형이 의도한 대로 작동하고 프로젝트에 최적화되도록 하기 위해 다음과 같은 주요 사항을 주의 깊게 고려해야 합니다.

- **지형 크기와 해상도**: 지형의 크기와 해상도를 프로젝트 요구 사항에 맞게 조정하세요. 큰 크기와 높은 해상도의 지형은 성능에 상당한 영향을 미칠 수 있습니다.
- **하이트(Height) 맵 품질**: 하이트 맵(지형 모양을 정의하는 회색조 이미지)의 품질은 지형의 모양에 영향을 미칩니다. 디테일한 지형에는 고품질 하이트 맵을 사용합니다.
- **텍스처와 소재**: 지형에 사용할 텍스처와 소재를 신중하게 선택하고 적용하세요. 텍스처가 서로 어떻게 혼합되는지 주의하고 더 많은 현실감을 위해 세부 맵을 활용합니다.
- **성능 최적화**: 대형 지형의 경우 LOD(레벨 오브 디테일) 및 지형 스트리밍과 같은 성능 최적화 기술을 구현하여 원활한 프레임 속도를 유지해야 합니다.
- **조명과 그림자**: 지형이 조명과 올바르게 상호 작용하도록 확인하세요. 방향성 라이트를 설정하고 그림자 투사 및 수신 속성에 주의해야 합니다.
- **식물과 나무**: 식물과 나무를 추가할 때 밀도와 배치를 고려하세요. 너무 많은 나무와 식물은 성능에 영향을 줄 수 있습니다.
- **충돌 및 네비게이션**: 지형이 캐릭터나 객체와 상호 작용해야 하는 경우 충돌 감지를 위한 적절한 콜라이더를 설정하세요. 네비게이션에는 경로 찾기를 위해 NavMesh를 사용하는 것을 고려해야 합니다.
- **지형 레이어**: 지형 레이어를 활용하여 지형 위의 텍스처 및 세부 정보의 분포를 제어하세요. 레이어를 사용하여 특정 지역에 특정 텍스처를 그릴 수 있습니다.

내장된 Terrain 시스템 외 지형 생성 대체 방법

유니티에서는 내장된 지형(Terrain) 시스템 외에도 지형을 생성하기 위한 여러 가지 방법과 도구가 있습니다. 다음은 내장된 Terrain 시스템 이외의 지형을 만드는 대체 방법 몇 가지입니다:

- **하이트 맵 가져오기**: 외부 하이트 맵 이미지를 가져와서 지형을 생성할 수 있습니다. 하이트 맵은 흑백 이미지로, 흰색은 가장 높은 지점을 나타내고 검은색은 가장 낮은 지점을 나타냅니다. 유니티에서는 이러한 하이트 맵을 가져와 지형을 생성하고 적용할 수 있습니다.
- **절차적(Procedural) 생성**: 지형을 생성하기 위해 절차적 생성 기술을 사용할 수 있습니다. 유니티는 다양한 스크립팅 도구와 라이브러리를 제공하여 알고리즘과 수학 함수를 기반으로 지형 메시를 생성할 수 있게 합니다. 이 방법은 실제 풍경이나 사용자 정의 지형을 만드는 데 자주 사용됩니다.
- **서드파티 지형 도구**: 유니티의 에셋 스토어에는 서드파티 지형 생성 도구와 에셋이 있습니다. 이러한 에셋은 유니티의 지형 기능을 확장하거나 지형을 만들기 위한 대체 방법을 제공할 수 있습니다. 이러한 도구 중 일부는 지형 디자인 및 사용자 정의에 대한 고급 기능을 제공합니다.
- **메시 생성**: 유니티의 Terrain 시스템 대신에, GameObjects 및 Mesh 구성 요소를 사용하여 수동으로 지형과 유사한 메시를 만들 수 있습니다. 이 방법은 독특한 지형을 디자인하는 데 더 많은 유연성을 제공하지만 더 많은 수동 작업이 필요합니다.
- **외부 소프트웨어에서의 지형 편집기**: 일부 아티스트와 개발자는 블렌더(Blender)나 월드 머신(World Machine)과 같은 외부 3D 모델링 또는 지형 편집 소프트웨어를 사용하여 지형을 생성하는 것을 선호합니다. 그런 다음 이러한 생성된 지형 메시를 유니티로 가져올 수 있습니다.
- **지형 에셋**: 유니티의 에셋 스토어에는 다른 개발자가 만든 지형 에셋이 있습니다. 이러한 에셋을 사용하여 준비된 지형을 프로젝트에 가져와 지형 생성을 위한 시간을 절약할 수 있습니다.
- **복셀 지형**: 일부 프로젝트는 Minecraft와 유사한 복셀 기반 지형 시스템을 사용합니다. 유니티의 에셋 스토어나 직접 복셀 지형 시스템을 만들 수 있는 라이브러리가 있습니다.

지형 생성 방법의 선택은 프로젝트 요구 사항, 도구에 대한 익숙함, 지형에 대한 제어와 사용자 정의 수준에 따라 다릅니다. 유니티의 Terrain 시스템은 강력하고 흔히 사용되는 도구입니다만, 이러한 대안은 지형 생성과 사용에 대한 다양한 옵션을 제공합니다.

4-1 Terrain Toolbox 사용하기

유니티에 내장된 Terrain 시스템을 살펴보았는데 Terrain Toolbox라는 플러그인을 사용하여 더욱 편리하게 지형 작업을 할 수 있습니다. 간단하게 Terrain Toolbox에 대해서 알아보겠습니다.

01 우선 Window > Package Manager에서 Terrain Toolbox를 찾아 인스톨합니다.

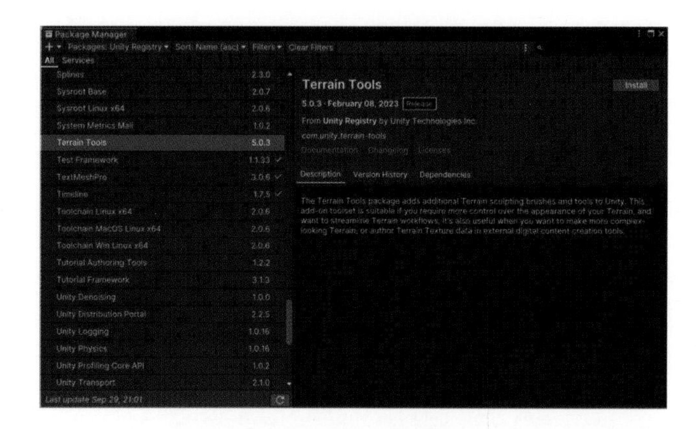

02 인스톨 후 관련 지형 샘플 씬을 다운로드해서 연습해 보는 것을 추천합니다.

03 인스톨 된 툴박스는 Window > Terrain > Terrain Toolbox메뉴로 찾아가서 사용할 수 있습니다. 실행하면 아래 이미지와 같은 실행 창을 열 수 있습니다.

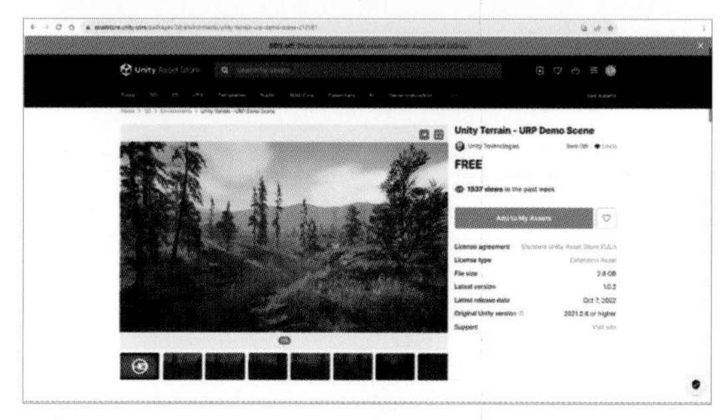

▲ https://assetstore.unity.com/packages/3d/environments/unity-terrain-urp-demo-scene-213197]

04 내장된 유니티 지형 툴의 프라퍼티를 더 상세하게 조정하고 편리하게 사용할 수 있게 해주는 유용한 툴입니다.

4-2 하이트 맵을 사용하여 지형을 만드는 방법

그러면 Terrain Toolbox를 이용하여 하이트 맵으로 지형을 만드는 방법을 알아보겠습니다.

■ 하이트 맵 준비

먼저 흑백 하이트 맵 이미지가 필요합니다. 하이트 맵에서는 흰색이 가장 높은 지점을 나타내고, 검은색이 가장 낮은 지점을 나타내며 회색조가 그 사이의 고도를 나타냅니다.

다음과 같은 사이트에서 다운로드 받을 수도 있으며 원하는 지역을 하이트 맵 포맷으로 변환해 주는 지도 정보 제공 사이트를 이용할 수도 있습니다.

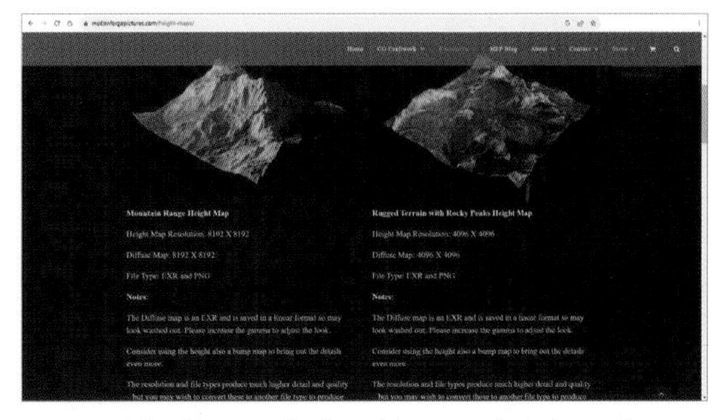

▲ https://www.motionforgepictures.com/height-maps/]

다음 이미지 같은 하이트 맵을 사용할 것입니다. 프로젝트 창에서 지형 에셋을 저장할 폴더를 하나 만들고 거기에 하이트 맵 이미지를 드래그 앤 드롭해서 가져옵니다. 참고로 이러한 하이트 맵을 브러쉬의 알파맵으로 이용하여 사실적인 지형 모양으로 페인팅하는데 사용할 수 있습니다.

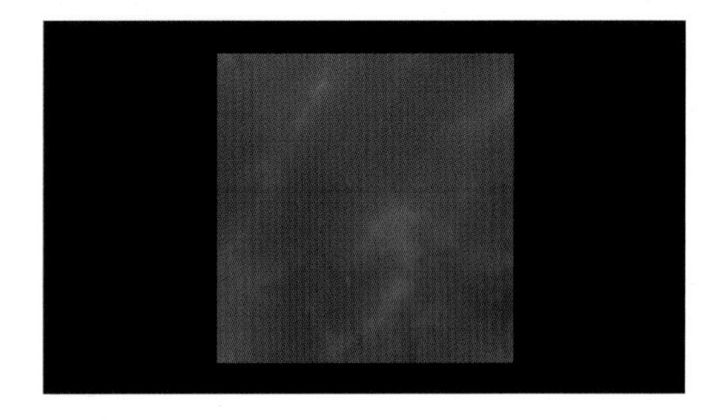

■ Terrain Toolbox 열기

툴박스를 열고 Import Heightmap 옵션을 클릭해서 활성화하고 Select Texture 프라퍼티에 하이트 맵을 끌어다 놓습니다. Total Terrain Width, Length, Terrain Height는 맵 크기에 따라 적절한 해상도 값을 설정해주면 되는데 여기서는 2049 × 2049로 설정하고 높이는 1500미터로 설정했습니다.

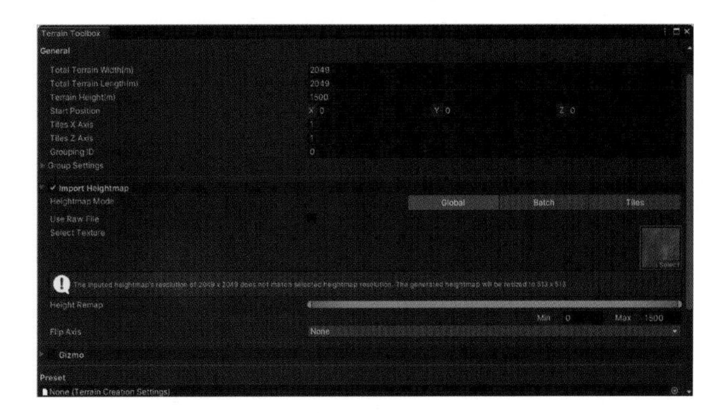

■ 지형 생성

툴박스 하단의 Create버튼을 누르면 간단하게 세팅에 맞는 사실적인 지형을 생성할 수 있습니다.

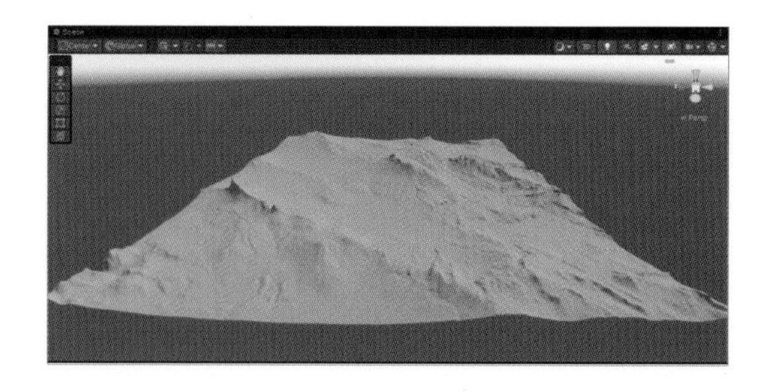

■ 지형 설정 조정

이렇게 생성한 지형의 경우 한 조각이 2km가 넘는 큰 사이즈이므로 최적의 퍼포먼스를 위해서라도 적당한 사이즈의 타일로 나눠줄 필요가 있습니다. Terrain Toolbox의 Terrain Utilities에서 지형을 Split Tiles하여 여러 조각으로 나눠줄 수 있습니다.

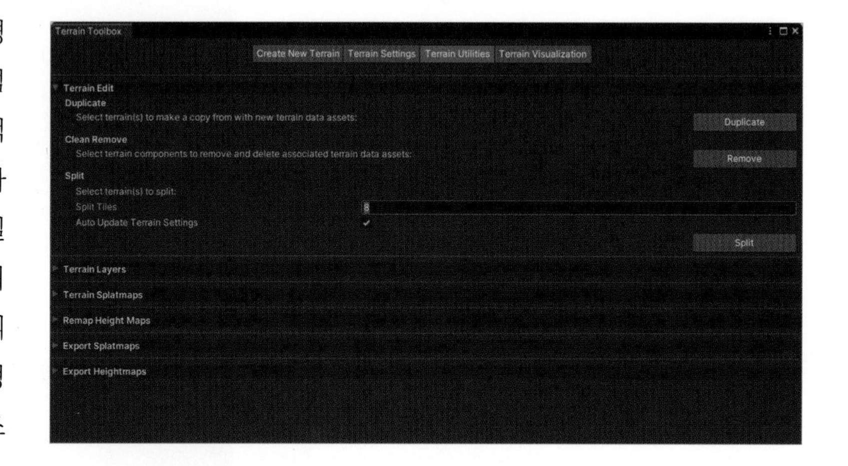

여기에서는 Tile값을 8로 하여 총 64조각으로 지형을 분할해 줬습니다. 그 결과로 아래 이미지처럼 지형이 작은 조각들로 자동으로 분할됐습니다.

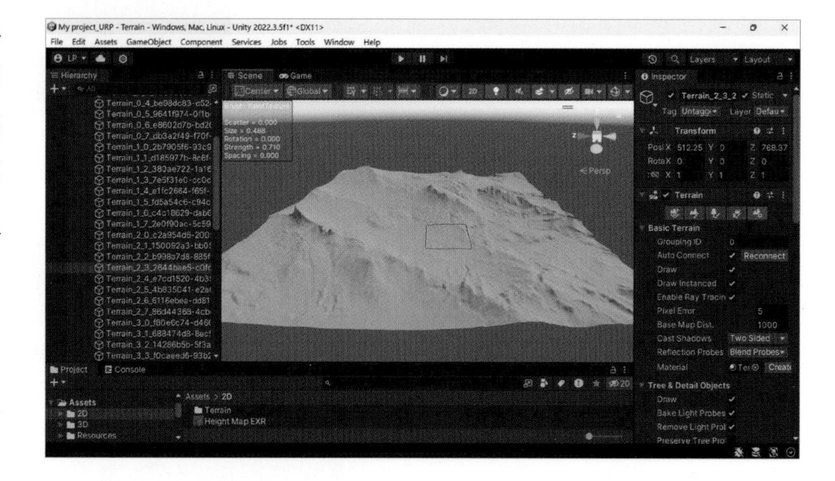

■ 지형 텍스처 적용

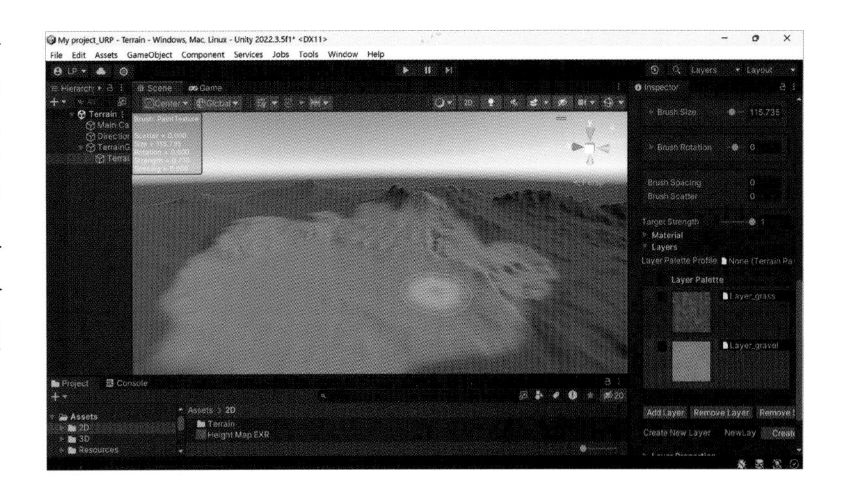

지형에 텍스처와 소재를 추가하여 원하는 모양을 얻기 위해 지형을 텍스처로 그려낼 수 있습니다. 내장 지형 시스템과 동일한 방법으로 유니티의 지형 도구를 사용하여 텍스처를 지형에 그릴 수 있습니다.

4-3 외부 생성 지형 메쉬를 사용하여 지형을 만드는 방법

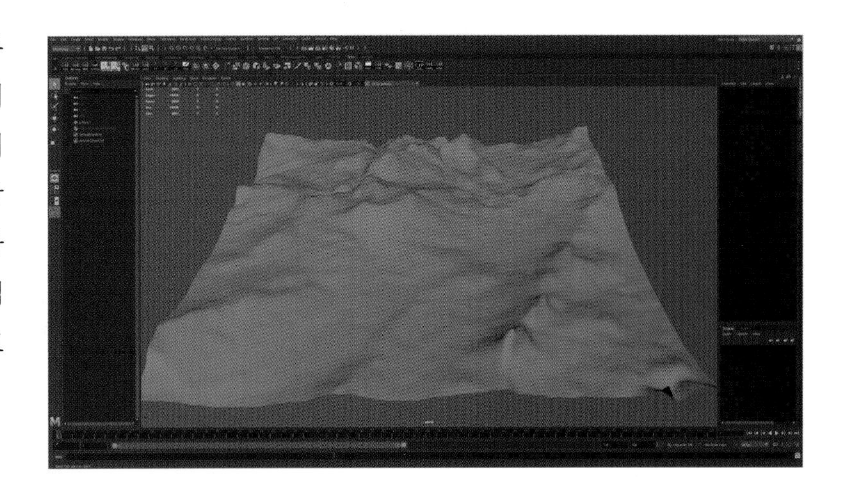

마야, 맥스, 블렌더 등 외부 3D 툴에서 생성한 지형 메쉬를 임포트하여 가져온 메시를 지형으로 사용하는 방법은 다음과 같습니다. 마야에서 동일한 하이트 맵으로 지형 메쉬를 만들고 FBX로 익스포트했습니다.

■ 메시 가져오기

먼저, 사용자 정의 메시를 유니티 프로젝트로 가져옵니다. 유니티가 읽을 수 있는 형식인 FBX, OBJ 또는 DAE와 같은 형식이어야 합니다.

■ 빈 GameObject 생성

계층 창에서 사용자 정의 지형 메시를 담을 빈 GameObject를 만들고 빈 GameObject의 이름을 의미 있는 이름으로 변경합니다. 여기서는 GameObject_Terrain으로 지정했습니다.

■ 메시 연결

GameObject_Terrain을 선택하고 인스펙터 창에서 Add Component 버튼을 클릭합니다.

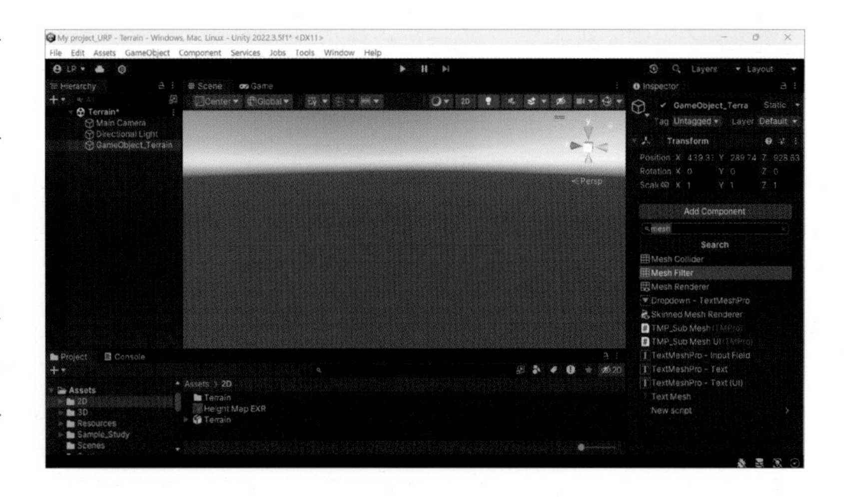

Mesh Filter 컴포넌트를 검색하여 추가합니다. Mesh Filter 컴포넌트에서 Mesh필드 옆의 작은 원을 클릭하고 가져온 메시를 선택합니다.

■ 콜라이더 추가

충돌 감지 또는 물리적 상호 작용을 위해 메시에 콜라이더를 추가하기 위해서 GameObject_Terrain을 선택합니다. Add Component 버튼을 클릭합니다.

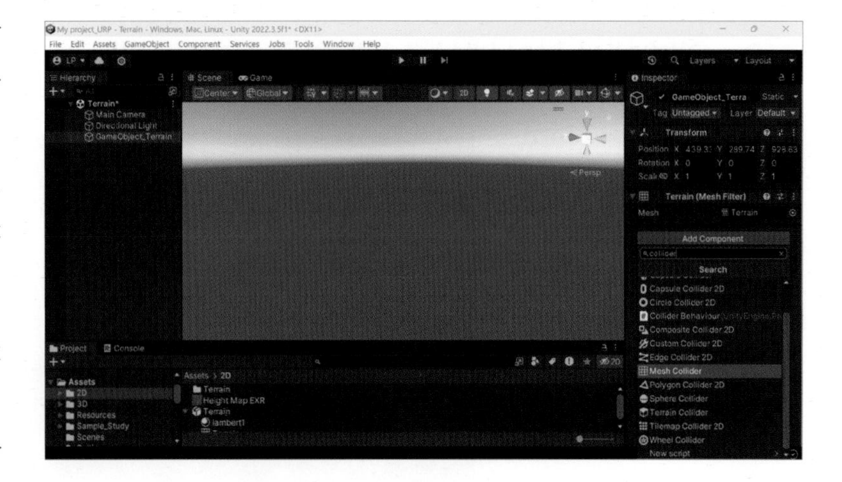

Mesh Collider 또는 Box Collider와 같은 콜라이더 컴포넌트를 검색하여 추가합니다.

■ 재질 추가

지형에 시각적 표현을 부여하기 위해 재질을 생성하거나 가져오고 GameObject_ Terrain에 할당합니다. GameObject_ Terrain를 선택하고 다시 Add Component 버튼을 클릭합니다.

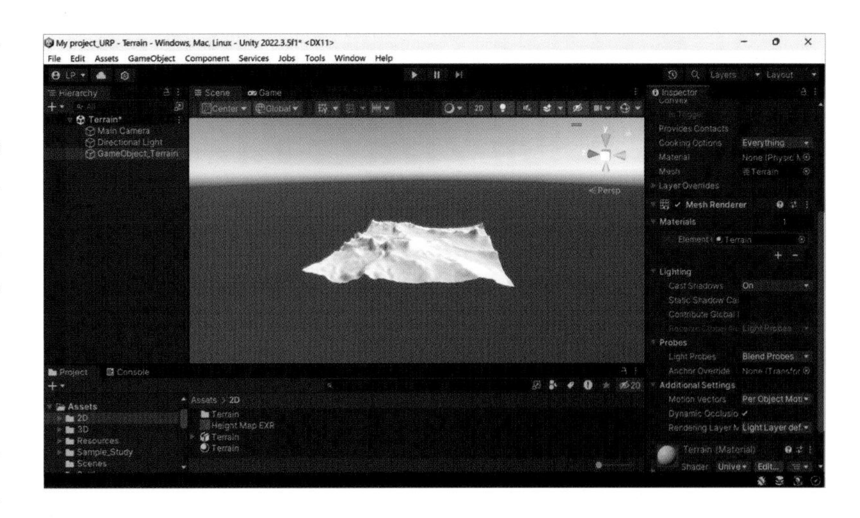

Mesh Renderer 컴포넌트를 검색하여 추가하고 Materials 필드에 재질을 생성하거나 할당합니다.

생성한 Terrain Material에 적당한 텍스처를 적용하면 다음 이미지와 같은 지형 메쉬가 생성됩니다.

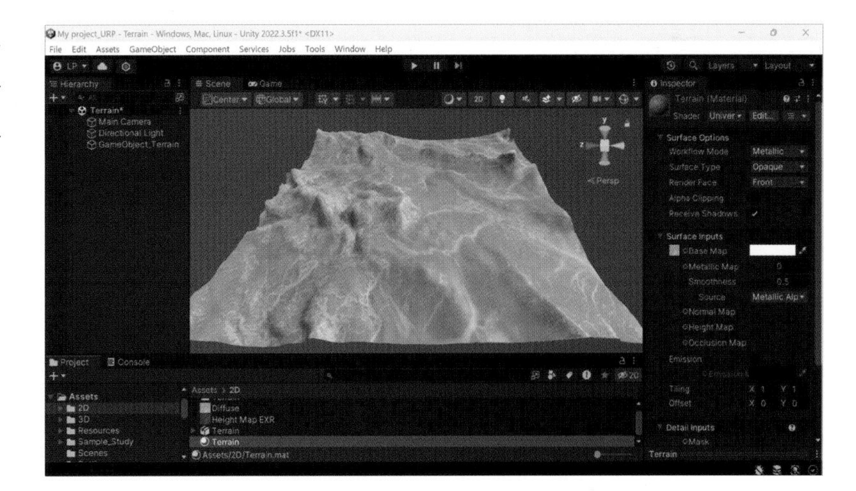

유니티 내장 Terrain 시스템과 유니티에 가져온 지형 메쉬 간의 주요 차이점

유니티 내장 Terrain 시스템과 유니티에 가져온 지형 메쉬 간의 주요 차이점은 어떻게 생성, 관리되는지 세부 수준에 달려 있습니다. 유니티의 내장 Terrain 시스템은 유니티 에디터 내에서 지형을 절차적(Procedural)으로 생성하고 관리하는 강력한 도구입니다.

이 시스템은 동적 LOD, 실시간 편집 및 지형 디자인을 위한 통합 도구를 제공합니다. 반면에 가져온 지형 메쉬는 외부에서 생성되며 설정 및 유지 관리를 위해 더 많은 수동 작업이 필요할 수 있지만, 지형 디자인에 대한 더 많은 제어권을 제공합니다. 두 가지 옵션 간의 선택은 프로젝트 요구 사항 및 지형을 위한 절차적 생성 또는 수동 모델링을 선호하는지에 따라 다를 것입니다.

5-1 유니티 Terrain 시스템의 특징

- **절차적 생성**: 유니티의 Terrain 시스템을 사용하면 유니티 에디터 내에서 지형을 절차적으로 생성할 수 있습니다. 유니티에서 제공하는 Terrain 도구를 사용하여 지형을 조형하고 페인팅할 수 있습니다.
- **동적 세부 수준(LOD)**: 유니티의 Terrain 시스템은 동적 LOD를 지원하므로 카메라와 지형 간의 거리에 따라 자동으로 세부 수준을 조정할 수 있습니다. 이는 먼 거리에 있는 지형 패치에 대해 적은 삼각형을 렌더링하여 성능을 최적화하는 데 도움이 됩니다.
- **세부 레이어**: Unity의 내장 도구를 사용하여 세부 텍스처와 식물을 추가할 수 있습니다. 이를 지형에 쉽게 배치하고 페인팅할 수 있습니다.
- **실시간 편집**: 유니티 에디터 내에서 지형을 실시간으로 편집하고 즉시 변경 사항을 볼 수 있습니다.
- **물리 통합**: 유니티의 Terrain 시스템은 유니티의 물리 엔진과 완벽하게 통합되므로 물체 및 캐릭터와의 현실적인 상호 작용이 가능합니다.
- **높이맵 지원**: Unity의 Terrain 시스템은 일반적으로 높이맵 기반 방식을 사용하며, 지형의 높이는 텍스처의 회색조 값으로 결정됩니다.

5-2 임포트된 지형 메쉬의 특징

- **외부 모델링**: 가져온 지형 메쉬는 Blender, Maya 또는 3ds Max와 같은 3D 모델링 소프트웨어를 사용하여 외부에서 생성됩니다. 이러한 소프트웨어 응용 프로그램에서 지형을 설계하고 조형합니다.
- **고정된 LOD**: 가져온 지형 메쉬는 고정된 세부 수준을 가지고 있으며, 카메라와의 거리에 따라 자동으로 LOD를 조정하지 않습니다. 이는 적절하게 관리되지 않을 경우 성능 문제를 야기할 수 있습니다.
- **수동 텍스처링**: 유니티의 머티리얼 및 쉐이더를 사용하여 지형 메쉬에 수동으로 텍스처와 식물을 적용해야 합니다. 이는 유니티의 내장 Terrain 도구를 사용하는 것보다 더 많은 시간이 소요될 수 있습니다.
- **전처리**: 지형 메쉬를 가져오기 전에 메쉬를 최적화하여 충돌 메쉬를 생성하고 LOD를 설정하는 등의 전처리 작업이 필요할 수 있습니다.
- **실시간 편집 불가능**: Unity 에디터 내에서 지형 메쉬를 실시간으로 편집할 수 없습니다. 지형 지오메트리에 대한 변경 사항은 보통 외부 메쉬를 수정하고 다시 유니티로 가져와야 합니다.
- **물리 통합**: 지형 메쉬에 물리 구성 요소를 추가할 수는 있지만, 유니티의 내장 Terrain 시스템만큼 원활하게 통합되지는 않을 수 있습니다.

이런 차이점들이 있기 때문에 아티스트는 실제 지형 데이터를 이용해서 더 디테일한 지형 메쉬를 생성할지 유니티 내장 지형을 이용하여 체계적이고 다루기가 수월한 지형을 사용할지 프로젝트의 요구도 및 성격에 따라서 결정해야 합니다.

Part 01

- [https://unity.com/kr] Unity 3D
- [https://www.unrealengine.com/ko] Unreal Engine
- [https://www.ea.com/frostbite] Frostbite
- [https://www.cryengine.com/] CryEngine
- [https://godotengine.org/] Godot Engine
- [https://www.construct.net/en] Construct Engine
- [https://gamemaker.io/en] Gamemaker Studio
- [https://assetstore.unity.com/] Unity Asset Store
- [https://sketchfab.com/feed] Sketchfab
- [https://www.cgtrader.com/] CGTrader
- [https://www.textures.com/] Textures.com
- [https://polyhaven.com/] Polyhaven
- [https://ambientcg.com/] AmbientCG
- [https://www.mixamo.com/#/] Mixamo
- [https://www.epidemicsound.com/] Epidemic Sound

Part 02

- [https://unity.com/kr] Unity 3D

Part 06

- [https://doc.stride3d.net/4.0/en/manual/graphics/cameras/index.html] perspective-orthographic
- [https://kintronics.com/the-field-of-view-for-ip-camera-systems/] FOV
- [https://www.researchgate.net/figure/Clipping-planes-are-used-to-see-inside-geometry-shells-Left-A-perspective-projection_fig8_220306688] Clipping-planes
- [https://docs.unity3d.com/2018.2/Documentation/Manual/LightModes-TechnicalInformation.html] Light Modes
- [http://graphics.stanford.edu/~henrik/images/global.html] Cornellbox
- [https://en.wikibooks.org/wiki/Cg_Programming/Unity/Cookies] Cookies
- [https://vfxdoc.readthedocs.io/en/latest/shaders/color/] LDR-HDR
- [https://polyhaven.com/a/wide_street_01] HDRI wide_street_01
- [https://suyeon96.tistory.com/9] 부동 소수점
- [https://polyhaven.com/a/poly_haven_studio] HDRI Poly Haven Studio
- [https://jaxry.github.io/panorama-to-cubemap/] Panorama to Cubemap
- [https://miconv.com/convert-jpg-to-hdr/] JPG to HDR
- [https://polyhaven.com/a/rural_asphalt_road] HDRI Rural Asphalt Road
- [https://www.langitmediapro.com/three-point-lighting-5042-2/] 3 Point Lighting
- [https://effectiviology.com/spotlight-effect-stop-being-self-conscious/] Spotlight Effect

Part 07

- [https://assetstore.unity.com/packages/tools/visual-scripting/amplify-shader-editor-68570] Amplify Shader Editor

Part 08

- [https://docs.unity3d.com/kr/2020.3/Manual/StandardShaderMaterialParameterNormalMap.html] Bump Map Bump Shading Diagram
- [https://en.wikipedia.org/wiki/Normal_mapping] Example of a normal map
- [https://docs.unity3d.com/kr/Packages/com.unity.render-pipelines.high-definition@10.5/manual/Ray-Traced-Ambient-Occlusion.html] 레이트레이싱 기반 앰비언트 오클루전
- [https://docs.unity3d.com/Manual/StandardShader-MaterialCharts.html] Material charts
- [https://www.textures.com/] Textures.com
- [https://marmoset.co/] Marmoset Toolbag

Part 10

- [https://assetstore.unity.com/packages/3d/environments/unity-terrain-urp-demo-scene-213197] Unity Terrain - URP Demo Scene
- [https://www.motionforgepictures.com/height-maps/] height-map

PART.

11

이미지 도록 및 레퍼런스 주소

코딩은 몰라도 3D Artist라면
알아야 할 필수 개념 가이드

유니티* 그래픽

1판 1 쇄 인쇄 2024년 5월 10일
1판 1 쇄 발행 2024년 5월 15일

지 은 이 김준혁
발 행 인 이미옥
발 행 처 디지털북스
정 가 32,000원
등 록 일 1999년 9월 3일
등록번호 220-90-18139
주 소 (04997) 서울 광진구 능동로 281-1 5층 (군자동 1-4, 고려빌딩)
전화번호 (02) 447-3157~8
팩스번호 (02) 447-3159

ISBN 978-89-6088-448-9 (93560)
D-24-03